高等学校土建类专业应用型本科“十四五”规划教材
高等学校土建类专业“互联网+”创新教材

U0953674

土木工程施工

主　编　刘　健　朱海燕
副主编　陈英杰　张　磊　杨　光
参　编　赵　慧　张理忠　陈代君　林　岩

武汉理工大学出版社
·武　汉·

内 容 简 介

本书系统阐述土木工程施工全流程技术与管理知识，聚焦施工工艺、结构安装、专项技术及组织管理，融合传统工艺与行业前沿技术，适配高等院校教学与工程实践需求。本书共15章，主要包括土方工程、桩与地基基础工程、砌筑工程、混凝土结构工程、预应力混凝土工程、结构安装工程、道路与桥梁及地下工程、防水工程、装饰工程、脚手架工程、施工组织概论、流水施工原理、网络计划技术、施工组织总设计、单位工程施工组织设计。本书体系完整，覆盖土木工程全领域施工技术，融合装配式等前沿内容；以实践为导向，每章附思考题与习题，结合工程案例解析工艺难点，强化应用能力；与规范同步，依据现行国家标准编写，确保技术规范时效性。

本书逻辑清晰、案例丰富，既可作为高等院校土木工程、工程管理等专业的教材，也可作为注册建造师、施工管理人员的参考用书，可助力读者掌握核心技术、提升工程实践能力。

图书在版编目(CIP)数据

土木工程施工 / 刘健，朱海燕主编. -- 武汉 ：武汉理工大学出版社，2025. 6.
ISBN 978-7-5629-7426-0

Ⅰ. TU74

中国国家版本馆 CIP 数据核字第 2025MQ0984 号

项目负责人：王利永(027-87560508)
责 任 编 辑：刘紫娟
责 任 校 对：李正五
版 面 设 计：正风图文
出 版 发 行：武汉理工大学出版社
地　　址：武汉市洪山区珞狮路 122 号
邮　　编：430070
网　　址：http://www.wutp.com.cn
经 销 者：各地新华书店
印 刷 者：武汉中远印务有限公司
开　　本：787mm×1092mm　1/16
印　　张：21.25
字　　数：529 千字
版　　次：2025 年 6 月第 1 版
印　　次：2025 年 6 月第 1 次印刷
定　　价：53.00 元

凡购本书，如有缺页、倒页、脱页等印装质量问题，请向出版社发行部调换。
本社购书热线电话：027-87391631　87523148　87664138

高等学校土建类专业应用型本科“十四五”规划教材

编审委员会

前　言

土木工程作为支撑社会发展的基础性学科，其施工技术的科学性、规范性与创新性直接决定工程质量与安全。本书以培养适应行业发展的专业人才为目标，紧密结合土木工程施工领域的技术演进与管理需求，系统构建理论与实践并重的知识体系，力求内容全面、贴合实际。本书面向高等院校土木工程专业教学，兼顾工程技术人员职业发展需求，旨在解决传统教材中技术更新滞后、实践案例不足等问题。全书以"基础理论—核心技术—管理实务"为主线，覆盖土方工程、基础施工、结构建造、专项技术及施工组织全流程，既对传统工艺进行深度解析，又引入装配式建筑、绿色施工等行业前沿内容，助力读者建立系统化的施工知识框架，提升解决复杂工程问题的能力。

本书具有以下特点：

(1) **全流程技术覆盖，突出核心工艺**。从土方开挖到装饰装修，从常规施工到特殊环境作业，本书完整呈现土木工程施工的关键环节。

(2) **融合前沿技术，体现行业发展**。本书注重吸纳近年来的新技术、新工艺，如长螺旋钻孔压灌桩、灌注桩后注浆、装配式结构安装、盾构法隧道施工等，同时融入绿色施工、智能建造等理念，引导读者关注行业可持续发展趋势。

(3) **强化实践导向，注重能力培养**。每章设置思考题与习题，并引入典型工程案例（如综合楼施工组织设计、大跨度结构吊装方案），通过"理论讲解—案例分析—实践训练"的闭环，培养读者对施工技术的应用与创新能力。

(4) **对接国家标准，确保规范准确**。全书以现行国家标准[如《混凝土结构工程施工质量验收规范》(GB 50204—2015)、《建筑地基基础工程施工质量验收标准》(GB 50202—2018)]为依据，确保技术要点与质量要求的准确性和时效性。同时，对施工中的安全管理、环境保护等内容进行重点强调，强化读者的工程伦理与责任意识。

此外，基于"互联网＋教育"等教学理念，本书配置了多媒体教学资源（如施工工艺动画、现场实景视频），学生扫描相应二维码即可获取，以加深学生对相关知识的理解。目录中标有"＊"的章节为拓展内容，学生可扫描相应二维码进行延伸学习。

本书由新疆农业大学刘健、新疆农业大学朱海燕担任主编，新疆农业大学陈英杰、新疆农业大学张磊、新疆新工勘岩土工程勘察设计院有限公司杨光担任副主编，新疆建筑科学研究院（有限责任公司）赵慧、新疆金正实业集团有限公司张理忠、新疆建筑科学研究院（有限责任公司）陈代君、中国能源建设集团新疆电力设计院有限公司林岩参与编写。具体编写分工如下：刘健编写第1、2章，朱海燕编写第3、4章，陈英杰编写第5、6章，张磊编写第7、10章，杨光编写第8章，赵慧编写第9章，张理忠编写第11、12章，陈代君编写第13、14章，林岩编写第15章。全书由刘健负责统稿。此外，新疆农业大学2024级硕士研究生马博、陈旭鹏、查龙在教材编写过程中协助进行资料收集、文字校对等工作。

本书在编写过程中，参考了国内外相关教材、规范及工程案例，获得了行业专家的指导与建议，在此深表感谢。由于土木工程技术持续发展，加之编者水平有限，书中难免存在疏漏或不足之处，恳请读者批评指正。我们将持续关注行业动态，不断完善内容，为推动土木工程施工领域的教学与实践发展贡献力量。

编　者

2025 年 4 月

目　录

1 土方工程

【本章提要】

本章主要介绍建筑场地和基坑施工的基本知识和施工技术，包括土的基本性质、基坑开挖、土方边坡及其稳定性、基坑降水、土方机械化施工等土方工程中的相关知识和施工项目。

【学习要求】

（1）了解施工中土的相关性质、影响土方边坡稳定的因素。

（2）了解土方边坡与土壁支护的施工工艺以及基坑降水与排水的方法和要求。

（3）掌握土方工程量计算，了解土方调配的原则。

土方工程作为各类土木工程施工的首要环节，具有至关重要的地位。其内容涵盖场地平整、基坑支护、基坑降水、基坑开挖、土方填筑等工程。土方工程通常具有工程量庞大、劳动强度高、施工条件复杂、不确定因素多、危险性较大的特点，因此在施工前必须进行深入的调查研究，选择合适的施工时期，制定科学合理的施工方案，采取切实可靠的保障措施，并广泛采用先进的施工方法和高效的机械设备，从而确保工程的质量与安全，实现良好的经济效益与社会效益。

常用规范：《建筑地基基础工程施工质量验收标准》(GB 50202—2018)、《建筑地基基础工程施工规范》(GB 51004—2015)、《建筑基坑支护技术规程》(JGJ 120—2012)、《土方与爆破工程施工及验收规范》(GB 50201—2012)、《复合土钉墙基坑支护技术规范》(GB 50739—2011)、《岩土锚杆与喷射混凝土支护工程技术规范》(GB 50086—2015)。

1.1 土方工程概述

土方工程是土木工程施工的主要分部或分项工程之一。场地平整和基坑开挖往往是土木工程施工开展的最早工序和工程内容。特别是在高层建筑的深基坑工程中，土方工程的质量对整个建筑工程的影响非常大，有时甚至是关键性的。土方工程包括一切土的爆破、挖掘、填筑、运输、平整和压实等主要过程，以及排水、降水、土壁支撑等准备工作和辅助工程。在土木工程中，最常见的土方工程内容有场地平整、基坑(槽)开挖、土方填筑，以及排水、降水、土壁支护等辅助工程。

（1）土方工程的施工特点：

① 面广量大，施工周期长。土方工程的施工范围通常涉及整个场地或大型基坑，工程量可达几十万至数百万立方米，整体施工周期长，因此合理选择施工方法及施工机械对降低成本和缩短工期有着重要意义。

② 施工条件复杂。地质上，软土地基易沉降失稳，岩石地基开挖难度大；水文方面，地下水位高易积水，土料含水量影响压实效果；气候条件上，雨季、大风天气及严寒等极端气候状况会干扰施工进度，增加施工难度与成本。

③ 技术与质量要求严格。施工涉及多种技术，需依实际选开挖、填方方法，特殊情况要用特殊技术。质量方面，场地平整、基坑开挖、填方压实等环节都有严格标准，关乎工程安全与稳定。

④ 危险性大。施工过程中容易产生土方坍塌、机械伤害、人员坠落、沉陷等事故。

(2) 土方工程的施工要求：

① 尽可能采用机械化施工，以降低劳动强度、缩短工期。

② 合理安排施工计划，尽量避开冬、雨期施工，否则做好相应准备工作。

③ 在施工前要做好调查研究。了解土的种类，施工地区的地形、地质、水文、气象等资料及工程和质量要求，拟定合理的施工方案和技术措施，以保证工程质量和安全。

④ 在开挖施工过程中，遵循“开槽支撑，先撑后挖，分层开挖，严禁超挖”的原则。

⑤ 施工后检查。施工结束后，需对基底土性、边坡稳定性等进行检查和验收。

1.1.1 土的工程分类

土的种类繁多，其分类方式也比较多样。从土木工程施工的角度，按土的开挖难易程度不同，可以将土分为八类，见表 1.1。各类土的工程性质直接影响施工方法、劳动量消耗和工程费用。可以依据土的工程分类选择适当的施工机具并确定劳动量，为计算工程费用提供参考依据。

表 1.1 土的工程分类

类别	土的名称	开挖方法	可松性系数	
			K_s	K'_s
第一类（松软土）	砂，粉土，冲积砂土层，种植土，泥炭（淤泥）	用锹、锄头挖掘	1.08～1.17	1.01～1.04
第二类（普通土）	粉质黏土，潮湿的黄土，夹有碎石、卵石的砂，种植土，填筑土和粉土	用锹、锄头挖掘，少许用镐翻松	1.14～1.28	1.02～1.05
第三类（坚土）	软及中等密实黏土，重粉质黏土，粗砾石，干黄土及含碎石、卵石的黄土、粉质黏土，压实的填筑土	主要用镐，少许用锹、锄头，部分用撬棍	1.24～1.30	1.04～1.07
第四类（砂砾坚土）	重黏土及含碎石、卵石的黏土，粗卵石，密实的黄土，天然级配砂石，软泥灰岩及蛋白石	先用镐、撬棍，然后用锹挖掘，部分用锲子及大锤	1.26～1.32	1.06～1.09
第五类（软石）	硬质黏土，中等密实的页岩、泥灰岩、白垩土，胶结不紧的砾岩，软的石灰岩	用镐、撬棍或大锤，部分用爆破方法	1.30～1.45	1.10～1.20
第六类（次坚石）	泥岩，砂岩，砾岩，坚实的页岩、泥灰岩，密实的石灰岩，风化花岗岩、片麻岩	用爆破方法，部分用风镐	1.30～1.45	1.10～1.20

续表1.1

类别	土的名称	开挖方法	可松性系数	
			K_s	K'_s
第七类（坚石）	大理岩，辉绿岩，玢岩，粗、中粒花岗岩，坚实的白云岩、砾岩、砂岩、片麻岩、石灰岩，微风化的安山岩、玄武岩	用爆破方法	1.30～1.45	1.10～1.20
第八类（特坚石）	安山岩，玄武岩，花岗片麻岩，坚实的细粒花岗岩、闪长岩、石英岩、辉长岩、辉绿岩、玢岩	用爆破方法	1.45～1.50	1.20～1.30

1.1.2 土的工程性质

土的工程性质对土方工程施工有直接影响，也是进行土方设计必须掌握的基本数据。土的工程性质主要有土的质量密度、土的天然含水量、土的渗透性、土的可松性等性质。

1.1.2.1 土的质量密度

土的质量密度分天然密度和干密度。土的天然密度，是指土在天然状态下单位体积的质量，用 ρ 表示，它与土的密实程度和含水量有关；土的干密度，是指单位体积土中固体颗粒的质量，用 ρ_d 表示，它在一定程度上反映了土颗粒排列的紧密程度，可用来作为填土压实质量的控制指标。

1.1.2.2 土的天然含水量

土的天然含水量是指土在天然状态下，土中水的质量与土粒质量之比，通常以百分数表示。其计算公式为

$$w=\frac{m_{湿}-m_{干}}{m_{干}}\times 100\% \tag{1-1}$$

式中 $m_{湿}$——含水状态时土的质量(kg)；

$m_{干}$——烘干后土的质量(kg)。

土的含水量受到外界雨、雪、地下水的影响而变化。当土的含水量超过30%时，机械施工会很困难。一般而言，土的含水量超过20%就会使运输汽车打滑或陷轮，回填土夯实时若土的含水量过大，则会产生橡皮土现象而无法夯实。土的含水量对土方边坡稳定性也有直接影响。

1.1.2.3 土的渗透性

土的渗透性是指土体允许水透过的性质。它反映了水在土孔隙中流动的难易程度。土的渗透性主要取决于土的孔隙大小、形状、连通性以及土颗粒的排列方式等因素。通常用渗透系数 k 表示土的渗透性。土体孔隙中的自由水在重力作用下会发生流动，当基坑开挖至地下水位以下时，地下水会不断流入基坑，当水力梯度产生的动水压超过土粒之间的黏聚力时，则会产生管涌或流砂。同时地下水在土中渗透时受到土颗粒的阻力，其大小与土的渗透性及地下水渗流路线有关。根据达西定律，水在土中的渗流速度(v)与水力梯度(i)之间呈线性比例关系，即

$$v=ki=k\frac{h}{l} \tag{1-2}$$

式中 k——土的渗透系数(m/d);

h——水位差(m);

l——试样(砂土)长(m)。

渗透系数是反映土体渗透性能强弱的一个指标。土的渗透系数同土的颗粒大小、级配、密度等有关。当基坑开挖至地下水位以下时,需要人工降水,降水方法的选择与渗透系数有关。土的渗透系数如表 1.2。

表 1.2　土的渗透系数

土的名称	渗透系数 k/(m/d)	土的名称	渗透系数 k/(m/d)
黏土	<0.005	中砂	5.00～20.00
亚黏土	0.005～0.10	均质中砂	35～50
轻亚黏土	0.10～0.50	粗砂	20～50
黄土	0.25～0.50	圆砾石	50～100
粉砂	0.50～1.00	卵石	100～500
细砂	1.00～5.00		

1.1.2.4　土的可松性

土的可松性是指天然土经开挖后,其体积因松散而增大,虽经振动夯实,仍然不能恢复到原来的体积的性质。它是土的一个重要的工程性质,通常用可松性系数来表示,即

$$K_s=\frac{V_2}{V_1} \tag{1-3}$$

$$K_s'=\frac{V_3}{V_1} \tag{1-4}$$

式中 K_s——土的最初可松性系数;

K_s'——土的最终可松性系数;

V_1——土在天然状态下的体积(m^3);

V_2——土经开挖后的松散体积(m^3);

V_3——土经回填压实后的体积(m^3)。

土方工程量是以自然状态下土的体积来计算的,所以在进行土方的平衡调配、计算填方所需的挖方量体积、确定基坑开挖的留弃土量时,应考虑土的可松性。在土木工程施工过程中,K_s 是计算挖方工程量、运输施工机具数量和挖土机械生产率的一项重要参数;K_s'是计算场地平整标高和回填所需挖方工程量的重要参数。

土的可松性系数是挖填土方时计算土方机械生产率、回填土方量、运输机具数量,以及进行场地平面竖向规划设计、土方平衡调配的重要参数。

1.1.3　土方施工的准备工作

土方工程施工前应做好各种准备工作,主要包括:

(1) 工程勘察与方案设计:

① 地质与水文勘察。

完成施工区域地质勘探，明确土层分布、岩体结构及地下水埋深，形成工程地质勘察报告。测定土壤天然密度、含水率、渗透系数等参数，划分土方类别（普通土、砂砾土、软土等）。

② 施工方案编制。

制定土方工程施工组织设计，明确开挖顺序（分层、分段）、边坡支护形式（放坡、土钉墙等）、排水方案（明沟、井点降水）。深基坑（≥5 m）及特殊地质（膨胀土、流砂层）施工方案需经专家论证，并报监理审批。

（2）施工现场准备：

① 场地清理与测量放线。

清除地表植被、建筑垃圾及地下障碍物（旧基础、管线），场地平整度误差≤50 mm。采用全站仪标定开挖边界线、标高控制点（间距≤20 m），设置龙门桩及灰线标记。

② 临时设施布置。

修建施工便道（宽度≥6 m，路基压实度≥93%），设置截水沟（断面尺寸≥0.3 m×0.4 m）及集水井（间距≤30 m）。配置临时堆土区（距坑边≥2 倍开挖深度），覆盖防尘网（目数≥2000 目/100 cm^2）。

（3）排除地面水。场地内低洼地区的积水必须排除，同时应注意雨水的排除，使场地保持干燥，以利于土方施工。一般采用排水沟排水，必要时还需设置截水沟、挡水土坝等防洪设施。

（4）材料、物资、人员和机械设备准备。

（5）设置测量控制网，打设方格网控制桩，进行建筑物、构筑物的定位放线等。

（6）根据土方施工设计做好边坡稳定、基坑支护、地下水位控制等辅助工作。

1.2 土方计算与调配

土方工程施工前，必须进行土方工程量计算。因此须确定场地平整的设计标高，作为计算挖填土方工程量、进行土方平衡调配、选择施工机械、制定施工方案的依据。

1.2.1 场地设计标高的确定

设计标高是土方工程量设计的依据。设计标高应结合城镇规划、周边道路及相邻地块标高，部分地方规范要求场地标高不超过相邻地块或道路中心线 0.6 m，同时需满足市政排水、竖向规划等要求，并力求场地内挖填平衡且土方工程量最小。

初步计算场地设计标高的原则为场地内的挖方量与填方量相等而达到土方平衡，施工前、后场地内土方量不变。按下述方法确定场地设计标高。

将场地划分为边长为 a 的方格网，各方格网角点标高可根据地形图上相邻两等高线的标高，用插入法求得。当无地形图或场地比较大时，可在地面用木桩打好方格网，然后用仪器直接测出标高。场地设计标高计算示意图如图 1.1 所示。场地设计标高按下式计算：

$$H_0 \cdot N \cdot a^2 = \sum \left(a^2 \frac{H_{11} + H_{12} + H_{21} + H_{22}}{4} \right) \tag{1-5}$$

$$H_0 = \frac{\sum (H_{11} + H_{12} + H_{21} + H_{22})}{4N} \tag{1-6}$$

式中 H_0——所计算场地的设计标高（m）；

a——方格边长(m);

N——方格数;

H_{11},H_{12},H_{21},H_{22}——任一方格的四个角点的标高(m)。

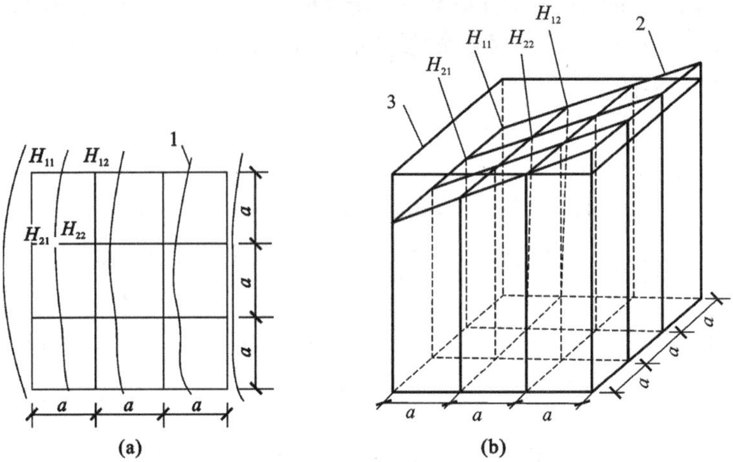

图 1.1 场地设计标高计算示意图

(a) 场地方格网;(b) 设计标高示意图

1—等高线;2—自然地面;3—设计平面

由于相邻方格具有公共的角点标高,在一个方格网中,某些角点是四个相邻方格的公共角点,则某标高需要加四次;某些角点是三个相邻方格的公共角点,则某标高需要加三次;而某些角点标高仅需加两次;方格网四角的角点标高仅需加一次。因此上式可以改写成下列形式:

$$H_0=\frac{\sum H_1+2\sum H_2+3\sum H_3+4\sum H_4}{4N} \tag{1-7}$$

式中 H_1——一个方格仅有的角点标高(m);

H_2——二个方格共有的角点标高(m);

H_3——三个方格共有的角点标高(m);

H_4——四个方格共有的角点标高(m);

N——方格数。

按照上式计算的设计标高 H_0 是一个理论值,实际上还需考虑以下因素进行调整:

(1) 由于土的可松性会使填土有剩余,故应相应地提高设计标高。

(2) 应考虑场地泄水坡度(图 1.2)对角点设计标高的影响:

对单向泄水(图 1.3):

$$H_i=H_0\pm li \tag{1-8}$$

式中 H_i——场地内任一点的设计标高(m);

l——该点至设计标高 H_0 的距离(m);

i——场地泄水坡度(不小于 2‰)。

对双向泄水(图 1.4):

$$H_i=H_0\pm l_x i_x\pm l_y i_y \tag{1-9}$$

式中 l_x,l_y——该点沿 $x—x$、$y—y$ 方向到场地中心线的距离(m);

i_x,i_y——该点沿 $x—x$、$y—y$ 方向的泄水坡度(‰);

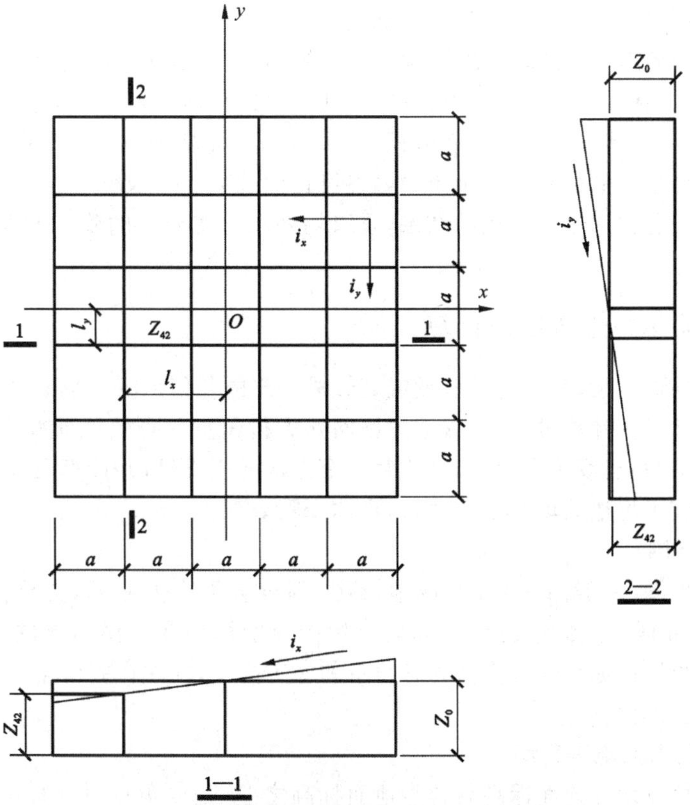

图 1.2　场地泄水坡度

“±”——由场地中心点沿 x、y 方向指向计算点时，若其方向与 i_x、i_y 反向取“+”，同向取“−”。

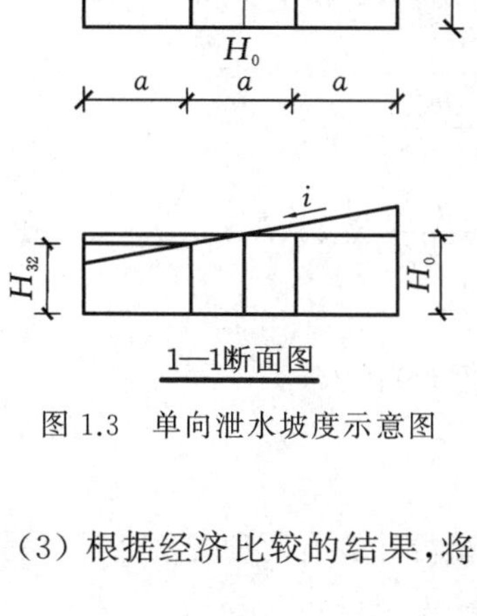

图 1.3　单向泄水坡度示意图

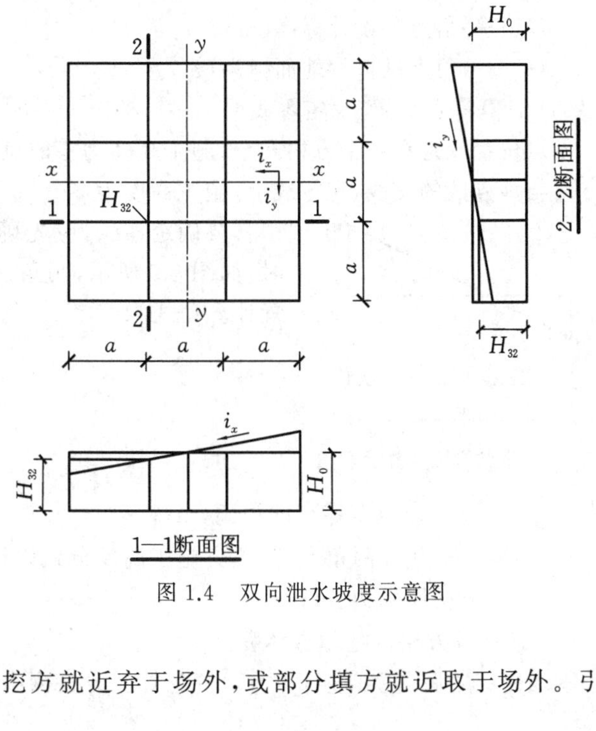

图 1.4　双向泄水坡度示意图

(3) 根据经济比较的结果，将部分挖方就近弃于场外，或部分填方就近取于场外。引起挖、填土方量的变化后，必要时需调整设计标高。

上述三方面因素对 H_0 同时出现影响的机会较小，应根据现场适当考虑。

在实际工程中，在土方工程量计算完成后，还应考虑根据下列因素调整计算所得的设计标高：①土的可松性。土体开挖回填之后体积增大，需相应提高场地设计标高，以达到土方量的实际平衡。土的可松性的影响取决于土的最终可松性系数。②场地边坡填、挖土方量不等，影响场地设计标高。③根据经济比较的结果，采取场外取土或弃土的施工方案会影响场地设计标高。

1.2.2 场地平整土方量的计算

工程场地的外形复杂，常常将其假设或划分成一定的几何形状。场地平整土方量的计算，通常采用"方格网法"。计算过程中，根据方格网路方格角点的自然地面标高和实际采用的设计标高，求出相应的角点填挖高度后，计算每一个方格的土方量，并计算出场地边坡的土方量。这样便可以求得整个场地的填挖土方总量，具体步骤如下：

(1) 划分方格网

根据已有地形图(一般用 1∶500 的地形图)划分若干个方格网，方格边长一般为 10～40 m，通常以 20 m 居多。将地面标高和设计标高分别标注在方格角点的左下角和右下角。各角点设计标高与地面标高的差值即为各角点的施工高度，标注在方格角点的右上角，方格网中挖方为"－"，填方为"＋"。

(2) 计算各角点的施工高度

施工高度为角点设计地面标高与自然地面标高之差，是以角点设计标高为基准的挖方或填方的施工高度。各方格角点的施工高度按下式计算：

$$h_n = H_n - H'_n \tag{1-10}$$

式中 h_n——角点施工高度(m)，"＋"为填，"－"为挖；

H_n——角点的设计标高(m)；

H'_n——角点的自然地面标高(m)。

(3) 计算零点位置，确定零线

零点位置就是在一个方格网上，施工高度为零的点的位置。连接零点就得到零线，零线即挖方区与填方区的交线，在零线上，施工高度为零。

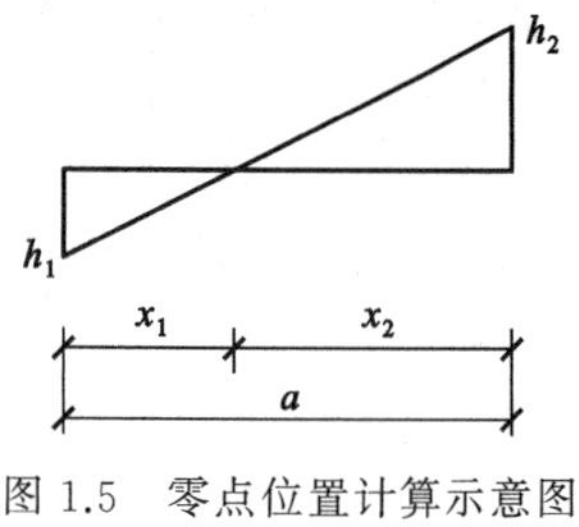

图 1.5 零点位置计算示意图

要确定零线，应先确定零点，当方格的两个角点一挖一填时，如图 1.5 所示，两角点连线上的挖填分界点即为零点，其位置计算公式为

$$x_1 = \frac{h_1}{h_1 + h_2} \times a \tag{1-11}$$

$$x_2 = \frac{h_2}{h_1 + h_2} \times a \tag{1-12}$$

式中 x_1, x_2——角点至零点的距离(m)；

h_1, h_2——相邻两角点挖、填方施工高度分别以绝对值(m)代入；

a——方格网的边长(m)。

(4) 计算各方格内挖填方体积

零线确定之后，便可进行土方量的计算。方格网中土方量的计算有两种方法：四棱柱体法和三角棱柱体法。

① 四棱柱体法

用四棱柱体法计算时，根据方格角点的施工高度，可分为两种类型，如图 1.6 所示。

a. 方格四个角点全部为填(或挖)，如图 1.6(a)所示，四棱柱体的体积计算公式为：

$$V=\frac{a^2}{4}(h_1+h_2+h_3+h_4) \tag{1-13}$$

式中 V——方格网的土方量(m^3)；

a——方格网的边长(m)；

h_1,h_2,h_3,h_4——方格网四个角点的施工高度的绝对值(m)。

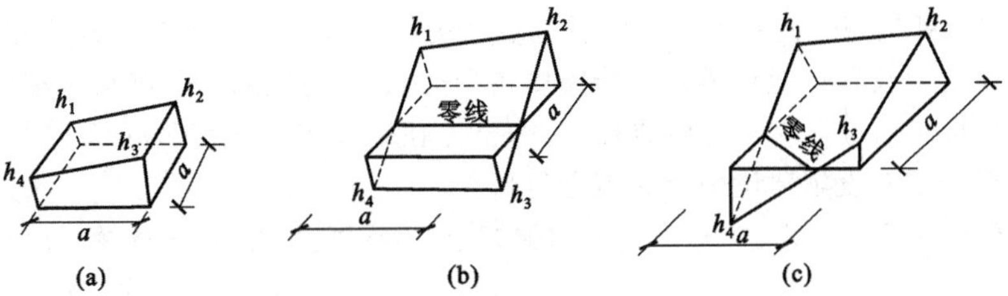

图 1.6 土方工程量计算的四棱柱体法图示

(a)四个角点全挖(填)；(b)角点二填二挖；(c)角点一填(挖)三挖(填)

b. 方格四个角点，部分是挖方，部分是填方，如图 1.6(b)和图 1.6(c)所示，则土方量为：

$$V_{挖}=\frac{a^2}{4}\frac{\left(\sum h_{挖}\right)^2}{\sum h} \tag{1-14}$$

$$V_{填}=\frac{a^2}{4}\frac{\left(\sum h_{填}\right)^2}{\sum h} \tag{1-15}$$

式中 $\sum h_{填(挖)}$—— 方格角点中填(挖) 方施工高度绝对值的总和(m)；

$\sum h$—— 方格四角点施工高度绝对值的总和(m)；

a—— 方格边长(m)。

h_1、h_2、h_3、h_4 均以绝对值代入。

② 三角棱柱体法

将方格网分成两个三角形，见图 1.7，分别计算每个三角棱柱(锥)体的土方量，再将两个三角棱柱(锥)体的土方量相加。三角形的土方量计算公式为：

$$V=\frac{a^2}{6}(h_1+h_2+h_3) \tag{1-16}$$

计算场地土方量的公式不同，计算结果精度亦不相同。当地形平坦时，采用四棱柱体法，并将方格网划分得大些可以减少计算工作量；当地形起伏变化较大时，则将方格网划分得小些，或采用三角棱柱体法计算，以使结果更准确。

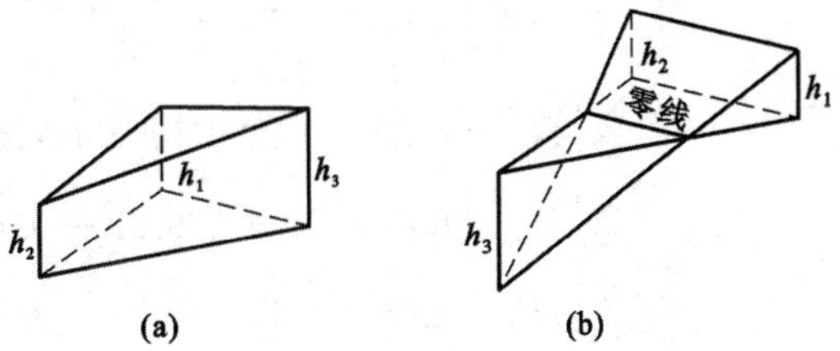

图 1.7 三角棱柱体法计算图示

(a) 全挖或全填；(b) 有挖有填

将挖方区(或填方区)所有方格计算土方量

汇总，即得该场地挖方(或填方)的总土方量。

1.2.3 土方调配与优化

土方调配是对场地开挖和填筑土方量在空间(平面和竖向)上进行的全面协调与安排。简单来说，就是确定从哪里挖出土方，挖到多少，然后将这些土方运到哪里去填筑，填多少，从而达到缩短工期和降低成本的目的，使整个场地的土方工程达到最优状态。

土方调配的步骤是：首先划分土方调配区，然后确定各调配区之间土方运输的价格，利用数学"线性规划"中"运输问题"原理确定土方调配方案，最后绘制土方调配图。

(1) 土方调配原则

① 应力求达到挖填平衡和运距最短。挖填平衡可以避免不必要的土方外弃或借土，节省运输成本，避免资源浪费。运距最短则能直接减少运输工作量和时间，降低工程成本。

② 考虑近期施工与后期利用相结合，一些土方在近期工程中可能作为挖方，但从长远来看，可能在后续的配套设施建设中成为填方材料。

③ 合理布置挖填分区线，选择恰当的调配方向、运输线路，使土方机械和运输车辆的效能得到充分发挥。

④ 取土或弃土应尽量不占农田或少占农田，弃土尽可能有规划地造田。

⑤ 好土用在回填质量要求高的地区。在进行土方调配时，必须根据现场具体情况、有关技术资料、工期要求、土方施工方法与运输方法综合考虑，并按上述原则，经过计算与比较，来选择经济、合理的调配方案。

(2) 土方优化原则

① 挖填平衡原则：尽量使挖方量与填方量相等，减少土方的运输量和运输距离，从而降低施工成本。

② 就近调配原则：在满足施工要求的前提下，优先考虑将挖出的土方就近用于填方，避免长距离运输。

③ 经济性原则：综合考虑运输成本、施工设备成本、时间成本等因素，选择最优的调配方案，确保经济效益最大化。

④ 质量优先原则：确保调配的土方质量符合工程设计要求，特别是对于回填质量要求高的区域，应使用合适的土壤。

【例 1.1】 某建筑场地方格网和自然地面标高如图 1.8 所示，方格网边长 $a=20$ m。泄水坡度 $i_x=3‰$，$i_y=2‰$，不考虑土的可松性及边坡影响，试计算方格网各角点的设计标高、施工高度，画出施工零线。

【解】(1)初步确定场地的设计标高 H_0

$$H_0=\frac{\sum H_1+2\sum H_2+3\sum H_3+4\sum H_4}{4N}$$

$$\sum H_1=8.50+9.72+9.02+7.82=35.06\ \text{m}$$

$$\sum H_2=8.85+9.32+9.52+9.45+8.36+8.19+8.13+8.37=70.19\ \text{m}$$

$$\sum H_4=8.66+9.17+8.71+8.44=34.98\ \text{m}$$

$$H_0=\frac{35.06+2\times 70.19+4\times 34.98}{4\times 9}=8.76\ \text{m}$$

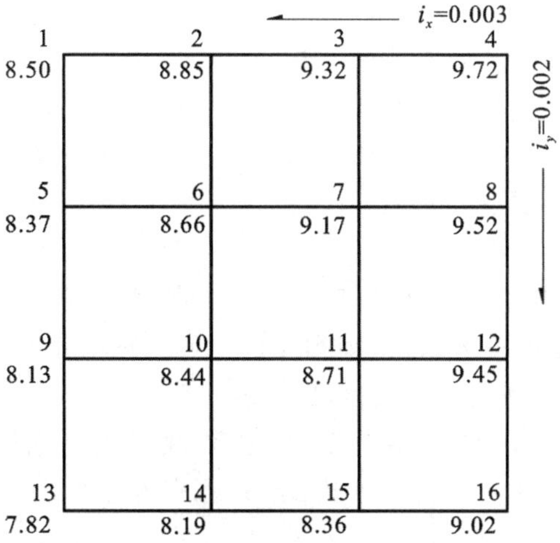

图 1.8　某场地方格网布置图

(2)根据场地泄水坡度计算方格网角点的设计标高 H_n

$$H_n = H_0 \pm l_x i_x \pm l_y i_y$$

$$H_1 = 8.76 - 30 \times 0.003 + 30 \times 0.002 = 8.73 \text{ m}$$

$$H_2 = 8.76 - 10 \times 0.003 + 30 \times 0.002 = 8.79 \text{ m}$$

$$H_3 = 8.76 + 10 \times 0.003 + 30 \times 0.002 = 8.85 \text{ m}$$

其他角点标高计算见图 1.9。

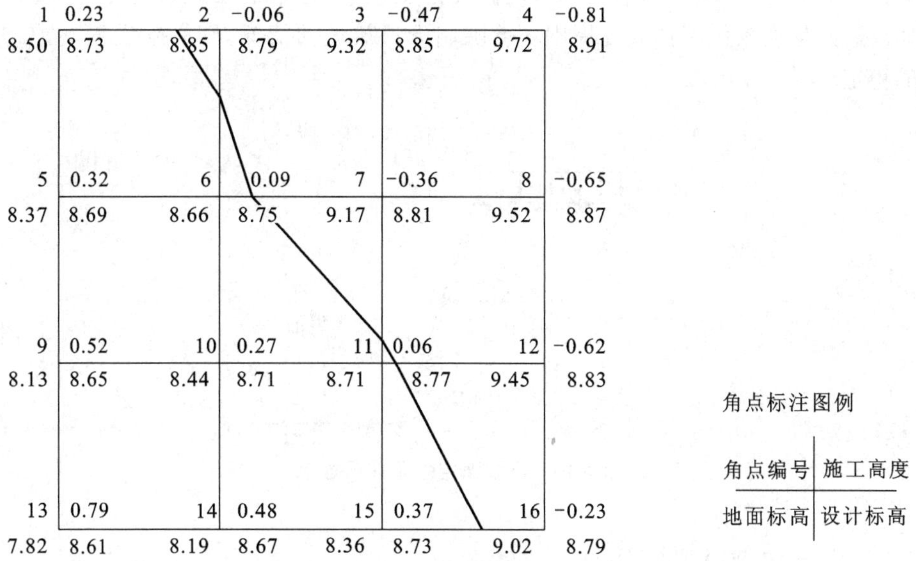

图 1.9　某场地方格网角点设计标高及施工高度

(3)计算方格网角点的施工高度 h_n

$$h_n = H_n - H'_n$$

$$h_1 = 8.73 - 8.50 = 0.23 \text{ m}$$

$$h_2 = 8.79 - 8.85 = -0.06 \text{ m}$$

$$h_3 = 8.85 - 9.32 = -0.47 \text{ m}$$

其他角点施工高度的计算见图 1.9。

(4)确定施工零线

角点 1 施工高度为 0.23，角点 2 施工高度为 −0.06，相邻角点施工高度＋、−改变，故在 1—2 线上有施工零点，用插入法可求出，如图 1.9 所示。同理可求出 2—6、6—7、7—11、11—12、15—16 线上的零点，连接成施工零线，如图 1.9 所示。

根据施工零线可以将场地划分成挖方区、填方区，同时确定方格的类型，选用相应的土方工程量计算公式即可以计算该方格的挖方量、填方量，所有方格计算完成后汇总得到场地总的挖方量、总的填方量。

1.3 土方边坡与土壁支护

在土方工程中，保证土壁稳定是至关重要的。土壁的稳定主要依靠土体内颗粒间的内摩擦力和黏聚力形成的剪力 C 来平衡因外荷载 P、q 及土体自身重力 G 产生的下滑力 T（图 1.10）。若在各种外力作用下土体失去平衡，土壁就会出现坍塌或滑坡现象，这不仅会影响土方及基础、地下结构的正常施工，还可能对周边的建筑物、道路以及地下管线等造成安全威胁，甚至引发伤亡事故。为确保土体稳定，当遇到一定高度的土壁时，通常需要设置一定的斜面，即土方边坡。如果遇到地质条件不佳或受周围环境限制无法放坡的情况，则必须设置支护结构来保障土壁的稳定。

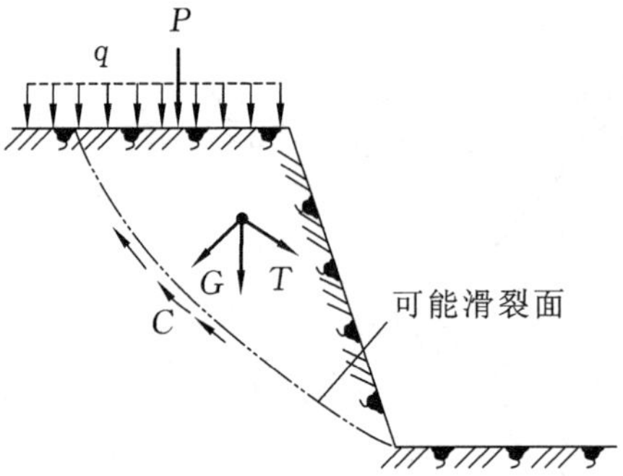

图 1.10　边坡稳定性条件示意图

1.3.1 土方边坡及其稳定

1.3.1.1 土方边坡形式与边坡坡度

常见的边坡形式有直线形、折线形、阶梯形，如图 1.11 所示。

$$\text{土方边坡坡度} = \frac{H}{B} = \frac{1}{B/H} = \frac{1}{m} \tag{1-17}$$

式中　m——坡度系数，$m=\frac{B}{H}$。其意义为当边坡高度为 H 时，其边坡宽度 B 等于 mH。

图 1.11　土方边坡

(a)直线边坡；(b)不同土层折线边坡；(c)不同深度折线边坡；(d)阶梯边坡

土方边坡坡度应根据不同的土质条件、挖填高度、施工工期及工程的特点而定，既要保证土体稳定性和施工安全，又要节省土方。若地质条件好，土质均匀，地下水位低于基坑底面标高，开挖深度在 5 m 以内，可按经验确定边坡坡度。对于开挖深度较深或土质条件较差的基坑，在施工前应进行基坑土壁稳定验算，确定其放坡坡度。

当坡体整体稳定，地质条件良好，土质均匀且无地下水时，使用时间在一年以上、高度在 10 m以内的临时性挖方边坡应符合表 1.3 的规定。

表 1.3　使用时间较长、高 10 m 以内的临时性挖方边坡坡度

土的类别		边坡坡度
砂土(不包括细砂、粉砂)		1 : (1.25～1.50)
一般黏性土	坚硬	1 : (0.75～1.10)
	硬塑	1 : (1.00～1.15)
碎石类土	充填坚硬、硬塑黏性土	1 : (0.50～1.00)
	充填砂土	1 : (1.00～1.50)

注：① 使用时间较长的临时性挖方是指使用时间超过一年的临时道路、临时工程的挖方；

② 挖方经过不同类别的土(岩)层或深度超过 10 m，其边坡可做成折线形或台阶形；

③ 当有成熟经验时，可不受本表限制。

当高度超过 10 m 时，可做成折线形，上部采用 1 : 1.5 边坡坡度，下部采用 1 : 1.75 边坡坡度。至于永久性挖方或填方边坡，则均应按设计要求施工。

1.3.1.2　土方边坡的稳定性

土方边坡的稳定性，主要是由土体内摩擦阻力和黏聚力来保持的。一旦土体失去平衡，土体就会塌方，这不仅妨碍土方工程施工，造成人员伤亡，还会危及附近建筑物、道路和地下管线的安全，后果严重。

(1) 土壁塌方的原因

造成土壁塌方的原因主要有以下几点：

① 边坡因素

设计边坡时若未考虑土体物理力学性质，坡度过于陡峭，土自重产生的下滑力就会大于抗

滑力。施工中未按设计放坡，擅自减小坡度，也会增大塌方风险。例如砂性土，颗粒间黏聚力小，陡坡更易失稳。

② 水的作用

雨水冲刷使土含水量增加，重度变大，抗剪强度降低，还可能冲走土颗粒破坏土壁结构。地下水产生静水压力，降低土体有效应力和抗剪强度，渗流的动水压力过大还会引发管涌、流沙，雨季及近水区域施工时尤其要注意。

③ 土质状况

不同土质工程性质不同，如淤泥质土含水量高、抗剪强度低、压缩性大，易失稳。土中存在软弱夹层，其抗剪强度低于上下土层，在土体重力下易剪切破坏，导致土壁塌方。

④ 施工方法

开挖顺序不合理，如掏洞开挖或逆作法开挖，会破坏土壁平衡。开挖速度过快，土体来不及调整应力，也会引发裂缝和塌方。支撑设置不及时或不合理，土壁长时间无支撑也易塌方。

（2）防治塌方的措施

为了保证土体稳定及施工安全，针对上述塌方原因，可采取以下措施：

① 边坡因素

设计时依土体性质定坡度，施工时严格按设计放坡，坡顶、坡底设防护栏与警示标识，定期监测边坡位移变形，异常时加固。

② 水的作用

场地周边设排水系统，土壁铺薄膜或喷混凝土防雨水冲刷，用井点降水、止水帷幕降地下水位，雨季加强排水和监测。

③ 土质状况

不良土质用深层搅拌、强夯等方法加固地基，若遇软弱夹层则提前灌浆加固或置换，施工依土质调参数防失稳。

④ 施工方法

按分层分段、自上而下顺序开挖，控制速度，依土体性质和实际情况制订进度计划，开挖中及时设钢板桩等有效支撑。

1.3.2 土壁支护

1.3.2.1 浅基坑(槽)的支护

开挖基坑(槽)时，如地质条件及周围环境许可，采用放坡开挖是较经济的方法。但在建筑稠密地区施工，或有地下水渗入基坑(槽)，受环境限制不能采用放坡开挖时，就需要采用直立边坡加支撑的施工方法，以保证施工的顺利和安全。挖土时，土壁要求平直，挖好一层，支一层支撑。挡土板要紧贴土面，并用小木桩或横撑木顶住挡板。开挖宽度较大的基坑，当在局部地段无法放坡，或下部土方受到基坑尺寸限制不能放较大坡度时，应在下部坡脚采取加固措施，如采用短桩与横隔板支撑或砌砖、毛石或用编织袋、草袋装土堆砌一个临时矮挡土墙以保护坡脚。一般沟槽、基坑的支撑方法分别如表 1.4 和表 1.5 所示。

表 1.4　一般沟槽的支撑方法

支 撑 方 式	简　　图	支撑方法及适用条件
间断式水平支撑	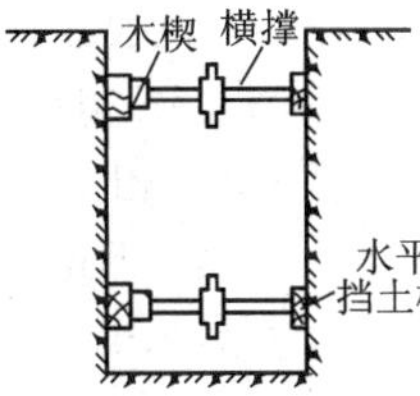	两侧挡土板水平放置，用工具或木横撑将木楔顶紧，挖一层土，支顶一层。 适用于能保持直立壁的干土或天然湿度的黏土，地下水很少，深度在 2 m 以内
断续式水平支撑	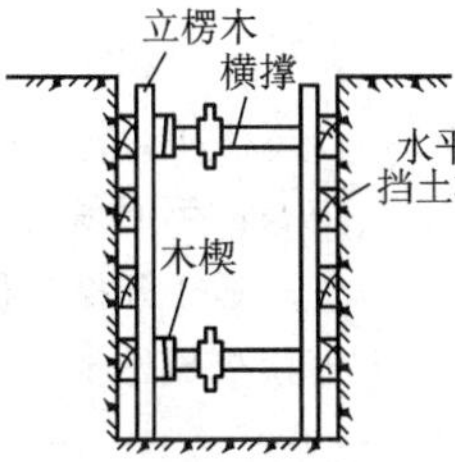	挡土板水平放置，中间留出间隔，并在两侧同时对称立竖枋木，再用工具或木横撑上下顶紧。 适于能保持直立壁的干土或天然湿度的黏土，地下水很少，深度在 3 m 以内
连续式水平支撑	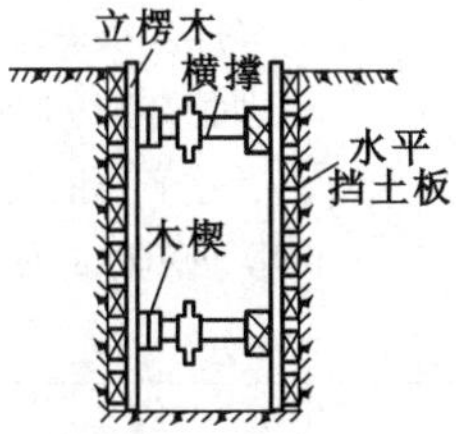	挡土板水平连续放置，不留间隙，然后两侧同时对称立竖枋木，上下各顶一根撑木，端头加木楔顶紧。 适用于较松散的干土或天然湿度的黏性土，地下水很少，深度 3～5 m
连续或间断式垂直支撑	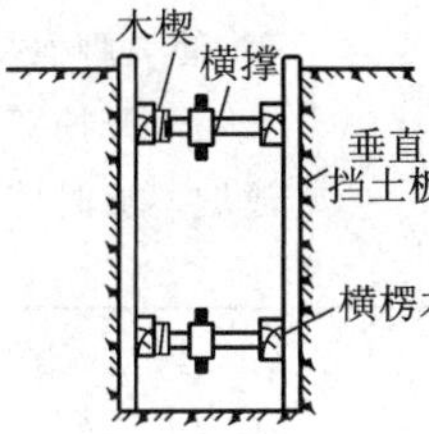	挡土板垂直放置，连续或留适当间隙，然后每侧上下各水平顶一根枋木，再用横撑顶紧。 适于土质较松散或湿度很高的土，地下水较少，深度不限
水平垂直混合支撑	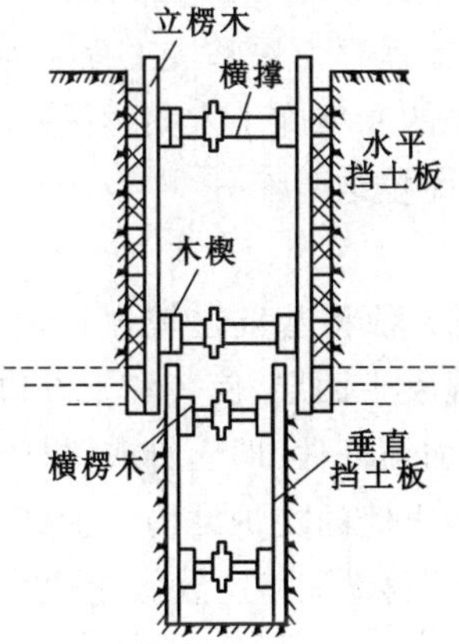	沟槽上部设连续或水平支撑，下部设连续或垂直支撑。 适于沟槽深度较大，下部有含水土层的情况

表 1.5　一般基坑的支撑方法

<table>
<tr><th>支撑方式</th><th>简　图</th><th>支撑方法及适用条件</th></tr>
<tr><td>斜柱支撑</td><td>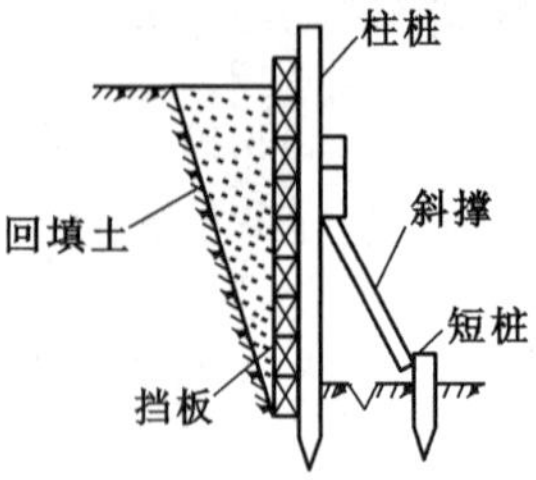
</td><td>水平挡土板钉在柱桩内侧，柱桩外侧用斜撑支顶，斜撑底端支在短桩上，在挡土板内侧回填土。
适于开挖面积较大、深度不大的基坑或使用机械挖土</td></tr>
<tr><td>锚拉支撑</td><td>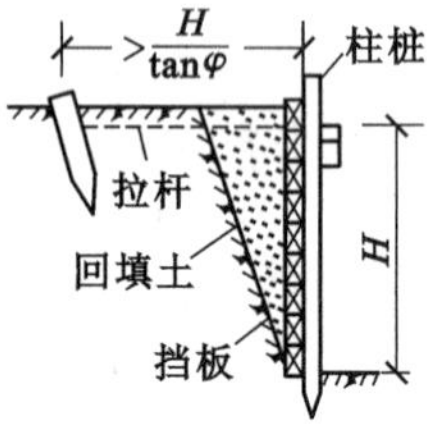
</td><td>水平挡土板支在柱桩的内侧，柱桩一端打入土中，另一端用拉杆与锚桩拉紧，在挡土板内侧回填土。
适于开挖面积较大、深度不大的基坑或使用机械挖土</td></tr>
<tr><td>临时挡土墙支撑</td><td>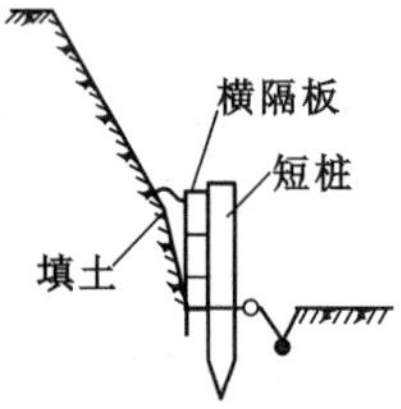
</td><td>打入小短木桩，部分打入土中，部分露出地面，钉上水平挡土板，在背面填土。
适于开挖宽度大的基坑，当部分地段下部放坡不够时使用</td></tr>
<tr><td>短柱横撑支撑</td><td>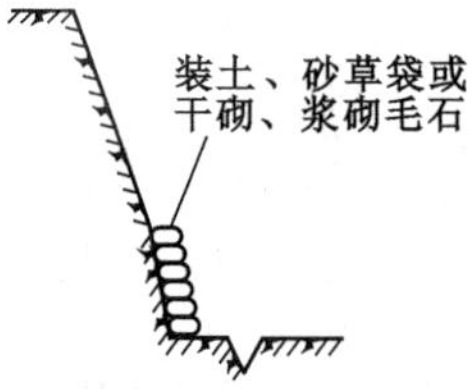
</td><td>沿坡脚用砖、石叠砌或用草袋装土、砂堆砌，使坡脚保持稳定。
适于开挖宽度大的基坑，当部分地段下部放坡不够时使用</td></tr>
</table>

1.3.2.2　深基坑边坡支护

开挖深度超过 5 m（含 5 m）或地下室为三层以上（含三层），或深度虽未超过 5 m，但地质条件和周围环境及地下管线特别复杂的基坑工程称为深基坑工程。为了保证深基坑工程开挖的安全性，深基坑开挖前需要编制深基坑支护的专项施工方案。深基坑支护包括土钉墙、水泥土墙、钢板桩、地下连续墙等挡土（挡水）及支撑拉结两部分。

（1）土钉墙

土钉墙是一种原位土体加筋技术。这是一种将基坑边坡通过由钢筋制成的土钉进行加固，在边坡表面铺设一道钢筋网再喷射一层混凝土面层，使其和土方边坡相结合的边坡加固型支护施工方法。其构造包括设置在坡体中的加筋杆件（即土钉或锚杆）与其周围土体牢固黏结形成的复合体，以及面层所构成的类似重力挡土墙的支护结构。土钉是其最主要的构件，土钉可以通过打入法、旋入法，以及先钻孔、后置入、再灌浆等方法设置，也可以直接打入角钢、粗钢筋、钢管形成土钉。

土钉墙支护的施工过程：边坡开挖→制作面层→定位放线→成孔→插锚筋→注浆→挂网

及锚头安装→土钉防腐及边坡表面处理→土钉墙工程质量检验。

① 边坡开挖

基坑开挖应分步进行，分步开挖深度主要取决于暴露坡面的“直立”能力。另外，当要求变形很小时，可视工地情况和经济效益将分步开挖的深度降至最低。在粒状土中开挖深度一般为 0.5～2.0 m。考虑到土钉施工设备，分步开挖宽度至少要 6 m，开挖长度则取决于交叉施工期间能保持坡面稳定的坡面面积。当对变形要求过于严格时，可分段开挖施工，各段长度一般为 10 m。

② 制作面层

一般情况下，为了防止土体松弛和崩解，必须尽快做第一层面层。根据地层的性质，可以在安设土钉之前做，也可在放置土钉之后做。对于临时工程，面层一般做一层，厚度为 50～150 mm；而对于永久性工程，则多用两层或三层，厚度为 100～300 mm。两次喷射作业应留一定的时间间隔。

根据工程规模、材料和设备的性能，可进行“湿式”或“干式”喷射混凝土。通常规定最大粒径为 10～15 mm，并掺入适量外加剂以加速固结。少数情况下还可降低固态混凝土的塑性。

③ 定位放线

按设计图纸由测量人员用 $\phi 8$、长 30 cm 的钢筋放出每一个土钉的位置。

④ 成孔

成孔工艺和方法与土层条件、机具装备及施工单位的技术和经验有关。当前国内大多数采用洛阳铲、螺旋钻等干法成孔设备(图 1.12)，也可使用如 YIN-87 型土锚专用钻机成孔。对边坡加固土钉，由于要在脚手架上施工且钻孔长度较短，要求选用重量轻、易操作且易搬运的钻机。

(a) (b) (c)

图 1.12 干法成孔设备及施工

(a)洛阳铲；(b)洛阳铲施工；(c)螺旋钻施工

【扫码演示】

⑤ 插锚筋

插锚筋又称置筋，在置筋前最好采用压缩空气将孔内残留及扰动的废土清除干净。放置的钢筋一般采用Ⅱ级螺纹钢筋，为保证钢筋在孔中的位置，在钢筋上每隔 2～3 m 焊置一个定位架。主筋按设计长度加 20 cm 下料，外端设成 90°角，长 20 cm 的弯钩，安放主筋时，将注浆管与主筋捆绑在一起，注浆管离孔底 0.5 m 左右，如图 1.13 所示。

图 1.13　锚筋及注浆管安置

⑥ 注浆

土钉注浆是土钉支护的关键工序，应采用注浆泵或砂浆泵进行灌注。注浆材料可选用纯水泥浆或水泥砂浆。纯水泥浆应采用普通硅酸盐水泥，水灰比控制在 0.45 左右；水泥砂浆的配合比宜为 1∶3～1∶2，使用砂浆搅拌机进行搅拌。注浆时，注浆管应连接注浆泵，采用常压或高压注浆工艺。为确保土钉与周围土体紧密结合，在孔口处应设置止浆塞并旋紧，使其与孔壁紧密贴合。注浆管应插入注浆口，并深入到孔底 0.2～0.5 m 处。注浆过程中，应边注浆边朝孔口方向缓慢拔管，直至孔内注满为止。注浆完成后，放松止浆塞，将注浆管与止浆塞拔出，并用黏性土或水泥砂浆充填孔口，以确保孔口密实。

为提高注浆质量，可在浆体中掺入一定量的外加剂。具体掺入量应通过试验确定，以满足工程要求。为防止水泥砂浆或水泥浆在硬化过程中产生干缩裂缝，提高其防腐蚀性能，保证浆体与周围土壁的紧密黏合，可掺入膨胀剂，掺入量应以补偿收缩为准。为提高水泥浆或水泥砂浆的早期强度，加速硬化过程，可掺入速凝剂或早强剂。

⑦ 挂网及锚头安装

钢筋网片用插入土中的钢筋固定，与坡面间隙为 3～4 cm，不应小于 3 cm，搭接时上下左右一根对一根搭接绑扎，搭接长度应大于 30 cm，并不少于两点点焊。钢筋网片借助井字架与土钉外端的弯钩焊接成一个整体。

⑧ 土钉防腐及边坡表面处理

在正常环境条件下，临时性支护工程通常仅需在钢筋表面设置砂浆防护层，有时也可涂刷一层防锈涂料以防止钢筋锈蚀；而永久性工程则需采取更为严格的防护措施，可在钢筋外增设环状塑料保护层，或涂覆多层防腐涂料，以增强钢筋的防锈蚀性能，延长其使用寿命。

⑨ 土钉墙工程质量检验

土钉墙工程质量检验包括土钉的基本抗拔力试验、土钉抗拔力检验试验、原材料的进场检验、喷射混凝土面层强度和厚度检验等。

（2）水泥土墙

水泥土墙施工是一种适用于软土或松散土层的基坑支护技术，尤其适用于深度不超过 7 m 的基坑。其核心工艺是通过深层搅拌或高压旋喷技术，将水泥浆与地基土强制混合，形成连续搭接的桩体或格栅状墙体，如图 1.14 所示。由于水泥土墙的材料强度比较低，其主要靠墙体的自重平衡墙后的土压力，因此常视其为重力式挡土支护。水泥土墙的优点是施工时振动小，无侧向挤压，对周围影响小；能最大限度地利用原状土，节省材料；采用自立式，不需加支撑，开挖较方便。

图 1.14　水泥土墙

① 构造要求

水泥土墙通过沉入地下设备将喷入的水泥与土进行掺和，形成柱状的水泥加固土桩，并相互搭接而成(图 1.15)，水泥土墙支护的截面多采用连续式和格栅形。在软土地区，当基坑开挖深度 $h<5$ m 时，可按经验取墙体宽度 $B=(0.6\sim0.8)h$，嵌入基底下的深度 $h_d=(0.8\sim1.3)h$。水泥土桩之间的搭接宽度不宜小于 150 mm。

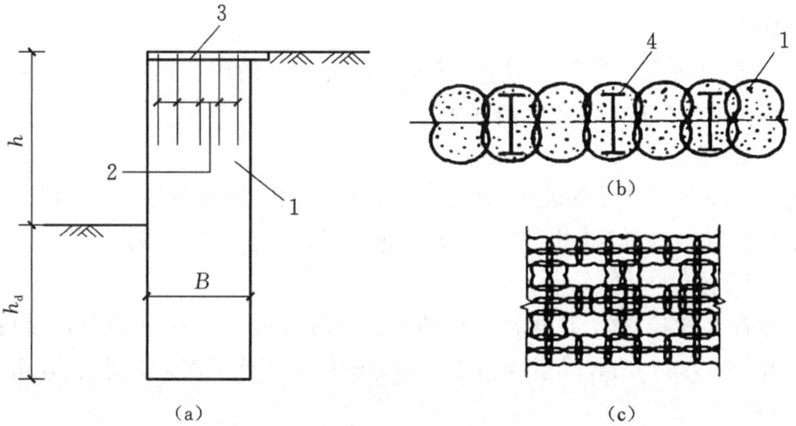

图 1.15　水泥土墙的一般构造

(a)水泥土墙剖面；(b)连续式劲性水泥土墙平面；(c)格栅式平面布置

1—搅拌桩；2—插筋；3—面板；4—H 型钢

水泥土加固体强度随水泥掺入比而异，一般掺入比取 12%～14%，采用 42.5 级的普通硅酸盐水泥。可掺加木钙、三乙醇胺等外加剂，改善水泥土的性能和提高早期强度。水泥土 28 d 抗压强度不低于 0.8 MPa。

② 水泥土墙施工

深层搅拌机是深层搅拌水泥土桩施工的主要机械。目前应用的有中心管喷浆方式和叶片喷浆方式两类。前者输浆方式中的水泥浆是从两根搅拌轴之间的另一根管子输出，不影响搅拌均匀度，适用于多种固化剂；后者是使水泥浆从叶片上若干个小孔喷出，使水泥浆与土体混合较均匀，适用于大直径叶片和连续搅拌，但因喷浆孔小易被堵塞，故只能使用纯水泥浆而不能采用其他固化剂。

深层搅拌水泥土墙的施工工艺流程如图 1.16 所示。

a. 定位

用起重机(或用塔架)悬吊搅拌机到达指定桩位，对中。

b. 预搅下沉

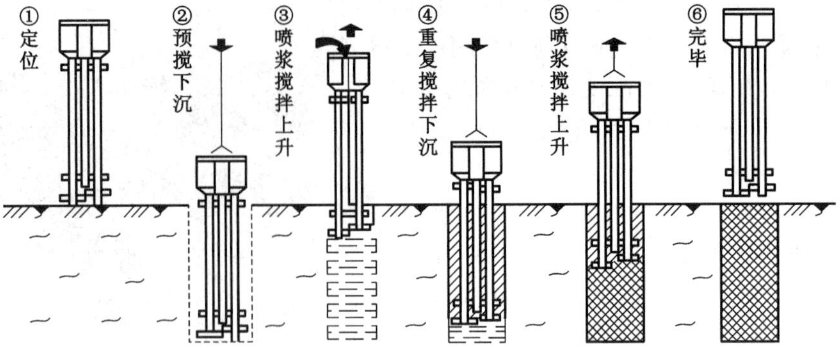

图 1.16　深层搅拌水泥土墙的施工工艺流程

待深层搅拌机的冷却水循环正常后，启动搅拌机，放松起重机钢丝绳，使搅拌机沿导向架搅拌切土下沉。

c. 制备水泥浆

待深层搅拌机下沉到一定深度时，即开始按设计确定的配合比拌制水泥浆（水灰比宜为0.45～0.50），压浆前将水泥浆倒入骨料斗中。

d. 提升、喷浆、搅拌

待深层搅拌机下沉到设计深度后，开启灰浆泵将水泥浆压入地基，且边喷浆、边搅拌，同时按设计确定的提升速度提升深层搅拌机。提升速度不宜大于 0.5 m/min。

e. 重复上、下搅拌

为使土和水泥浆搅拌均匀，可再次将搅拌机边旋转边沉入土中，至设计深度后再提升出地面。桩体要互相搭接 200 mm，以形成整体。相邻桩的施工间歇时间宜小于 10 h。

f. 清洗、位移

向骨料斗中注入适量清水，开启灰浆泵，清洗全部管路中残存的水泥浆，并将黏附在搅拌头的软土清洗干净；移位后进行下一根桩的施工。桩位偏差应小于 50 mm，垂直度误差应不超过 1%。桩机移位，特别是转向时要注意桩机的稳定。

③ 特点与适用范围

水泥土墙支护具有挡土、挡水的双重功能，坑内无支撑，便于开展机械化挖土作业，施工机具较简单，成桩速度快，使用材料单一，造价较低，但相对位移较大。当基坑长度大时，要采取中间加墩、起拱等措施，以减少位移。

水泥土墙适用于淤泥、淤泥质土、黏土、粉质黏土、粉土、具有薄夹砂层的土、素填土等土层，作为基坑截水及较浅基坑的支护。

（3）钢板桩

钢板桩是带有锁口的一种型钢，其截面有 U 形、Z 形、直线形及 CAZ 形等，如图 1.17 所示，有各种大小尺寸及联锁形式。常见的有拉尔森式、拉克万纳式等。其优点为强度高，容易打入坚硬土层；可在深水中施工，必要时加斜支撑可形成一个围笼；防水性能好；能按需要组成各种外形的围堰，并可多次重复使用。钢板桩产品按生产工艺分为冷弯钢板桩和热轧钢板桩两种类型。

冷弯钢板桩有非咬口型冷弯钢板桩（也称为沟道板）和咬口型冷弯钢板桩（分为 L 型、S

型、U型、Z型)两种。生产工艺方面,冷弯钢板桩采用较薄的板材(常用厚度8～14 mm)在冷弯机组内连续滚压成形。优点为生产线投资少,生产成本较低,产品定尺控制灵活,但其桩体各部位厚度相同,截面尺寸无法优化导致用钢量增加,锁口部位形状难控制,连接处卡扣不严、无法止水,桩体使用过程中易产生撕裂。

热轧钢板桩主要有U型、Z型、AS型、H型等几个大类数十个规格。Z型和AS型钢板桩的生产、加工及安装工艺较为复杂,主要在欧美地区应用较多;国内主要为U型钢板桩。生产工艺方面,热轧钢板由型钢轧机通过高温轧制成形。优点为尺寸规范、性能优越、截面合理、质量高、锁口咬合且具备严密的隔水性,但其技术难度较大、生产成本较高、规格系列不灵活。

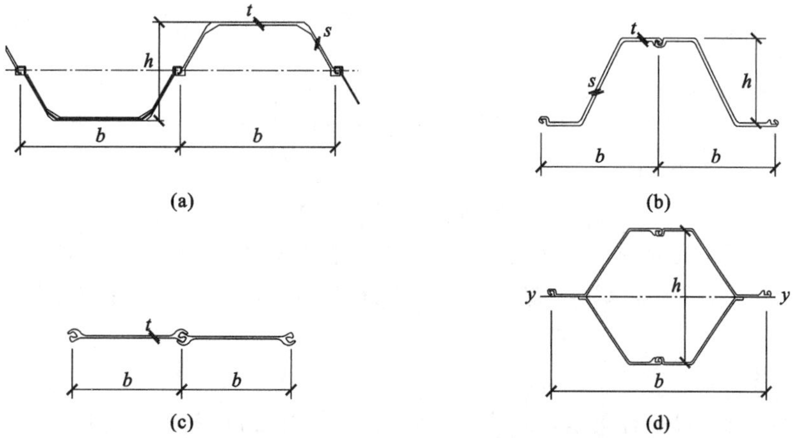

图1.17　常用钢板桩截面形式

(a)U形;(b)Z形;(c)直线形;(d)CAZ形

① 钢板桩支护结构

钢板桩支护结构是由钢板桩、围檩及支撑(或拉锚)系统组成的挡土止水结构,通过连续锁口连接形成连续墙体,以抵抗水、土压力并保持周围地层的稳定,确保地下施工的安全。适用于黏性土、粉土、砂土等一般地层,设计需满足抗弯承载力、抗倾覆稳定性(安全系数≥1.3)及渗透稳定要求。钢板桩支护结构形式主要可分为悬臂板桩(图1.18)、单撑板桩(图1.19)和多撑板桩等。此外常见的围护结构还有桩板式结构、双排或格型钢板桩围堰等。

【扫码演示】

图1.18　悬臂式结构钢板支护

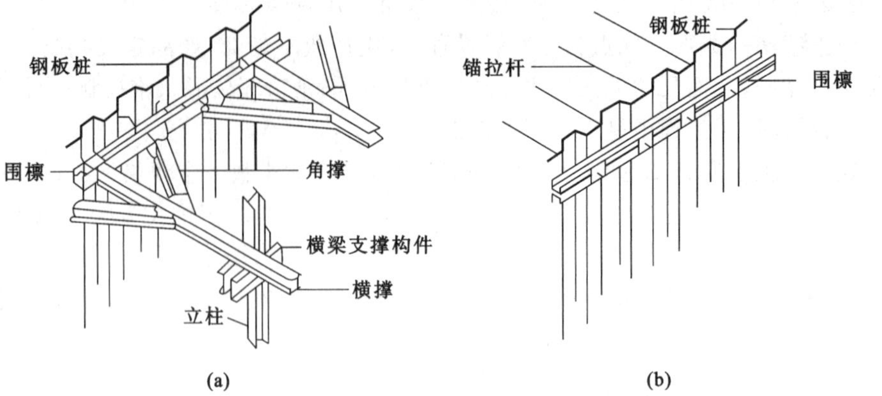

【扫码演示】

图 1.19　单撑式结构

(a)内支撑结构示意图；(b)墙后锚拉结构

② 钢板桩支护结构施工

钢板桩支护结构施工具有工艺成熟、施工速度快、可重复利用等特点，广泛应用于基坑工程、河道护岸、码头建设等场景。钢板桩的施工与选择的桩型、场地的工程地质情况以及施工单位的施工机械、施工技术水平都有很大的关系，钢板桩支护结构施工常采用振动锤沉桩并设置导架控制精度。

a. 打桩设备选择

钢板桩沉桩机械设备种类繁多且应用均较为广泛，沉桩机械及工艺的确定受钢板桩特性、地质条件、钢板桩类型及尺寸、桩锤能量、锤击数、锤击应力、是否需要拔桩等因素影响，在施工中需要综合考虑上述多种因素，以选择既经济又安全的沉桩机械，同时又能确保施工的效率。常用的沉桩机械主要有冲击式打桩机械、振动打桩机械、压桩机械等。表 1.6 给出了各种沉桩机械的适用情况，供选型时参考。

表 1.6　各类打桩机的适用情况

机械类型		冲击式打桩机			振动式打桩机（振动锤）	静力式压桩机
		柴油锤	蒸汽锤	落锤		
钢板桩	形式	除小型板桩外所有板桩	除小型板桩外所有板桩	所有桩型板桩	所有桩型板桩	除小型板桩外所有板桩
	长度	任意长度	任意长度	适宜短桩	不适合很长	任意长度
地层条件	软弱粉土	不适合	不适合	合适	合适	可以
	粉土、黏土	合适	合适	合适	合适	合适
	砂层	合适	合适	不适合	可以	可以
	硬土层	可以	可以	不可以	不可以	不适合

续表1.6

机械类型		冲击式打桩机			振动式打桩机（振动锤）	静力式压桩机
		柴油锤	蒸汽锤	落锤		
施工条件	辅助设施	规模大	规模大	简单	简单	规模大
	噪声	高	较高	高	小	几乎没有
	振动	大	大	小	大	无
	贯入能量	大	一般	小	一般	一般
	施工速度	快	快	慢	一般	一般
费用		高	高	便宜	一般	高
工程规模		大工程	大工程	简单工程	大工程	大工程

b. 钢板桩的检验与矫正

用于基坑临时支护的钢板桩，应进行全面检验，涵盖外观、尺寸及力学性能三大方面。外观检验需检查桩身表面缺陷、锁口完整性及平直度；尺寸检验包括长度、宽度、厚度等指标；力学性能检验则需复验材质强度及锁口强度等。针对检验中发现的桩身弯曲、锁口变形、桩端破损及尺寸偏差等缺陷，需采用相应矫正方法处理，如千斤顶顶压、热矫、机械矫直、切割修补等。矫正后应再次检验，并做好记录存档。对无法矫正或不符合要求的钢板桩，需按规定报废或降级使用，确保施工安全与质量。

c. 导架安装

导架由导梁和围檩桩等组成，在平面上分单面和双面，高度上分单层和双层。导架位置不能与钢板桩相碰。围桩不能随钢板桩打设而下沉或变形。导梁的高度适宜，要有利于控制钢板桩的施工高度和提高工效，用经纬仪和水平仪控制导梁的位置和高度。钢板桩导架见图1.20。同时，导架应具有足够的刚度，必要时增设斜撑或剪刀撑增强稳定性；安装完成后，需对导架进行全面检查，包括构件连接牢固性、整体稳定性等，确认无误后方可进行钢板桩打设施工。

图1.20 钢板桩导架

d. 沉桩的布置方式

钢板桩沉桩时第一根桩的施工较为重要，应该保证其在水平向和竖直向平面内的垂直度，同时需注意后沉的钢板桩应与先沉入桩的锁口可靠连接。沉桩的布置方式一般有三种，分别为插打式、屏风式及错列式。

插打式沉桩是一种较为传统的布置方式。施工时，将钢板桩逐根插入土中，随后逐根进行锤击或振动沉桩。其优点是施工设备要求相对简单，施工速度快，尤其适合在松软土质和较短的钢板桩工程中应用。但这种布置方式可能会导致钢板桩在沉桩过程中出现倾斜，对此可在一根桩打入后，把它与前一根焊牢，既防止倾斜又可避免被后打的桩带入土中。

屏风式沉桩又可分为屏风式打入法和屏风式跳打法。屏风式打入法是先将多根钢板桩插入土中一定深度，形成屏风状，然后用桩机来回锤击，使两端钢板桩先达到设计深度，再依次沉入中间的钢板桩。这种方法可以有效防止板桩倾斜或转动，更好地控制沉桩的垂直度和长度，尤其适用于要求闭合的围护结构。屏风式跳打法则是先将钢板桩成排插入一定深度，形成屏风状，之后按照定义好的顺序进行沉桩作业，适用于密实砂土、高黏性土或可能存在障碍物的复杂地层，可最大限度地减少桩倾斜问题，并利用已沉桩作为导向，避免桩从锁扣内挤出。

错列式沉桩是先每隔一根桩进行打入，形成初步的桩列，然后依次锤击中间的桩。这种布置方式可以有效改善桩列的线形，避免板桩在沉桩过程中出现过度倾斜。错列式布置特别适用于组合钢板桩工程，一般是先打入截面模量较大的主桩，再沉入中间截面模量较小的桩。这种布置方式可以更好地调整支护结构的整体性，增强结构的稳定性，尤其在需要多种截面尺寸的钢板桩组合的工程中，效果更为显著。

1.4 排水与降水

当基坑开挖至地下水位以下时，土的含水层被切断，地下水将会不断渗入基坑内。这样不仅会使施工条件恶化，无法进行土方开挖，而且当土被水浸泡后，还将导致边坡塌方和地基承载力下降。因此，为了保证工程质量和施工安全，必须进行基坑降水，以保持开挖土体的干燥。工程中常用的降水方法有集水井降水和轻型井点降水。其中，集水井降水适用于土质较好、降水深度较浅的情况；轻型井点降水适用于渗透系数为 0.1～20 m/d 的土层，降水深度一般为 3～6 m。

1.4.1 基坑降水

基坑降水是地下水位以下基坑开挖工程中的关键环节，其核心目标是通过人工排水降低地下水位，确保施工安全与土体稳定。当开挖深度突破地下水位时，含水层被切断，地下水持续渗入基坑，易引发施工条件恶化、边坡失稳和地基承载力衰减等风险。为应对上述问题，需根据工程条件合理选择降水方法。本节主要介绍人工降水、集水井降水、轻型井点降水施工方法。

1.4.1.1 地下水控制方法选择

在土方开挖过程中，当基坑(或沟槽)底面标高低于地下水位时，地下水会不断渗入坑内；降雨或地面水也可能流入基坑，如不采取措施，不但会使施工条件恶化，更可能会造成边坡塌方和地基承载力下降。在软土地区基坑开挖深度超过 3 m 时，一般要用井点降水；开挖深度较浅时，亦可边开挖边用排水沟和集水井进行集水明排。地下水控制方法有多种，其适用条件大致如表 1.7 所示。

表 1.7　常用地下水控制方法及适用条件

<table>
<tr><th colspan="2">方法名称</th><th>土类</th><th>渗透系数
/(cm/s)</th><th>降水深度
(地面以下)/m</th><th>水文地质特征</th></tr>
<tr><td colspan="2">集水明排</td><td rowspan="6">填土、黏性土、
粉土、砂土</td><td rowspan="3">$1\times10^{-7}\sim$
2×10^{-4}</td><td>$\leqslant 3$</td><td rowspan="6">上层滞水或潜水</td></tr>
<tr><td rowspan="6">降水</td><td>轻型井点</td><td>$\leqslant 6$</td></tr>
<tr><td>多级轻型井点</td><td>6～10</td></tr>
<tr><td>喷射井点</td><td>$1\times10^{-7}\sim$
2×10^{-4}</td><td>8～20</td></tr>
<tr><td>电渗井点</td><td>$<1\times10^{-7}$</td><td>6～10</td></tr>
<tr><td>真空降水管井</td><td>$>1\times10^{-6}$</td><td>>6</td></tr>
<tr><td>降水管井</td><td>黏性土、粉土、
砂土、碎石土、黄土</td><td>$>1\times10^{-5}$</td><td>>6</td><td>含水丰富的潜水、
承压水和裂隙水</td></tr>
<tr><td colspan="2">回灌</td><td>填土、粉土、
砂土、碎石土、黄土</td><td>$>1\times10^{-5}$</td><td>不限</td><td>不限</td></tr>
</table>

1.4.1.2　人工降水概述

人工降低地下水位，就是在基坑开挖前，先在基坑周围埋设一定数量的滤水管(井)，利用抽水设备从中抽水，使地下水位降到坑底以下，直至基础工程施工完毕为止。这样，可使基坑始终保持干燥状态，防止流砂产生，改善了工作条件。但降水前，应考虑在降水影响范围内的已有建筑物和构筑物可能产生附加沉降、位移，从而引起开裂、倾斜和倒塌，或引起地面塌陷，必要时应事先采取有效的防护措施。

人工降低地下水位的方法有轻型井点、喷射井点、电渗井点、管井井点等。

1.4.1.3　集水井降水

基坑排水常用明沟和暗沟排水法，其原理均是通过沟槽将水引入集水井，再用水泵排出。下面主要介绍集水井降水法。

(1) 集水井降水法

【扫码演示】

明排水法也称为集水井降水法，是现场应用最普遍的一种降低地下水位的方法，其施工方便，设备简单。集水井降水法是在基坑开挖过程中，沿坑底周围或在坑底中央开挖有一定坡度的排水沟，并在排水沟上每隔一定距离设置集水井，使水在重力作用下经排水沟流入集水井，然后用水泵抽出基坑外的降水方法(图 1.21)。排水沟的截面一般为 500 mm×500 mm，坡度为0.3%～0.5%；集水井的直径一般为 600～800 mm，间距为 20～40 m，其深度随着挖土的加深而加深，并保持低于挖土面 700～1000 mm，坑壁可用竹木材料等简易加固。当基坑挖至设计标高后，集水坑底应低于基坑底面 1.0～2.0 m，并铺设碎石滤水层(厚 0.3 m)或下部砾石(厚 0.1 m)上部粗砂(厚 0.1 m)的双层滤水层，以免由于抽水时间过长而将泥砂抽出，并防止坑底土被扰动。四周的排水沟及集水井一般应设置在基础范围以外，地下水流的上游。基坑面积较大时，可在基坑范围内设置盲沟排水。

集水井降水法适用于面积较小，降水深度不大的基坑(槽)开挖工程；不适用于软土、淤泥质土或土层中含有细砂、粉砂的情况。这是因为，采用集水坑降水法时，将产生自下而上或从

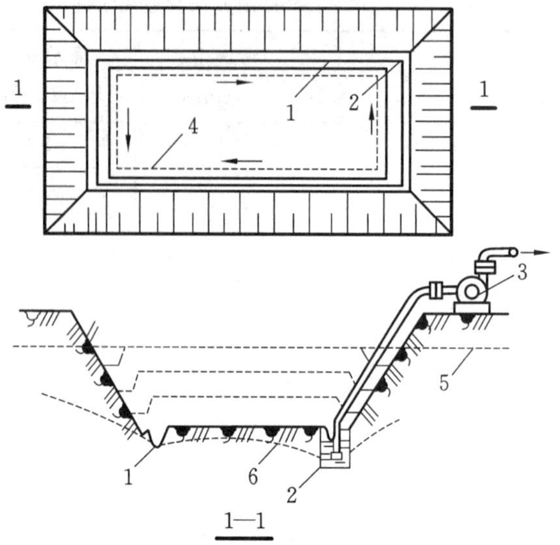

图 1.21　集水井降水法

1—排水沟；2—集水井；3—离心式水泵；4—基础边线；5—原地下水位线；6—降低后地下水位线

边坡向基坑方向的动水压力，容易导致流砂现象或边坡塌方。

(2) 流砂及其防治

① 流砂现象及其原因

当基坑开挖到地下水位以下时，若地下水的渗流速度达到一定程度，土体受到的动水压力超过土的有效重度时，土颗粒会随着地下水流动，形成流砂现象。这种现象会导致土体丧失承载力，基坑难以挖到设计深度，严重时还会引起基坑边坡塌方、邻近建筑物地基被掏空，进而导致建筑物开裂、沉降甚至倒塌。

流砂现象一般发生在细砂、粉砂及砂质粉土中。在粗大砂砾中，因孔隙大，水在其间流过时阻力小，动水压力也小，不易出现流砂。而在黏性土中，由于土粒间黏聚力较大，不会发生流砂现象，但有时在承压水作用下会出现整体隆起现象。动水压力是流砂发生的重要条件。地下水流动受到土颗粒的阻力，而水对土颗粒具有冲动力，这个力即称为动水压力，动水压力 $G_D=\gamma_W I=\gamma_W \cdot \Delta H/L$。它与水力坡度 I 成正比，水位差 ΔH 越大，动水压力越大；而渗透路程 L 越长，则动水压力越小。动水压力的方向与水流方向一致。

② 防治方法

防治流砂的原则是“治流砂必先治水”。主要途径包括减小或平衡动水压力、截住地下水流和改变动水压力的方向。

a. 枯水期施工法。枯水期地下水位较低，基坑内外水位差小，动水压力小，不易产生流砂。因此，应尽量选择在枯水期进行施工。

b. 人工降低地下水位法。通过井点降水法（如轻型井点、管井井点、喷射井点等）降低地下水位，使动水压力方向向下，从而有效防止和根治流砂。

c. 止水帷幕法。将连续的止水支护结构（如连续板桩、深层搅拌桩、密排灌注桩等）打入基坑底面以下一定深度，形成封闭的止水帷幕，延长土的渗流路径，减小水力坡度，从而减小动水压力，防止流砂产生。

d. 水中挖土法。在基坑内不抽水或少抽水的情况下进行水下挖土，使坑内水压与坑外地下水压相平衡或缩小水头差，从而避免流砂的产生。这种方法通常适用于湖中、江中或深井挖土施工。

1.4.1.4 轻型井点降水

轻型井点是沿基坑四周将许多直径较小的井点管埋入地下含水层内，井点管上部与总管连接，通过抽水设备将地下水从井点管内不断抽出，使地下水位降至基坑底面以下，如图 1.22 所示。此种方法适用于土壤渗透系数 $k=0.1\sim20$ m/d 的土层。部分井点的类别及适用范围如表 1.8 所示。施工时可根据土的渗透系数、要求降低水位的深度、工程特点、设备条件及经济性等具体条件选择。

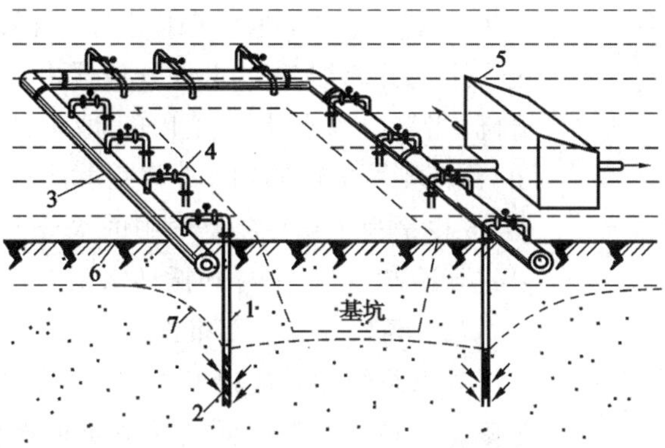

【扫码演示】

图 1.22 轻型井点降水法全貌图

1—井点管；2—滤管；3—集水总管；4—弯联管；5—水泵房；
6—原地下水位线；7—降低后地下水位线

表 1.8 井点的类别、适用范围及主要原理

井点类型	土层渗透系数/(m/d)	降低水位深度/m	最大井距/m	主要原理
轻型井点	0.1～20	≤6	1.6～2	地上真空泵或喷射嘴真空吸水
二级轻型井点		6～10		
喷射井点	0.1～20	8～20	2～3	水下喷射嘴真空吸水
电渗井点	<0.1	同所配合的井点	1(极距)	钢筋阳极加速渗流
管井井点	0.1～200	不限	20～50	离心泵或潜水泵排水

(1) 轻型井点设备

轻型井点设备由管路系统和抽水设备组成。管路系统包括井点管(由井管和滤管连接而成)、弯联管及总管等。

滤管是井点设备的一个重要部分，其构造是否合理，对抽水效果影响较大。滤管构造如图 1.23 所示。滤管长 1.0～1.5 m，管壁上钻有直径为 12～18 mm 成梅花形排列的滤孔；管壁外包两层滤网，内层为 30～50 孔/cm^2 的黄铜丝或尼龙丝布的细滤网，外层为 3～10 孔/cm^2 的粗滤网或棕皮。为避免滤孔淤塞，在管壁与滤网间用塑料管或梯形铅丝绕成螺旋状隔开，滤网外面再绕一层粗铁丝保护网。

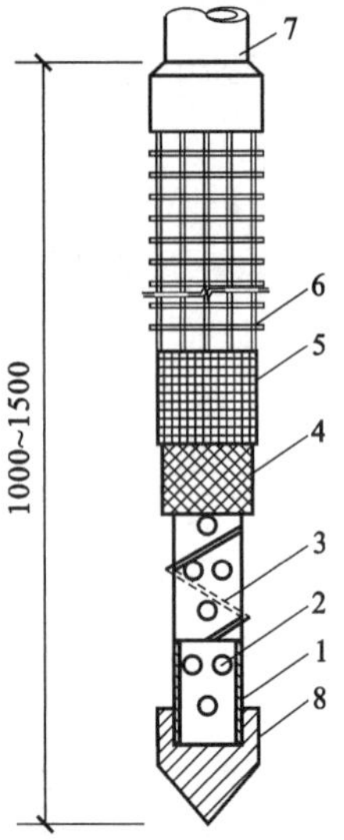

图 1.23　滤管构造图

1—钢管；2—滤孔；
3—缠绕的塑料管；
4—细滤网；5—粗滤网；
6—粗铁丝保护网；
7—井点管；8　铸铁头

井点管宜采用直径为 38 mm 或 51 mm 的钢管，其长度为 5～7 m，上端用弯联管与总管相连。弯联管常用带钢丝衬的橡胶管；用钢管时可装阀门，便于检修井点；也可用塑料管。

抽水设备常用的有真空泵、射流泵和隔膜泵井点设备，现介绍真空泵井点设备的工作原理：

真空泵井点设备由真空泵、离心泵和水气分离器等组成，如图 1.24 所示。其工作原理是开动真空泵 19，将水气分离器 10 内部抽成一定程度的真空，在真空吸力作用下，地下水经滤管 1、井管 2 吸上，进入集水总管 5，再经过滤室 8 过滤泥砂石进入水气分离器 10。水气分离器内有一浮筒 11，沿中间导杆升降，当箱内的水使浮筒上升，即可开动离心水泵 24 将水排出，浮筒则可关闭阀门 12，避免水被吸入真空泵。副水气分离器 16 也是为了避免将空气中的水分吸入真空泵。为了对真空泵进行冷却，特设一冷却循环水泵 23。

(2) 轻型井点平面布置

井点系统布置应根据水文地质资料、工程情况和设备条件等确定。轻型井点布置包括平面布置和高程布置。平面布置即确定井点布置形式、总管长度、井点管数量、水泵数量及位置等。高程布置则确定井点管的埋设深度。

【扫码演示】

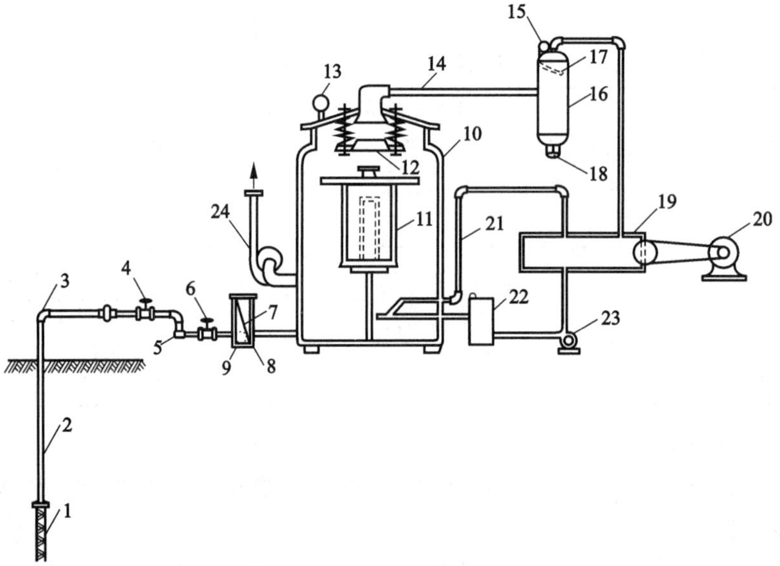

图 1.24　真空泵井点设备工作原理

1—滤管；2—井管；3—弯管；4，6，12—阀门；5—集水总管；7—滤网；8—过滤室；9—淘砂孔；10—水气分离器；11—浮筒；13，15—真空计；14—进水管；16—副水气分离器；17—挡水板；18—放水口；19—真空泵；20—电动机；21—冷却水管；22—冷却水箱；23—冷却循环水泵；24—离心水泵

① 平面布置

当基坑或沟槽宽度小于 6 m、降水深度不超过 5 m 时，可采用单排井点，将井点管布置在地下水流的上游一侧，两端延伸长度不小于坑槽宽度(图 1.25)。反之，则应采用双排井点，位于地下水流上游一排井点管的间距应小些，下游一排井点管的间距可大些。当基坑面积较大时，则应采用环形井点(图 1.26)。井点管距离基坑壁一般不宜小于 0.7 m，间距为 0.8～1.6 m。

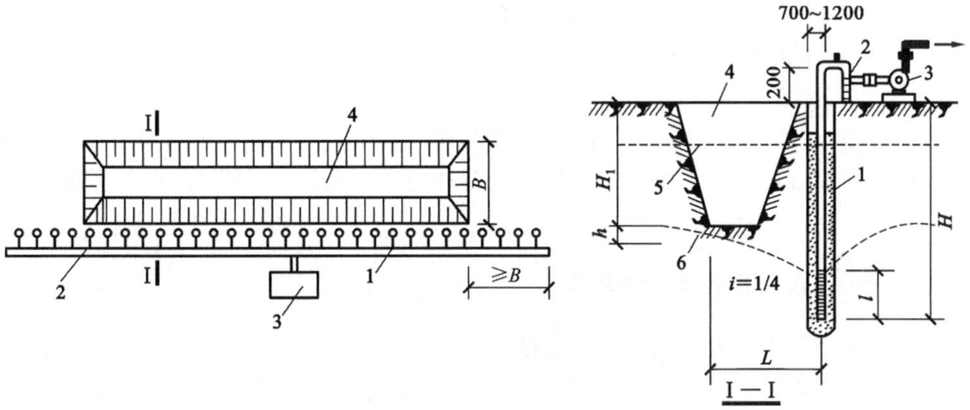

图 1.25　单排线状井点布置

1—井点管；2—集水管；3—抽水设备；4—基坑；5—原地下水位线；6—降低后地下水位线；

H—井点管埋置深度；H_1—井点管埋设面至基坑底面的距离；

h—降低后地下水位至基坑底面的安全距离，取 0.5～1.0 m；

L—井点管至基坑中心的水平距离；l—滤管长度；B—基坑(槽)宽度

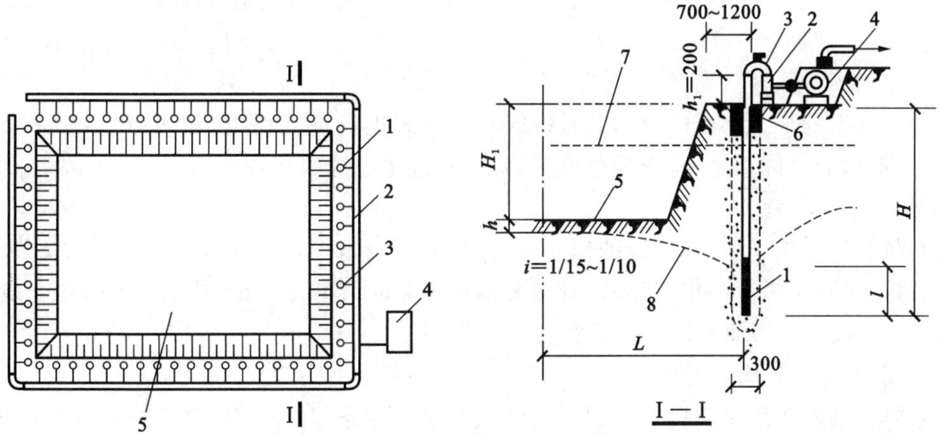

图 1.26　环形井点布置图

1—井点；2—集水总管；3—弯联管；4—抽水设备；5—基坑；6—填黏土；7—原地下水位线；8—降低后地下水位线；

H—井点管埋置深度；H_1—井点管埋设面至基坑底面的距离；

h—降低后地下水位至基坑底面的安全距离，取 0.5～1.0 m；

L—井点管至基坑中心的水平距离；l—滤管长度

② 高程布置

高程布置是确定井点管埋深，即滤管上口至集水总管埋设面的距离，确保滤管埋设在含水层中。进行高程布置时，井点管应露出地面的高度为 0.2～0.3 m，便于与集水总管连接，井点管的长度应大于埋深与露出地面高度之和,如图 1.25 和图 1.26 所示。

井点管的埋设深度 H 可按下式计算:

$$H \geqslant H_1 + h + iL \tag{1-18}$$

式中 H——井点管埋深(m);

H_1——井点管埋设面至基坑底面的距离(m);

h——降低后的地下水至基坑中心底面的距离,为 0.5～1 m;

i——水力坡度,环形井点为 1/10,单排井点为 1/4;

L——井点管至基坑中心的水平距离(m)。

当计算出的 H 值大于井点管长度时,应降低井点系统的埋设面。通常可事先挖槽使集水总管布置面标高接近原地下水位面。当单级轻型井点达不到降水要求深度时,可采用多级轻型井点。

1.4.2 基坑施工封闭降水技术

基坑施工封闭降水技术是在基坑周边设置封闭的止水帷幕,将基坑与外界含水层隔离,阻止地下水向基坑内渗流。然后在基坑内设置降水井,通过抽水设备抽取基坑内的地下水,使基坑内地下水位降至施工要求的深度。止水帷幕可采用深层搅拌桩、高压喷射注浆桩、地下连续墙等形式,这些止水结构能够有效切断地下水的渗流路径,为基坑内降水创造有利条件。

(1) 基坑施工封闭降水技术的优势

① 有效控制地下水

由于止水帷幕的封闭作用,它能精准控制基坑内的地下水位,避免因降水影响基坑周边区域,大大减少对周边建筑物和地下管线的不利影响,与传统降水方法相比,周边地面沉降量明显减小。

② 节约水资源

基坑内抽出的地下水可通过回灌系统或其他方式进行重复利用,例如用于施工现场的混凝土养护、道路洒水降尘等,符合绿色施工理念,实现水资源的高效利用。

③ 改善施工环境

为基坑施工提供了干燥、稳定的作业环境,降低了因地下水而带来的施工难度,提高了施工效率,降低了施工过程中出现流砂、管涌等不良现象的风险,保障了基坑施工的安全和质量。

(2) 基坑施工封闭降水技术施工要点

① 止水帷幕施工质量把控

止水帷幕的施工质量直接关系到封闭降水效果。在施工过程中,要严格控制搅拌桩的水泥用量、喷射注浆的压力和浆液配比等参数。例如,深层搅拌桩施工时,确保搅拌均匀,桩与桩之间的搭接宽度和深度符合设计要求,避免出现缝隙导致地下水渗漏。

② 降水井布置与运行管理

根据基坑的形状、大小和地质条件合理布置降水井,确保井距和井深满足降水要求。在降水过程中,实时监测各降水井的水位和出水量,及时调整抽水设备的运行参数,保证降水的均匀性和稳定性。

③ 监测与应急处理

加强对基坑周边土体位移、地下水位变化以及周边建筑物和地下管线变形的监测。一旦发现异常情况，如止水帷幕出现渗漏，应立即采取应急措施，如快速封堵渗漏点、调整降水方案等，确保基坑和周边环境的安全。

1.5 开挖机械与施工

土方工程量大，若组织人工挖土，不仅劳动繁重，而且生产效率低、工期长、成本高，所以应尽可能组织土方工程机械化施工。土方工程机械化施工主要通过使用推土机、铲运机、挖掘机(单斗挖土机)、装载机等机械完成。在土木工程施工中，推土机、铲运机和单斗挖土机应用最广。本节将介绍这几种机械的性能、适用范围及施工方法。

1.5.1 推土机施工

推土机(图 1.27)是在拖拉机上安装推土板等工作装置而成的机械，是场地平整工程中土方施工的主要机械之一。推土机是集铲运平填于一体的综合性机械，由于推土机具有操作灵活、运转方便、所需工作面小、行驶速度快、易于转移、能爬低坡等优点，因此其应用十分广泛。

推土机适用于填筑路堤、开挖路堑、平整场地、管道沟渠的回填等；可用于平整大面积场地，清除障碍物，如树木、树根等；可用于开挖浅基坑，特别是在平地上开挖浅路堑，深度宜在2 m 以内。

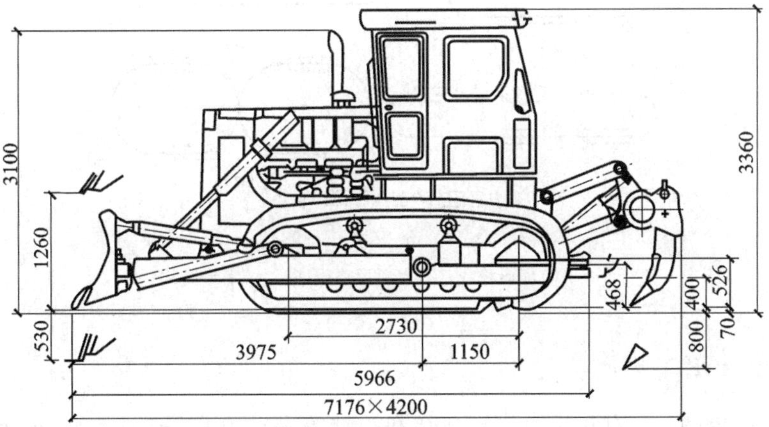

图 1.27 推土机

推土机的生产率主要取决于推土机推移土的体积及切土、推土、回程等工作的循环时间。为提高生产率，可采用下坡推土、并列推土、槽型推土等施工方法。

1.5.2 铲运机施工

铲运机是一种能够独立完成铲土、运土、卸土、填筑、整平的土方机械。其按有无动力设备分为拖式和自行式两种。拖式铲运机需由拖拉机牵引及操纵；自行式铲运机的行驶和工作，都靠本身的动力设备完成，图 1.28 为 CL7 型自行式铲运机。铲运机管理简单，生产率高，且运转费用低，在土方工程中常应用于大面积场地平整、填筑路基和堤坝等。最适用于开挖含水量不超过 27%的松土和普通土，坚土(三类土)和砂砾坚土(四类土)需用松土机预松后开挖。自行式铲运机的运距在 800～1500 m 时效率最高，拖式铲运机的运距在 200～350 m 时效率最高。

铲运机的生产效率主要取决于铲斗装土容量和铲土、运土、卸土、回程的工作循环时间。

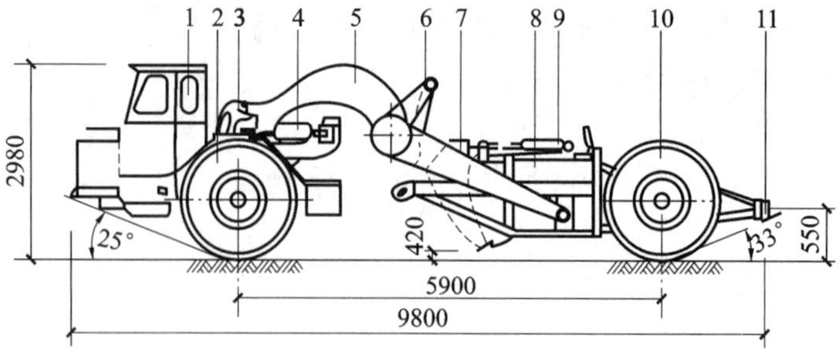

图 1.28 CL7 型自行式铲运机

1—驾驶室;2—前轮;3—中央框架;4—转角油缸;5—辕架;6—提斗油缸;7—斗门;
8—铲斗;9—斗门油缸;10—后轮;11—尾架

为提高生产效率,可采用下坡铲土、推土机助铲等方法,以缩短装土时间并使铲斗装满。

铲运机的开行路线主要有环形路线和"8"字形路线两种形式,如图 1.29 所示。铲运机运行路线应根据填方、挖方区的分布情况并结合当地具体条件进行合理选择。环形路线是一种既简单又常用的路线。当地形起伏不大,施工地段较短时,多采用环形路线。

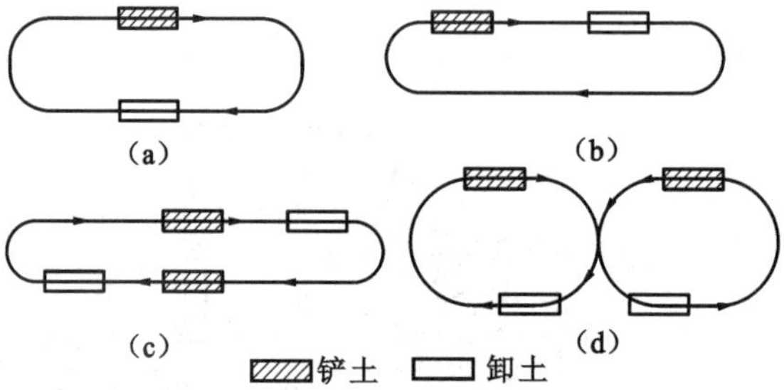

图 1.29 铲运机开行路线

(a)、(b)环形路线;(c)大环形路线;(d)"8"字形路线

1.5.3 单斗挖土机施工

单斗挖土机(图 1.30)有正铲、反铲、抓铲和拉铲等多种,用以挖掘基坑、沟槽,清理和平整场地;更换工作装置后,还可进行装卸、起重、打桩等其他作业,是工程建设中常见的机械设备。

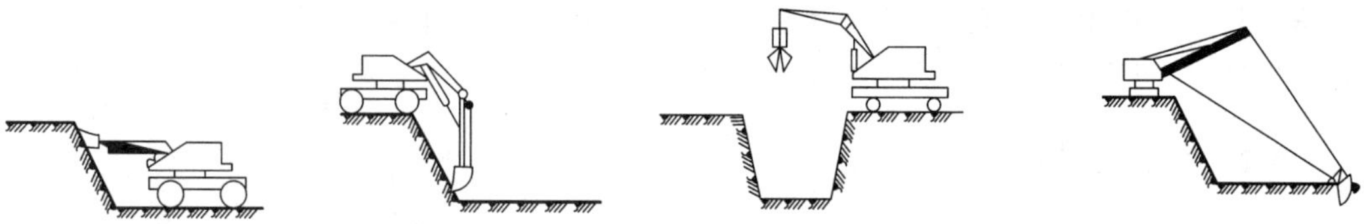

图 1.30 单斗挖土机工作装置的类型

(a)正铲;(b)反铲;(c)抓铲;(d)拉铲

(1) 正铲挖土机

正铲挖土机的特点是"前进向上,强制切土"。正铲挖土机因一般只用于开挖停机面以上的土壤,所以只适宜在土质良好、无地下水的地区工作。图 1.31 所示为正铲单斗液压挖土机

的简图及主要工作运动状态。其机身可以回转360°,动臂可以升降。斗柄可以伸缩,铲斗可以转动,当更换工作装置后还可以进行其他施工作业。

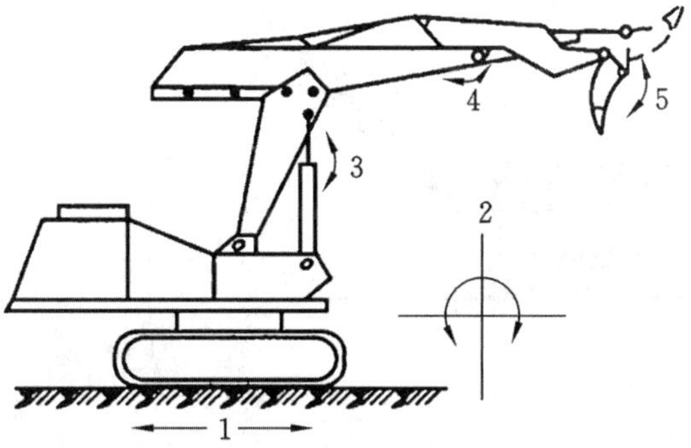

图1.31　正铲单斗液压挖土机的主要工作运动状态

1—行走;2—回转;3—动臂升降;4—斗柄伸缩;5—铲斗转动

(2) 反铲挖土机

如图1.32所示,反铲挖土机的特点是“后退向下,强制切土”。它适用于开挖停机面以下的一至三类土,适用于开挖深度不大的基坑、基槽或管沟等及含水量大或地下水位较高的土方。反铲挖土机可以与自卸汽车配合,装土运走,也可弃土于坑槽附近。反铲挖土机的开挖方式有沟端开挖和沟侧开挖两种。

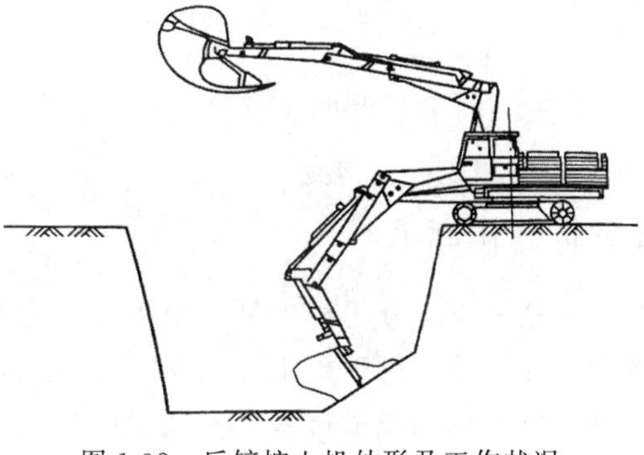
图1.32　反铲挖土机外形及工作状况

(3) 抓铲挖土机

如图1.33所示,抓铲挖土机的特点是“直上直下,自重切土”。它适用于开挖停机面以下的一或二类土,如挖窄而深的基坑、疏通旧有渠道以及挖取水中淤泥等,或用于装卸碎石、矿渣等松散材料。在软土地基的地区,常用于开挖基坑、沉井等。开挖方式有沟侧开挖和定位开挖两种。沟侧开挖是指抓铲挖土机沿基坑边移动挖土,适用于边坡陡直或有支护结构的基坑开挖。定位开挖是指抓铲挖土机立于基坑一侧抓土,对较宽的基坑,则在两侧或四周抓土。挖淤泥时,抓斗易被淤泥吸住,应避免猛用力,以防翻车。

(4) 拉铲挖土机

如图1.34所示,拉铲挖土机的特点是“后退向下,自重切土”。它适用于开挖停机面以下的一或二类土,适用于开挖较深较大的基坑(槽)、沟渠,挖取水中泥土以及填筑路基、修筑堤坝等。拉铲挖土机大多将土直接卸在基坑(槽)附近堆放,或配备自卸汽车装土运走,但工效较

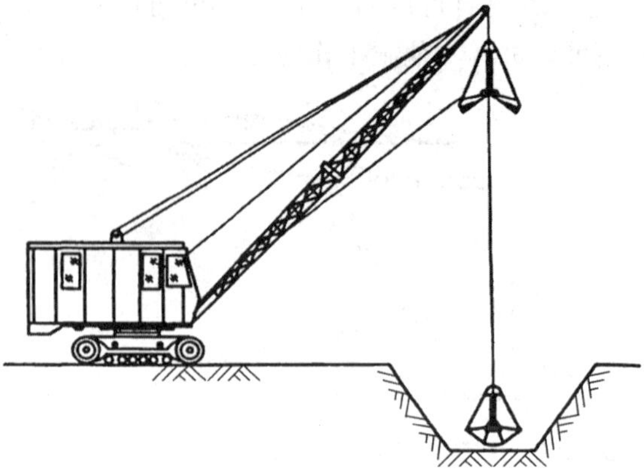

图 1.33　抓铲挖土机外形及工作状况

低。拉铲挖土机的开挖方式有沟端开挖和沟侧开挖两种。

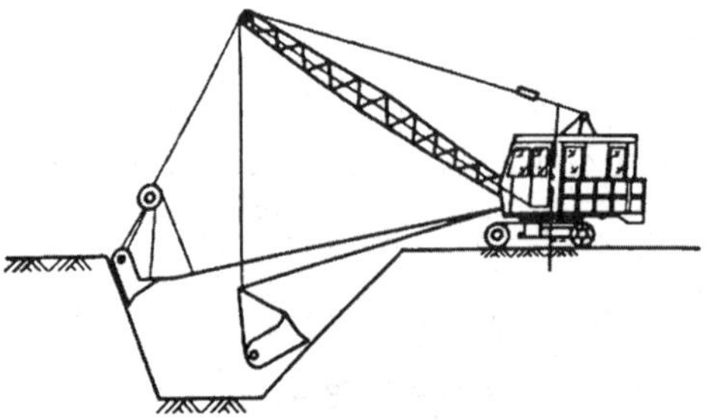

图 1.34　拉铲挖土机外形及工作状况

1.5.4　土方工程综合机械化施工

土方工程综合机械化施工，就是以土方工程中某一施工过程为主导，按其工程量大小、土质条件及工期要求，适量选择完成该施工过程的土方机械；并以此为依据，合理地配备完成其他辅助施工过程的机械，做到土方工程各施工过程均实现机械化施工。主导机械与辅助机械所配备的数量及生产率，应尽可能协调一致，以充分发挥施工机械的效能。

例如，大型基坑的开挖，当弃土的距离较远时，可选择正铲、反铲或拉铲挖土机挖土，用自卸汽车来配合运土。这时就应以挖土机的生产率为依据，结合运输车辆的载重量、行驶速度、运距等因素来确定运输车辆的数量。运输车辆的数量要保证挖土机能连续工作，且本身又无停歇等候装车现象。也就是当一辆汽车装满土后，又立刻有一辆汽车开来进行装土。

又如，在进行场地平整时，可根据地形条件、工程量、工期等要求，全面组织铲运机（或推土机、挖土机）来开挖土壤，用松土机来松土，用装载机装土，用自卸汽车运土，用推土机平整土壤，用碾压机械进行压实。

对于独立的柱基，则可用小型液压轮胎式的抓铲或反铲挖土机挖土，配以自卸汽车或装载机和机动翻斗车运土。

土方工程除了实现综合机械化外，还应以流水方式组织施工，以充分发挥机械效能，加快工程进度。

1.6 土方填筑*

土料选择与填筑方法、填土压实方法、填土压实的影响因素与控制、填土压实的质量检验等相关内容见二维码。

【拓展内容】

思考题与习题

1.1 什么是土的可松性？土的最初可松性系数和最终可松性系数如何确定？

1.2 试述按填、挖平衡确定场地平整设计标高的步骤与方法。

1.3 如何进行轻型井点系统的平面布置与高程布置？

1.4 土方回填时对土料的选择有何要求？

1.5 井点的类型是怎样划分的？

1.6 一基坑深 5 m，基坑底长 50 m、宽 40 m，四边放坡，边坡坡度为 1∶0.5，试问挖土土方量为多少？若地坪以下混凝土基础的体积为 2800 m^3，则回填土为多少？多余土外运，如用斗容量为 6 m^3 的汽车运土，需运多少次？（已知土的最初可松性系数 $K_s=1.14$，最终可松性系数 $K_s'=1.05$。）

1.7 某建筑场地方格网（$a=20$ m）及各方格顶点地面标高如图 1.37 所示。土质为亚黏土（普通土），$K_s'=1.05$，地面设计双向泄水，泄水坡度 $i_x=i_y=3‰$，按挖平衡要求，试求：

(1) 场地各方格顶点设计标高；

(2) 计算各角点施工高度并标出零线位置；

(3) 计算填、挖土方量（不考虑边坡土方量）；

(4) 考虑土的可松性影响调整后的设计标高。

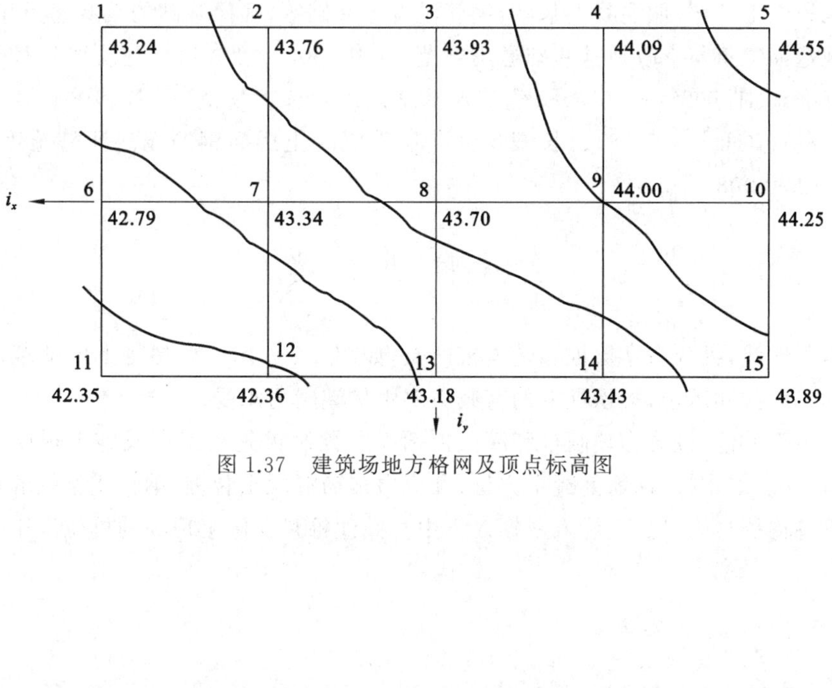

图 1.37 建筑场地方格网及顶点标高图

2 桩与地基基础工程

【本章提要】

桩基础是一种承载能力很强的基础形式,其种类较多,本章重点阐述了锤击沉桩、静力压桩、钻孔灌注桩的施工工艺。本章在传统桩基础施工的基础上增加了地基基础和地下空间工程新技术,将水泥粉煤灰碎石桩(CFG 桩)、长螺旋钻孔压灌桩技术以及灌注桩后注浆技术等内容作为新技术补充。

【学习要求】

(1) 了解桩基础施工工艺。

(2) 掌握各种桩基础施工工艺及质量控制的方法。

随着城市化进程的加速和建筑规模的不断扩大,桩与地基基础工程的重要性日益凸显。桩与地基基础工程是土木工程中的重要组成部分,主要包括桩基础和地基基础两大部分。

桩基础具有承载能力强、沉降量小而均匀等特点,适用于软弱地基及上部结构对不均匀沉降敏感的情况。按承载性状可分为端承桩和摩擦桩,按施工方法又可分为预制桩和灌注桩等。桩基础施工是建筑基础工程中通过桩与桩承台组成的结构传递荷载至深层地基的技术。桩基础是一种常见且重要的基础形式,广泛应用于各类建筑工程,尤其是在软弱地基、高层建筑、重型厂房等项目中。桩基础是一种常见的深基础形式,它由桩和桩顶的承台组成。

地基基础是建筑物与地基之间的连接部分,其作用是将建筑物的荷载传递给地基。地基基础工程包括地基处理和基础施工两方面。地基处理的目的是改善地基土的性质,提高地基承载力,减少沉降。常用的方法有换填法、压实法、桩筏法等。基础施工则根据设计要求,选择合适的材料和施工工艺,如混凝土基础、钢筋混凝土基础等,确保基础的承载能力和稳定性。

常用规范:《建筑与市政地基基础通用规范》(GB 55003—2021)、《建筑地基基础工程施工质量验收标准》(GB 50202—2018)、《建筑地基基础工程施工规范》(GB 51004—2015)、《建筑桩基技术规范》(JGJ 94—2008)、《长螺旋钻孔压灌混凝土后插钢筋笼灌注桩施工技术规程》(DB11/T 582—2008)等。

2.1 桩的分类

按照承载性状,桩分为摩擦桩和端承桩两类,如图 2.1 所示。摩擦桩上的荷载由桩侧摩擦力和桩端的阻力共同承担,端承桩上的荷载主要由桩端阻力承受。

按桩的施工方法,桩分为预制桩和灌注桩两类。预制桩是在工厂或施工现场制成的各种材料和类型的桩(如木桩、钢筋混凝土方桩、预应力钢筋混凝土管桩、钢管或型钢的钢桩等),而后用沉桩设备将桩打入、压入、旋入或振入土中。灌注桩是在施工现场的桩位上用机械或人工成孔，然后在孔内灌注混凝土或钢筋混凝土而成。根据成孔方法的不同，灌注桩分为钻孔灌注桩、挖孔灌注桩、冲孔灌注桩、沉管灌注桩和爆扩桩。

2.2 预制桩施工

钢筋混凝土预制桩分为实心桩与管桩两种。为了便于预制，实心桩一般做成方形断面，断面尺寸一般为200 mm×200 mm～500 mm×500 mm。单根桩的最大长度，取决于打桩架的高度，目前一般在27 m以内，如需打设30 m以上的桩，则将桩预制成几段，在打桩过程中逐段接长。管桩为外径400～500 mm的空心圆柱形，在工厂内采用离心法制成，它与实心桩相比，可以大大减轻桩的自重。

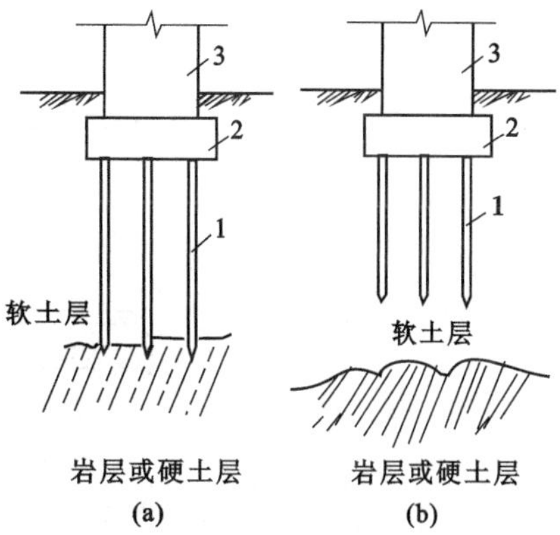

图2.1 桩基

(a)端承桩；(b)摩擦桩

1—桩；2—承台；3—上部结构

2.2.1 桩的预制、起吊、运输、堆放

钢筋混凝土预制桩的制作程序：场地平整、压实→场地地坪做三七灰土或浇筑混凝土→支模→绑扎钢筋骨架、安设吊环→浇筑混凝土→养护至设计强度的30%拆模→支间隔桩端头模板、设隔离层、绑钢筋→浇筑间隔桩混凝土→同法间隔制作第二层桩→养护至设计强度的70%起吊→强度达到100%后运输。

当桩的混凝土达到设计强度的70%方可起吊，达到100%方可运输和打桩。如提前起吊，必须做强度和抗裂度验算。桩在起吊和搬运时，必须平稳，不得损坏。吊点应符合设计要求，遵循吊桩弯矩最小的原则，如果设计未作规定，应按吊点间的跨中弯矩与吊点处的负弯矩的原则确定吊点位置，一般吊点位置如图2.2所示。在吊索与桩间应加衬托，防止撞击和振动。

打桩前，桩应运到施工现场或桩架处，宜随打随运，以避免二次搬运。对于桩的运输方式，当运距不大时，可用起重机吊运或在桩下垫滚筒，用卷扬机拖拉；当运距较大时，可采用轻便轨道小平台车运输。堆放桩时，地面必须平整、坚实，垫木间距应根据吊点位置合理布置，各层垫木应位于同一垂直线上，堆放层数不宜超过4层。不同规格的桩应分别堆放，以便施工。

2.2.2 沉桩前的准备工作

打桩前应对打桩场地进行平整压实，事先应清除桩基范围内的各种障碍物，包括地下和地上的各种阻碍施工的设施。铺设好临时施工道路，并做好排水设施。按设计图纸定出桩基轴线，并在不影响打桩工作的地方设置适当的水准点，以控制桩的标高；架好打桩机械，接通现场的水电管线；做好桩的质量检验工作。正式打桩前，应进行数量不少于2根的打桩试验，以检验设备和工艺是否符合设计要求。由于沉桩对土体的挤密作用，会使先打的桩因受水平推挤而造成偏移，或被垂直挤拔造成浮桩；而后打入的桩因土体挤密而入土困难，并可能会引起桩周土体的隆起和挤压。为了保证施工顺利，沉桩时，应根据桩的规格、间距和堆放场地等合理

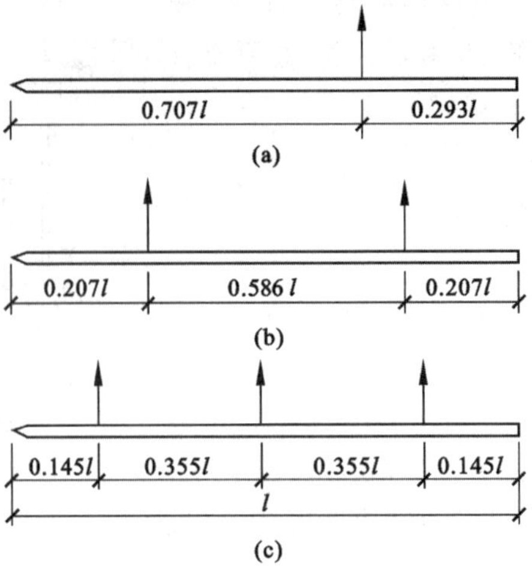

图 2.2　桩的合理吊点位置

(a)一点起吊；(b)二点起吊；(c)三点起吊

l—桩长

确定沉桩顺序。

当桩不太密集(桩的中心距大于或等于 4 倍桩的直径)时，可采取逐排打桩和自边缘向中央打桩的顺序。逐排打桩[图 2.3(a)]时，桩架单向移动，桩就位与起吊均很方便，故打桩的效率很高。但当桩较密集时，逐排打桩会使土体向一个方向挤压，导致土体挤压不均，后面的桩不容易打入，最终可能会使建成的建筑物发生不均匀沉降。自边缘向中央打桩[图 2.3(b)]，当桩较密集时，中间部分的土体压实紧密，桩难以打入，并且可能导致外侧桩因挤压而浮起。故这两种方法适用于桩不太密集的情况。

当桩较为密集(桩中心距小于 4 倍桩的直径)时，一般情况下采用自中央向边缘打桩[图 2.3(c)]和分段打桩[图 2.3(d)]的顺序。按这两种打桩方式打桩时土体由中央向两侧或向四周挤压，避免了土体的过度集中密实。

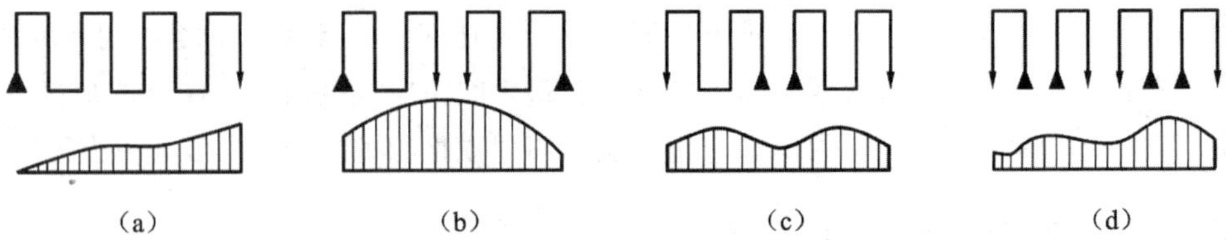

图 2.3　打桩顺序与土体挤密情况

(a)逐排打桩；(b)自边缘向中央打桩；(c)自中央向边缘打桩；(d)分段打桩

在实际施工过程中，不仅要考虑打桩的顺序，还要考虑桩架的移动是否方便，一般有退沉桩和顶沉桩等。

2.2.3　预制桩的沉桩方法

预制桩常用的沉桩方法有锤击法和静压法。

(1) 锤击法

锤击沉桩是指利用桩锤下落对桩产生冲击能量克服土体对桩的阻力，将桩沉入土中的方法。

① 锤击沉桩机

锤击沉桩机由桩锤、桩架及动力装置三部分组成，施工时需选择合适的桩锤与桩架。

【扫码演示】

a. 桩锤。桩锤有落锤、柴油锤、蒸汽锤、液压锤等。

落锤是用人力或卷扬机拉起桩锤，然后使其自由下落，利用锤的重力夯击桩顶，使之入土。落锤装置简单，使用方便，费用低，但施工速度慢，效率低，且桩顶易被破坏。

柴油锤是以柴油为燃料，利用设在筒形汽缸内的冲击体所产生的冲击力与燃烧压力，推动锤体跳动夯击桩体。其体积小、锤击能量大、锤击速度快、施工性能好。柴油锤施工有时会出现振动大、噪声大、废气飞散等严重的污染问题。

蒸汽锤是利用蒸汽的动力进行锤击，它需要配备一套锅炉设备对桩锤外供蒸汽。根据其工作情况又可分为单动式汽锤与双动式汽锤。单动式汽锤的冲击体只在上升时耗用动力，下降时依靠自重；双动式汽锤的冲击体升降均由蒸汽推动。单动式汽锤的冲击力较大，可以打各种桩，每分钟锤击数为 25～30 次，常用锤重为 3～10 t。双动式汽锤的外壳是固定在桩头上的，而锤在外壳内上下运动；因其冲击频率高(100～200 次/min)，所以工作效率高，锤重一般为 0.6～6 t，适用于打各种桩，也可在水下打桩并用于拔桩。

液压锤的冲击块通过液压装置提升至预定高度后再快速释放，以自由落体方式打击桩体；也有在冲击块提升至预定高度后再以液压系统施加作用力，使冲击块获得加速度，以提高冲击速度和冲击能量，后者亦称为双作用液压锤。液压锤具有很好的工作性能，且无烟气污染、噪声较小，在软土中的起动性比柴油锤有很大改善，但它结构复杂、维修保养的工作量大、价格高、作业效率比柴油锤低。

b. 桩架。桩架是悬吊桩支持桩身，并为桩锤导向，同时还能起吊桩并可在小范围内移动桩位的打桩设备。桩架形式多种多样，常用的通用桩架有两种基本形式：一种是沿轨道行驶的多功能桩架，另一种是装在履带底盘上的打桩架。

多功能桩架(图 2.4)由立柱、斜撑、回转工作台、底盘及传动机构组成。这种桩架机动性和适应性很大，在水平方向可做 360°回转，立柱可前后倾斜，可适应各种预制桩及灌注桩施工。缺点是机构庞大，组装拆迁较麻烦。

履带式桩架(图 2.5)以履带式起重机为底盘，增加立柱与斜撑用以打桩。这种桩架移动灵活、方便，适应各种预制桩及灌注桩施工。

② 打桩施工

打桩前应做好各项准备工作。清除妨碍施工的地上和地下的障碍物，平整施工场地，定位放线，设置供电、供水系统，安设打桩机等。

桩基轴线的定位点，应设置在不受打桩影响的地点，打桩地区附近需设置不少于 2 个水准点。在施工过程中可据此检查桩位的偏差以及桩的入土深度。

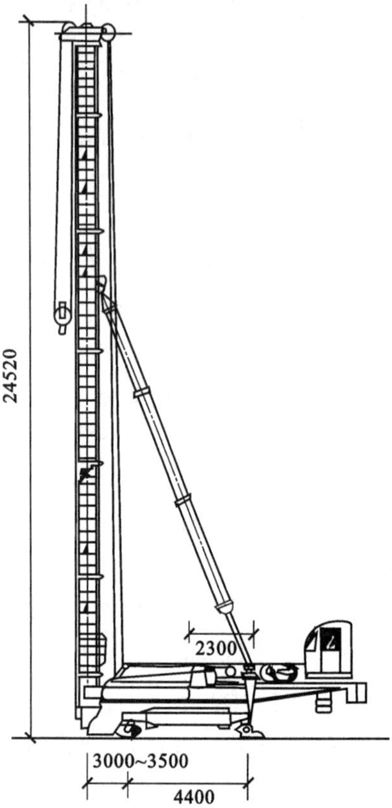

图 2.4　多功能桩架

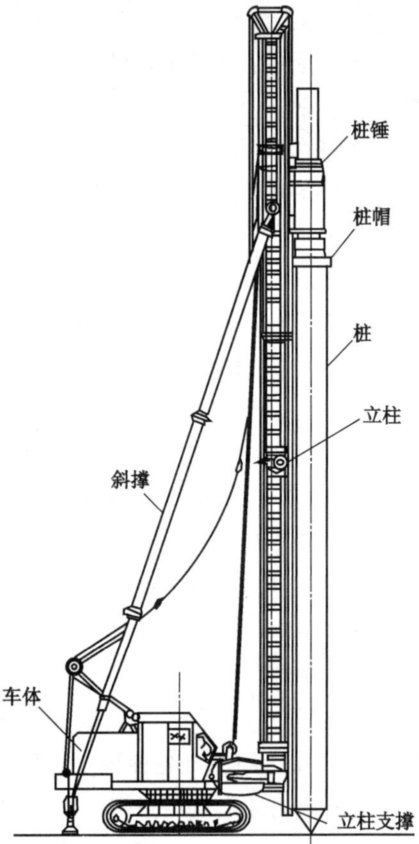

图 2.5　履带式桩架

打桩时应注意以下问题：

a. 打桩顺序

打桩顺序一般有逐排打、自中间向两个方向对称打、自中间向四周打(图 2.6)。打桩顺序直接影响打桩速度和桩基质量。因此,应结合地基土壤的挤压情况、桩距的大小、桩机的性能、工程特点及工期要求,经综合考虑予以确定,以确保桩基质量,减少桩机的移动和转向,加快打桩速度。

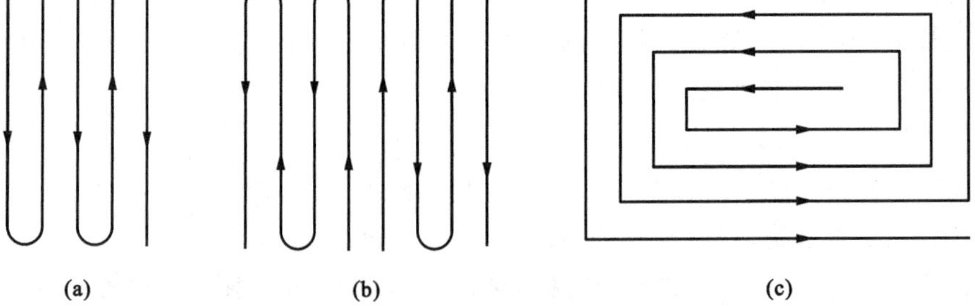

图 2.6　打桩顺序

(a)逐排打;(b)自中间向两个方向对称打;(c)自中间向四周打

由一侧向单一方向打，桩机系单向移动，桩的就位与起吊均很方便，故打桩效率高，但它会使土壤向一个方向挤压，导致土壤挤压不均匀，易引起建筑物的不均匀沉降。第一种打桩顺序，其打桩推进方向宜逐排改变，以免土朝一个方向挤压，而导致土壤挤压不均匀，对于同一排桩，必要时还可采用间隔跳打的方式。对于大面积的桩群，宜采用后两种打桩顺序，以免土壤受到严重挤压，使桩难以打入，或使先打入的桩受挤压而倾斜。大面积的桩群，宜分成几个区域，由多台打桩机采用合理的顺序同时进行打桩。

打桩时要进行试桩，以检验设备和工艺是否符合要求。《建筑基桩检测技术规范》(JGJ 106—2014)规定，当预计工程桩总数小于 50 根时，为设计提供依据的试验桩检测数量不应少于 2 根。

b. 打桩方法

打桩机就位后，将桩锤和桩帽吊起来，然后吊桩并将其送至导杆内，垂直对准桩位缓缓送下插入土中，垂直度偏差不得超过 0.5%，然后固定桩帽和桩锤，使桩、桩帽、桩锤在同一垂线上，确保桩能垂直下沉。在桩锤和桩帽之间应加弹性衬垫，桩帽与桩顶周围应有 5～10 mm 的间隙，以防损伤桩顶。

开始打桩时，锤的落距应较小，待桩入土一定深度(约 2 m)并稳定后，再按要求的落距进行锤击，用落锤或单动式汽锤打桩时，最大落距不宜大于 1 m；用柴油锤时应使锤跳动正常。打桩过程中，遇到贯入度剧变，桩身突然发生倾斜、移位或有严重回弹，桩顶或桩身出现严重裂缝或破碎等异常情况时，应暂停打桩，及时研究处理。

如用送桩法将桩送入土中，桩与送桩杆的纵轴线应在同一轴线上，拔出送桩杆后，桩孔应及时回填或加盖。

c. 接桩

当设计桩较长时，若打桩架高度有限或有预制、运输等不利因素，需分段施工，并在现场进行接桩。接桩可采用焊接、硫黄胶泥连接、法兰连接等，如图 2.7 所示。

【扫码演示】

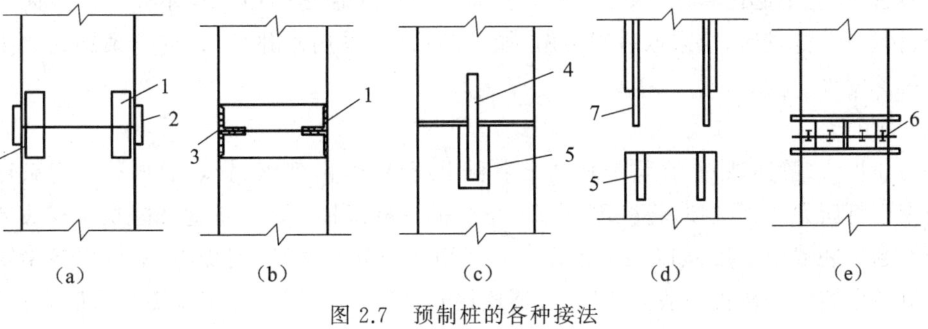

图 2.7　预制桩的各种接法

(a)、(b)焊接；(c)、(d)硫黄胶泥连接；(e)法兰连接

1—角钢与主筋焊接；2—钢板；3—焊缝；4,7—预埋锚筋；5—带浆锚孔；6—预埋法兰

打桩过程中，应做好沉桩记录，以便工程验收。

d. 桩的质量控制

打桩的质量需根据打入后的偏差是否在允许范围内，最后贯入度与沉桩标高是否满足设计要求,桩顶、桩身是否打坏以及对周围环境有无造成严重危害来判定。

桩的垂直偏差应控制在1%之内,平面位置的偏差,单排桩不大于100 mm,多排桩一般不超过桩直径或边长的1/2~1。桩位的允许偏差应符合表2.1的规定。

表2.1　桩位的允许偏差

序　号	项　　目	允许偏差/mm
1	单排或双排桩条形基础: (1)垂直于条形桩基础纵轴方向; (2)平行于条形桩基础纵轴方向	 $100+0.01H$ $150+0.01H$
2	桩数为1~3根桩基础中的桩	100
3	桩数为4~16根桩基础中的桩	1/3桩径或边长
4	桩数大于16根桩基础中的桩: (1)最外边的桩; (2)中间桩	 1/3桩径或1/3边长 1/2桩径或1/2边长

注:H为施工现场地面标高与桩顶设计标高的距离。

打桩时桩顶过分破碎或桩身严重裂缝,应立即暂停,待采取相应的技术措施后,方可继续施打。

打桩时,除了注意桩顶与桩身由桩锤冲击导致的破坏外,还应注意桩身受锤击应力而导致的水平裂缝。例如,在软土中打桩,桩顶以下1/3桩长范围内常会因反射的应力波使桩身受拉而引起水平裂缝。开裂往往出现在吊点和蜂窝处,这些地方容易形成应力集中。采用重锤低击和较软的桩垫可减小锤击拉应力。引起的桩区及附近地区土体隆起和水平位移虽然不属于单桩本身的问题,但邻桩相互挤压若导致桩位偏移、产生浮桩现象,则影响整个工程质量。若已产生浮桩现象,则必须采取有效的措施对浮桩纠正处理后进行静荷载试验。在已有建筑群中施工打桩,还会引起已有地下管线、地面交通道路和建筑物的损坏和不安全。因此,在邻近建筑物(构筑物)打桩时,应采取适当措施,如挖防振沟、采用砂井排水、进行预钻孔取土打桩、控制打桩速度等。

(2) 静压法

静力压桩法(静压法)是在均匀软弱土中利用压桩架(由型钢制作)的自重和配重,通过卷扬机的牵引将压力传到桩顶,将桩逐节压入土中的一种沉桩方法。静力压桩机由压拔装置、行走机构及起吊装置等组成,如图2.8所示。这种沉桩方法无振动、无噪声、对周围环境影响小,适合在城市中施工。压桩一般分节压入,逐段接长,第一节桩压入土中,其上端距地面2 m左右时,将第二节桩接上,继续压入。压同一根桩时,各工序应连续施工。

【扫码演示】

静力压桩的施工顺序:了解施工现场情况→编制施工方案→桩堆场地平整→制桩→压桩→检测压桩对周围土体的影响→测定桩位位移情况→验收。

施工注意事项:

① 压桩施工时应随时注意使桩保持轴心受压状态,接桩时也应保证上下接桩的轴线一致。

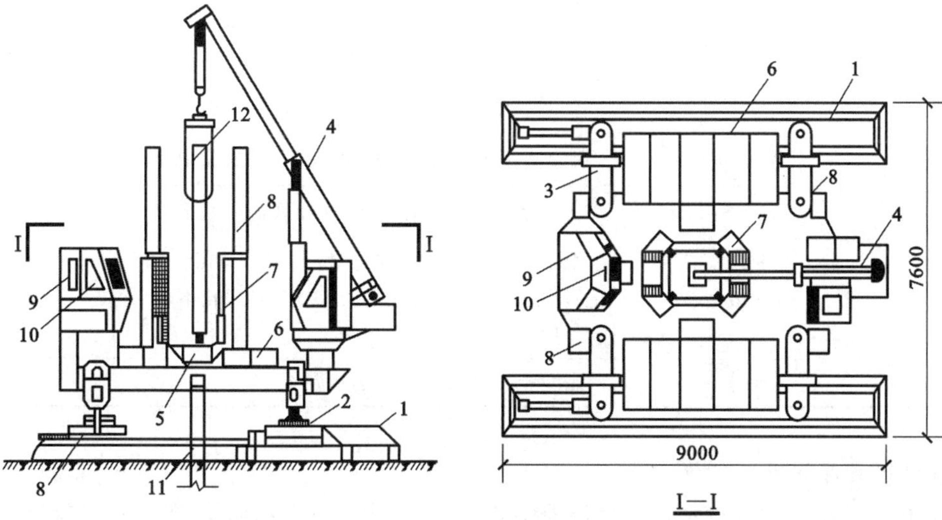

【扫码演示】

图 2.8　全液压式静力压桩机压桩

1—长船行走机构；2—短船行走及回转机构；3—支腿式底盘结构；4—液压起重机；5—夹持与压板装置；6—配重铁块；7—导向架；8—液压系统；9—电控系统；10—操纵室；11—已压入下节桩；12—吊入上节桩

② 接桩时间应尽可能缩短，以避免因间歇时间过长、压桩阻力过大而出现压不下去的情况。

③ 当桩接近设计标高时，不可过早停压，否则，在补压时也会发生压不下去或压入过少的现象。

④ 压桩过程中，当桩尖碰到夹砂层时，压桩阻力可能突然增大，这时可以最大的压桩力作用在桩顶，采取停车再开、忽停忽开的办法，使桩有可能缓慢下沉穿过砂层。

⑤ 送桩深度不宜大于 12 m。当送桩深度大于 8 m 时，送桩器应专门设计。

2.3　灌注桩施工

灌注桩施工是一种在桩位处直接成孔，然后灌注混凝土形成桩基础的施工方法。由于其能适应各种复杂地质条件，并且可以根据实际工程需求灵活调整桩长、桩径等参数，因此在建筑工程领域得到了广泛应用。

根据成孔工艺不同，灌注桩可分为钻孔灌注桩、套管成孔灌注桩、挖孔灌注桩、冲孔灌注桩等。与预制桩相比，灌注桩由于避免了锤击应力，桩的混凝土强度及配筋只要满足使用要求就可以，因而具有节约材料、成本低廉、施工不受地层变化限制等优点。

2.3.1　钻孔灌注桩

钻孔灌注桩是利用钻孔机在桩位成孔，然后在桩孔内放入钢筋骨架再灌混凝土而成的就地灌注桩。钻孔灌注桩能在各种土质条件下施工，具有无振动、对土体无挤压的特点。根据地质条件的不同可分为干作业成孔灌注桩和湿作业成孔灌注桩。钻孔灌注桩成孔方法的适用范围如表 2.2 所示。

表 2.2　钻孔灌注桩成孔方法的适用范围

成孔方法		适用范围
干作业成孔	螺旋钻	地下水位以上的黏性土、砂土及人工填土
	钻孔扩底	地下水位以上的坚硬、硬塑的黏性土及中密以上的砂土
	机动洛阳铲	地下水位以上的黏性土、黄土及人工填土
湿作业成孔	冲抓钻、冲击钻、回转钻	地下水位以上的黏性土、粉土、砂土、填土、碎(砾)石土及风化岩层，以及地质情况复杂、夹层多、风化不均、软硬变化较大的岩层
	潜水钻	黏性土、淤泥、淤泥质土及砂土

(1) 干作业成孔灌注桩

干作业成孔灌注桩是用螺旋钻机在桩位处钻孔，然后在孔内放入钢筋笼，再浇筑混凝土成桩。干作业成孔灌注桩施工工艺流程如图 2.9 所示。钻孔机械一般采用螺旋钻机(图 2.10)，它由主机、滑轮组、螺旋钻杆、钻头、滑动支架、出土装置等组成。螺旋钻机成孔效率高、无振动、无噪声，宜用于匀质黏土层，也能穿透砂层，适用于成孔深度内没有地下水的情况，成孔时不必采取护壁措施而直接取土成孔。

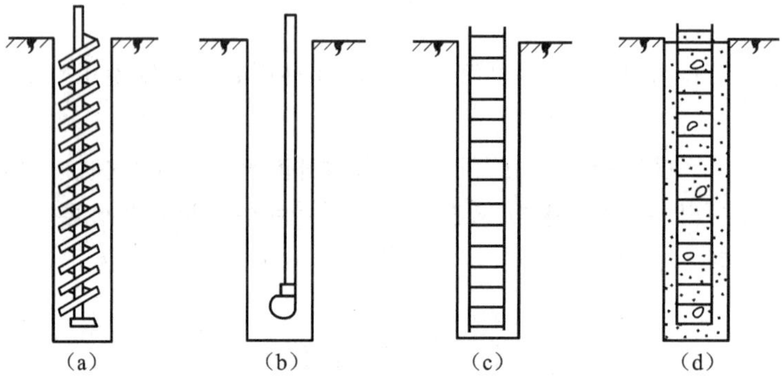

图 2.9　干作业成孔灌注桩施工工艺流程

(a)钻孔；(b)清孔；(c)放入钢筋笼；(d)浇筑混凝土

螺旋钻机成孔灌注桩利用动力旋转钻杆，使钻头的螺旋叶片旋转削土，土块沿螺旋叶片上升排出孔外。在软塑土层，或含水量大的砂土中，可用疏纹叶片钻杆，以便较快地钻孔；在可塑或硬塑黏土中，或含水量较小的砂土中，应用密纹叶片钻杆，缓慢均匀地钻进。操作时要求钻杆垂直，钻孔过程中如发现钻杆摇晃或难钻进，可能是遇到石块等异物，应立即停机检查。全叶片螺旋钻机成孔直径一般为 300～600 mm，钻孔深度为 8～20 m。钻进速度应根据电流值变化及时调整。在钻进过程中，应随时清理孔口积土，遇到塌孔、缩孔等异常情况，应及时研究解决。

当螺旋钻机钻至设计标高时，在原位空转清土，停钻后提出钻杆弃土，钻出的土应及时清除，不可堆在孔口。钢筋骨架绑好后，一次整体吊入孔内。如过长也可分段起吊，两段焊接后再徐徐沉放孔内。钢筋笼吊放完毕，再次测量孔内虚土厚度。混凝土应连续浇筑，每次浇筑高度不得大于 1.5 m，灌注时应分层捣实。

(2) 湿作业成孔灌注桩

湿作业成孔灌注桩的主要施工工序：桩机定位→泥浆制备→成孔与清孔→钢筋骨架制作与吊装就位→水下浇筑混凝土。

① 湿作业成孔方法

湿作业成孔又称泥浆护壁成孔，它是用泥浆来保护孔壁，防止孔壁塌落，排出土渣而成孔。常用的湿作业成孔机械有冲击式钻孔机、潜水钻机、回转钻机等。

a. 冲击式钻孔机

冲击式钻孔机由钻架、冲锤、转向装置、护筒、掏渣筒以及双筒卷扬机等组成，如图2.11所示。冲击式钻孔机冲击成孔是用冲击式钻机或卷扬机悬吊冲击钻头（又称冲锤）上下往复冲击，将硬质土或岩层破碎成孔，部分碎渣和泥浆挤入孔壁中，大部分成为泥渣，用掏渣筒掏出成孔。冲击成孔灌注桩具有设备构造简单，适用范围广，操作方便，所成孔壁较坚实、稳定，塌孔少，不受施工场地限制，无噪声和振动影响等特点，因此被广泛地采用。但存在掏泥渣较费工费时，不能连续作业，成孔速度较慢，泥渣污染环境，孔底泥渣难以掏尽，使桩承载力不够稳定等问题。

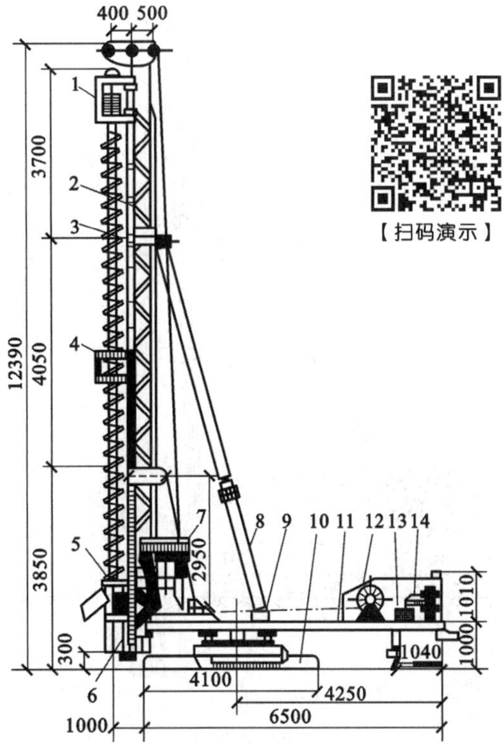

图 2.10 螺旋钻机

1—减速箱总成；2—臂架；3—钻杆；4—中间导向套；5—出土装置；6—前支脚；7—操纵室；8—斜撑；9—中盘；10—下盘；11—上盘；12—卷扬机；13—后支脚；14—液压系统

【扫码演示】

b. 潜水钻机

潜水钻机由潜水电机、齿轮减速器、钻头等，加上配套机具设备，如机架、卷扬机、泥浆制配系统设备、砂石泵等组成，如图2.12所示。钻孔直径为500～1500 mm，钻孔深20～30 m，最深可达到50 m。

潜水电钻成孔灌注桩是利用潜水电钻机构中密封的电动机和变速机构，直接带动钻头在泥浆中旋转削土，同时用泥浆泵压送高压泥浆（或用水泵压送清水），使其从钻头底端射出，与切碎的土颗粒混合，以正循环方式不断由孔底向孔口溢出，将泥渣排出，或用砂石泵或空气吸泥机用反循环方式排除泥渣，如此连续钻进，直至形成需要深度的桩孔。潜水钻成孔灌注桩具有钻机设备体积较小，重量轻，移动灵活，维修方便，可钻深孔，成孔精度和效率高，质量好，扩孔率低，成孔率100%，钻进速度快，施工无噪声、无振动，操作简便，劳动强度低等特点，但设备较复杂，费用较高。

c. 回转钻机

回转钻机是由动力装置带动钻机回转装置转动，再由回转装置带动带有钻头的钻杆移动，由钻头切削土壤。

回转钻成孔灌注桩可利用地质部门常规地质钻机，适用于各种孔径（300～

【扫码演示】

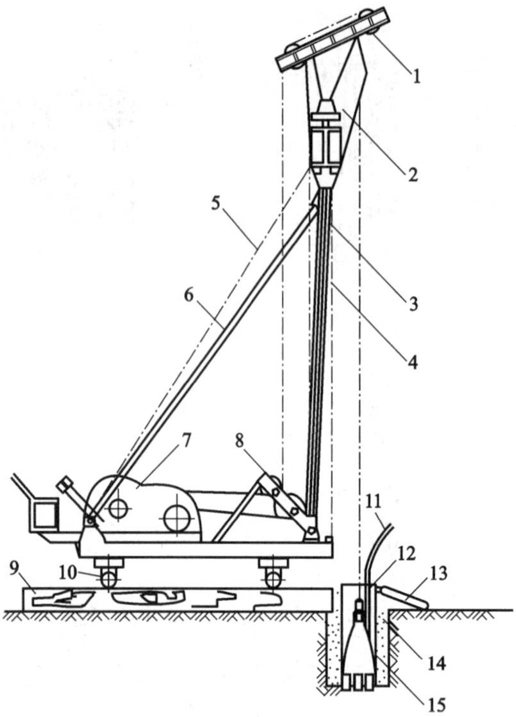

图 2.11　冲击式钻孔机成孔示意图

1—副滑轮；2—主滑轮；3—主杆；4—前拉索；5—后拉索；6—斜撑；7—双滚筒卷扬机；8—导向轮；9—垫木；10—钢管；11—供浆管；12—溢流口；13—泥浆流槽；14—护筒回填土；15—钻头

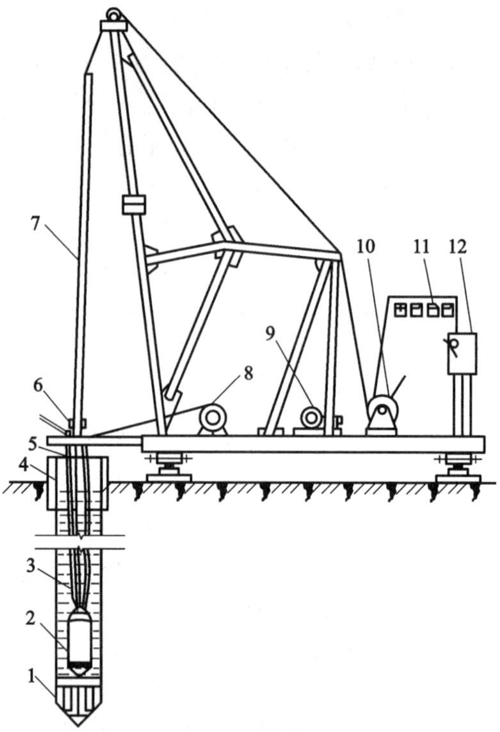

图 2.12　潜水钻机示意图

1—钻头；2—潜水电机；3—电缆；4—护筒；5—水管；6—滚轮；7—钻杆；8—电缆盘；9—0.5 t 卷扬机；10—1 t 卷扬机；11—电流电压表；12—启动开关

3500 mm)和深度(20～100 m)以及地下水位较高的碎石类土、砂土、黏性土、粉土、强风化岩、软质与硬质岩层等多种地质条件，其具有护壁效果好，成孔质量可靠，施工无噪声、无振动、无挤压，机具设备简单，操作方便，费用较低等特点，是国内最为常用和应用范围较广的成桩方法之一。但其成孔速度慢、效率低，用水量大，泥浆排放量大，污染环境，扩孔率较难控制。

根据泥浆循环方式不同，回转钻机分为正循环回转钻机和反循环回转钻机。

正循环回转钻机成孔工艺(图 2.13)是由空心钻杆内部通入泥浆或高压水，从钻杆底部喷出，携带钻下的土渣沿孔壁向上流动，由孔口将土渣带出流入泥浆池。

反循环回转钻机成孔工艺(图 2.14)的泥浆带渣流动的方向与正循环回转钻机成孔工艺的情形相反。反循环工艺的泥浆上流的速度较高，能携带较大的土渣。

② 混凝土的浇筑

a. 混凝土要求

混凝土的配合比除了满足设计强度要求外，还应考虑采用导管法在泥浆中浇筑混凝土的施工特点以及施工方法对混凝土强度的影响。混凝土的强度应比设计强度提高 5 MPa，并要求混凝土的和易性好，流动性大且缓凝，水泥应采用 42.5 级或 52.5 级普通矿渣水泥；石料宜用卵石，最大粒径不大于导管内径的 1/6 和钢筋最小间距的 1/4，且不宜大于 40 mm；使用碎石的粒径宜为 0.5～20 mm，砂宜用中、粗砂；水灰比不大于 0.6；单位水泥用量不大于 370 kg/m；含砂率宜为 40%～50%；混凝土的坍落度宜为 180～200 mm，并有一定的流动保持率，坍落度降低至 150 mm 的时间不宜小于 1 h，扩散度宜为 34～80 mm。混凝土初凝时间应满足浇筑和接头施工工艺的要求，一般为 3～4 h。

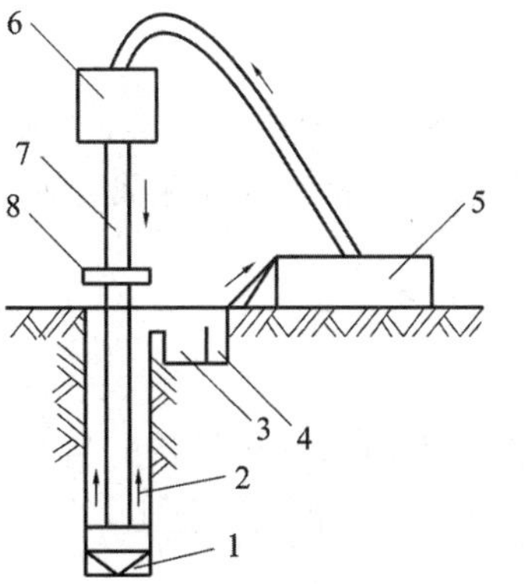

图 2.13　正循环回转钻机成孔工艺原理图

1—钻头；2—泥浆循环方向；3—沉淀池；
4—泥浆池；5—泥浆泵；6—水龙头；
7—钻杆；8—钻机回转装置

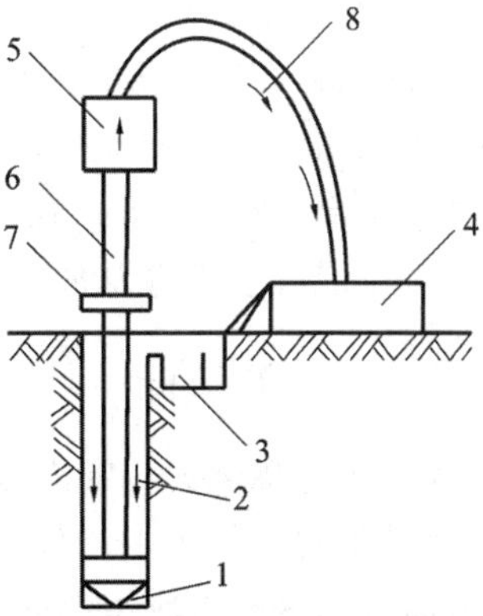

图 2.14　反循环回转钻机成孔工艺原理图

1—钻头；2—新泥浆流向；3—沉淀池；
4—砂石泵；5—水龙头；6—钻杆；
7—钻机回转装置；8—混合液流向

b. 混凝土施工

桩孔钻成并清孔完毕后，应立即吊放钢筋笼和浇筑水下混凝土。水下浇筑混凝土的施工顺序（图 2.15）为：(a)安设导管；(b)悬挂隔水栓，使隔水栓与导管内水面紧贴；(c)浇筑首批混凝土；(d)剪断铁丝，使隔水栓下落至孔底；(e)连续浇筑混凝土，提升导管；(f)混凝土浇筑完毕，拔出护筒。

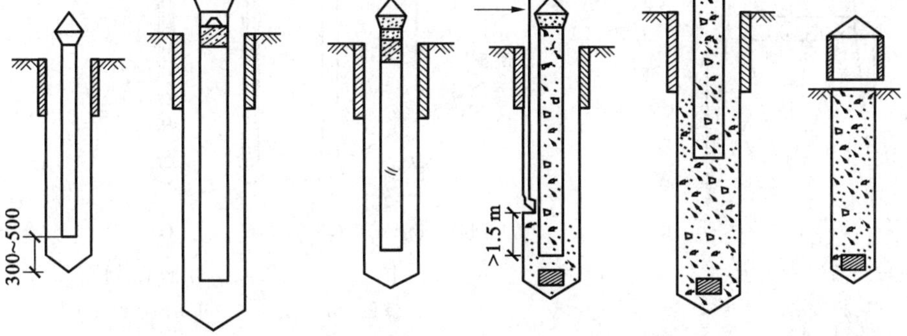

图 2.15　隔水式导管法混凝土浇筑施工程序

(a)安设导管；(b)悬挂隔水栓；(c)浇筑首批混凝土；(d)剪断铁丝，使隔水栓下落至孔底；
(e)连续浇筑混凝土，提升导管；(f)混凝土浇筑完毕，拔出护筒

c. 混凝土浇筑施工要点

(a) 混凝土要连续浇筑，并控制在 4～6 h 内浇完，以保证混凝土的均匀性。间歇时间一般应控制在 15 min 内，任何情况下不得超过 30 min。

(b) 浇筑时要保持孔内混凝土面均匀上升，且上升速度不大于 2 m/h。浇筑速度一般为

30～35 m^3/h；导管提升速度应与混凝土的上升速度相适应，始终保持导管在混凝土中的插入深度不小于 1.5 m。

(c) 在混凝土浇筑过程中，要随时用探锤测量混凝土面的实际标高，计算混凝土上升高度及导管下口与混凝土的相对位置，统计混凝土浇筑量，及时做好记录。

(d) 拌和好的混凝土应在 1.5 h 内浇筑完毕，夏季应在 1 h 内浇筑完毕，否则应掺加缓凝剂；混凝土浇筑到顶部 3 m 时，可在孔内放水适当稀释泥浆，或将导管埋深减为 1 m，或适当放慢浇筑速度，以减小混凝土排除泥浆的阻力。

2.3.2 套管成孔灌注桩

套管成孔灌注桩又称为打拔管灌注桩，是利用锤击或振动的方法将带有活瓣桩尖或预制钢筋混凝土桩尖的钢管沉入土中，然后将钢筋笼放入钢管内，再灌注混凝土，并随灌随将钢管拔出，利用拔管时的振动将混凝土捣实。

钢管下端有两种构造，一种是开口，在沉管时套以钢筋混凝土预制桩尖，拔管时，桩尖留在桩底土中；另一种是管端带有活瓣桩尖。活瓣桩尖构造如图 2.16 所示，沉管时，桩尖活瓣闭合，灌注混凝土及拔管时活瓣打开。沉管灌注桩施工过程如图 2.17 所示。

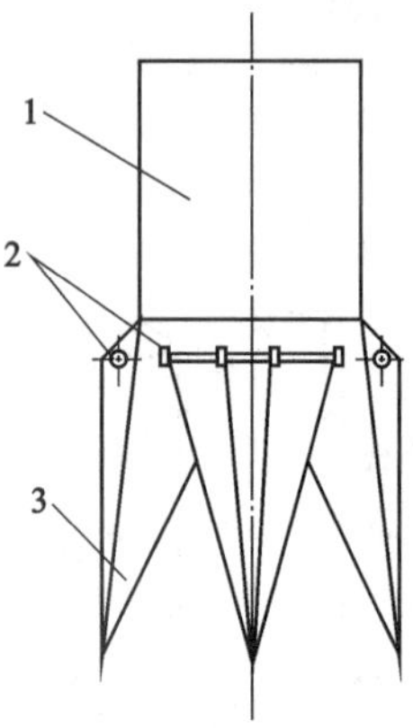

图 2.16 活瓣桩尖示意图

1—桩管；2—锁轴；3—活瓣

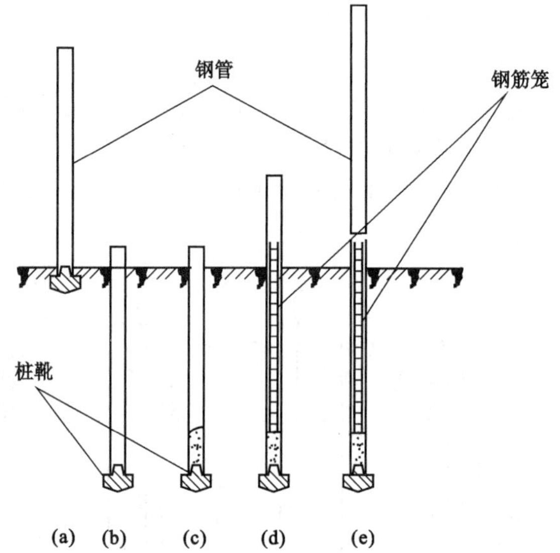

图 2.17 沉管灌注桩施工过程

(a)就位；(b)沉套管；(c)开始灌注混凝土；

(d)下钢筋骨架继续浇灌混凝土；(e)拔管成型

(1) 锤击沉管

锤击沉管灌注桩是用锤击打桩机，将带活瓣桩尖或钢筋混凝土预制桩靴的钢管锤击沉入土中，然后边浇筑混凝土边用卷扬机拔桩管成桩。锤击沉管灌注桩适于黏性土、淤泥、淤泥质土、稍密的砂土及杂填土层中使用，但不能在密实的砂砾石、漂石层中使用。

锤击沉管灌注桩成桩工艺如图 2.18 所示。

在锤击灌注桩施工过程中，首先利用桩架将钢套管吊起，并精准对准预先安置在桩位处的预制钢筋混凝土桩靴。在套管与桩靴的连接部位，需垫上麻、草绳等材料，以此来防止地下水

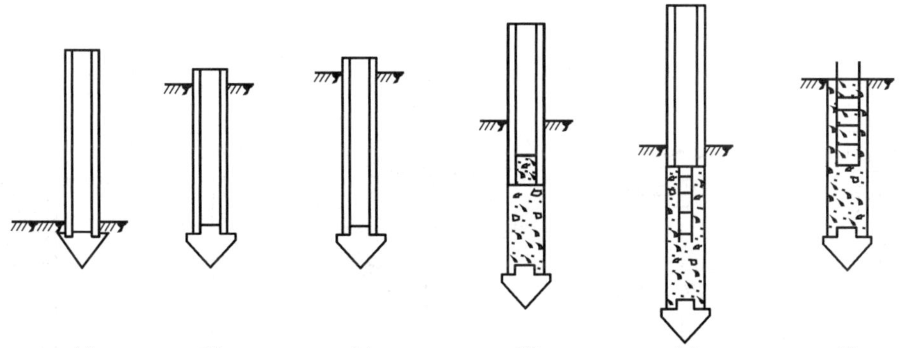

图 2.18 锤击沉管灌注桩成桩工艺

(a)就位；(b)沉入套管；(c)开始浇筑混凝土；(d)边拔管、边锤击、边继续浇筑混凝土；

(e)下钢筋骨架，继续浇筑混凝土；(f)成桩

渗入管内。

随后，缓慢放下套管，使其套入桩靴并逐渐压进土中。待套管上端扣上桩帽后，要仔细检查套管与桩锤是否位于同一垂直线上。当套管的偏斜角度控制在小于或等于0.5%时，便可以开始起锤沉套管。起初应采用低锤轻击的方式，击打后需仔细观察，若无偏移现象，则可按照正常节奏进行施打作业，直至达到设计要求的贯入度或沉入标高。此时，要检查套管内是否存在泥浆或水进入的情况，在确认无误后，即可进行混凝土的灌注工作。在灌注过程中，套管内的混凝土应尽量灌满，随后开始拔管操作。拔管时要保持均匀的速度，第一次拔管的高度需严格控制，以能够容纳第二次所需的混凝土灌注量为限，切忌拔管过高，以免影响施工质量和桩体的稳定性。

拔管时应保持连续密锤低击不停，并控制拔出速度，对一般土层，以不大于 1 m/min 为宜；在软弱土层及软硬土层交界处，应控制在 0.8 m/min 以内。拔管时还要经常探测混凝土落下的扩散情况，注意保持管内的混凝土略高于地面，一直到全管拔出为止。桩的中心距在 5 倍桩管外径以内或小于 2 m 时，均应跳打，中间空出的桩待邻桩混凝土达到设计强度的 50%以后，方可施打。

为了提高桩的质量和承载能力，常采用复打扩大灌注桩。其施工顺序如下：在第一次灌注桩施工完毕，拔出套管后，清除管外壁上的污泥和桩孔周围地面的浮土，立即在原桩位再埋预制桩靴或合好活瓣第二次复打沉套管，使未凝固的混凝土向四周挤压扩大桩径，然后第二次灌注混凝土。拔管方法与初打时相同。施工时要注意：前后两次沉管的轴线应重合；复打施工必须在第一次灌注的混凝土初凝之前进行，也有采用内夯管进行夯扩的施工方法。复打法第一次灌注混凝土前不能放置钢筋笼，如配有钢筋，应在第二次灌注混凝土前放置。

(2) 振动沉管

振动沉管灌注桩是用振动沉桩机将带有活瓣式桩尖或钢筋混凝土桩预制桩靴的桩管，利用振动锤产生的垂直定向振动和锤、桩管自重及卷扬机通过钢丝绳施加的拉力，对桩管施加压力，使桩管沉入土中，然后边向桩管内浇筑混凝土，边振边拔出桩管，使混凝土留在土中而形成桩。

振动沉管灌注桩成桩工艺如图 2.19 所示。

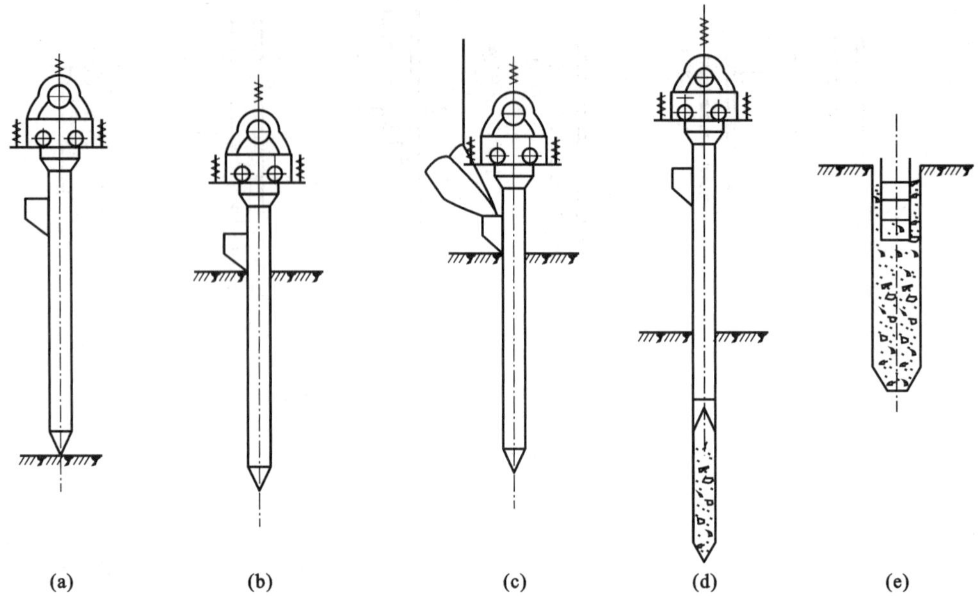

图 2.19　振动沉管灌注桩成桩工艺

(a)桩基就位;(b)沉管;(c)第一次浇筑混凝土;(d)边拔管、边振动、边继续浇筑混凝土;(e)成桩

在进行锤击灌注桩施工时,首先需要安装好桩机设备。随后,将桩管的下活瓣进行闭合操作,并精确对准既定的桩位。之后,徐徐放下套管,使其顺利压入土中,在此过程中,务必确保套管保持垂直,避免出现偏斜现象。当套管成功压入土中后,即可开动激振器来进行沉管作业。激振器,也被称作振动锤,其工作原理是通过电动机带动装有偏心块的轴进行旋转,进而产生振动。振动沉套管的作业方式与振动法沉桩有相似之处。在沉管过程中,必须严格把控最后 2 min 的贯入速度,这一速度的具体数值应依据设计要求来确定,或者也可以参考试桩数据以及当地长期积累的施工经验来进行合理判定。

振动灌注桩可采用单打法、反插法或复打法施工。

采用单打法施工时,在沉入土中的套管内灌满混凝土,开动激振器,振动 5～10 s,开始拔管,边振边拔。每拔 0.5～1 m,停拔振动 5～10 s,如此反复,直到套管全部拔出。在一般土层内,拔管速度宜为 1.2～1.5 m/min;在较软弱土层中,拔管速度不得大于 0.8 m/min。

采用反插法施工时,在套管内灌满混凝土后,先振动再开始拔管,每次拔管高度为 0.5～1.0 m,向下反插深度为 0.3～0.5 m。如此反复进行并始终保持振动,直至套管全部拔出地面。反插法能使桩的截面增大,从而提高桩的承载能力,宜在较差的软土地基上应用。

复打法的要求与锤击灌注桩相同。

(3) 套管成孔灌注桩易产生的质量问题

① 断桩

混凝土坍落度太小,和易性差,拔管速度过快,会导致混凝土还未流出管外,周围的土已迅速回缩,形成断桩。例如,在实际施工中,如果混凝土坍落度小于 30 mm,就很容易出现这种情况。桩距过小,在相邻桩的施工过程中,由于土体的挤压作用,已灌注的桩身混凝土会受到挤压而断裂。例如,当桩中心距小于 3.5 倍桩径时,这种挤断现象发生的概率就会增大。

② 缩颈

在软土地层中，套管在拔管过程中对周围土体产生扰动，使土体向桩身挤压。特别是在地下水位以下的饱和软黏土中，土的含水量高，土颗粒之间的黏聚力小，容易产生缩颈现象。拔管速度过快，混凝土来不及填充套管拔出后留下的空间，导致桩径局部缩小。例如，拔管速度超过 1 m/min 时，缩颈现象就比较容易出现。

【扫码演示】

③ 吊脚桩

套管底部的活瓣桩尖在灌注混凝土前没有完全打开，或者被土块、杂物堵塞，导致混凝土无法顺利从套管底部流出，只能灌注在套管内，形成吊脚桩。混凝土灌注过程中，由于某种原因(如导管堵塞后疏通不当)，混凝土在套管内堆积，底部没有与孔底土壤接触，造成桩底悬空。

【扫码演示】

④ 桩靴进水进泥

桩靴与套管接口处密封不严，地下水或泥土在灌注混凝土前就进入套管内。这可能是由于桩靴本身的质量问题，如密封橡胶老化、破损等。混凝土在灌注过程中被水或泥土稀释、污染，导致混凝土的质量下降。在桩身成型后，会发现桩身底部有泥块或混凝土强度降低的区域，影响桩的耐久性和承载能力。

2.4　地基基础和地下空间工程新技术*

水泥粉煤灰碎石桩复合地基技术、长螺旋钻孔压灌桩技术、灌注桩后注浆技术等相关内容见二维码。

【拓展内容】

思考题与习题

2.1　简述预制桩打入时停止锤击的控制原则。

2.2　人工挖孔灌注桩在施工时应注意哪些问题？

2.3　简述振动沉管灌注桩施工顺序。

2.4　简述正循环回转钻机成孔工艺。

3 砌筑工程

【本章提要】

本章内容包括砌筑材料和材料运输、砌筑施工工艺两个部分，重点介绍了砌筑材料的性质与要求，以及砖砌体施工、砌块砌体施工、石砌体施工，还介绍了冬季砌筑施工方法与要求。

【学习要求】

(1) 熟悉砌筑工程所使用的材料及其性能要求。

(2) 熟悉砖、砌块、石材、砂浆砌体的施工工艺。

(3) 掌握砌筑要求及质量要求。

砌筑工程是建筑施工中的重要环节，是指用砂浆等胶结材料，将砖、石、砌块等块体垒砌成墙、柱等砌体的施工。它在建筑工程中占据着重要地位，不仅关系到建筑物的结构安全，还影响着建筑物的使用功能和外观质量。其中，砖、石砌体建筑在我国有悠久的历史，目前在土木工程中仍占有相当大的比重。这种结构虽然取材方便、施工简单、成本低廉，但它的施工仍以手工操作为主，劳动强度大、生产率低，而且烧制黏土砖占用大量农田，因而必须研究改善砌筑工程的施工工艺，合理组织砌筑施工，推广使用砌块等新型材料。

主要规范：《砌体结构工程施工规范》(GB 50924—2014)、《砌体结构工程施工质量验收规范》(GB 50203—2011)、《混凝土结构设计标准》(GB/T 50010—2010)(2024 年版)等。

3.1 砌筑材料和材料运输

砌筑材料是指用来砌筑、拼装或用其他方法构成承重或非承重墙体或构筑物的材料。砌筑材料主要包括传统石材、砖、瓦及砌块。

砌筑工程不仅要运输大量的砖、砌块、石块、砂浆，还要运输脚手架等预制构件。运输不仅有垂直运输，还有地面和楼面的水平运输，一般垂直运输矛盾较突出。因此，合理选择垂直运输设施是砌筑工程首要解决的问题之一。

3.1.1 砌筑材料

砌筑工程所用的材料主要有砖、砌块、石以及砌筑砂浆。

3.1.1.1 *砖*

砖有实心砖、多孔砖和空心砖，按其生产方式不同又分为烧结砖和蒸压(或蒸养)砖两大类。

（1）烧结砖

凡以黏土、页岩、煤矸石或粉煤灰为原料，经成型和高温焙烧而制得的用于砌筑承重和非承重墙体的砖统称为烧结砖。按所用原料不同，分为黏土砖、页岩砖和粉煤灰砖。烧结砖有烧结普通砖（为实心砖）、烧结多孔砖和空心砖。

烧结普通砖的外形为直角六面体，其规格为 240 mm×115 mm×53 mm（长×宽×高），即 4 块砖长加 4 个灰缝、8 块砖宽加 8 个灰缝、16 块砖厚加 16 个灰缝（简称 4 顺、8 丁、16 线），均为 1 m。根据抗压强度分为 MU30、MU25、MU20、MU15、MU10 五个强度等级。

烧结多孔砖和空心砖的规格有 190 mm×190 mm×90 mm、240 mm×115 mm×90 mm、240 mm×180 mm×115 mm 等多种。承重多孔砖的强度等级与烧结普通砖相同，非承重空心砖的强度等级分为 MU5、MU3、MU2。

（2）蒸压砖

蒸压砖有煤渣砖和灰砂空心砖。

蒸压煤渣砖是以煤渣为主要原料，掺入适量的石灰、石膏，经混合、压制成型、蒸压（或蒸养）而成的实心砖；其规格同烧结普通砖，强度等级由抗压、抗折强度而定，有 MU20、MU15、MU10、MU7.5 四个强度等级。

蒸压灰砂空心砖是以石灰、砂为主要原料，经坯料制备、压制成型、蒸压养护而制成的孔洞率大于 15%的空心砖。

砖的尺寸：长均为 24 mm，宽均为 115 mm，高有 53 mm、90 mm、115 mm、175 mm 四种。强度等级有 MU25、MU20、MU15、MU10、MU7.5 五级。

3.1.1.2　*砌块*

砌块的种类较多，一般常用的有混凝土空心砌块、加气混凝土砌块及粉煤灰实心砌块。通常把高度为 180～350 mm 的称为小型砌块，360～900 mm 的称为中型砌块。砌块的类型不同，其强度等级各异。为此，生产单位供应砌块时，必须提供产品出厂合格证，标明砌块的强度等级和质量指标。

3.1.1.3　*石材*

石材按加工形式可分为毛石和料石。毛石形状不规则，是未经加工或仅稍作修整的石材。它具有抗压强度高、耐久性好的特点，但由于形状不规整，砌筑时灰缝较大，施工难度相对较高。毛石主要用于砌筑基础、挡土墙、堤岸等对外观要求不高，但对结构强度和稳定性要求较高的部位。在一些山区的建筑中，毛石因其取材方便，被广泛应用于基础和墙体的砌筑。料石是经过加工的石材，形状规则，尺寸准确。根据加工精度和表面平整度，料石可分为细料石、半细料石、粗料石和毛料石。料石的强度高，砌筑后的墙体外观整齐、美观，灰缝均匀、整齐，能提高建筑的整体质量和美观度。细料石和半细料石常用于建筑物的墙面、柱面、门窗边框等装饰性要求较高的部位；粗料石和毛料石可用于砌筑基础、墙体、台阶等部位。在一些古建筑修复和仿古建筑中，料石的应用尤为广泛。

3.1.1.4　*砂浆*

砌筑砂浆有水泥砂浆、石灰砂浆和混合砂浆。砂浆种类选择及其等级的确定，应符合设计要求。

水泥砂浆和混合砂浆可用于砌筑潮湿环境和强度要求较高的砌体，但对于基础，一般只用水泥砂浆。

石灰砂浆宜用于砌筑干燥环境中以及强度要求不高的砌体,不宜用于潮湿环境的砌体及基础,因为石灰属于气硬性胶凝材料,在潮湿环境中,石灰膏不但难以硬结,而且会出现溶解流散现象。制备混合砂浆和石灰砂浆用的石灰膏,应经筛网过滤并在化灰池中熟化不少于 7 d,严禁使用脱水硬化的石灰膏。

一般用砂浆搅拌机拌制砂浆,要求拌和均匀。为改善砂浆的保水性,可掺入黏土、电石膏、粉煤灰等塑化剂。砂浆应随拌随用,常温下,水泥砂浆和混合砂浆必须分别在搅拌后 3 h 和 4 h 内使用完毕,如气温在 30 ℃以上,则必须分别在 2 h 和 3 h 内用完。砂浆稠度主要根据墙体材料、砌筑部位及气候条件而定。例如,关于砂浆的流动性应符合以下要求:一般烧结普通砖砌体,宜为 70～90 mm;烧结多孔砖、空心砖砌体宜为 60～80 mm,石砌体宜为 30～50 mm;普通混凝土空心砌块及轻骨料混凝土砌块宜为 50～70 mm。

3.1.2 材料运输

(1) 运输设施的种类

① 井架

井架(图 3.1)是砌体工程中最常用的垂直运输设施,它一般是采用型钢(角钢)或钢管加工而成的四边形中空格构架,也可以采用脚手架部件(如钢管扣件式脚手架、碗扣式脚手架等)搭设。井架由架体、天轮梁、缆风绳、吊盘、卷扬机及索具构成。可用型钢或钢管加工成定型产品,

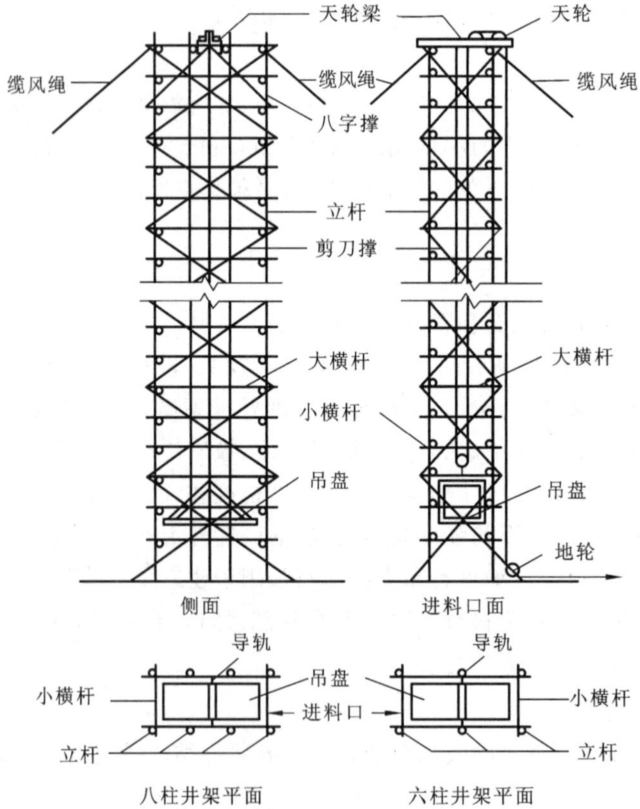

图 3.1 井架构造形式

也可用脚手架部件搭设，井架内设有吊盘或料斗。井架一般为单孔，也可构成双孔或三孔，以满足同时运输多种材料的需要。30 m以下的扣件式钢管井架，按所需的井孔尺寸有四柱、六柱和八柱三种构造；30 m以上50 m以下的扣件式钢管井架采用12柱；50 m以上则采用16柱结构。井架起重量为1000 kg，附设拔杆起重量不大于300 kg。采用升降机、龙门架及井架物料提升机运输材料设备时，应符合现行行业标准《建筑施工升降机安装、使用、拆卸安全技术规程》(JGJ 215—2010)和《龙门架及井架物料提升机安全技术规范》(JGJ 88—2010)的有关规定，且一次提升总重量不得超过机械额定起重或提升能力，并应有防散落、抛洒措施。

井架优点为价格低廉、稳定性好、运输量大；缺点是缆绳多，影响施工和交通。

砌筑前，必须按施工组织设计要求组织垂直和水平运输机械、砂浆搅拌机进场、安装、调试等工作。同时，还应准备脚手架、砌筑工具(如皮数杆、托线板)等。

② 龙门架

龙门架是由两个支架和一个横梁组成的一个门形架，如图3.2所示，横梁上设滑轮，吊篮通过滑轮、吊索箱、卷扬机沿导轨升降，以运送材料。根据支架结构不同，龙门架高度一般为15～30 m，起重量一般为5～12 kN。龙门架按其立杆组成可分为组合立杆龙门架和钢管龙门架，其平面如图3.3所示。龙门架构造简单，制作安装方便，应用较广。

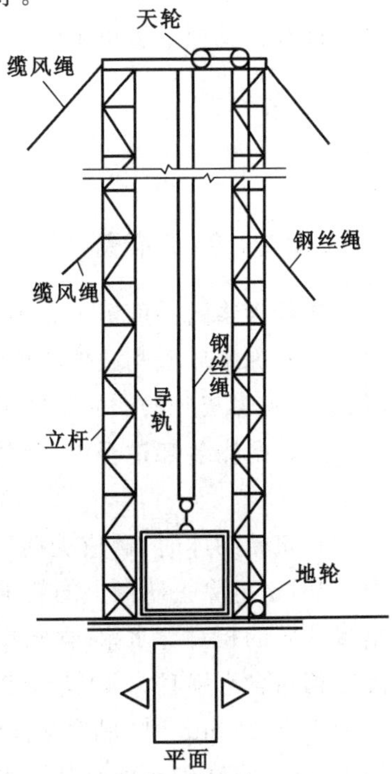

图3.2　龙门架

(2) 运输流程

① 垂直运输。将材料放置在井架的吊盘或料斗中，或通过建筑施工电梯的轿厢进行运输。运输过程中要确保材料堆放平稳，防止散落和抛洒。车辆运输块材的装箱高度不得超出车厢，砂浆车内浆料应低于车厢上口0.1 m。

② 水平运输。在施工现场，材料的水平运输通常依靠人力手推车或小型电动运输车等工具，将材料从堆放场地运输到垂直运输设备附近，再通过垂直运输设备运至施工楼层。

(3) 安全注意事项

① 井架搭设的注意事项。井架立柱底部须设底座和垫木，要立于坚实可靠的地基上。井架搭设要做到方正平直，最底层的剪刀撑应落地；钢管剪刀撑和斜撑应用整根钢管，不得接长，与架体用扣件扣紧。

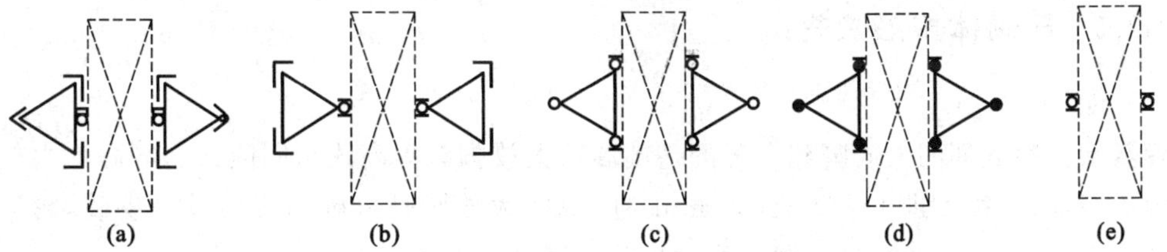

图3.3　龙门架类型

(a)角钢组合立杆；(b)角钢钢管组合立杆；(c)钢管组合立杆；(d)圆钢组合立杆；(e)钢管龙门架

② 车辆运输安全。砖、石运输车辆两车前后距离在平道上不小于2 m，坡道上不小于

10 m;装砖时要先取高处后取低处,防止堆垛倒塌伤人。

③ 基槽或基坑内运输安全。采用滑槽向基槽或基坑内人工运送物料时,落差不宜超过5 m。严禁向有人作业的基槽或基坑内抛掷物料。距基槽或基坑边沿2.0 m以内不得堆放物料;当在2.0 m以外堆放物料时,堆置高度不应大于1.5 m。

④ 人员安全。作业前,必须检查作业环境是否符合安全要求,道路是否畅通,施工机具是否完好,脚手架及安全设施、防护用品是否齐全,检查合格后,方可作业。在同一垂直面内进行上下交叉作业时,必须设安全隔板,下方操作人员应戴好安全帽。用于垂直运输的吊笼、滑车、绳索、刹车等,必须满足负荷要求,牢固无损;吊运时不得超载,并需经常检查,发现问题及时修理。用起重机吊砖要用砖笼,吊砂浆的料斗不能装得过满。吊杆回转范围内不得有人停留,吊件落到架子上时,砌筑人员要暂停操作,并避到一边。砌筑高度超过1.2 m时,应搭设脚手架作业。在一层以上或高度超过4 m时,采用里脚手架必须支搭安全网,采用外脚手架应设护身栏杆和挡脚板后方可砌筑。

3.2 砖砌体施工

3.2.1 施工准备

砖和砂浆的强度等级必须符合设计要求。用于清水墙、柱表面的砖,应边角整齐、色泽均匀。在有冻胀环境和条件的地区,地面以下或防潮层以下的砌体,不应采用多孔砖。蒸压灰砂砖、蒸压粉煤灰砖的产品龄期不应小于28 d。

砖在运输装卸过程中,严禁倾倒和抛掷。现场应将砖分类堆放整齐,堆置高度不宜超过2 m。

砌筑砖砌体时,砖应提前1~2 d适度湿润,以免砖过多吸收砂浆中的水分而影响其黏结力,同时也可除去砖面上的粉末。但浇水不宜太多,否则会发生"跑浆"现象。烧结普通砖、烧结多孔砖的相对含水率(含水率与吸水率的比值)宜为60%~70%,蒸压灰砂砖、蒸压粉煤灰砖的相对含水率宜为40%~50%。现场检验相对含水率常采用断砖法,当砖截面四周融水深度为15~20 mm时,视为符合要求。混凝土多孔砖及混凝土实心砖不宜浇水湿润,当气候干燥炎热时,宜在砌筑前对其浇水湿润。

砌筑前,按施工方案要求,组织垂直运输机械、水平运输机械、砂浆搅拌机械安装与调试,砌入墙内的各种建筑构配件进场与检验等工作。

3.2.2 砖砌体施工工艺

(1) 砖基础

砖基础包括下部的大放脚和上部的基础墙。大放脚有等高式与间隔式。等高式大放脚是每砌两皮砖,两边各收进1/4砖长(60 mm);间隔式大放脚是每砌两皮砖及一皮砖,轮流两边各收进1/4砖长(60 mm),最下面应为两皮砖。其外形如图3.4所示。

① 砖基础大放脚一般采用一顺一丁的砌筑形式。大放脚最下一皮及墙基的最上一皮砖(防潮层下面一皮砖)应以丁砖为主。

② 基础墙的防潮层。当设计无具体要求时,宜采用掺有适量防水剂的1∶2.5水泥砂浆铺

(a)　　　　(b)

图 3.4　砖基础放大脚

(a)等高式；(b)间隔式

设，其厚度宜为 20 mm；防潮层的位置宜在室内地面标高以下一皮砖处。

③ 砌完基础且有一定强度后，两侧应同时回填土，以防止基础侧移发生事故。

（2）砖墙

① 普通砖墙。对于普通砖墙，根据其厚度不同，可采用全顺、两平一侧、全丁、一顺一丁、梅花丁等组砌形式，如图 3.5 所示。一顺一丁及梅花丁整体性好，是抗震结构墙体常采用的组砌形式。

【扫码演示】

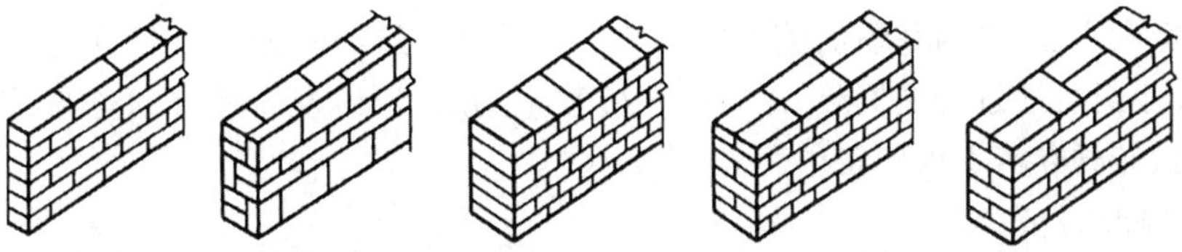

(a)　(b)　(c)　(d)　(e)

【扫码演示】

图 3.5　普通砖墙组砌形式

(a)全顺；(b)两平一侧；(c)全丁；(d)一顺一丁；(e)梅花丁

② 多孔砖墙。方形多孔砖采用全顺砌法，其手抓孔应平行于墙面，上下皮垂直灰缝相互错开半砖长；矩形多孔砖宜采用一顺一丁或梅花丁的组砌形式(图 3.6)。砖柱不得采用包心砌法。上下皮垂直灰缝相互错开 1/4 砖长。多孔砖的孔洞应垂直于受压面砌筑。

(a)　(b)　(c)

图 3.6　多孔砖墙组砌形式

(a)全顺(方形砖)；(b)一顺一丁(矩形砖)；(c)梅花丁(矩形砖)

③ 空心砖墙。应采用孔洞呈水平方向侧砌的方法，上下皮垂直灰缝相互错开 1/2 砖长。在与普通砖墙交接处，应每隔 2 皮空心砖设置 2ϕ6 钢筋作为拉结筋，其长度不小于空心砖长 +240 mm。在交接处、转角处不得留槎，空心砖与通砖应同时砌筑。不得对空心砖墙进行砍凿。

3.2.3 砖墙砌筑施工工艺

砌砖施工通常包括抄平、放线、摆砖样、立皮数杆、盘角、挂线、砌砖等工序。如为清水墙，则还要进行勾缝。下面以房屋建筑砖墙砌筑为例，说明各工序的具体做法。

（1）抄平

砌砖墙前，先在基础面或楼面上按标准的水准点定出各层标高，并用M7.5水泥砂浆或C10细石混凝土找平，使砖墙底部标高符合设计要求。抄平时，要做到外墙上、下层之间不出现明显的接缝痕迹。

（2）放线

建筑物底层墙身可以龙门板上轴线定位钉为准拉麻线，沿麻线挂下线锤，将墙身中心轴线放到基础面上，并以此墙身中心轴线为准弹出纵横墙身边线，定出门洞口位置。为保证各楼层墙身轴线的重合，并与基础定位轴线一致，可利用预先引测在外墙面上的墙身中心轴线，借助经纬仪把墙身中心轴线引测到楼层上去；或悬挂线锤，对准外墙面上的墙身中心轴线，从而向上引测。轴线的引测是放线的关键，必须按图样要求的尺寸用钢皮尺进行校核。然后，按楼层墙身中心线，弹出各墙边线，划出门窗洞口位置。

（3）摆砖样

按选定的组砌方法，在墙基顶面放线位置试摆砖样（生摆，即不铺灰），尽量使门窗垛符合砖的模数，偏差小时可通过竖缝调整，以减少斩砖数量，并保证砖及砖缝排列整齐、均匀，以提高砌砖效率。摆砖样在清水墙砌筑中尤为重要。

（4）立皮数杆

皮数杆（图3.7）是一根控制每皮砖砌筑的竖向尺寸，并使铺灰、砌砖的厚度均匀，保证砖皮水平的一根长约2 m的木板条。上面标有砖的皮数、门窗洞、过梁、楼板的位置，用来控制墙体各部分构件的标高。皮数杆一般立于墙的转角处，用水准仪校正标高，如墙很长，可每隔10～12 m再立一根。

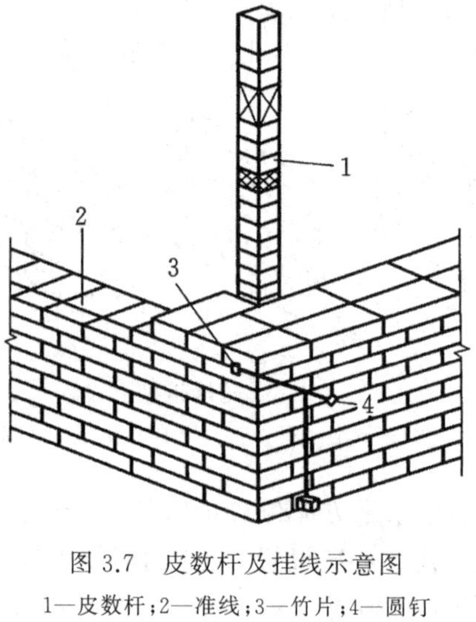

图3.7 皮数杆及挂线示意图

1—皮数杆；2—准线；3—竹片；4—圆钉

(5) 盘角、挂线

按照干砖试摆位置挂好通线,砌好第一皮砖,接着就进行盘角。盘角是由高水平技工砌筑大角或交接部位,并始终保持超前中间墙体 3～5 皮砖,以作为中间墙体砌筑的标志和挂线点。盘角时应随时用线锤和托线板检查控制垂直平整,并据皮数杆控制砖层灰缝厚度,保持斜槎,以便与后砌的中间墙体连接。

盘角后,应在其侧面挂线,作为墙身砌筑的依据,一般工人按线砌筑中间墙体。对厚度为 240 mm 及以下的墙体可单面挂线,370 mm 及以上的墙体应双面挂线。

(6) 砌砖

砌砖时,必须先拉准线。一砖半厚以上的墙要双面拉线,砖块应依准线砌筑,做到“上跟线,下跟棱,左右平,上下齐”。

砌砖的常用方法有“三一”砌筑法和铺浆法两种。“三一”砌筑法是指一铲灰、一块砖、一揉压的砌筑方法。用这种方法砌砖,质量高于铺浆法。铺浆法是指把砂浆摊铺一定长度后,放上砖并挤出砂浆的砌筑方法。铺浆长度不得超过 750 mm,当施工期间气温超过 30 ℃时,不得超过 500 mm。

(7) 清理及勾缝

砌筑混水墙时,应随砌随清扫墙面,对清水墙,应及时将灰缝划出 10 mm 深的沟槽,以便勾缝施工。勾缝宜采用 1∶1.5 的水泥砂浆,应填压密实、深浅一致。

土木工程中其他砖砌体的施工工艺与房屋建筑砌筑工艺基本一致。

3.2.4 砖砌体的质量要求

砌筑质量应符合《砌体结构工程施工质量验收规范》(GB 50203—2011)的要求。做到“横平竖直、砂浆饱满、组砌得当、接槎可靠”。

(1) 灰缝横平竖直

砖砌体抗压性能好,而抗剪抗拉性能差。为使砌体均匀受压,不产生剪切水平推力,砌体灰缝应横平竖直,砌筑时每块砖要放平,每皮砖要在一个平面上,每块砖的位置要放准,上下对齐,避免游丁走缝。如果砖放得不平,在竖向荷载作用下,沿砂浆与砖块的结合面会产生剪应力,当剪应力超过抗剪强度时,灰缝受剪破坏,随之对相邻砖块形成推力或挤压作用,致使砌体结构受力情况恶化。

(2) 砂浆饱满

为保证砖块均匀受力和使砖块紧密结合,要求水平灰缝砂浆饱满、厚薄均匀,否则砖块因受力不均易产生弯曲、剪切破坏。砂浆饱满程度以砂浆饱满度来表示。砂浆饱满度是指砖底面与砂浆的黏结痕迹面积占砖底面积的百分比,用百格网检查,要求不得小于 80%。水平灰缝厚度宜为 10 mm,但不应小于 8 mm,也不应大于 12 mm。竖向灰缝不得出现透明缝、瞎缝和假缝。

(3) 组砌得当

砖砌体的砖块之间要错缝搭砌,错缝或搭砌长度一般不小于 60 mm。清水墙、窗间墙无通缝;混水墙中不得有长度大于 300 mm 的通缝,长度 200～300 mm 的通缝每间不超过 3 处,且不得位于同一面墙上。240 mm 厚承重墙的每层墙的最上一皮砖,板、梁及屋架的支承处,砖砌台阶表面及挑出层的外皮砖,均应整砖丁砌。

（4）接槎可靠

砖墙的转角处和交接处应同时砌筑，严禁无可靠措施的内外墙分砌施工。对不能同时砌筑而又必须留置的临时间断处应砌成斜槎，斜槎水平投影长度不应小于高度的 2/3，如图 3.8 所示。

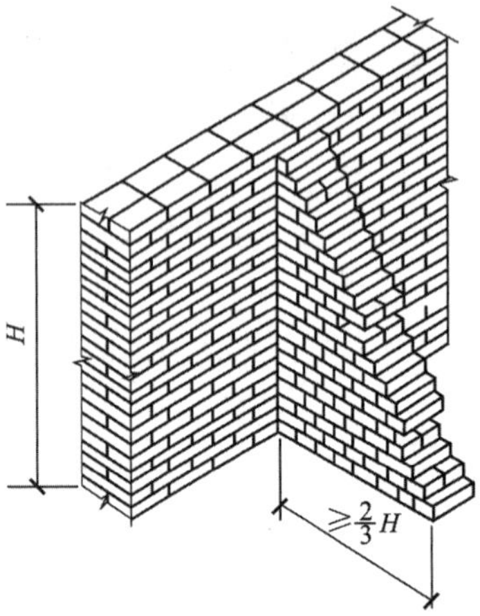

图 3.8　斜槎

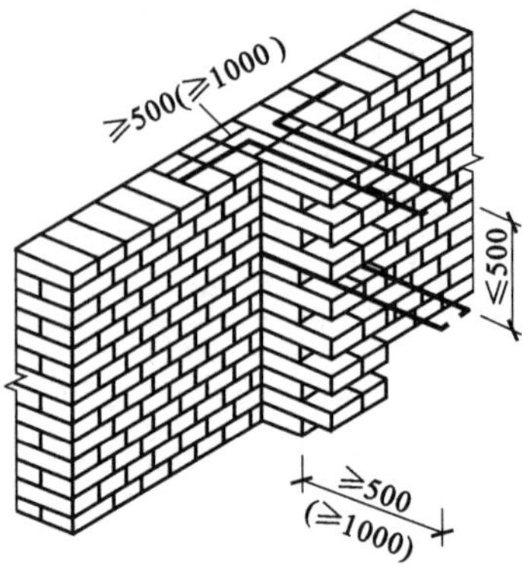

图 3.9　直槎

非抗震设防及抗震设防烈度为 6 度、7 度地区的临时间断处，当不能留斜槎时，除转角处外可留直槎，但直槎必须做成凸槎。留直槎处应加设拉结钢筋，拉结钢筋的数量为每 120 mm 墙厚放置 1Φ6 拉结钢筋（120 mm 厚墙放置 2Φ6 拉结钢筋），间距沿墙高不应超过 500 mm；埋入长度从留槎处算起每边均不应小于 500 mm，对抗震设防烈度为 6 度、7 度的地区，不应小于 1000 mm；末端应有 90°弯钩，如图 3.9 所示。

接槎处补砌时，必须将表面清理干净，洒水湿润，并填实砂浆，保持灰缝平直。

3.3　砌块砌体施工

3.3.1　施工准备

砌体工程施工前，应编制砌体工程施工方案。冬季施工应有完整的冬季施工方案。

（1）材料准备

① 砌块和砂浆的强度应符合设计要求；施工时，砌块的产品龄期不应小于 28 d。

② 砂浆宜选用专用的砌筑砂浆。专用砌筑砂浆由于加入了外加剂，增强了和易性和流动性，易保证竖缝饱满、黏结力强和墙体不开裂。小砌块砌体的砌筑砂浆强度等级不得低于 M5。

③ 砌块砌体不应与其他块体混砌，不同强度等级的同类块体也不得混砌。承重墙体严禁使用断裂小砌块。

④ 砌块进场后应按品种、规格型号、强度等级分别码放整齐。堆置高度不宜超过 2 m。

（2）编绘砌块排块图

砌块砌体施工前，应按房屋设计绘制小砌块平、立面排块图（图 3.10），以便指导砌块准备和砌筑施工。砌块排列应错缝搭接，并以主规格砌块为主，不得与其他块体或者不同强度等级的块体混砌。

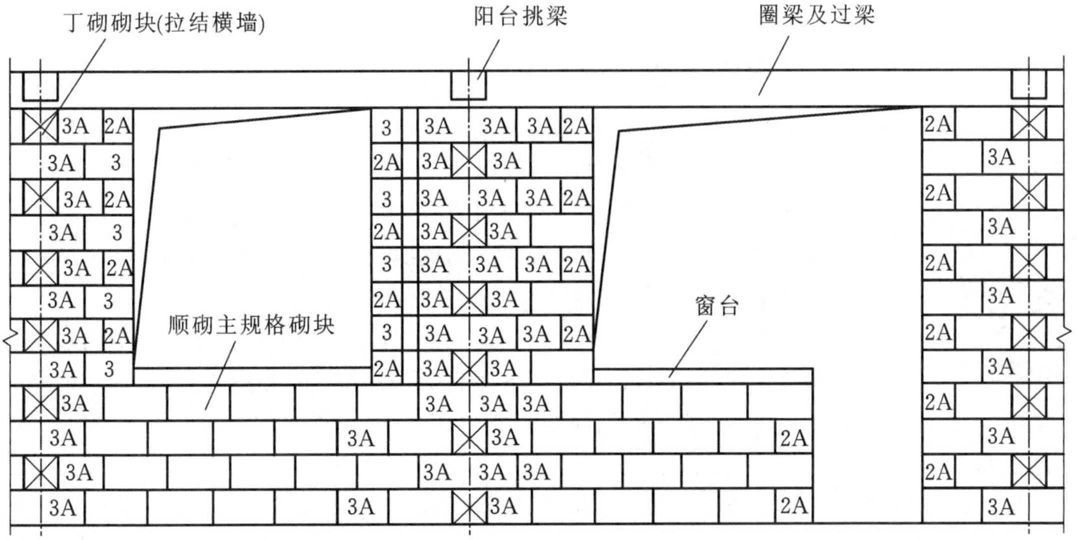

图 3.10　立面排块图

3.3.2　砌块砌筑施工工艺

砌块砌筑的施工工艺包括抄平弹线、基层处理、立皮数杆、挂线、砌块砌筑、勾缝、清理等。

(1) 抄平弹线

砌筑前先将基础顶面或楼层结构面清理干净，然后抄平放线。依据图纸放出第一批砌块的轴线、墙体边线及门窗洞口位置线。

当填充墙与主体结构墙、柱、梁、板之间的拉结钢筋采用后植筋时，在墙体位置线放好线后，按相关技术规范要求，进行拉结筋植筋施工。

(2) 基层处理

按标高线用砂浆找平砌筑基层。当最下一皮砌块的水平灰缝厚度大于 20 mm 时，应用豆石混凝土找平。砌筑小砌块时，应清除芯柱及小砌块孔洞底部的毛边。用普通混凝土小型空心砌块砌筑墙体时，在底层室内地面以下或防潮层以下应采用强度等级不低于 Cb20 或 C20 的混凝土灌实小砌块的孔洞。用轻骨料混凝土小型空心砌块或蒸压加气混凝土砌块砌筑厨房、卫生间、浴室等处墙体时，墙底部宜现浇混凝土坎台，其高度宜为 150 mm。

(3) 立皮数杆和挂线

皮数杆竖立在墙的转角处和交界处，间距宜小于 15 m。砌筑皮数、灰缝厚度、标高应与皮数杆相应标志一致。在砌块上沿挂线，墙体厚度为一块砌块宽时，单面挂线。

(4) 砌块砌筑

每层砌筑应从转角处或定位砌块处开始，按照图纸和砌块排块图进行砌筑。砌块墙的组砌形式只有全顺式一种。

砌块砌筑一般采用铺浆法，即先用大铲或瓦刀在墙上摊铺砂浆，铺浆长度宜比一块砌块的长度稍长，再将砌块端面朝上满铺砂浆，然后双手端起砌块，将砌块上墙放在砂浆上进行挤压，同时校正好位置与尺寸。缺浆处应补浆插捣密实，最后随手刮去挤出的砂浆。

(5) 勾缝

每步架墙砌筑完，在砂浆初凝前，应及时用原浆做勾缝处理。灰缝宜凹进墙面 2 mm。

3.3.3 钢筋混凝土构造柱施工

构造柱应沿整个建筑物高度对正贯通，不应使层与层之间构造柱相互错位。突出屋顶的楼梯、电梯间，构造柱应伸到顶部，并与顶部圈梁连接。

【扫码演示】

设置构造柱的多层砖房，所用普通砖的强度等级不应低于 MU10，砌筑砂浆强度等级不应低于 M5；当配置水平钢筋时，砂浆强度等级不应低于 M7.5。

构造柱的混凝土强度等级不应低于 C20。

构造柱最小截面可采用 240 mm×180 mm。纵向钢筋可采用 4Φ12；箍筋间距不宜大于 250 mm，且在柱上下端宜适当加密；抗震设防烈度为 7 度时超过六层，8 度时超过五层，9 度时，构造柱的纵向钢筋宜采用 4Φ14，箍筋间距不应大于 200 mm；房屋四角的构造柱可适当加大截面及配筋。

构造柱与圈梁连接处，构造柱的纵筋应穿过圈梁，保证构造柱纵筋上下贯通。在砖墙与构造柱连接处，砖墙应砌成马牙槎。每一马牙槎高度不宜超过 300 mm，横向凹凸尺寸不宜小于 60 mm，且应沿墙高每隔500 mm设置 2Φ6 水平拉结钢筋，钢筋每边伸入墙内不宜小于 1 m，见图 3.11。

【扫码演示】

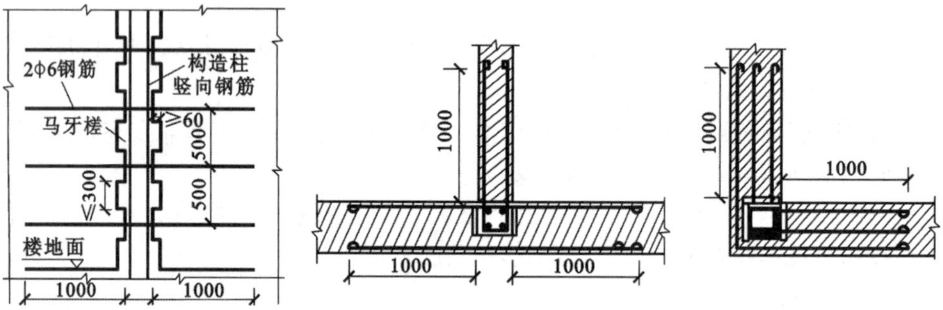

图 3.11 马牙槎及拉结钢筋布置

隔墙与构造柱应沿墙高每 500 mm 设置 2Φ6 水平拉结钢筋，每边伸入墙内不少于 1 m。当抗震设防烈度为 8 度、9 度时，砖墙应砌成马牙槎，每一马牙槎沿高度方向的尺寸不宜超过 300 mm。

构造柱不必单独设置基础。构造柱应伸入室外地下 500 mm，或与埋深小于 500 mm 的基础圈梁相连。

设置构造柱的多层砖房应分层按以下顺序进行施工：绑扎构造柱钢筋、砌砖墙、支设构造柱模板、浇筑构造柱混凝土。

在浇筑构造柱混凝土前，必须将砖墙和模板浇水润湿，并将模板内的落地灰、砖渣等杂物清除干净。在砌砖墙时，应在各层构造柱底部(圈梁面上)以及该层二次浇筑段的下端位置，留出 2 皮砖的洞眼，以便清除模板内杂物。杂物清除完毕应立即封闭洞眼。

构造柱混凝土骨料的粒径不宜大于 20 mm。混凝土坍落度为 50～70 mm。混凝土应随拌随用，拌和好的混凝土应在1 h内浇筑完。

构造柱的混凝土浇筑可以分段进行，每段高度不宜大于2 m。在施工较好并能确保混凝土浇筑密实时，亦可每层一次浇筑。

振捣构造柱混凝土时，宜用插入式振动器，分层捣实。振捣棒随振随拔，每次振捣层的厚度不应超过振捣棒长度的1.25倍。振捣时，振捣棒应避免直接碰触砖墙，严禁通过砖墙传振。

构造柱与砖墙连接的马牙槎内的混凝土、砖墙灰缝的砂浆都必须密实饱满。砖墙水平灰缝砂浆饱满度不得低于80%。构造柱内钢筋混凝土保护层厚度宜为20 mm，且不小于15 mm。

3.3.4 砌块砌体质量要求

(1) 灰缝砂浆饱满度。混凝土小型空心砌块砌体水平灰缝和竖向灰缝均不得小于砌块净面积的90%；填充墙中蒸压加气混凝土砌块、轻骨料混凝土小型空心砌块砌体的水平灰缝和竖向灰缝均不得小于砌块净面积的80%。

(2) 灰缝厚度和宽度。砌体灰缝应横平竖直、均匀、密实，厚度和宽度正确。混凝土小型空心砌块砌体的水平灰缝厚度和竖向灰缝宽度一般均为8～12 mm，宜为10 mm。蒸压加气混凝土砌块砌体，一般水平灰缝厚度和竖向灰缝宽度不应超过15 mm，当采用专用黏结砂浆砌筑时水平灰缝厚度和竖向灰缝宽度宜为2～4 mm。

(3) 墙体转角处和纵横交接处应同时砌筑。临时间断处应砌成斜槎，斜槎水平投影长度不应小于斜槎高度。施工洞口可预留直槎，但在洞口砌筑和补砌时，应在直槎上下搭砌的小砌块孔洞内用强度等级不低于Cb20或C20的混凝土灌实。

(4) 错缝搭砌。混凝土小型空心砌块墙体应孔对孔、肋对肋错缝搭砌。单排孔小砌块的搭砌长度为砌块长度的1/2，多排孔小砌块的搭砌长度不宜小于砌块长度的1/3。个别部位不能满足要求时，应在水平灰缝中设置钢筋网片。蒸压加气混凝土砌块搭砌长度不宜小于砌块长度的1/3，且不应小于150 mm，当不能满足要求时，应在水平灰缝中放置2ϕ6钢筋或ϕ4钢筋网片，每侧搭接长度不小于700 mm。竖向通缝不得超过2皮。

(5) 砌块砌体的尺寸、位置的允许偏差及检验方法应符合《砌体结构工程施工质量验收规范》(GB 50203—2011)的规定。

3.3.5 砌体冬期施工

在冬期施工时，砌体的砂浆会在负温下冻结，水化反应停止，导致黏结力丧失。尽管解冻后砂浆强度还能继续增长，但最终强度会显著降低，同时压缩变形增大，使砌体沉降量增加，稳定性下降。实践表明，砂浆用水量越多、冻结越早且时间越长、灰缝厚度越大，冻结危害就越严重。因此，冬期施工必须采取有效防冻措施，尽可能减少冻害，确保砌体工程质量。

3.3.5.1 冬期施工要求

当预计室外日平均气温连续5 d稳定低于5 ℃或当日最低气温低于0 ℃时，砌体工程应采取冬期施工措施。施工前，应制定完整的冬期施工方案。

(1) 块材

冬期施工的块材，在砌筑前应清除表面的污物和冰霜，不得使用遭水浸冻的砖或砌块。对烧结砖、蒸压的灰砂砖及粉煤灰砖、吸水率较大的轻骨料混凝土小型空心砌块，当气温高于

0 ℃时，应浇水湿润并即时砌筑。气温在 0 ℃及以下时不应浇水，以避免结冰，但应增大砂浆稠度。抗震设防烈度为 9 度的建筑物，当烧结砖及蒸压粉煤灰砖无法浇水湿润时，不得砌筑。

对普通混凝土砌块、混凝土砖及采用薄灰砌法的加气砌块不应浇水。

(2) 砂浆

当轻骨料混凝土小型空心砌块的砌筑砂浆强度低于 10 MPa 时，应比常温施工提高一个等级，以保证承载能力。

冬期施工不得使用无水泥砂浆。拌制砂浆的水泥宜采用普通硅酸盐水泥；砂中不得含有冰块和大于 10 mm 的冻结块；石灰膏应防止受冻，如遭冻结应融化后使用。

砂浆应具有足够的初温，以满足砌筑及前期强度增长的需求。因此常采用热拌砂浆，即在拌制前对材料预先加热。砂浆的温度要求及材料加热温度应根据热工计算确定。由于水的质量热容大且便于加热，因此它是首选加热对象。可将蒸汽直接通入水箱或用铁桶等烧水，但水温不得超过 80 ℃；若还不满足砂浆温度要求则需将砂也加热。砂可用蒸汽排管、火坑加热，也可将汽管插入砂内直接送汽(需注意砂的含水率变化)，砂温不得超过 40 ℃。

(3) 施工

冬期施工时，砖砌体应采用“三一”砌筑法施工；砌块砌体应随铺灰随砌筑。每日砌筑高度不宜超过 1.2 m。砌体表面应清理干净，面层不得留有砂浆。砌筑后及时用保温材料覆盖。较常温施工多留一组同条件养护的砂浆试块，用于检验转入常温 28 d 的强度。

3.3.5.2　*冬期施工方法*

砌体的冬期施工常采用外加剂法和暖棚法。由于掺外加剂砂浆在负温条件下强度可以继续增长，砌体不会发生沉降变形，施工工艺简单，因此冬期施工应以外加剂法为主。对地下工程或急需使用的工程，可采用暖棚法。

(1) 外加剂法

外加剂法通过在砌筑砂浆中掺入防冻剂、早强剂等外加剂，降低砂浆中水的冰点，提高其抗冻性能，确保砂浆在负温下能正常硬化并达到设计强度。施工时，应根据气温和设计要求选择合适的外加剂种类，并严格控制掺量。砂浆宜用普通硅酸盐水泥拌制，拌和时水温不超过 80 ℃，砂温不超过 40 ℃，随拌随用。砌筑前需清除砌块表面的冰雪等杂质，砌筑完成后及时覆盖保温材料，促进砂浆硬化。同时，应加强砂浆试块的留置与检测，确保其强度符合设计要求。

(2) 暖棚法

暖棚法是通过在施工现场搭建暖棚，利用加热设备使棚内温度保持在 5 ℃以上，为砌体施工提供适宜环境，防止砂浆和砌体受冻。施工前，需根据工程规模和现场条件选择合适的暖棚形式，确保其密封性和保温性。施工过程中，应在暖棚内设置温度监测设备，实时调控棚内温度。砌块、砂浆等材料在使用前应存放于暖棚内，严禁使用受冻材料。砌筑操作应严格按规范进行，确保砂浆饱满度和砌体质量，完成后及时覆盖表面减少热量散失。此外，暖棚内要设置通风设施，加强防火管理，确保安全。

(3) 冻结法

冻结法采用不掺化学外加剂的普通水泥砂浆或水泥混合砂浆砌筑，砌体砌完后无须采取额外的加热或保温措施。其原理是砂浆在自然负温下经历冻结、融化、硬化三个阶段，最终达到设计强度。施工时，应选用强度高、质量稳定的普通水泥和干净无杂质的中砂。砂浆随拌随用，控制拌合水温度。砌筑时砌块温度应控制在 20 ℃以内，最高不超过 30 ℃，减小砌块与砂浆之间的温差，防止砂浆过早冻结。砌筑完成后，需采取覆盖保温材料等保护措施，减少外界温度影响。在温度回升后，砂浆逐渐融化、硬化，达到设计强度。

3.4 石砌体施工*

施工准备、石砌体施工工艺等相关内容见二维码。

【拓展内容】

思考题与习题

3.1 砌筑常用的砖和砖块有哪些？

3.2 砌筑砂浆对原材料有哪些要求？

3.3 砌筑砂浆的搅拌和使用时间是如何规定和要求的？

3.4 常用的砌筑垂直运输机械有哪些？

3.5 砌筑时为什么要做到横平竖直、砂浆饱满？

3.6 墙体接槎应如何处理？

3.7 砖砌体的质量要求有哪些？

3.8 砌块砌体的质量要求有哪些？

3.9 什么是“马牙槎”？

3.10 什么是“三一”砌筑法？

3.11 砌体冬期施工要点有哪些？

4　混凝土结构工程

【本章提要】

本章内容主要包括钢筋工程、模板工程、混凝土工程。在钢筋工程中主要介绍了钢筋连接、配料、代换以及平法钢筋计量，重点阐述了钢筋种类及性能，钢筋对焊、电弧焊，钢筋机械连接，钢筋的配料。在模板工程中，主要介绍了木模板、组合钢模板以及模板设计、安装、拆除，重点阐述了模板荷载设计或验算、永久性模板。在混凝土工程中，全面介绍了混凝土的制备、运输、浇筑、捣实、养护、质量检查。

【学习要求】

（1）掌握钢筋和混凝土的施工计算方法、施工工艺以及混凝土工程施工质量控制方法。

（2）了解模板设计、混凝土工程施工机械选用方法以及新型混凝土工程施工技术。

混凝土结构工程施工在土木工程施工中处于主导地位，无论对人力、物力消耗，还是对工期都有非常重大的影响。混凝土结构包括素混凝土结构、钢筋混凝土结构和预应力混凝土结构，其中以钢筋混凝土结构应用最广。混凝土结构工程从施工工艺的角度可以划分为现浇混凝土结构施工、采用装配式预制混凝土构件的工厂化施工和预应力混凝土施工等几个方面。

钢筋和混凝土这两种不同性质的材料之所以能共同工作，主要是由于混凝土硬化后紧紧握裹钢筋，钢筋又受混凝土保护而不致锈蚀，而钢筋与混凝土的线膨胀系数又接近（钢筋为 1.2×10^{-5}，混凝土 $1.0\times10^{-5}\sim1.4\times10^{-5}$），当外界温度变化时，不会因胀缩不均而破坏两者间的黏结。

钢筋混凝土结构工程是混凝土结构工程的主要内容，钢筋混凝土结构工程包括钢筋工程、模板工程和混凝土工程。混凝土结构工程施工的一般程序如图 4.1 所示。

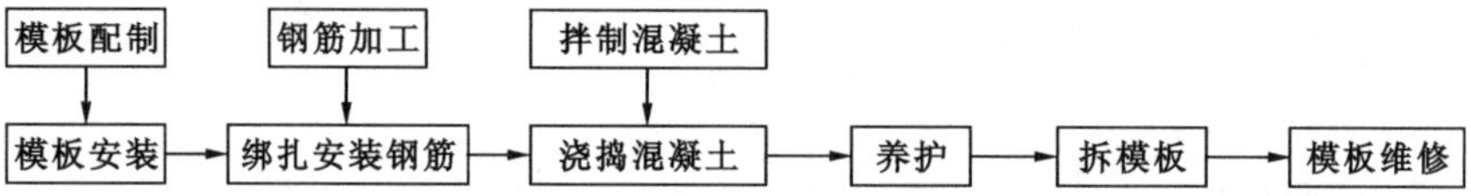

图 4.1　混凝土结构工程一般施工程序

钢筋混凝土结构具有耐久性、耐火性、整体性、可塑性好，节约钢材，可就地取材等优点，在工程建设中应用极为广泛。但钢筋混凝土结构也存在自重大、抗裂性差、现场浇筑受季节气候条件的限制、补强修复较困难等缺点。随着科学技术的发展，新材料、新技术、新工艺不断出现，上述一些缺点正逐步得到弥补。如预应力混凝土工艺技术的不断发展和广泛应用，提高了混凝土构件的刚度、抗裂性和耐久性，减小了构件的截面和自重，节约了材料。钢筋混凝土工程正朝着延长使用寿命、保证工程质量、加快施工进度和降低建设成本的方向快速发展。

常用规范:《混凝土结构工程施工规范》(GB 50666—2011)、《钢筋机械连接技术规程》(JGJ 107—2016)、《钢筋焊接及验收规程》(JGJ 18—2012)、《建筑施工模板安全技术规范》(JGJ 162—2008)、《建筑工程冬期施工规程》(JGJ/T 104—2011)、《建筑工程大模板技术标准》(JGJ/T 74—2017)、《混凝土结构工程施工质量验收规范》(GB 50204—2015)等。

4.1 钢筋工程

钢筋工程是混凝土结构施工的重要分项工程之一,是混凝土结构施工的关键工程。钢筋工程对于确保建筑物的稳定性、安全性和耐久性至关重要。

混凝土结构所用钢筋的种类较多。根据用途不同,混凝土结构用钢筋分为普通钢筋和预应力钢筋,根据钢筋的直径大小,有钢筋、钢丝和钢绞线三类;按生产工艺可分为热轧钢筋、热处理钢筋和冷加工钢筋三大类。

热轧钢筋是一种通过高温轧制工艺制成的钢材,主要以低碳钢和普通低合金钢为原料,在高温状态下进行轧制。其特点是强度高、韧性良好和耐磨性佳,同时具有一定的耐腐蚀性和广泛的应用范围,为最常用的一类钢筋,有热轧光圆钢筋(HPB)、热轧带肋钢筋(HRB)和余热处理钢筋(RRB)三种,其强度等级按屈服强度(MPa)分为 300 级、400 级、500 级、600 级。热处理钢筋包括用余热处理(RRB)或晶粒细化(HRBF)等工艺加工的钢筋,该类钢筋强度较高,但强屈比低且焊接性能不佳。

余热处理钢筋(RRB)由轧制钢筋经高温淬水,余热处理后提高强度。其延性、可焊性、机械连接性能及施工适应性降低,一般可用于对变形性能及加工性能要求不高的构件中,如基础、大体积混凝土、楼板、墙体以及次要的中小结构构件等。

为了提高钢筋强度、节约钢筋,对热轧钢筋进行冷加工处理,相应有冷拉、冷拔、冷轧、冷扭钢筋(或钢丝)。冷加工钢筋虽然在强度方面有所提高,但钢筋的延性损失较大,因此冷加工钢筋作预应力钢筋使用时,要慎重对待。从目前工程实际使用钢筋的情况来看,冷加工钢筋的经济效果并不明显,而冷拉钢筋与冷拔低碳钢丝则已逐渐淘汰,不再使用。

【扫码演示】

根据《混凝土结构设计标准》(GB/T 50010—2010)(2024 年版),建议用钢筋如表 4.1 所示。

表 4.1 钢筋种类及规格

单位:N/mm²

牌号	符号	公称直径 d/mm	屈服强度标准值 f_{yk}	极限强度标准值 f_{stk}
HPB300	Φ	6～14	300	420
HRB400 HRBF400 RRB400	Φ $Φ^{F}$ $Φ^{R}$	6～50	400	540
HRB500 HRBF500	Φ $Φ^{F}$	6～50	500	630

钢筋一般在钢筋车间加工(或在施工现场加工棚加工),然后运至施工现场安装或绑扎。钢筋加工过程取决于结构设计要求和钢筋加工的成品种类。一般钢筋的加工施工过程有调直、除锈、剪切、镦头、弯曲、焊接、绑扎、安装等。在钢筋下料剪切前,要经过配料计算,有时还有钢筋代换工作。钢筋绑扎安装要求与模板施工相互配合协调。钢筋在加工使用中如发现焊接性能或机械性能不良,还应进行化学成分分析,检验有害成分如硫(S)、磷(P)、砷(As)的含量是否超过规定范围。本节着重介绍钢筋连接、钢筋的配料、钢筋的代换以及平法钢筋计量。

4.1.1 钢筋连接

钢筋的连接方式主要有三种:绑扎连接、焊接连接和机械连接。

钢筋的接头宜设置在受力较小处;有抗震设防要求的结构中,梁端、柱端箍筋加密区范围内不宜设置钢筋接头,且不应进行钢筋搭接。钢筋连接中除个别情况如动态负荷下的脆性断裂风险、不准出现明火的位置施工外,应尽量采用焊接连接,以保证钢筋的连接质量、提高连接效率和节约钢材。钢筋焊接分为压焊和熔焊两种形式。压焊包括闪光对焊、电阻点焊和气压焊;熔焊包括电弧焊和电渣压力焊。

4.1.1.1 钢筋焊接

钢筋焊接是利用电阻、电弧或气体加热法使钢筋表面或端部熔化后施加一定压力或添加部分金属材料使之连为一体。钢筋焊接质量与钢材的可焊性、焊接工艺有关。可焊性与钢筋含碳、锰、钛等合金元素有关。要合理设置焊接参数并熟练操作。钢筋焊接常用的方法有对焊、点焊、电弧焊和电渣压力焊等。

根据《钢筋焊接及验收规程》(JGJ 18—2012),轴心受拉和小偏心受拉杆件中的钢筋接头,均应焊接。普通混凝土中直径大于 22 mm 的钢筋和轻骨料混凝土中直径大于 20 mm 的Ⅰ级钢筋及直径大于 25 mm 的Ⅲ级钢筋的接头,均宜采用焊接。

钢筋焊接质量与钢材的化学成分、表面状态、力学性能以及规格尺寸等因素密切相关。含碳量越高,焊接时越易产生淬硬组织和裂纹,影响焊接质量;而锰、钛等合金元素可改善可焊性,硫、磷等杂质元素则会降低可焊性。钢筋表面的锈斑、油污、水等杂质会降低焊接质量,焊接前应清除干净,且表面应平整。强度等级不同的钢筋需选择合适的焊接参数和工艺,以确保焊接接头的强度与母材相匹配,同时韧性好的钢材焊接时不易产生裂纹等缺陷。钢筋直径不同时,焊接工艺和参数也需调整,如直径较小的钢筋可采用连续闪光焊,而直径较大的钢筋则需采用预热闪光焊或闪光—预热—闪光焊。在实际施工中,应根据钢筋的具体情况,严格控制焊接工艺和参数,确保焊接接头的质量符合设计要求和相关标准规范,以保障土木工程的整体安全性和耐久性。

焊工必须持相应焊接方法的考试合格证上岗操作,并经现场焊接工艺试验合格,方可正式焊接。当环境温度低于−5 ℃时应调整焊接参数或工艺,低于−20 ℃时不得进行焊接,雨、雪及大风天气应采取遮挡措施。直径大于 28 mm 的热轧钢筋及细晶粒钢筋的焊接参数应经试验确定,余热处理钢筋不宜焊接。

(1) 闪光对焊

钢筋闪光对焊(图 4.2)是利用对焊机使两段钢筋接触,通过低电压的强电流,待钢筋被加热到一定温度变软后,进行轴向加压顶锻,形成对焊接头。闪光对焊广泛用于钢筋连接及预应力筋与螺钉端杆的焊接。热轧钢筋的焊接宜优先采用闪光对焊。根据钢筋品种、直径和所用焊机功率不同，闪光焊的工艺分为连续闪光焊、预热闪光焊和闪光—预热—闪光焊。

① 连续闪光焊

连续闪光焊的工艺过程包括连续闪光阶段和顶锻阶段。在连续闪光阶段，当闭合电路后，让两根钢筋或焊件的端面轻微接触，此时端面间隙中会喷射出火花般熔化的金属微粒，即开始闪光。接着徐徐移动钢筋或焊件，使两端面仍保持轻微接触，形成连续闪光，在此过程中接头被加热。顶锻阶段是指当闪光到预定的长度，钢筋或焊件端头加热到将近熔点时，以一定的压力迅速进行顶锻。先带电顶锻，再无电顶锻到一定长度，接头焊接即告完成。

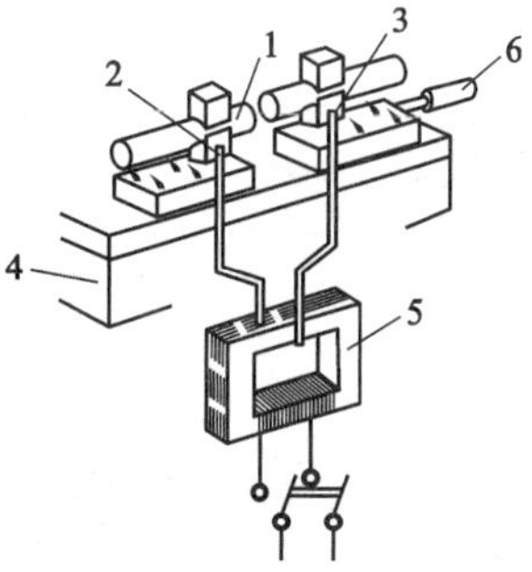

图 4.2　钢筋闪光对焊原理简图

1—焊接的钢筋；2—固定电极；3—可动电极；4—机座；5—变压器；6—手动顶压机构

连续闪光焊常用于工业与民用建筑中热轧钢筋的焊接，适用于直径 25 mm 以内的Ⅰ级、Ⅲ级钢筋，焊接直径较小的钢筋最适宜。

【扫码演示】

② 预热闪光焊

预热闪光焊首先通过一次闪光将工件端面闪平，接着进行预热（预热方式有使两工件端面交替地轻微接触和分开的连续闪光预热，以及两工件端面一直紧密接触利用脉冲电流或交替紧密接触与分开产生电阻热的电阻预热），然后进入二次闪光阶段，最后顶锻。它与连续闪光焊的不同之处在于前面增加了一个预热时间，先使大直径钢筋预热后再连续闪光烧化进行加压顶锻。预热闪光焊适用于大截面工件、高强度合金钢以及特殊结构工件的焊接，如大直径的钢筋、大型管材。由于预热闪光焊需要实现预热功能以及精确控制多个焊接阶段，对焊机的控制系统要求更高，需要具备更复杂的参数调节和控制功能。

③ 闪光—预热—闪光焊

对于较粗且端面不平整的钢筋，宜采用闪光—预热—闪光焊。其方法为在预热闪光焊之前预加闪光阶段，烧去钢筋端部的不平整部位，使其端面比较平整，以保证端面上加热温度均匀，提高焊接接头质量。

闪光—预热—闪光焊的工艺参数有调伸长度、一次烧化留量、预热留量、预热时间、二次烧化留量、顶锻留量及变压器级数等。

(2) 电弧焊

电弧焊是一种利用电弧放电产生的高温（通常超过 5000 ℃）熔化金属，实现材料连接的焊接工艺。其核心是通过电极与工件之间的电弧将电能转化为热能，使金属局部熔化形成熔池，冷却后形成牢固接头。根据工艺不同，常使用焊条药皮或保护气体（如 CO_2、氩气）隔绝空气，防止熔融金属氧化，保证焊缝质量。电弧焊广泛应用于钢结构、管道、机械制造等领域，尤其适用于较厚板材（>2 mm）的焊接，具有设备简单、适应性强、效率高等特点。

钢筋电弧焊的接头形式（图 4.3，其中 l 为接头长度）有搭接焊接头（单面焊缝或双面焊缝）、帮条焊接头（单面焊缝或双面焊缝）、坡口焊接头（平焊或立焊）和熔槽帮条焊接头（用于安装焊接 $d \geqslant 25$ mm 的钢筋）。电弧焊机有直流与交流之分，常用的为交流电弧焊机。帮条焊和搭接焊的接头长度见表 4.2。

【扫码演示】

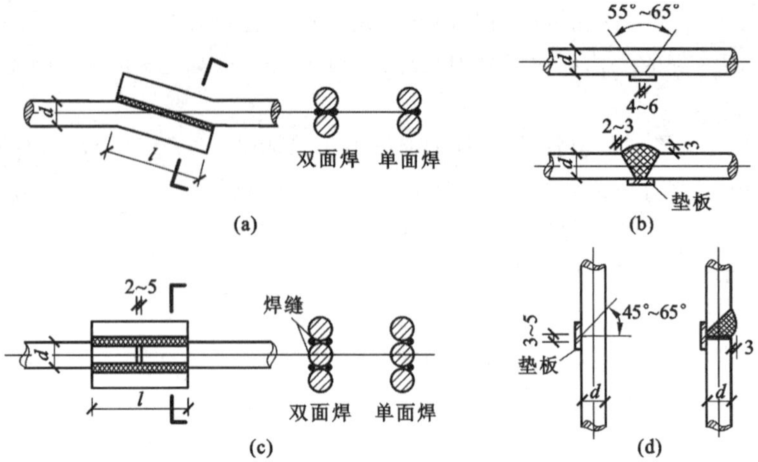

图 4.3　钢筋电弧焊的接头形式

(a)搭接焊接头；(b)帮条焊接头；(c)平焊的坡口焊接头；(d)立焊的坡口焊接头

表 4.2　帮条焊和搭接焊的接头长度

钢 筋 级 别	焊 缝 形 式	接头长度 l
Ⅰ级	单面焊	≥$8d$
	双面焊	≥$4d$
Ⅲ级	单面焊	≥$10d$
	双面焊	≥$5d$

注：d 为钢筋直径。

【扫码演示】

搭接接头的长度、帮条的长度、焊缝的长度和高度等在《钢筋焊接及验收规程》(JGJ 18—2012)中都有具体的规定。搭接焊、帮条焊和坡口焊的焊接接头，除外观质量检查外，亦需抽样做拉伸试验。

(3) 电渣压力焊

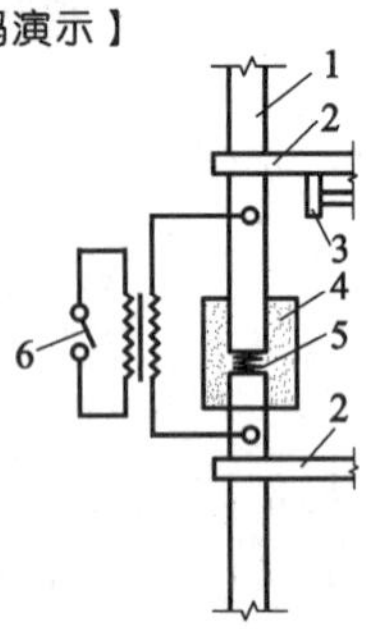

图 4.4　电渣压力焊原理图

1—钢筋；2—夹钳；3—凸轮；4—焊剂盒；5—铁丝团球或导电焊剂；6—电源开关

电渣压力焊(图 4.4)是一种利用电流通过液态熔渣产生的电阻热熔化钢筋端面，再通过加压形成接头的焊接方法。其工作原理包括引弧、电弧、电渣和顶压四个阶段，通过焊剂层下的电弧热和电阻热实现钢筋连接。该方法主要适用于现浇钢筋混凝土结构中竖向或斜向(倾角不超过 4∶1 的范围内)钢筋的连接，常见于建筑、桥梁、隧道等工程。焊接前需清除钢筋端部浮锈和泥沙，并根据钢筋直径匹配焊机功率(如直径 22 mm 以上钢筋需大功率焊机)。操作时需确保焊剂填充均匀，焊接后接头焊包凸出高度需符合标准，其凸出钢筋表面的高度不得低于 4 mm；若钢筋直径为 28 mm 及以上时不得小于 6 mm。电渣压力焊的接头，亦应按《钢筋焊接及验收规程》(JGJ 18—2012)规定的方法检查外观质量和取样进行拉伸试验。

进行电渣压力焊宜用BX2-1000型焊接变压器，焊接大直径钢筋时，可将小容量的同型号焊接变压器并联。夹具需灵活、上下钳口同心，否则不能满足《钢筋焊接及验收规程》(JGJ 18—2012)中规定的上下钢筋的轴线应尽量重合，其最大偏移不得超过2 mm的要求。直径为12 mm的钢筋进行电渣压力焊时，应采用小型焊接夹具，上下两钢筋对正，不偏歪，在焊接前应多做焊接工艺试验，确保焊接质量。

焊接时，先将钢筋端部约120 mm范围内的铁锈除尽，将夹具夹牢在下部钢筋上，并将上部钢筋扶直夹牢于活动电极中，自动电渣压力焊还在上下钢筋间放引弧用的钢丝圈等，再装上焊剂盒(直径90～100 mm)，装满焊剂，接通电路，将钢筋上提2～4 mm，采用人工直接引弧或铁丝圈(焊条芯)间接引弧法进行引弧，然后继续上提钢筋5～7mm，使电弧稳定；随着钢筋的熔化，钢筋逐渐插入渣池中，此时电弧熄灭，转为电渣过程，焊接电流通过渣池而产生大量的电阻热，使钢筋端部继续熔化；待钢筋端部熔化到一定程度后，在切断电流的同时，迅速进行顶压并持续几秒钟，以免接头偏斜或结合不良。待冷却一定时间后，即拆除焊剂盒、回收焊剂、拆除夹具和清除焊渣。引弧、电弧、电渣、顶压四个过程应连续进行。

(4) 电阻点焊

电阻点焊主要用于钢筋的交叉连接，如用来焊接钢筋网片、钢筋骨架等代替钢筋绑扎。其优点为生产效率高、节约材料，应用广泛。

电阻点焊是一种利用电流通过工件接触面产生的电阻热进行焊接的方法。其工作原理是通过电极对工件加压，通入大电流使接触区域局部熔化，冷却后形成焊点。该工艺无需焊丝或焊条，主要参数包括焊接电流、通电时间、电极压力及电极尺寸，且参数选择直接影响焊接质量，其工作原理如图4.5所示。

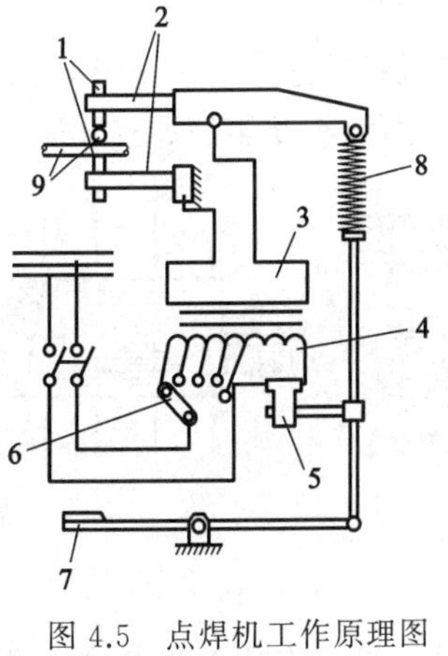

图4.5 点焊机工作原理图

1—电极；2—电极臂；3—变压器的次级线圈；4—变压器的初级线圈；5—断路器；6—变压器的调节级数开关；7—踏板；8—压紧机构；9—钢筋

(5) 气压焊

钢筋气压焊是利用氧乙炔火焰或氧液化石油气火焰等，对两钢筋对接处加热，使其达到热塑性状态(固态)或熔化状态(熔态)后，加压完成的一种压焊方法。这种焊接工艺具有设备简单、操作方便、成本较低等特点。气压焊主要用于钢筋(直径12～40 mm)和钢轨对接，适用于碳钢、低合金钢等材料。优点为接头无铸造缺陷、裂纹敏感性低；缺点为端面准备要求高、焊接速度较慢。施工需要持证操作，还需注意防火防爆处理。

钢筋气压焊接属于热压焊。在焊接加热过程中，加热温度仅为钢材熔点的0.8～0.9倍，且加热时间较短，所以不会出现钢筋材质劣化倾向。另外，其设备轻巧、使用灵活、效率高、节省电能、焊接成本低，可进行全方位(竖向、水平和斜向)焊接，所以在我国逐步得到推广。

气压焊接设备主要包括加热系统与加压系统两部分。

加热系统中的加热能源是氧气和乙炔(或液化石油气等)。用流量计来控制氧气和乙炔(或液化石油气等)的输入量，焊接不同直径的钢筋需要不同的流量。加热器将氧气和乙炔(或液化石油气等)混合后，从喷火嘴喷出火焰加热钢筋，要求火焰能均匀加热钢筋，有足够的温度和功率并安全可靠。

加压系统中的压力源为电动油泵，其作用是使加压顶锻的压力保持平稳。压接器是气压焊的主要设备之一，要求其能准确、方便地将两根钢筋固定在同一轴线上，并将油泵产生的压力均匀地传递给钢筋，达到焊接目的。

4.1.1.2　钢筋机械连接

钢筋机械连接是通过钢筋与连接件或其他介入材料的机械咬合作用或钢筋端面的承压作用，将一根钢筋中的力传递至另一根钢筋的连接方法。钢筋机械连接具有施工简便、工艺性能好、接头质量可靠、不受钢筋可焊性制约、可全天候施工、施工安全等特点，一般用于大直径钢筋的连接。钢筋机械连接包括挤压连接和螺纹套管连接，是近年来大直径钢筋现场连接的主要方法。

(1) 钢筋挤压连接

钢筋挤压连接也称钢筋套筒冷压连接。套筒挤压连接接头是通过挤压压力使连接件钢筋套筒产生塑性变形并与带肋钢筋紧密咬合形成的接头，有径向挤压连接和轴向挤压连接两种形式。由于轴向挤压连接在现场施工不方便且接头质量不够稳定，因此没有得到推广；而径向挤压连接接头得到了大面积推广使用。现在工程中使用的套筒挤压连接接头，均为径向挤压连接(图 4.6)。由于质量优良，套筒挤压连接接头从我国 20 世纪 90 年代初至今被广泛应用于建筑工程中。

钢筋挤压连接适用于竖向、横向及其他方向的较大直径变形钢筋的连接。与焊接相比，它具有节省电能、不受钢筋焊接好坏影响、不受气候影响、无明火、施工简便和接头可靠度高等优点。

【扫码演示】

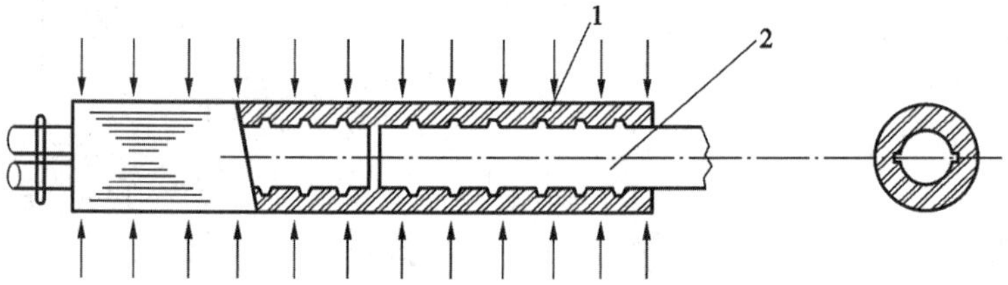

图 4.6　钢筋径向挤压连接原理图

1—钢套筒；2—被连接的钢筋

钢筋挤压连接工艺参数是确保接头质量的核心控制指标，主要包括压接顺序、压接力、压接道数、压痕尺寸、套筒参数、设备参数等。压接挤压顺序应从套筒中部开始，依次向两端均匀施压，确保套筒与钢筋同轴顺直。压接力要保证套筒与钢筋紧密咬合，压接力和压接道数取决于钢筋直径、套筒型号和挤压机型号。

(2) 钢筋螺纹套管连接

【扫码演示】

钢筋螺纹套管连接是通过将两根钢筋的端部加工成螺纹，然后用一个带内螺纹的套管将它们连接起来，利用螺纹的机械咬合作用，使两根钢筋能够有效地传递力，从而实现钢筋的连接。这种连接方式能在保证钢筋连接强度的同时，使连接部位具有较好的稳定性和可靠性。钢筋螺纹套筒连接强度高，螺纹连接能提供可靠的机械咬合，使钢筋连接部位具有较高的强度和刚度，可有效传递拉力和压力，满足结构的受力要求；施工速度快，操作相对简单，施工过程中不需要采用焊接或其他复杂的工艺，能够快速完成钢筋的连接，提高施工效率，缩短工期；受环境影响小，与焊接连接相比，不受风雨、低温等恶劣天气条件的影响，在各种环境下都能保证连接质量，适应性强。图 4.7 所示为钢筋锥螺纹套管连接示意。除此之外，还有钢筋直螺纹套管连接工艺。

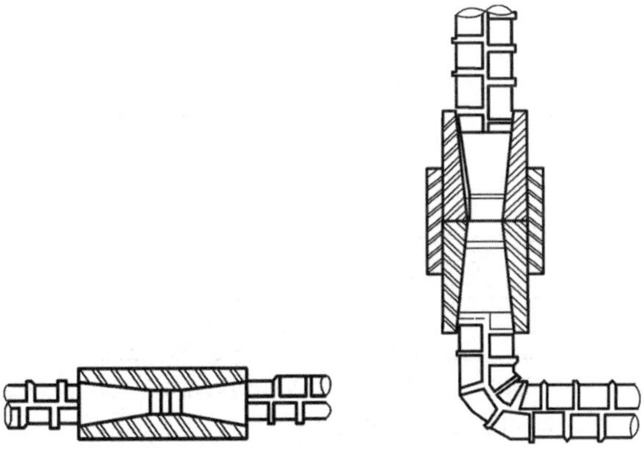

【扫码演示】

(a) (b)

图 4.7 钢筋锥螺纹套管连接示意图

(a)两根直钢筋连接；(b)一根直钢筋与一根弯钢筋连接

4.1.2 钢筋的配料

钢筋配料是根据施工图纸计算构件中各钢筋的下料长度、根数及质量，然后编制钢筋配料表，以此作为备料加工、验收及结算的依据。

配料表中应明确标出每根钢筋的下料长度。下料长度是指下料时钢筋所需的实际长度，它与图纸上标注的长度存在一定差异。

钢筋下料长度的计算基于钢筋弯折后其中心线长度保持不变这一假设前提。钢筋的下料长度就是指相应钢筋的中心线长度。然而，在实际工程计算中，影响下料长度计算的因素众多，例如混凝土保护层厚度。当钢筋弯折后，其中心线长度虽不变，但外边缘会变长，内边缘则会缩短。除此之外，图纸上钢筋尺寸标注方法多样化，弯折钢筋的直径、级别、形状、弯心半径大小以及端部弯钩形状等各异。在计算下料长度时，这些因素都应考虑。

4.1.2.1 *保护层厚度*

混凝土保护层是指结构构件中钢筋外边缘至构件表面范围用于保护钢筋的混凝土，简称保护层。根据《混凝土结构设计标准》(GB/T 50010—2010)(2024 年版)，保护层厚度是指最外层钢筋(包括箍筋、构造筋、分布筋等)的外缘至混凝土表面的距离。其作用有保证钢筋与混凝土的黏结性能、防止钢筋锈蚀、提供防火保护。受力钢筋的混凝土保护层厚度，应符合设计要求；当设计无具体要求时，不应小于受力钢筋直径，并应符合表 4.3 的规定。

表 4.3 混凝土保护层的最小厚度 单位：mm

环境类别	板、墙		梁、柱		基础梁(顶面和侧面)		独立基础、条形基础、筏形基础(顶面和侧面)	
	≤C25	≥C30	≤C25	≥C30	≤C25	≥C30	≤C25	≥C30
一	20	15	25	20	25	20	—	—

续表4.3

环境类别	板、墙		梁、柱		基础梁（顶面和侧面）		独立基础、条形基础、筏形基础（顶面和侧面）	
	≤C25	≥C30	≤C25	≥C30	≤C25	≥C30	≤C25	≥C30
二 a	25	20	30	25	30	25	25	20
二 b	30	25	40	35	40	35	30	25
三 a	35	30	45	40	45	40	35	30
三 b	45	40	55	50	55	50	45	40

注：①表中混凝土保护层厚度指最外层钢筋外边缘至混凝土表面的距离，适用于设计使用年限为 50 年的混凝土结构。

②构件中受力钢筋的保护层厚度不应小于钢筋的公称直径 d。

③一类环境中，设计使用年限为 100 年的结构最外层钢筋的保护层厚度不应小于表中数值的 1.4 倍；二、三类环境中，设计使用年限为 100 年的结构应采取专门的有效措施。

④钢筋混凝土基础宜设置混凝土垫层，基础底部的钢筋的混凝土保护层厚度应从垫层顶面算起，且不应小于 40；无垫层时，不应小于 70。

⑤桩基承台及承台梁：承台底面钢筋的混凝土保护层厚度，当有混凝土垫层时，不应小于 50，无垫层时不应小于 70；此外尚不应小于桩头嵌入承台内的长度。

4.1.2.2　钢筋弯曲量度差和端部弯钩

在钢筋加工过程中，我们需重点关注钢筋弯折后的尺寸变化。尽管钢筋弯折后其中心线长度保持不变，但图纸上通常标注的是钢筋弯曲成形后的外包尺寸。外包尺寸明显大于钢筋的中心线长度，若直接按照外包尺寸进行下料与弯折，将会导致钢筋材料的浪费，并给施工带来诸多不便。具体而言，尺寸偏大可能导致混凝土保护层厚度不足，甚至无法将钢筋顺利放入模板中。因此，正确的加工方法应该是基于弯折后钢筋成品的中心线总长度来进行下料。在实际操作中，外包尺寸与中心线长度之间存在一个差值，这一差值被称为“量度差值”。为了准确计算钢筋的中心线长度，我们需要从图纸中钢筋的外包尺寸中减去量度差值。

量度差的大小主要受钢筋的直径、弯曲角度以及弯心直径等因素影响。了解这些因素对量度差的影响，有助于我们在实际施工中更精确地计算钢筋的下料长度，从而提高施工效率，减少材料浪费，确保工程质量。弯起钢筋中间部位弯折处的弯曲直径 D，不应小于钢筋直径 d 的 5 倍，如图 4.8(a)所示。

为满足钢筋在混凝土中的锚固需要，钢筋末端一般需要加工成弯钩形。Ⅰ级钢筋末端需要做 180°弯钩，其圆弧段弯曲直径 D 不应小于钢筋直径 d 的 2.5 倍，平直段长度不宜小于钢筋直径 d 的 3 倍，当用于轻骨料混凝土结构时，其弯曲直径 D 不应小于钢筋直径 d 的 3.5 倍，如图 4.8(b)所示；Ⅲ级钢筋(变形钢筋)一般可以不做弯钩，如设计需要时末端只作 90°或 135°弯折，Ⅲ级钢筋不宜小于钢筋直径 d 的 5 倍，平直段长度应按设计要求确定，如图 4.8(c)所示。

箍筋的末端需做弯钩，弯钩形式应符合设计要求，当设计无具体要求时，用Ⅰ级钢筋或冷拔低碳钢丝制作的箍筋，其弯钩的弯曲直径应大于受力钢筋直径，且不小于箍筋直径的 2.5 倍；弯钩的平直段长度，对一般结构，不宜小于箍筋直径的 5 倍，对有抗震要求的结构，不应小于箍筋直径的 10 倍。弯钩形式有三种，如图 4.9 所示。对于有抗震要求和受扭的结构，可按图 4.9(c)所示加工。

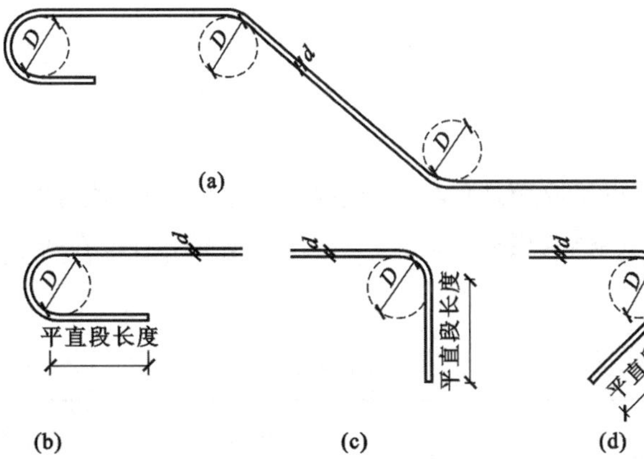

图 4.8　钢筋弯曲及端部弯钩

(a)钢筋弯折；(b)钢筋末端 180°弯钩；(c)钢筋末端 90°弯钩；(d)钢筋末端 135°弯钩

(1) 弯曲量度差

以 90°弯折为例，如图 4.10 所示，$D=2.5d$，中心线 ab 弧长$=\frac{\pi}{2}\left(\frac{D}{2}+\frac{d}{2}\right)$。

$$量度差=外包尺寸-轴线尺寸$$

$$=\left(\frac{D}{2}+d\right)\times 2-\frac{\pi}{2}\left(\frac{D}{2}+\frac{d}{2}\right)=2.29d$$

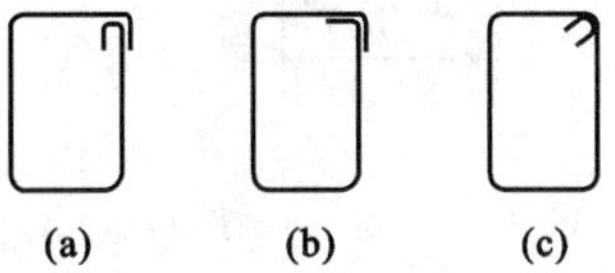

图 4.9　箍筋弯折示意图

(a)90°/180°；(b)90°/90°；(c)135°/135°

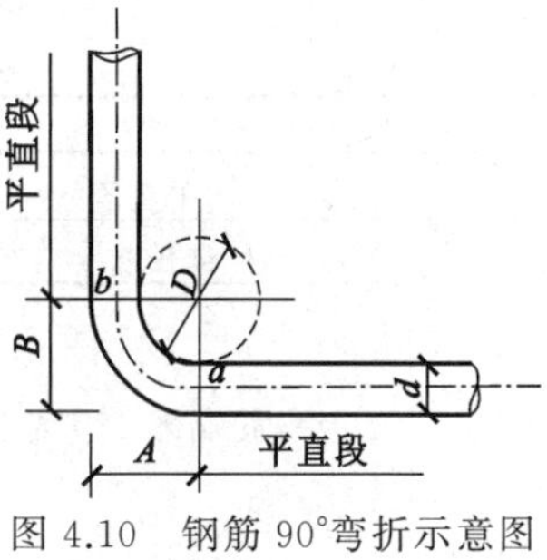

图 4.10　钢筋 90°弯折示意图

A、B 为弧形段外包尺寸；$D=2.5d$

量度差一般近似取值为 $2d$。其他角度的弯曲量度差计算同上，工程中弯曲量度差的取值一般按表 4.4 取值。

表 4.4　钢筋弯曲量度差取值

钢筋弯曲角度	30°	45°	60°	90°	135°
钢筋弯曲量度差	$0.35d$	$0.5d$	$0.85d$	$2d$	$2.5d$

注：d 为钢筋直径。

(2) 端部弯钩增加值

如图 4.11 所示，以Ⅰ级钢筋端部 180°弯钩为例来进行计算，其平直段长度取为 $3d$，弯心直径取为 $D=2.5d$，则端部弯钩增加值＝平直段＋圆弧段$-\left(\frac{D}{2}+d\right)=3d+\frac{\pi}{2}(D+d)-\left(\frac{D}{2}+d\right)=6.25d$

其余端部弯钩增加值计算同上，可得 90°弯钩为 $3.5d$，135°弯钩为 $4.9d$。

(3) 箍筋调整值

箍筋的下料长度还可以采取用外包尺寸（或内皮尺寸）加调整值进行计算。箍筋调整值即为弯钩增加长度和弯曲调整值两项之差，一般结构用的箍筋可直接在表 4.5 中查用，箍筋尺寸量度方法如图 4.12 所示。

表 4.5 箍筋调整值 W 单位：mm

箍筋量度方法	箍筋直径			
	4～5	6	8	10～12
量外包尺寸	40	50	60	70
量内皮尺寸	80	100	120	150～170

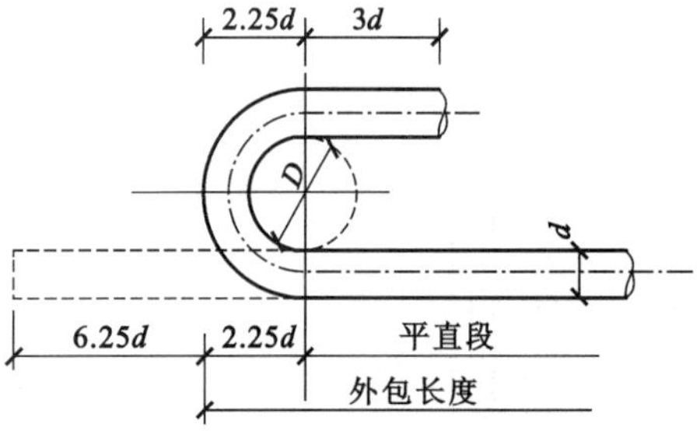

图 4.11 Ⅰ级钢筋端部 180°弯钩

$D=2.5d$

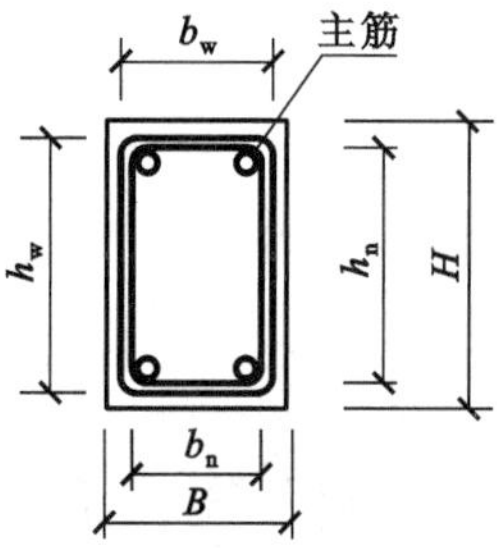

图 4.12 箍筋尺寸量度方法

B，H—截面宽、高；b_w，h_w—外包宽、高；b_n，h_n—内皮宽、高

(4) 下料长度计算公式

直钢筋下料长度＝外包长度＋弯钩增加长度

弯起钢筋下料长度＝外包长度－弯曲量度差＋弯钩增加长度

箍筋下料长度：

① 量外包尺寸：箍筋下料长度$=2(b_w+h_w)+$调整值 W

② 量内皮尺寸：箍筋下料长度$=2(b_n+h_n)+$调整值 W

弯钩增加长度，要视设计需要和钢筋的类别而定。为了便于施工，钢筋下料长度一般取整厘米数即可。

【例 4.1】 某建筑物简支梁 L1 共 8 根，配筋情况如图 4.13 所示，试计算钢筋下料长度，编制配料单。混凝土保护层厚取 25 mm。

【解】(1)绘出各种钢筋简图（表 4.6）。

(2)计算钢筋下料长度。

①号钢筋下料长度：

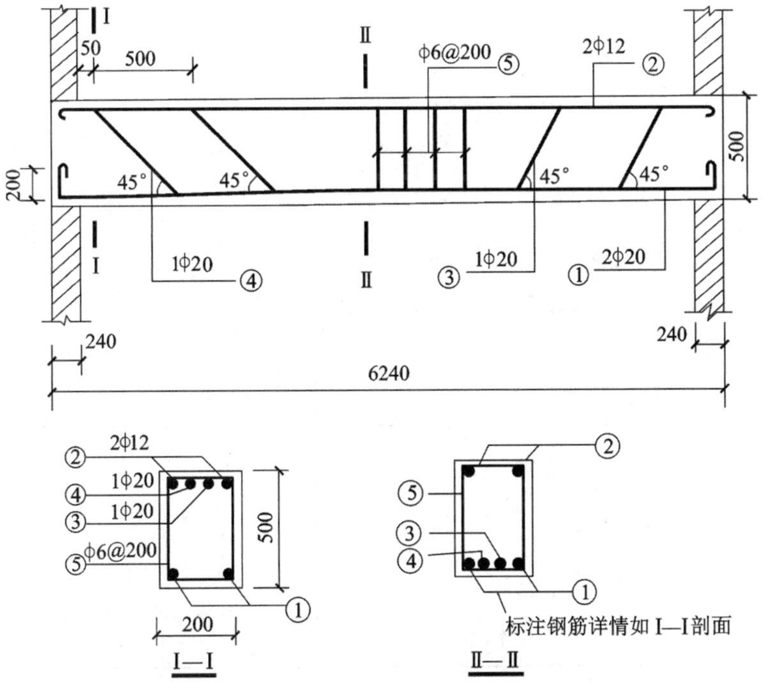

图 4.13　简支梁 L1 配筋图

$L_1=(6240+2\times200-2\times25)-2\times2\times20+2\times6.25\times20=6760$ mm

②号钢筋下料长度：

$L_2=6240-2\times25+2\times6.25\times12=6340$ mm

③号弯起钢筋下料长度：

上直段钢筋长度$=240+50+500-25=765$ mm

斜段钢筋长度$=(500-2\times25-2\times6)\times1.414=619$ mm

中间直段长度$=6240-2\times(240+50+500+500-2\times25-2\times6)=3736$ mm

$L_3=(765+619)\times2+3736-4\times0.5\times20+2\times6.25\times20=6714$ mm

④号钢筋下料长度：

$L_4=L_3=6714$ mm

⑤号箍筋下料长度：

宽度$=200-2\times25=150$ mm

高度$=500-2\times25=450$ mm

$L_5=(150+450)\times2+50=1250$ mm

箍筋数量 $n=(6240-2\times25-100)/200+1=31.45$

取 $n=32$ 根。

(3)编制配料单(表 4.6)。

表 4.6　L1 梁钢筋配料单

构件名称	钢筋编号	简图	钢筋符号	直径/mm	下料长度/mm	单位根数	合计根数	质量/kg
L1 梁（共 8 根）	①		Φ	20	6760	2	16	267.16
	②	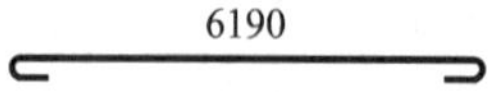	Φ	12	6340	2	16	90.08
	③	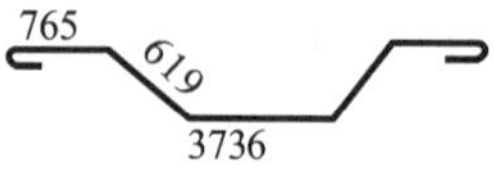	Φ	20	6714	1	8	132.69
	④	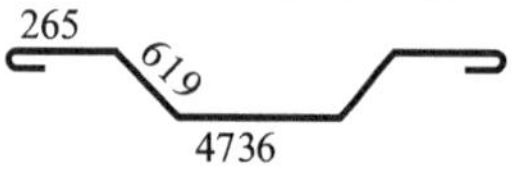	Φ	20	6714	1	8	132.69
	⑤	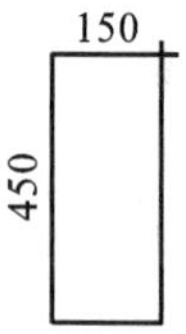	Φ	6	1250	32	256	71.04
合计		Φ6:71.04 kg；Φ12:90.08 kg；Φ20:532.54 kg						

4.1.3　钢筋的代换

4.1.3.1　代换原则

钢筋代换是指在施工过程中，由于各种原因（如材料供应、设计变更等），需要将原设计中的钢筋品种、级别、规格、数量等进行更换。为保证工期，可对钢筋进行代换，但应遵循下列原则：

（1）不同种类钢筋的代换，应按照钢筋受拉承载力设计值相等的原则代换。

（2）当构件受抗裂、裂缝宽度或挠度控制时，钢筋代换后应进行相应的抗裂、裂缝宽度或挠度验算。

（3）等强度代换。在受强度控制的构件中，可按强度相等原则进行钢筋代换，确保代换后的钢筋强度大于或等于原有的钢筋强度。

（4）等面积代换。当构件需要按最小配筋率配筋时，应按面积相等原则进行钢筋代换，满足相同的配筋率要求。

（5）钢筋代换必须严格遵守《混凝土结构设计标准》（GB/T 50010—2010）（2024 年版）及《建筑抗震设计标准》（GB/T 50011—2010）的相关规定。代换后的钢筋需要满足强度、配筋率、保护层厚度、最小直径、间距、根数、锚固长度等相关要求。

（6）在进行任何钢筋代换之前，必须征得设计单位的同意，确保代换方案符合设计意图和安全要求。

（7）原则上，钢筋代换后的构件含钢量或配筋率应大于或等于原设计，必须进行验证以确定是否成为超筋构件，避免可能导致的脆性破坏。

(8) 对重要受力构件,不宜用Ⅰ级光面钢筋代换变形钢筋。

(9) 梁的纵向受力钢筋和弯起钢筋应分别进行代换。

4.1.3.2　代换方法

钢筋代换方法有等强度代换、等面积代换、按裂缝宽度验算代换三种。

(1) 等强度代换

当结构构件是按强度控制时,可按强度等同原则代换,称“等强度代换”,即

$$f_{y1}A_{s1}\leqslant f_{y2}A_{s2} \tag{4-1}$$

式中　f_{y1}——原设计钢筋抗拉强度设计值(MPa);

f_{y2}——代换钢筋抗拉强度设计值(MPa);

A_{s1}——原设计钢筋总截面面积(mm^2);

A_{s2}——代换钢筋总截面面积(mm^2)。

(2) 等面积代换

当构件按最小配筋率或相同级别代换钢筋时,可按钢筋面积相等的原则代换,称“等面积代换”,即

$$A_{s1}\leqslant A_{s2} \tag{4-2}$$

(3) 按裂缝宽度验算代换

当结构构件受裂缝宽度或挠度控制时,钢筋的代换需进行裂缝宽度或挠度验算。钢筋代换后,有时由于受力钢筋直径加大或根数增多,而需要增加排数,则构件截面的有效高度 h 减小,截面强度降低,此时需复核截面强度。对矩形截面的受弯构件,可根据弯矩相等,按下式复核截面强度。

$$N_2\left(h_{02}-\frac{N_2}{2f_{cm}b}\right)\geqslant N_1\left(h_{01}-\frac{N_1}{2f_{cm}b}\right) \tag{4-3}$$

式中　N_1——原设计的钢筋拉力(kN),即 $N_1=A_{s1}f_{y1}$;

N_2——代换钢筋拉力(kN),即 $N_2=A_{s2}f_{y2}$;

h_{01},h_{02}——代换前后钢筋的合力点至构件截面受压边缘的距离(mm);

f_{cm}——混凝土的弯曲抗压强度设计值(MPa),对C20混凝土为11 MPa;

b——构件截面宽度(mm)。

4.1.4　平法钢筋计量*

平法钢筋计量的相关内容见二维码。

【拓展内容】

4.2 模板工程

模板是混凝土工程中不可缺少的工具材料，是使混凝土成形的模型板。已浇筑的混凝需要在此模型板内进行养护，达到规定的强度要求后拆除模板，形成所要求的结构构件形状。

在现浇钢筋混凝土结构施工中，对模板工程有如下要求：保证混凝土结构和构件各部分形状、尺寸和相互位置的正确性；具有足够的承载能力、刚度和稳定性，能可靠地承受新浇筑混凝土的自重、侧压力以及在施工过程中所产生的荷载；构造简单、装拆方便，能够多次周转使用；模板接缝不漏浆。

近年来，模板工程在构成材料、施工工艺及机具化程度等方面都取得了极大的进步，适用范围越来越广泛。模板作为新浇筑混凝土的塑形材料或机具，其组成系统主要包括模板和支架两大部分。模板板块主要由面板、次肋、主肋等组成。支架则包括支撑、桁架、系杆、对拉螺栓等不同的形式。模板的构成材料有很多，包括木材、竹材、钢材、合金、塑料、合成材料等，有时可以就地取材，包括砖砌体、混凝土结构本身等。

模板在建筑施工中扮演着重要角色，其种类繁多，构造也各具特点。根据模板的用途，可以将其分为整体现浇模板和预制模板；依据施工特点，模板又可分为一次模板（永久模板）和周转性模板；按照使用部位的不同，模板可分为基础模板、柱子模板、梁模板、楼板模板、楼梯模板、桥墩模板、桥梁模板等；从构造方面来看，模板可分为普通模板、定型模板、大模板、台模、隧道模、爬模、液压滑升模等；而根据所用材料的不同，模板还可分为木模板、钢模板、胶合板模板、塑料模板、预应力混凝土薄板模板等。本节主要介绍现浇结构用木模板和钢模板的施工工艺和设计原理。

4.2.1 木模板

木模板因其加工便捷、对结构尺寸和形状具有高适应性，故被广泛应用，但其木材消耗量较大。从保护森林资源的角度出发，应尽量控制木模板的使用。目前，组合钢模板和钢框木模板得到了较多应用，然而在部分地区的一些工程中，木模板和胶合板模板依然被使用。为了节约木材资源，通常情况下，木模板及其支撑结构会在加工厂或木工棚预先加工成基本元件，随后运输至施工现场进行拼装作业。

【扫码演示】

拼板由一些板条用拼条钉拼而成（胶合板模板则用整块胶合板），板条厚度一般为 25～50 mm，板条宽度不宜超过 200 mm（工具式模板不超过 150 mm），以保证干缩时缝隙均匀，浇水后易于密缝。但不限制梁底板的板条宽度，以免漏浆。拼板的拼条一般平放，但梁侧板的拼条应立放。拼条的间距取决于新浇混凝土的侧压力和板条的厚度，多为 400～500 mm。

4.2.1.1 基础木模板

基础木模板是建筑工程中用于浇筑混凝土基础部分的模板系统，通常用于基础垫层、独立基础、条形基础、筏形基础等部位的施工。如果土质良好，阶梯形基础的最下一级可不用模板而采用原槽浇筑。安装时，要保证上、下模板不发生相对位移。如有杯口，还要在其中放入杯口模板（又称杯芯模）。基础木模板如图 4.18 所示。

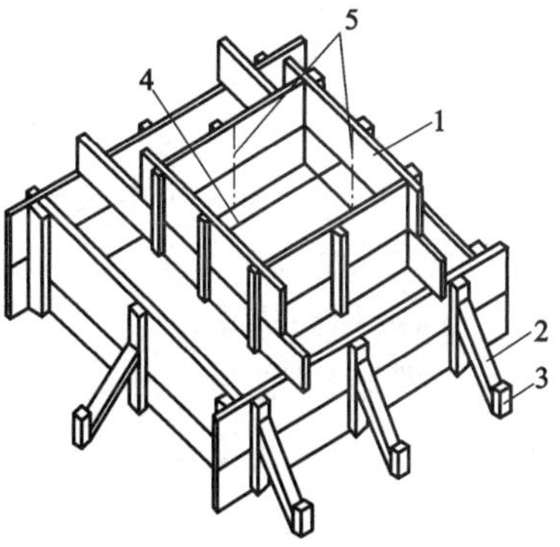

图 4.18　基础木模板

1—拼扳；2—斜撑；3—木桩；4—铁丝；5—模板中心线

4.2.1.2　柱子模板

柱子模板（柱模板）的特点是断面尺寸不大且比较高。因此，柱模板主要解决垂直度、施工时的侧向稳定及抵抗混凝土的侧压力等问题。同时也应考虑方便浇筑混凝土、清理垃圾与钢筋绑扎等问题。矩形柱有四块侧向模板，组装时是由两块相对的内拼板夹在两块外拼板之间拼成。亦可用短横板（门子板）代替外拼板钉在内拼板上。有些短横板可先不钉上，作为浇筑混凝土的浇筑孔，待浇至其下口时再钉上。

【扫码演示】

柱模板底部开有清理孔，沿高度每隔约 2 m 开有浇筑孔。柱底一般有一钉在底部混凝土上的木框，用以固定柱模板的位置。为承受混凝土侧压力，拼板外要设柱箍，其间距与混凝土侧压力、拼板厚度有关，柱模板下部柱箍较密。柱模板顶部根据需要可开与梁模板连接的缺口，如图 4.19 所示。

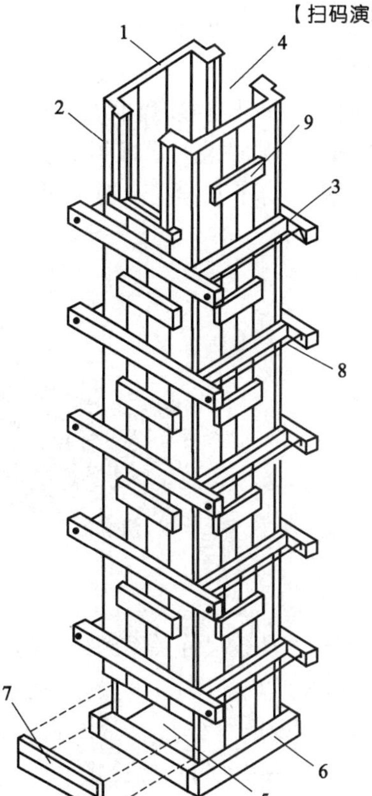

图 4.19　柱子木模板

1—内拼板；2—外拼板；3—柱箍；4—梁缺口；5—清理孔；6—底部木框；7—盖板；8—拉紧螺栓；9—拼条

4.2.1.3　梁、楼板模板

梁模板由底模板和侧模板两部分构成。底模板主要承担垂直方向的荷载，因此通常制作得较为厚重，其下方设有支撑（或桁架）以承载重量。这些支撑大多为伸缩式设计，能够灵活调整高度，确保模板的稳定性和适应性。支撑的底部应安置在坚实稳固的地面或楼面上，并在下方垫上木楔，以增强支撑的牢固性。若地面较为松软，则应在支撑底部垫上木板，以分散荷载，防止支撑下沉。

在多层建筑施工中，为确保结构的稳定性和荷载的有效传递，应使上下层的支撑位于同一条竖向直线上。若无法实现上下层支撑的对齐，则必须采取相应措施，如设置临时支撑或采用特殊结构设计，以保证上层支撑的荷载能够安全、稳定地传递到下层支撑上，从而确保整个结构的安全性和可靠性。此外，为了增强梁模板的整体稳定性，支撑之间应使用水平拉杆和斜向拉杆进行加固。水平拉杆可以防止支撑在水平方向上发生位移，而斜向拉杆则能够有效抵抗支撑在垂直方向上的变形，确保模板在混凝土浇筑过程中保持稳定,避免因荷载作用而发生变形或倒塌,从而保证施工质量和安全。当层间高度大于 5 m 时,宜用桁架支模或多层支架支模。

梁跨度在 4 m 或 4 m 以上时,底模板应起拱,起拱高度如设计无具体规定,一般可取结构跨度的 1/1000～3/1000,木模板可取偏大值,钢模板可取偏小值。

梁侧模板承受混凝土侧压力,底部用钉在支撑顶部的夹条夹住,顶部可由支撑楼板模板的格栅顶住,或用斜撑顶住。

楼板模板多用胶合板模板、塑料模板,楼板模板的核心部分为水平放置的承载结构,它支撑模板板材,并将作用力传递给承重支架。

4.2.2 组合钢模板

组合钢模板是组合模板的一种,属于工具式模板,是施工企业应用较多的一种钢模板。组合钢模板是具有一定形状和尺寸的定型模板,由钢板和型钢制作而成,钢模板强度和刚度较大,装拆、运输方便,周转次数多,周转率高。组合钢模板尺寸适中,轻便灵活,装拆方便,但一次性投资大,适用于重复使用次数多的定型模板。钢模板易锈蚀,应注意保存和定期维护保养,否则会影响模板寿命及混凝土工程质量。

4.2.2.1 钢模板

钢模板由边框、面板和纵横肋组成。边框和面板常用 2.5～2.8 mm 厚的钢板轧制而成,纵横肋则采用 3 mm 厚扁钢,与面板及边框焊接连接。钢模板的厚度均为 55 mm。为了便于模板之间进行拼装连接,边框上都开有连接孔,且无论长短边,孔距都为 150 mm,端部孔距边肋为 75 mm。如拼装时出现不足模数的空缺,则用镶嵌木条补缺,用钉子或螺栓将木条与钢模板边框上的钉子孔连接。钢平面模板如图 4.20 所示,转角面钢模板如图 4.21 所示。

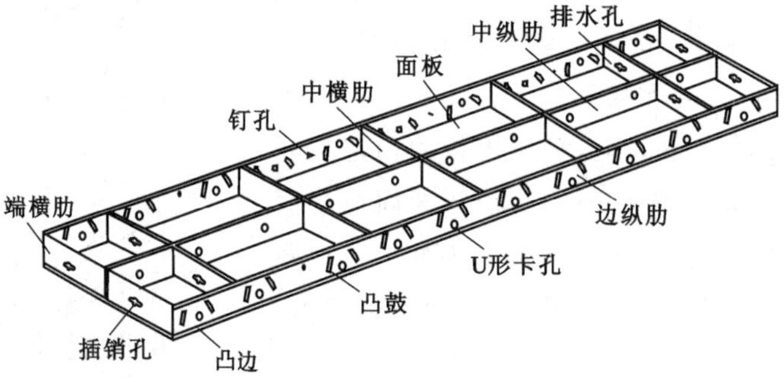

图 4.20 钢平面模板

模板的模数尺寸关系到模板的适应性,是设计制作模板的基本问题之一。在我国,钢模板的长度尺寸以 150 mm 为模数,宽度以 50 mm 为模数。平模板的长度尺寸有 450～1800 mm 共 7 个,宽度尺寸有 100～600 mm 共 11 个。进行配模设计时,如出现不足整块模板处,可用木板镶拼,并用铁钉或螺栓将木板与钢模板进行连接。

平面钢模、阴角模、阳角模及连接角模分别用字母 P、E、Y、J 表示,在代号后面用 4 位数表示模板规格,前两位是宽度的厘米数,后两位是长度的整分米数。如 P3015 就表示宽 300 mm、长 1500 mm 的平模板。钢模板规格见表 4.8。

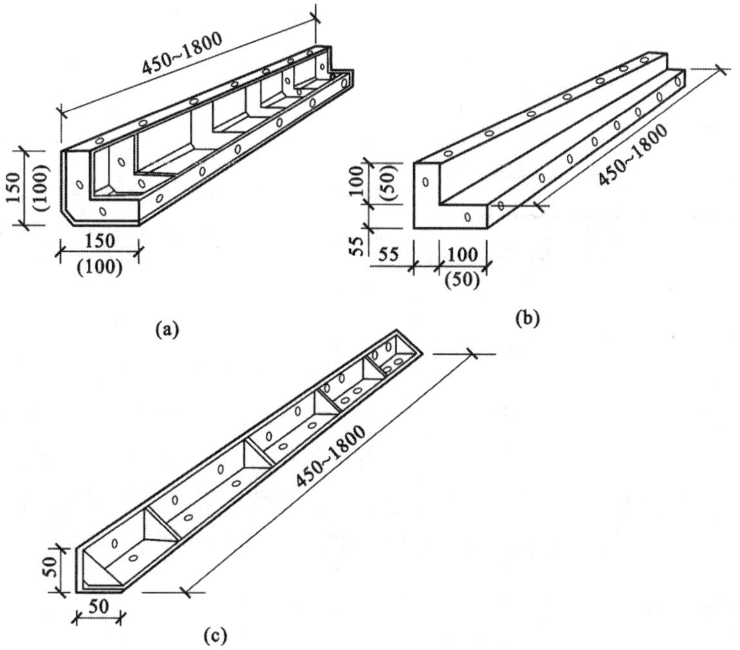

图 4.21 转角面钢模板

(a)阴角模;(b)阳角模;(c)连接角模

表 4.8 钢模板规格 单位:mm

名 称	代 号	宽 度	长 度	肋 高
平面模板	P	600、550、500、450、400、350、300、250、200、150、100	1800、1500、1200、900、750、600、450	55
阴角模板	E	150×150、100×100		
阳角模板	Y	100×100、50×50		
连接角模	J	50×50		

注:本表摘自《组合钢模板技术规范》(GB/T 50214—2013)。

常见的模板连接件多样,组合钢模板连接件包括:U形卡,用于相邻模板拼接,安装间距不大于 300 mm;L形插销,用于加强相邻模板接头处刚度,如图 4.22 所示;钩头螺栓、紧固螺栓,分别用于钢模板与内外钢楞加固、紧固内外钢楞,安装间距一般不大于 600 mm;对拉螺栓,用于连接墙壁两侧模板,承受混凝土侧压力等;扣件,用于钢楞与钢楞或钢楞与钢模板之间扣紧。组合定型钢框木模体系连接件有:爪形夹扣,28 cm 长的用于连接多个单体定型模板;角模板,用于水池墙身转角处平面模板连接;穿墙螺栓系统承受混凝土侧压力、提高板面结构刚度。此外,还有一些连接件,如德国 PERI 模板的 FBD 连接器、HASTEND 夹具、钳式连接器,美国 SYMONS 模板的连接夹,以及榫卯式连接件等,它们各自有着独特的连接方式和用途,满足不同模板体系的连接需求。

钢模板组拼需遵循模数制设计原则,做到尺寸标准化,孔距与模数一致,以实现横竖自由拼装;拼缝要严密,缝隙及高低差均不超过 2.00 mm,并采取防漏浆措施;装拆要灵活,连接件

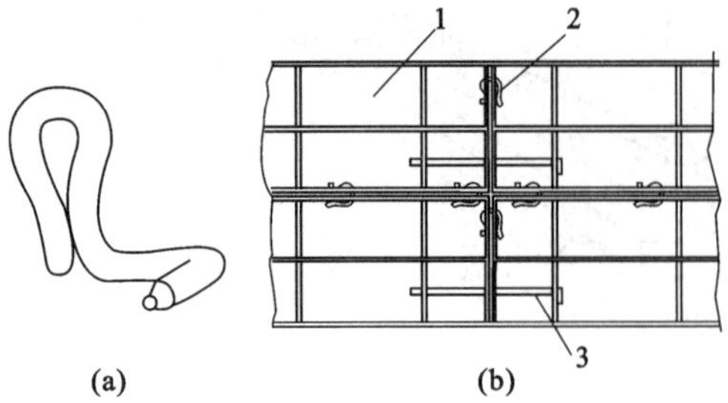

图 4.22 U 形卡和 L 形插销

(a)U 形卡;(b)连接件使用

1—钢模板;2—U 形卡;3—L 形插销

和支承件采用工具式设计,便于操作且确保安全,模板轻便化以利于搬运与安装;模板应具备足够的强度、刚度与稳定性,材质符合国家标准;施工中要确保支撑系统稳定,严格按规范操作,保障施工安全;同时,要定期检查模板及配件,合格后合理存放,以延长使用寿命并确保施工质量。

4.2.2.2 支承部件

支承部件包括支承梁、板模板的托架、支撑桁架和顶撑及支撑墙模板的斜撑。这些支撑多为工具式,在高度或宽度上均可调整。由于施工荷载往往会大于正常使用荷载,因此模板顶撑的位置和数量要考虑下层结构的承载能力,并铺设垫板,以免损伤下层结构。对多层房屋分层支模时,上下层顶撑宜对正。

4.2.3 模板设计

模板和支架的设计包括选型、选材、荷载计算、结构计算、拟定制作安装和拆除方案、绘制模板图。

一般情况下,模板由面板、次肋、主肋、对拉螺栓、支撑系统等几部分组成,作用于模板的荷载传递路线一般为:面板→次肋→主肋→对拉螺栓(支撑系统)。设计时可根据荷载作用状况及各部分构件的结构特点进行计算。

4.2.3.1 荷载

模板、支架按下列荷载设计或验算。

(1) 模板及支架自重

模板及支架的自重,可按照图纸或实物计算确定。对于肋形楼盖及无梁楼板模板的自重标准值可参考表 4.9。

表 4.9 楼板模板自重标准值 单位:kN/m^2

模板构件	木模板	定型组合钢模板
平板模板及小楞自重	0.3	0.50
楼板模板自重(包括梁模板)	0.5	0.75
楼板模板及其支架自重(楼层高度 4 m 以下)	0.75	1.1

(2) 新浇筑混凝土的自重标准值

普通混凝土的自重标准值为 24 kN/m^3,其他混凝土根据实际重力密度确定。

(3) 钢筋自重标准值

钢筋自重标准值可根据设计图纸确定。一般梁板结构钢筋混凝土结构的钢筋自重标准值为:楼板 1.1 kN/m^3,梁 1.5 kN/m^3。

(4) 施工人员及设备荷载标准值

计算模板及直接支承模板的小楞时，均布活荷载 2.5 N/m^2，另应以集中荷载 2.5 kN 进行验算，取两者中弯矩值较大的。

计算支承小楞的构件时，均布活荷载 1.5 kN/m^2。

计算支架立柱及其他支承结构构件时，均布活荷载 1.0 kN/m^2。

对大型浇筑设备（上料平台等）、混凝土泵等应按实际情况计算。当木模板板条单块宽度小于 150 mm 时，集中荷载可以考虑由相邻两块板共同承受。如混凝土堆骨料的高度超过 100 mm，则应按实际情况计算。

(5) 振捣混凝土时产生的荷载标准值

由混凝土振捣而产生的荷载，水平面模板为 2.0 kN/m^2，垂直面模板为 4.0 kN/m^2（作用范围在新浇混凝土侧压力的有效压头高度范围之内）。

(6) 新浇筑混凝土对模板侧面的压力标准值

混凝土侧压力受多种因素影响，其中混凝土的坍落度、容重、初凝时间等自身性质是关键因素，坍落度越大、初凝时间越长，侧压力越大；施工工艺中的浇筑速度、振捣方法及外加剂的使用也会显著影响侧压力，浇筑速度越快、振捣越充分，侧压力越大；环境因素如温度和模板情况也会产生影响，温度低时初凝时间长，侧压力大，模板刚度大、表面光滑时侧压力小；此外，结构构件的配筋情况和断面尺寸也会对侧压力产生一定影响。

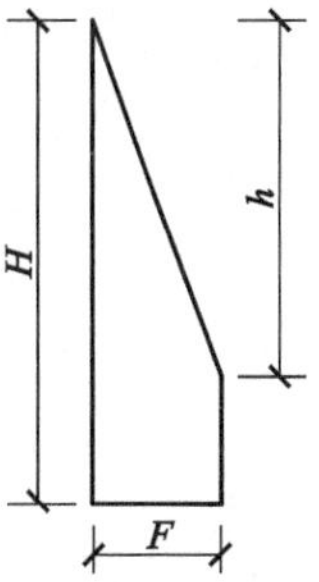

图 4.23 混凝土侧压力分布图

H—模板内混凝土总高度；

F—新浇筑混凝土的最大侧压力（kN/m^2）；

h—混凝土有效压头高度（m），$h=F/\gamma_c$

当采用内部振动器时，新浇筑的混凝土作用于模板的最大侧压力可按下列两式计算，并取两式中的较小值作为侧压力的最大值，混凝土侧压力的分布如图 4.23 所示。

$$F=0.22y_c t_0 \beta_1 \beta_2 v^{\frac{1}{2}} \tag{4-4}$$

$$F=y_c H \tag{4-5}$$

式中 F——新浇筑混凝土对模板的最大侧压力（kN/m^2）；

y_c——混凝土的重力密度（kN/m^3）；

t_0——新浇筑混凝土的初凝时间（h），可按实测确定，当缺乏试验资料时，可采用 $t_0=200/(T+15)$ 计算（T 为混凝土的温度，单位为℃）；

v——混凝土的浇筑速度（m/h）；

H——混凝土侧压力计算位置处至新浇筑混凝土顶面的总高度（m）；

β_1——外加剂影响修正系数，不掺外加剂时取 1.0，掺具有缓凝作用的外加剂时取 1.2；

β_2——混凝土坍落度影响修正系数，当坍落度小于 30 mm 时，取 0.85，当坍落度为 50～90 mm 时，取 1.0，当坍落度为 110～150 mm 时，取 1.15。

(7) 倾倒混凝土时产生的荷载标准值

倾倒混凝土时对垂直面模板产生的水平荷载标准值，按表 4.10 采用。

表 4.10　向模板中倾倒混凝土时产生的水平荷载标准值　　单位:kN/m^2

项　次	向模板中供料方法	水平荷载标准值
1	用溜槽、串筒或由导管输送	2.0
2	用容量小于 0.2 m^3 的运输器具倾倒	2.0
3	用容量为 0.2～0.8 m^3 的运输器具倾倒	4.0
4	用容量大于 0.8 m^3 的运输器具倾倒	6.0

注:作用范围在有效压头高度以内。

计算模板及其支架时的荷载设计值,应采用荷载标准值乘相应的荷载分项系数求得,荷载分项系数按表 4.11 采用。

表 4.11　荷载分项系数

项　次	荷 载 类 别	γ_c
1	模板及支架自重	1.2
2	新浇筑混凝土自重	
3	钢筋自重	
4	施工人员及施工设备荷载	1.4
5	振捣混凝土时产生的荷载	
6	新浇筑混凝土对模板侧面的压力	1.2
7	倾倒混凝土时产生的荷载	1.4

对模板进行相应计算时,参与模板及其支架荷载效应组合的各项荷载,应符合表 4.12 的规定。

表 4.12　参与模板及其支架荷载效应组合的各项荷载

模 板 类 型	参与组合的荷载项	
	计算承载能力	验算刚度
平板和薄壳的模板及支架	1+2+3+4	1+2+3
梁和拱模板的底板及支架	1+2+3+5	1+2+3
梁、拱、柱(边长不大于 300 mm)、墙(厚不大于 100 mm)的侧面模板	5+6	6
大体积结构、柱(边长大于 300 mm)、墙(厚大于 100 mm)的侧面模板	6+7	6

注:1、2、3 等数字表示表 4.11 中荷载分项系数的项次。

4.2.3.2　模板设计的有关计算规定

计算钢模板、木模板及支架时应遵守相应的设计规范。

验算模板及其支架的刚度时,其最大变形值不得超过下列允许值:对结构表面外露的模板,为模板构件计算跨度的 1/400;对结构表面隐蔽的模板,为模板构件计算跨度的 1/250;对支架的压缩变形值或弹性挠度，为相应结构计算跨度的 1/1000～3/1000。

支架的立柱或桁架应保持稳定，并用撑拉杆件固定。验算模板及其支架在自重和风荷载作用下的抗倾倒稳定性时，应符合相关规定。

4.2.4 滑升模板

滑升模板利用液压提升设备，使模板沿着已浇筑且具有一定强度的混凝土表面不断向上滑升，在滑升过程中连续进行混凝土的浇筑作业，从而实现混凝土结构的连续成型，可避免常规模板施工中的接缝问题，提高混凝土结构的整体性和外观质量。滑升模板用于现场浇筑高耸的构筑物和建筑物等竖向结构，如烟囱、筒仓、高桥墩、水塔、电视塔、双曲线冷却塔和高层建筑等。

滑升模板的施工特点是在构筑物或建筑物底部，沿其墙、柱、梁等构件的周边组装高 1.2 m 左右的滑升模板，随着向模板内不断地分层浇筑混凝土，用液压提升设备使模板不断地沿埋在混凝土中的支承杆向上滑升，直到浇筑到需要的高度为止。用滑升模板施工，可以节约模板和支撑材料，提高施工效率和保证结构的整体性。但模板一次性投入多、耗钢量大，对立面造型和构件断面变化有一定的限制。采用滑升模板的施工方法称为滑模施工。但是滑模施工中模板不停提升，混凝土尚未完全凝固便已失去模板保护，所以有时滑过的墙体会出现混凝土塌落的现象。

滑升模板由模板系统、操作平台系统和液压系统三部分组成。液压滑模组成如图 4.24 所示。

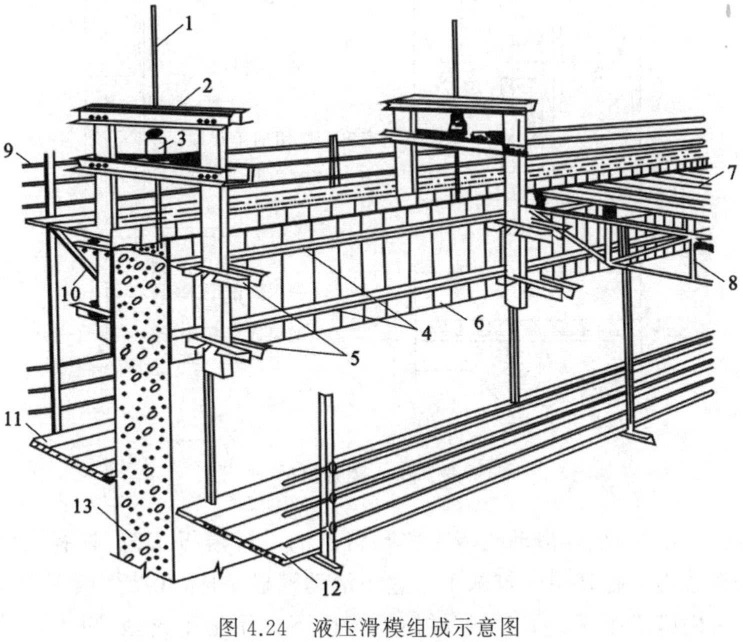

【扫码演示】

图 4.24 液压滑模组成示意图

1—支承杆；2—提升架；3—液压千斤顶；4—围圈；5—围圈支托；6—模板；7—操作平台；8—平台桁架；9—栏杆；10—外挑三脚架；11—外吊脚手架；12—内吊脚手架；13—混凝土

液压系统包括支承杆、液压千斤顶和操纵装置等，是使滑升模板向上滑升的动力装置。支承杆既是液压千斤顶向上爬升的轨道，又是滑升模板的承重支柱，它承受施工过程中的全部荷载，其规格要与选用的千斤顶相适配。

滑升模板可以节约大量的模板和脚手架，节省劳动力，施工速度快，工程费用低，结构整体性好，但耗钢量大，对建筑的立面和造型有一定的限制。

滑升模板可以沿水平方向、斜坡方向或垂直方向渐渐滑动，做到边提升模板，边绑扎钢筋，边浇筑混凝土，既经济又先进。

4.2.5 爬升模板

爬升模板（图 4.25）简称爬模，国外也叫跳模。它由大模板、爬架（分有爬架和无爬架）和爬升设备三部分组成。在施工剪力墙体系、筒体体系和桥墩等高耸结构中，爬升模板是一种有效的工具。由于具备自爬的能力，因此不需起重机械的吊运，这减少了施工中运输机械的吊运工作量。在自爬的模板上悬挂脚手架可省去施工过程中的外脚手架。综上，爬升模板能减少起重机械数量，加快施工速度，因此经济效益较好。

【扫码演示】

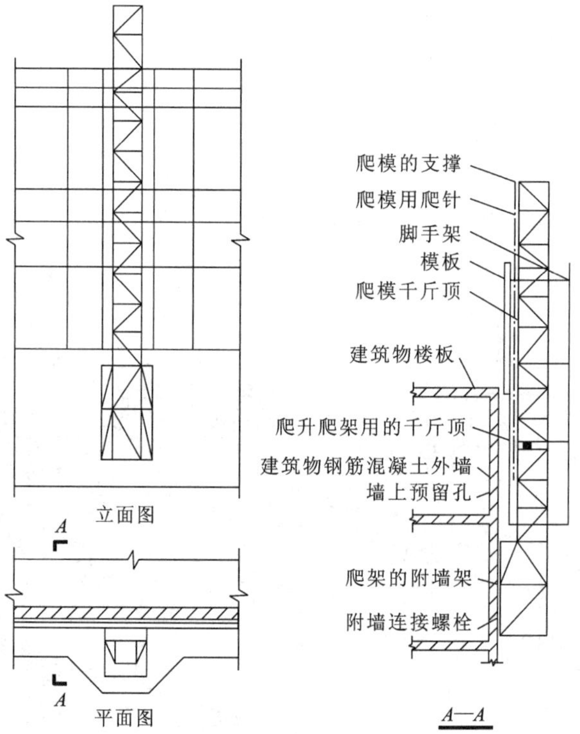

图 4.25 爬升模板

爬升模板是综合大模板与滑动模板工艺和特点的一种模板工艺，具有大模板和滑动模板共同的优点，尤其适用于超高层建筑施工。它与滑动模板一样，在结构施工阶段依附在建筑竖向结构上，随着结构施工而逐层上升，这样模板可以不占用施工场地，也不用其他垂直运输设备。另外，它装有操作脚手架，施工时有可靠的安全围护，故可不搭设外脚手架，特别适用于在较狭小的场地上建造多层或高层建筑。它与大模板一样，是逐层分块安装，故其垂直度和平整度易于调整和控制，可避免施工误差的积累，也不会出现墙面被拉裂的现象。但是，系统模板造价高，使用过程中保养、维护费用也高，且模板配件标准化程度高，损坏后需从厂家定做；施工精度要求高，爬升模板的爬升过程需要精确控制，以确保模板的垂直度和平整度，否则可能导致混凝土结构的质量问题，如墙面不平、垂直度偏差等。

4.2.6 模板的安装与拆除

4.2.6.1 模板的安装

模板安装应符合以下规范。安装前，需检查模板材质与规格，确保其符合设计要求，表面平整无损；组合钢模板的拼接配件应齐全有效。安装时，模板应按设计图纸和施工方案准确就位，保证位置、标高和截面尺寸的准确性，误差须控制在允许范围内。模板拼接要紧密，防止漏浆，支撑系统要稳固，能承受混凝土浇筑和振捣时产生的荷载。对于竖向模板和支架立柱，基土应坚实并有排水措施，必要时加设垫板。安装完成后，需全面检查，确保无误后方可进行下一道工序。

安装现浇结构的上层模板及其支架时，下层楼板应具有承受上层荷载的承载能力，或加设支架；模板支撑于自然地面的，地基应能承受模板支架的荷载，并应铺设混凝土垫层，设置排水措施；涂刷模板隔离剂时，不得玷污钢筋和混凝土接槎处；模板的起拱高度应满足要求，接缝不应漏浆；固定在模板上的预埋件和预留孔、洞装置不得遗漏，应安装牢固。

4.2.6.2 模板的拆除

模板拆除时，可采取先支的后拆、后支的先拆，先拆非承重模板、后拆承重模板的顺序，并应从上向下进行拆除。

混凝土成型后，经过一段时间养护，当强度满足一定要求时，即可拆除模板。模板的拆除日期取决于混凝土硬化的快慢、各个模板的用途、结构的性质、混凝土硬化时的气温。及时拆模，可提高模板的周转率，也可为其他工作创造条件，加快工程进度。如过早拆模，混凝土会因为未达到一定强度而不能担负本身重力或受外力而变形，甚至断裂，造成较大的质量事故。当设计无要求时，侧模板的拆除应以混凝土强度能保证其表面及棱角不因拆除模板而受损坏为前提；底模拆除时所需的混凝土强度应满足表 4.13 的要求。

【扫码演示】

表 4.13 现浇结构拆模时所需混凝土强度

结构类型	结构跨度/m	按设计的混凝土强度标准值百分率计(%)
板	≤2	50
	>2,≤8	75
	>8	100
梁、拱、壳	≤8	75
	>8	100
悬臂构件	≤2	75
	>2	100

注：设计的混凝土强度标准值是指与设计混凝土强度等级相应的混凝土立方体抗压强度标准值。

已拆除模板及支架的混凝土结构，必须在其混凝土强度完全达到设计强度等级后，方可承受全部设计使用荷载。若出现施工荷载产生的效应比设计使用荷载效应更为不利的情况，必须经过相应的结构验算，以确保结构安全。

在拆除模板过程中，如果发现混凝土有影响结构安全的质量问题，应暂停拆除，经过处理后，方可继续拆除。

4.2.7 永久性模板*

永久性模板的相关内容见二维码。

【拓展内容】

4.3 混凝土工程

混凝土工程涵盖配料、搅拌、运输、浇捣以及养护等多个关键过程。在整个工艺流程中，各道工序紧密相连且相互影响，任何一个施工环节处理不当，都会对混凝土工程的最终质量产生不利影响。因此，为了确保混凝土工程施工能够精准地保证结构的设计形状和尺寸，切实保障混凝土的强度、刚度、密实性、整体性、耐久性，以及满足其他设计和施工的特殊要求，必须严格把控混凝土的各种原材料质量，并对每道工序的施工质量进行精细管理。近年来，现场搅拌的混凝土正逐渐被商品混凝土所替代，这一转变有效确保了混凝土配比的科学性和搅拌质量的稳定性。与此同时，随着自动化、机械化技术的不断发展，以及新型施工机械和施工工艺的广泛应用，混凝土工程的施工方式和效率也得到了显著的改进和提升，极大地改变了混凝土工程的施工面貌。

4.3.1 混凝土的制备

4.3.1.1 混凝土配制强度的确定

为使混凝土的强度保证率达到95%以上，对C60以下的混凝土应按下式确定配制强度。

$$f_{cu,o}=f_{cu,k}+1.645\sigma \tag{4-6}$$

式中 $f_{cu,o}$——混凝土的施工配制强度(MPa)；

$f_{cu,k}$——设计的混凝土强度标准值(MPa)；

σ——混凝土强度标准差(MPa)。

当不具备30组以上的近期同品种混凝土强度资料时，强度标准差σ可按表4.14取用。

表4.14 混凝土强度标准差

混凝土强度等级	≤C20	C25～C45	C50～C55
σ	4.0	5.0	6.0

当配制 C60 及以上强度的混凝土时，配制强度按下式确定：

$$f_{cu,o} \geqslant 1.15 f_{cu,k} \tag{4-7}$$

4.3.1.2 混凝土施工配合比

混凝土的施工配合比是指在施工现场的实际投料比例，是根据实验室提供的实验配合比(骨料中不含水)及考虑现场砂石的含水率而确定的。

假设实验室配合比为水泥∶砂∶石子＝1∶x∶y，水胶比为 W/C，现场测得砂含水率为 W_x，石子含水率为 W_y，则施工配合比为水泥∶砂∶石子∶水＝1∶$x(1+W_x)$∶$y(1+W_y)$∶$(W-xW_x-yW_y)$。

【例 4.2】 某工程混凝土实验室配合比为 1∶2.18∶3.62，水胶比 W/C＝0.55、每立方米混凝土水泥用量 C＝315 kg，现场实测砂石含水率分别为 3%和 1%，求施工配合比。如采用出料容量为 350 L 的搅拌机，求搅拌每盘混凝土的各种材料投料量。

【解】 混凝土施工配合比为

水泥∶砂∶石子∶水＝1∶$x(1+W_x)$∶$y(1+W_y)$∶$(W-xW_x-yW_y)$

＝1∶2.18(1＋3%)∶3.62(1＋1%)∶(0.55－2.18×3%－3.62×1%)

＝1∶2.25∶3.66∶0.448

350 L 搅拌机每盘投料量为：

水泥为 315×0.35＝110(kg)，取 100 kg(即 2 袋)，则砂为 100×2.25＝225(kg)，石子为 100×3.36＝366(kg)，水为 100×0.448＝44.8(kg)。

注：拌制混凝土时，各种材料应准确称量，其偏差不得超过：水泥、矿物掺合料±2%，粗细骨料±3%，水、外加剂±1%，以保证拌合物的质量。

4.3.1.3 混凝土搅拌机的选择

混凝土搅拌机按搅拌原理可分为自落式和强制式两大类，其各自构造简图如图 4.30 所示。

<table>
<tr><td colspan="4">强制式</td><td colspan="3">自落式</td></tr>
<tr><td colspan="3">立轴式</td><td rowspan="3">卧轴式(单轴/双轴)</td><td rowspan="3">鼓筒式</td><td colspan="2">双锥式</td></tr>
<tr><td rowspan="2">涡桨式</td><td colspan="2">行星式</td><td rowspan="2">反转出料</td><td rowspan="2">倾翻出料</td></tr>
<tr><td>定盘式</td><td>盘转式</td></tr>
<tr><td></td><td>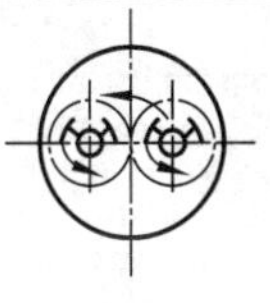</td><td>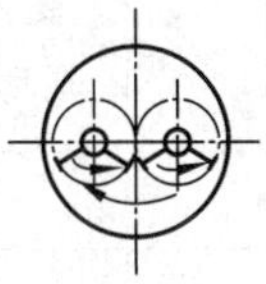</td><td>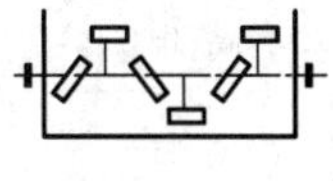</td><td>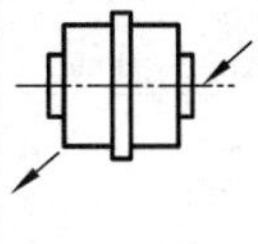</td><td>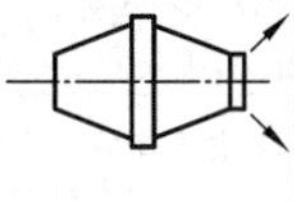</td><td>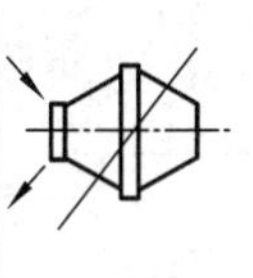</td></tr>
</table>

图 4.30 混凝土搅拌机类型

自落式搅拌机是依靠旋转的搅拌筒内壁上的弧形叶片将物料带到一定高度后自由落下而相互混合，拌和能力较差，只适宜搅拌流动性较大的普通混凝土。

强制式搅拌机是通过搅拌叶片的强行转动，推动物料旋转、剪切、交流而达到拌和的目的。其机型分为立轴式与卧轴式，卧轴式分为单轴和双轴两种，立轴式分为涡桨式和行星式两种。

强制式搅拌机的搅拌作用强烈，拌和质量好，生产效率高，操作简便、安全，但能耗大，叶片衬板磨损快。强制式搅拌机适于拌制各种混凝土，对于干硬性混凝土、轻骨料混凝土及高性能混凝土必须用该类机械搅拌。

搅拌机的选择应根据混凝土工程量大小、坍落度要求、骨料种类及大小等来确定，在满足技术要求的同时也要考虑经济和节约能源等问题。

4.3.2 混凝土的运输

混凝土的运输是指将混凝土从搅拌站运送至浇筑点的过程。为切实保障混凝土的施工质量，对混凝土拌合物运输环节的基本要求可概括为以下几点：

一是要防止出现离析现象，确保混凝土拌合物的均匀性；二是要避免漏浆情况的发生，以维持混凝土的原有配合比；三是要保证混凝土在浇筑时具备规定的坍落度，满足施工工艺要求；四是要确保在混凝土初凝之前，有足够充分的时间来完成浇筑和捣实工作，保障混凝土的成型质量。

匀质的混凝土拌合物是一种介于固体和液体之间的弹塑性体。在混凝土拌合物中，骨料之所以能够均匀分布并处于固定位置，是由于作用在其上的内摩阻力、黏聚力和重力处于一种平衡状态。然而，在运输过程中，受运输工具的颠簸、振动等动力因素的影响，骨料所受的黏聚力和内摩阻力会明显削弱，进而导致骨料失去原有的平衡状态。在自身重力的作用下，骨料会向下沉落，且质量越大的骨料，向下沉落的趋势就越强。由于粗骨料、细骨料和水泥浆的质量各不相同，它们会各自聚集在一定的深度，从而形成分层离析现象，这对混凝土的质量是极为有害的。因此，在运输过程中，应尽量选择平坦的运输道路，合理选用运输工具，并对运输距离进行适当限制，以有效防止混凝土出现分层离析的情况。如果在运输过程中已经产生了离析现象，那么在浇筑之前必须进行二次搅拌，以恢复混凝土拌合物的均匀性，确保混凝土的施工质量。

此外，运输混凝土的工具要不吸水、不漏浆，且运输时间要有一定限制。普通混凝土从搅拌机卸出后到浇筑完毕的延续时间不宜超过表 4.15 的规定。如需进行长距离运输，可选用混凝土搅拌运输车，先将配好的混凝土干料装入混凝土筒内，在接近现场时再加水拌制，这样就可以避免由长途运输引起的混凝土坍落度损失。

表 4.15 混凝土从搅拌机中卸出到浇筑完毕的延续时间 单位：min

混凝土强度等级	气温	
	不高于 25 ℃	高于 25 ℃
不高于 C30	120	90
高于 C30	90	60

常见的混凝土运输工具包括搅拌运输车、自卸汽车、混凝土泵车等。搅拌运输车是长距离运输混凝土的主要工具，它在运输过程中不断搅拌，能有效保持混凝土的均匀性，适用于从搅拌站到施工现场距离较远的情况。自卸汽车一般用于短距离、小方量的混凝土运输，成本相对较低，但在运输过程中要注意防止混凝土离析。混凝土泵车则是将混凝土通过管道直接输送到浇筑部位，具有输送效率高、布料方便等优点，常用于高层建筑、大体积混凝土等施工中，不

过其设备成本较高，对施工场地和操作人员要求也较高。

混凝土运输分为地面运输、垂直运输和楼面运输三种情况。

(1) 混凝土地面运输

对于混凝土地面运输，采取预拌混凝土运输距离较远时，我国多用混凝土搅拌运输车。对于大面积的混凝土地面，如广场、大型停车场等，搅拌运输车将混凝土从搅拌站运至施工现场后，配合布料机进行布料。布料机能够将混凝土均匀地输送到浇筑区域，提高布料效率和均匀性，减少人工搬运的工作量，确保地面混凝土浇筑的连续性和平整度。在一些小型的混凝土地面施工项目中，如普通住宅的室内地面、小型商业店铺地面等，由于施工场地狭窄，大型运输设备难以施展，小型翻斗车就成为常用的运输工具。小型翻斗车灵活便捷，能够在有限的空间内穿梭，将混凝土从搅拌点或运输车辆卸载处运至浇筑地点，虽然单次运输量较小，但能满足小规模施工的需求。

(2) 混凝土垂直运输

我国多用塔式起重机、混凝土泵、快速提升斗和井架等进行混凝土垂直运输。用塔式起重机时，混凝土要配吊斗运输，这样可直接进行浇筑。混凝土浇筑量大、浇筑速度快的工程，可以采用混凝土泵输送。

对于规模较小、高度较低的建筑工程，如多层住宅等，可选用小型塔式起重机或拖式混凝土泵；而对于超高层建筑、大型桥梁等规模大、混凝土浇筑量大的工程，则需要采用大型塔式起重机、车载式混凝土泵及与之配套的混凝土布料机等设备。

施工场地狭窄的项目，塔式起重机的布置可能会受到限制，此时混凝土泵和布料机的组合可能更为合适，可通过合理布置泵管来满足混凝土运输需求；若场地开阔，塔式起重机的施展空间较大，可优先考虑其作为混凝土垂直运输的主要设备。

(3) 混凝土楼面运输

混凝土楼面运输是指将混凝土从搅拌站或现场搅拌点运送到楼面浇筑地点的过程，分为水平运输和垂直运输。

【扫码演示】

水平运输是指在楼面同一水平面上，将混凝土从搅拌点运送到浇筑点的过程。常用的水平运输方式包括：①手推车运输，它适用于短距离运输，特别是在施工现场狭窄、道路不平整的情况下。手推车具有灵活性高、操作简便的特点，但运输效率相对较低，一般用于小型工程或辅助运输。②机动翻斗车运输，它适用于中短距离运输，具有较高的运输效率。机动翻斗车能够在较好的路况下快速行驶，但对道路条件要求较高，且在转弯和卸料时需要注意安全。③混凝土搅拌运输车(图4.31)运输，它适用于长距离运输，能够保持混凝土的匀质性，防止离析。混凝土搅拌运输车在运输过程中不断搅拌混凝土，确保其工作性能，适用于大型工程或远离搅拌站的施工现场。

垂直运输是指将混凝土从地面或下层楼面运送到上层楼面的过程。垂直运输方式包括：①塔式起重机运输，它适用于高层建筑施工，具有起重量大、起升高度高的特点。塔式起重机通过吊钩将混凝土容器吊运至指定位置，但对操作人员的技术要求较高，且需要专门的信号指挥人员。②施工电梯运输，它适用于高层建筑施工，具有运输效率高、安全性好的特点。施工电梯能够承载较大的荷载，并在垂直方向上快速升降，适用于人员和材料的垂直运输。③井架运输，它适用于多层建筑施工，具有结构简单、成本低的特点。井架通过吊篮或吊笼将混凝土

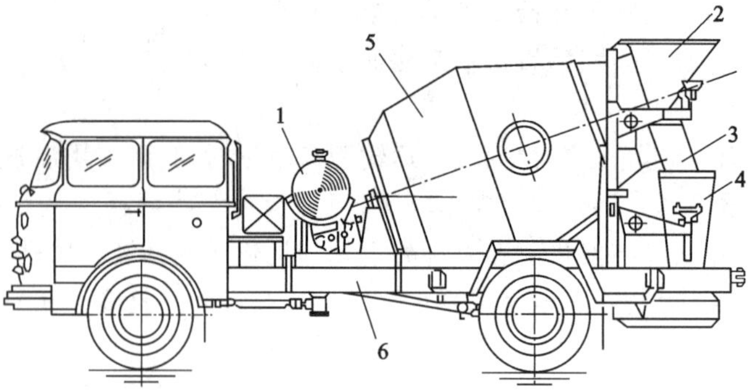

图 4.31　混凝土搅拌运输车

1—水箱；2—进料斗；3—卸料斗；4—活动卸料溜槽；5—搅拌筒；6—汽车底盘

运送到上层楼面，但运输效率相对较低，且需要专门的装卸人员。

混凝土泵是一种有效的混凝土运输和浇筑工具，它以泵为动力，沿管道输送混凝土，可以一次完成水平及垂直运输，将混凝土直接输送到浇筑地点，是发展较快的一种混凝土运输方法。混凝土泵在大体积混凝土浇筑、工业与民用建筑施工中皆可应用，在我国一些大城市正逐渐推广，上海的商品混凝土 90％以上是泵送的，已取得较好的效果。根据驱动方式，混凝土泵目前主要有两类，即挤压泵和活塞泵，在我国主要利用活塞泵，工作原理如图 4.32 所示。

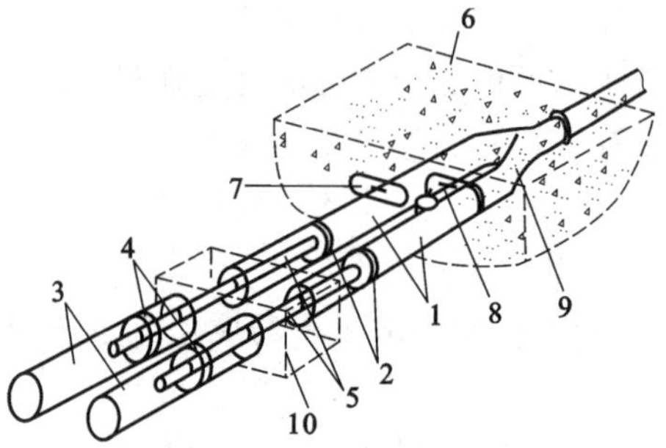

图 4.32　液压活塞式混凝土泵工作原理图

1—混凝土缸；2—推压混凝土活塞；3—液压缸；4—液压活塞；5—活塞杆；6—料斗；

7—控制吸入的水平分配阀；8—控制排出的竖向分配阀；9—Y 形输送管；10—水箱

活塞泵工作时，由搅拌机卸出的或由混凝土搅拌运输车卸出的混凝土倒入料斗 6，分配阀 7 开启、分配阀 8 关闭，液压活塞 4 在液压作用下通过活塞杆 5 带动活塞 2 后移，料斗内的混凝土在重力和吸力作用下进入混凝土缸 1。然后，液压系统中压力油的进出反向，活塞 2 向前推压，同时分配阀 7 关闭，而分配阀 8 开启，混凝土缸 1 中的混凝土拌合物就通过 Y 形输送管 9 压入输送管送至浇筑地点。由于有两个缸体交替进料和出料，因而能连续稳定地排料。不同型号的混凝土泵，其排量不同，水平运距和垂直运距亦不同，常用的混凝土泵，混凝土排量为 30～90 m^3/h，水平运距为 200～900 m，垂直运距为 50～300 m。目前我国已能一次垂直泵送 382 m，更高的高度可用接力泵泵送。

将混凝土泵装在汽车上便成为混凝土泵车（图 4.33），在车上还装有可以伸缩或曲折的布料杆，其末端是一软管，可将混凝土直接送至浇筑地点，使用十分方便。

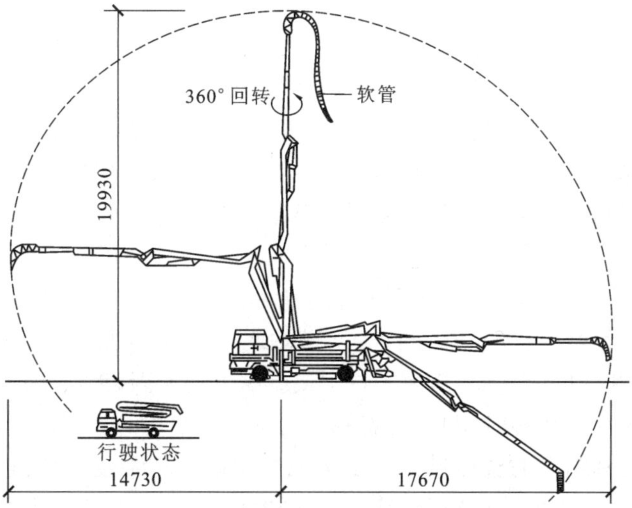

图 4.33　带布料杆的混凝土泵车

4.3.3　混凝土的浇筑和捣实

混凝土浇筑和捣实是混凝土施工中的关键环节，直接关系到混凝土结构的质量和性能，混凝土浇筑要保证混凝土的均匀性和密实性，要保证结构的整体性，尺寸准确和钢筋、预埋件的位置正确，拆模后混凝土表面要平整、密实。

【扫码演示】

混凝土浇筑前的准备工作：

① 检查模板及支架，确保模板的尺寸、位置准确，表面平整，拼缝严密，支架牢固稳定，能承受混凝土的重量和侧压力。

② 清除模板内的木屑、泥土，以及钢筋上的油污等杂物，防止其影响混凝土的质量和与钢筋的黏结。

③ 检查钢筋及预埋件。核对钢筋的规格、数量、位置、间距等是否符合设计要求，检查预埋件的位置、数量及固定情况，确保其在浇筑过程中不发生位移。

④ 在浇筑前对模板进行浇水湿润，但不得有积水，以保证混凝土与模板的良好黏结，防止混凝土表面失水产生裂缝。

4.3.3.1　混凝土浇筑应该注意的问题

(1) 防止离析

混凝土在运输过程中，路途较远，运输时间过长，混凝土中的骨料在重力作用下会逐渐下沉，水泥浆则会向上浮，导致混凝土各组分分离，产生离析现象。又比如，如果运输车辆行驶过程中颠簸剧烈，或在卸料时落差过大，混凝土会受到较大的冲击力和振动力，使骨料与水泥浆之间的黏结力被破坏，从而引发离析。在浇筑过程中，若混凝土从高处自由倾落，高度超过规定的 2 m 时，混凝土在下落过程中会因重力作用产生较大的速度，骨料与水泥浆之间会因速度差异而分离，导致离析。

为此可以根据混凝土的设计强度等级和施工要求，选择级配良好、粒径合适的骨料。一般来说，连续级配的骨料可以使混凝土在搅拌和运输过程中更加均匀，降低离析的可能性。根据运输距离和混凝土浇筑量，选择合适的运输设备。如短距离运输可采用手推车或小型机动翻斗车，长距离运输则应选用混凝土搅拌运输车，确保混凝土在运输过程中保持均匀搅拌状态。

控制运输时间。尽量缩短混凝土从搅拌站到施工现场的运输时间。根据混凝土的初凝时间和运输距离，合理安排运输路线和运输时间，确保混凝土在规定时间内到达浇筑地点并完成浇筑。改进浇筑操作，当混凝土自由倾落高度超过 2 m 时，应采用串筒、溜槽等辅助工具进行浇筑，使混凝土沿串筒或溜槽缓慢下落，减小混凝土的下落速度，避免离析。

(2) 正确留置施工缝

在混凝土结构施工过程中，混凝土施工缝是指由于设计要求或施工技术、施工组织等方面的原因，而形成的先后两次浇筑混凝土的分界线(面)。通常情况下，混凝土结构要求整体浇筑，以确保其整体性和强度。然而，当由于技术或组织上的原因，无法实现连续浇筑，并且停顿时间有可能超过混凝土的初凝时间时，就需要事先确定在结构的适当位置留置施工缝，以保证后续施工的顺利进行和结构的整体质量。由于混凝土的抗拉强度约为其抗压强度的 1/20～1/10，因而施工缝是结构中的薄弱环节，宜留在结构剪力较小、施工方便的部位。柱子施工缝宜留在基础顶面、梁或吊车梁牛腿的下面、吊车梁的顶面、无梁楼盖柱帽的下面，如图 4.34 所示。和板连成整体的大断面梁(梁截面高≥1 m)，梁、板分别浇筑时，施工缝应留在板底面以下 20～30 mm 处，当板下有梁托时，施工缝留置在梁托下部。单向板施工缝应留在平行于板短边的任何位置。有主次梁的楼盖宜顺着次梁方向浇筑，施工缝应留在次梁跨度中间 1/3 跨度范围内，如图 4.35 所示。楼梯施工缝应留在楼梯长度中间 1/3 长度范围内。墙施工缝可留在门洞口过梁跨中 1/3 范围内，也可留在纵横墙的交接处。双向受力的楼板、大体积混凝土结构、拱、薄壳、多层框架等及其他复杂的结构，应按设计要求留置施工缝。

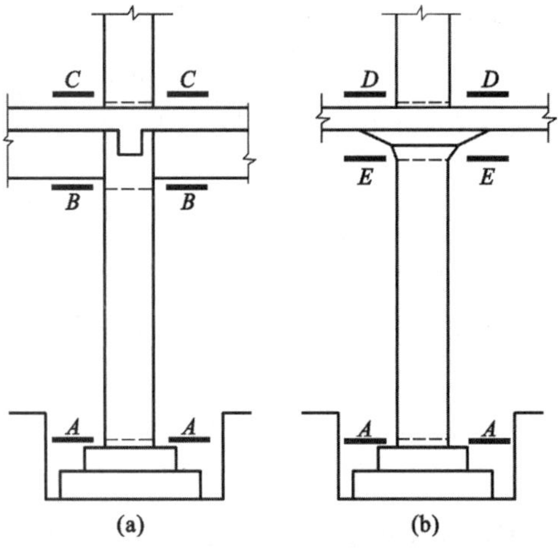

图 4.34 柱子的施工缝位置

(a)梁板式结构；(b)无梁楼盖结构

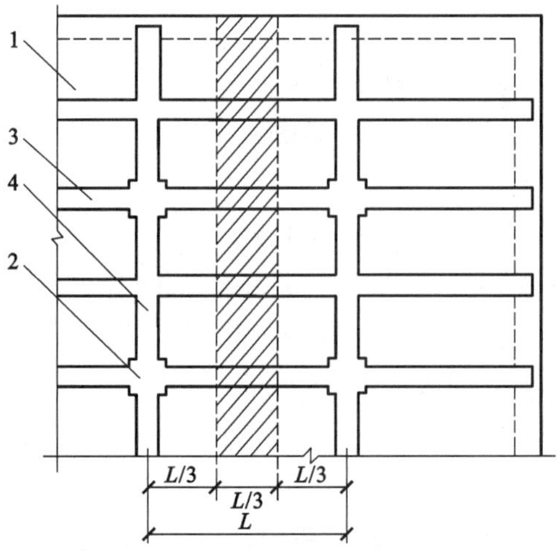

图 4.35 有主次梁楼盖的施工缝位置

1—楼板；2—柱；3—次梁；4—主梁

在施工缝处继续浇筑混凝土前应保证已浇筑的混凝土的强度不低于 1.2 MPa，还要求先凿掉已凝固的混凝土表面的松弱层，并凿毛，用水湿润并冲洗干净，确保其表面无灰尘、油污等杂质。先铺抹 10～20 mm 厚的水泥浆或与混凝土砂浆成分相同的砂浆一层，其厚度一般为 30～50 mm，再开始浇筑混凝土。

4.3.3.2　混凝土浇筑方法

混凝土浇筑前应做好必要的准备工作，对模板及其支架、钢筋、预埋件和预埋管线必须进行检查，并做好隐蔽工程的验收，符合设计要求后方能浇筑混凝土。在地基或基土上浇筑混凝土时，应清除淤泥和杂物，并应有排水和防水措施。对干燥的非黏性土，应用水湿润；对未风化的岩石，应用水清洗，但其表面不得有积水。

(1) 多层、高层钢筋混凝土框架结构的浇筑

遵循先竖向结构后水平结构，先深后浅，先远后近的原则。通常先浇筑框架柱，再浇筑框架梁和楼板，以保证结构的整体性和稳定性。

对于多层框架结构，可从底层开始，逐层向上浇筑。在每层中，先浇筑柱混凝土，待柱混凝土浇筑至梁底标高后，停歇 1～1.5 h，使柱混凝土初步沉实，再浇筑梁、板混凝土。

对于高层框架结构，当高度较高时，可采用分段施工的方法，一般以每 3～5 层为一个施工段。在每个施工段内，同样按照先柱后梁、板的顺序进行浇筑。

梁和板一般同时浇筑，从一端开始向前推进。只有当梁大于或等于 1 m 时才允许将梁单独浇筑，此时的施工缝宜留在楼板板面下 20～30 mm 处。梁底与梁侧面注意振实，振动器不要直接触及钢筋和预埋件。楼板混凝土的虚铺厚度应略大于板厚，用表面振动器振实，用铁插尺检查混凝土厚度，振捣完后用长的木抹子抹平。为保证捣实质量，混凝土应分层浇筑，每层的厚度如表 4.16 所示。

【扫码演示】

表 4.16　混凝土浇筑层的厚度

项　次	捣实混凝土的方法	浇筑层厚度/mm
1	插入式振动	振动器作用部分长度的 1.25 倍
2	表面振动	200
3	人工捣固： (1) 在基础或无筋混凝土和配筋较少的结构中； (2) 在梁、墙、柱中； (3) 在配筋密集的结构中	 250 200 150
4	轻骨料混凝土振捣： (1) 用插入式振动器； (2) 用表面振动器(振动时需加荷)	 300 200

浇筑叠合式受弯构件时，应按设计要求确定是否设置支撑，且叠合面应有深度不小于 6 mm 的齿槽。

(2) 大体积混凝土浇筑方法

现代建筑中时常涉及大体积混凝土施工，如高层楼房基础、大型设备基础、水利大坝等施工。它主要的特点就是体积大，最小断面的任何一个方向的尺寸最小为 1 m。它的表面系数比较小，水泥水化热释放比较集中，内部升温比较快。混凝土内外温差较大时，会产生温度裂缝，这些裂缝会贯穿整个混凝土结构，由此带来严重危害。所以必须从根本上分析它，来保证施工的质量。

为了有效预防大体积混凝土在浇筑后产生温度裂缝，必须采取相应措施来降低混凝土的温度应力，并将浇筑后混凝土的内外温差控制在 25 ℃以内。具体措施包括：优先选用水化热较低的水泥品种，以减少水泥水化过程中产生的热量；适当减少水泥用量，从而降低混凝土的水化热；掺入适量的掺合料，如粉煤灰、矿渣粉等，以改善混凝土的性能，降低其温度敏感性；合理降低浇筑速度和减小浇筑层厚度，以便混凝土内部的热量能够更有效地散发出去；或者采取人工降温措施，如在混凝土拌合水中添加冰块、对骨料进行降温处理等。在必要时，经过详细的计算和取得设计单位的同意后，可以留设施工缝，分段分层进行浇筑，以进一步控制混凝土的温度裂缝。具体措施如下：

a. 优先选择中热硅酸盐水泥或低热矿渣硅酸盐水泥等水化热较低的水泥品种，以减小水泥水化过程中产生的热量。

b. 将大体积混凝土分层浇筑，每层厚度控制在合理范围内，一般不超过 500 mm，以便混凝土内部的热量能够更有效地散发出去，减小内外温差。

c. 尽量降低混凝土的入模温度，一般要求混凝土的入模温度不宜超过 28 ℃，可以用冰水冲洗骨料，在气温较低时浇筑混凝土。

d. 在满足混凝土基本性能要求的前提下，尽量减少水泥用量，在混凝土中掺入适量的矿物掺合料，采用 60 d 或 90 d 的强度代替 28 d 的强度控制混凝土配合比。

e. 在结构内部埋设管道或预留孔道（如混凝土大坝内），混凝土养护期间采取灌水（水冷）或通风（风冷）排出内部热量。

大体积混凝土浇筑方法，一般分为全面分层、分段分层、斜面分层，如图 4.36 所示。

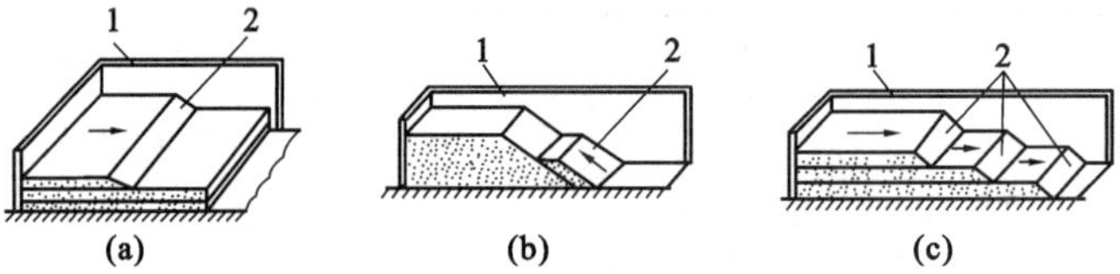

图 4.36　大体积混凝土浇筑方案

(a)全面分层；(b)斜面分层；(c)分段分层

1—模板；2—新浇筑的混凝土

① 全面分层

将整个结构物的浇筑平面按照一定厚度划分成若干个相互独立的浇筑层，一般厚度在 300～500 mm。浇筑时从结构的短边开始，沿长边方向进行，每次浇筑一个浇筑层，依次连续进行，当一层混凝土浇筑完成后，再开始浇筑上一层，且上一层混凝土的浇筑要在下层混凝土初凝之前完成，使各层混凝土之间能够良好结合，形成一个整体结构。优点是混凝土浇筑过程相对简单，施工操作易于控制，各层之间的结合较为紧密，整体性好，能够有效保证混凝土的浇筑质量。缺点为对混凝土的供应能力和浇筑速度要求较高，如果混凝土供应不及时或浇筑速度跟不上，容易出现冷缝；同时，在浇筑过程中，由于各层混凝土的水化热集中释放，内部温度上升较快，温控难度较大。

全面分层适用于结构的平面尺寸相对较小，且混凝土浇筑方量相对不大，施工场地和施工设备能够满足全面分层连续浇筑要求的情况，如一些小型的地下室底板、较薄的大体积基础等。

② 分段分层

当大体积混凝土结构的平面尺寸较大时，将整个浇筑平面划分为若干个长度相对较短的浇筑段，每段长度通常在 20～30 m。在每个浇筑段内，按照全面分层的方法进行混凝土浇筑，即从浇筑段的一端向另一端分层浇筑，完成一个浇筑段的浇筑后，再进行下一个浇筑段的浇筑，相邻浇筑段之间的混凝土浇筑时间间隔应控制在合理范围内，避免出现冷缝。优点：相比全面分层，分段分层可以在一定程度上缓解混凝土供应和浇筑速度的压力，降低了出现冷缝的风险；同时，由于是分段浇筑，各段混凝土的水化热相对分散，有利于温度控制。缺点：施工过程相对复杂，需要合理安排各浇筑段的浇筑顺序和时间间隔，对施工组织和管理要求较高；在浇筑段之间的连接处，需要做好施工缝的处理，以保证结构的整体性。

③ 斜面分层

混凝土从浇筑层的下端开始，沿斜面自下而上进行浇筑，形成一个倾斜的浇筑面，斜面的坡度一般控制在 1∶5～1∶3 之间。在浇筑过程中，振捣棒应从斜面的下端开始振捣，随着混凝土的浇筑逐渐向上移动，确保混凝土振捣密实，每层混凝土的厚度一般不超过 500 mm，且上层混凝土的振捣要插入下层混凝土 50～100 mm，以保证上下层混凝土的结合质量。优点：混凝土自然流淌形成斜面，可利用混凝土的自然流淌坡度进行浇筑，减少了混凝土的摊铺工作量，提高了浇筑效率；在浇筑过程中，混凝土中的水分和气泡容易随着斜面向上排出，有利于提高混凝土的密实度。缺点：对混凝土的坍落度要求较高，需要严格控制混凝土的配合比和坍落度，以保证混凝土能够按照设计的斜面坡度流淌；同时，在斜面的顶部和底部，混凝土的浇筑和振捣难度相对较大，需要加强施工控制。

斜面分层常用于长度较大的大体积混凝土结构，如大型水坝、长条形的基础梁等。

为保证结构的整体性，在初定浇筑方案后要计算混凝土的浇筑强度 Q，以检验在现有供应能力下方案的可行性，或初定方案时确定资源配置。

$$Q=\frac{F\cdot H}{T} \tag{4-8}$$

式中 Q——混凝土最小浇筑强度(m^3/h)；

F——混凝土浇筑区的面积(m^2)；

H——浇筑层厚度(m)，取决于混凝土捣实方法；

T——下层混凝土从开始浇筑到初凝的延性时间(h)。

【例 4.3】 某混凝土基础长 30 m，宽 25 m，深 1.5 m，为 C30 混凝土，要求整体连续浇筑。拟采取全面分层浇筑方案，每层厚 0.3 m。已知混凝土初凝时间为 3.5 h，每台混凝土泵车的浇注能力为 45 m^3/h，由多辆混凝土搅拌运输车供料，总运输时间为 30 min，试求：

(1) 该基础混凝土的最小浇筑强度(m^3/h)；

(2) 混凝土泵车的数量；

(3) 该基础浇筑的可能最短时间与允许的最长时间。

【解】(1) 最小浇筑强度：

$$Q=\frac{F\cdot H}{T}=\frac{30\times25\times0.3}{3.5-0.5}=\frac{225}{3}=75(m^3/h)$$

(2) 混凝土泵车的最少数量：

$$75\div45=1.67(台)，取 2 台$$

(3) 浇筑时间：

可能的最短时间：$T_1=30\times25\times1.5/(45\times2)=12.5(\mathrm{h})$

允许的最长时间：$T_2=30\times25\times1.5/75=15(\mathrm{h})$

4.3.3.3　混凝土振捣

混凝土拌合物在完成浇筑工序后，必须经过振捣操作使其密实成型，如此方能确保混凝土制品或结构获得既定的外形以及符合设计要求的内部结构。

混凝土拌合物密实成型的途径有三种：一是混凝土振动密实成型，通过机械外力（如振动）来克服拌合物内部的剪应力，使其液化并达到密实状态。二是离心法或真空脱水法，通过离心作用或真空作业法将混凝土拌合物中的多余水分和空气排出，从而实现密实成型。三是自流平混凝土在拌合物中掺入高效能减水剂，增大其坍落度，使其能够自流浇筑成型，从而实现密实效果。本小节仅讨论前两种方法。

(1) 混凝土振动密实成型

① 混凝土振动密实原理

混凝土振动密实的原理，是产生振动的机械在将振动能量通过某种方式传递给混凝土拌合物时，受振混凝土拌合物中所有的骨料颗粒都受到强迫振动，使混凝土拌合物保持一定塑性状态的黏着力和内摩擦力大大降低，受振混凝土拌合物呈现出所谓的“重质液体状态”，从而使混凝土拌合物中的骨料犹如悬浮在液体中，在其自重作用下向新的稳定位置沉落，排除存在于混凝土拌合物中的气体，消除孔隙，使骨料和水泥浆在模板中得到致密的排列。

② 振动机械的选择

振动机械按其工作方式分为内部振动器、外部振动器、表面振动器和振动台等，如图 4.37 所示。

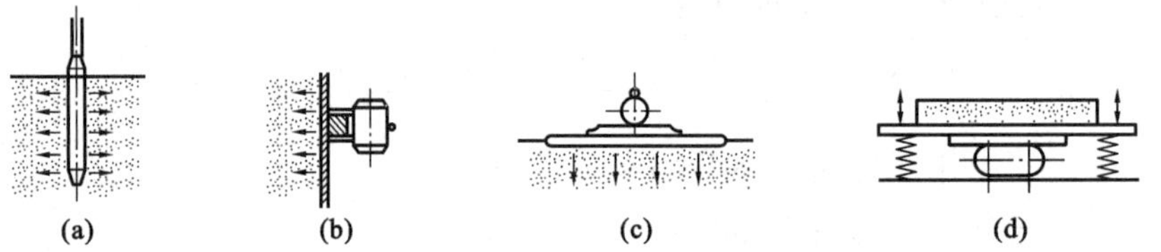

图 4.37　振动机械示意图

(a)内部振动器；(b)外部振动器；(c)表面振动器；(d)振动台

内部振动器又称插入式振动器，其工作部分是一棒状空心圆柱体，内部装有偏心振动子，在电动机带动下高速转动而产生高频微幅的振动，多用于振实梁、柱、墙、厚板和大体积混凝土结构等。

根据振动棒激振的原理，内部振动器有偏心轴式、行星滚锥式、插入式振动器三种，前两种激振结构的工作原理如图 4.38 所示。

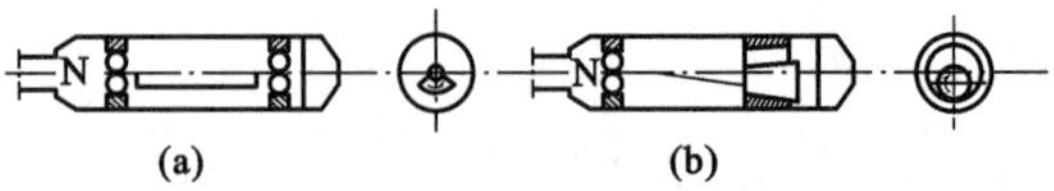

图 4.38　振动棒的激振原理示意图

(a)偏心轴式；(b)行星滚锥式

(2) 混凝土真空作业法

混凝土真空密实法(真空吸水技术)是在浇筑、振捣、抹平后的混凝土表面铺上吸垫启动真空设备,从混凝土中吸出游离水,以降低混凝土水灰比、加快凝结速度、提高强度和密实度的一种方法,如图 4.39 所示。

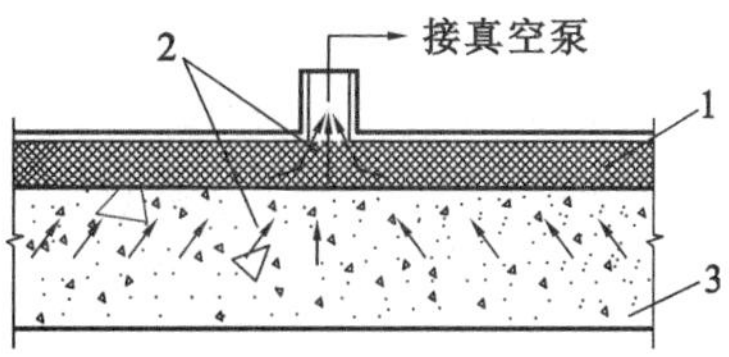

图 4.39 混凝土真空作业法原理图

1—真空腔;2—吸出的水;3—新浇筑混凝土

按真空作业的方式,可分为表面真空作业与内部真空作业。表面真空作业是在混凝土构件的上、下表面或侧表面布置真空腔进行吸水操作。上表面真空作业适用于楼板、预制混凝土平板、道路、机场跑道等。下表面真空作业适用于薄壳、隧道顶板等;墙壁、水池、桥墩等则宜用侧表面真空作业。有时还可将上述几种方法结合使用。

内部真空作业利用插入混凝土内部的真空腔进行,比较复杂,实际工程中应用较少。

混凝土真空处理设备一般由真空泵、电动机、真空表、集水箱、软管、滤网及手推车等部分组成,其工作原理如图 4.40 所示。

真空处理设备准备工作:①在真空泵启动前,应将真空室和集水箱注满清水,检查软管、吸垫及接头有无损伤,吸水通道是否通畅,铺设的盖垫应伸出混凝土四周 10 cm;②启动时,应先检查动力箭头方向是否正确,确保吸垫紧附在混凝土表面,控制真空吸水操作时间,若出现“气蚀”现象,应停止吸水并进行处理以免影响机械性能及混凝土质量;③操作结束后要及时清洗水箱及吸垫,并确保吸水管不被堵塞,严禁使用机械直接抽水。

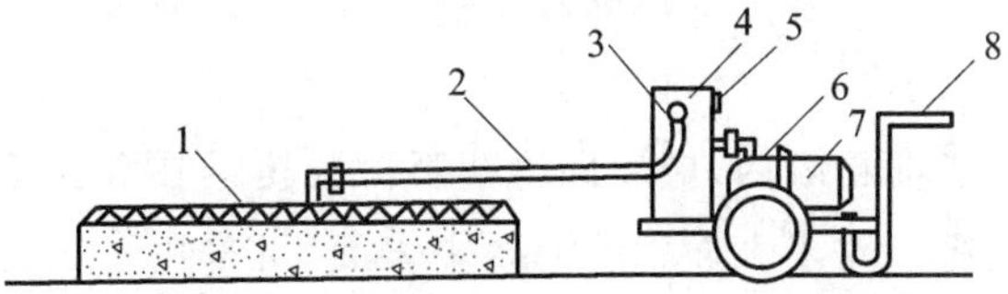

图 4.40 真空处理设备工作示意图

1—真空吸水装置;2—软管;3—吸水进口;4—集水箱;5—真空表;6—真空泵;7—电动机;8—手推小车

4.3.4 混凝土养护

混凝土养护是人为创造一定的湿度和温度条件,使刚浇筑的混凝土得以正常发展强度或加速其硬化和强度增长。混凝土浇捣后,之所以能逐渐凝结硬化,是因为水泥水化作用,而水化作用则需要适当的温度和湿度条件。混凝土养护的方法有自然养护和人工养护两大类。自然养护简单,费用低,是混凝土施工的首选方法。人工养护方法常用于混凝土冬季施工或大型混凝土预制厂,构件厂常用蒸汽养护法,这类养护方法需要一定的设备条件,相对而言,其施工费用较高。此处介绍混凝土的自然养护。

所谓混凝土自然养护,是指在常温条件下(≥5 ℃),利用自然条件(如温度和湿度)对混凝土进行养护的方法。具体做法包括用适当的材料覆盖混凝土表面,并浇水保持其湿润状态,以确保水泥水化作用正常进行,从而促进混凝土的硬化和强度增长。混凝土自然养护主要有覆盖浇水养护、塑料薄膜养护。

(1) 覆盖浇水养护

常用的覆盖材料有草帘、麻袋、土工布等。这些材料具有良好的保水性和透气性，能够使混凝土表面保持湿润状态，同时允许空气流通，有利于水泥的水化反应。草帘应选用质地柔软、厚实的，麻袋要干净且无破损，土工布的规格应符合相关标准，一般单位面积质量不小于 200 g/m^2。

应在混凝土浇筑完毕后的 12 h 内进行覆盖。在夏季高温或干燥环境下，由于水分蒸发快，可能需要在浇筑后 8 h 内就进行覆盖；而在冬季或潮湿环境下，可适当延长至 12～15 h，但不宜超过 15 h，以免混凝土表面水分蒸发过多，影响养护效果。

浇水频率取决于环境温度、湿度和混凝土的类型等因素。在一般气候条件下，当环境温度在 15～25 ℃时，浇筑后的前 3 d，每天浇水次数不少于 5 次；3 d 后可根据混凝土表面的湿润情况适当减少浇水次数，但每天至少浇水 3 次。当环境温度高于 25 ℃时，浇水次数应相应增加，每天至少浇水 6～8 次；当环境温度低于 15 ℃时，每天浇水次数可减少至 3～4 次。对于大体积混凝土或掺用缓凝剂的混凝土，浇水养护时间应适当延长。

覆盖浇水养护适用于大多数混凝土结构，如工业与民用建筑中的基础、柱、梁、板等，以及水工结构、道路工程中的混凝土路面等。特别是对于露天浇筑的混凝土构件，覆盖浇水养护是一种经济、有效的养护方法。

(2) 塑料薄膜养护

选用厚度不小于 0.12 mm 的塑料薄膜，其拉伸强度、断裂伸长率等性能应符合相关标准要求。同时，塑料薄膜应具有良好的透明度和抗老化性能，以便观察混凝土表面情况，并能在一定时间内保持性能稳定。

覆盖要求：在混凝土表面初凝后，应立即将塑料薄膜覆盖在混凝土表面，确保薄膜与混凝土表面紧密贴合，不留空隙。对于大面积的混凝土表面，可采用多块薄膜拼接的方式，但拼接处应重叠 10～15 cm，并使用胶带等进行密封，防止水分从拼接处散失。

检查维护：在养护过程中，要定期检查塑料薄膜是否有破损、松动等情况。如发现薄膜有破损，应及时用胶带或新的薄膜进行修补；若薄膜出现松动，应重新固定，确保其密封效果。

适用场景：塑料薄膜养护适用于一些不易浇水养护的部位，如高耸的混凝土柱、薄壁结构、混凝土烟囱等。此外，在一些缺水地区或水资源紧张的施工现场，塑料薄膜养护是一种较为理想的养护方式，它可以有效地减少水分的蒸发，节约水资源。同时，在一些对混凝土表面平整度和光洁度要求较高的工程中，如装饰混凝土构件等，塑料薄膜养护可以避免浇水对混凝土表面造成的冲刷和污染，有利于保证混凝土表面质量。

(3) 混凝土自然养护的注意事项

养护用水应符合混凝土用水标准，不得使用含有有害物质的水，如海水、受污染的河水等。一般情况下，可使用自来水或经过处理的符合标准的地下水。

在养护期间，应每天定时监测环境温度和湿度，并做好记录。根据监测数据，及时调整养护措施，如在温度过高、湿度较低时，增加浇水次数或加强覆盖保湿；在温度过低时，采取保温措施。

根据混凝土的类型和使用的水泥品种不同，自然养护时间也有所差异。对于采用硅酸盐水泥、普通硅酸盐水泥或矿渣硅酸盐水泥拌制的混凝土，自然养护时间不得少于 7 d；对于掺用缓凝型外加剂、矿物掺合料或有抗渗要求的混凝土，养护时间不得少于 14 d。对于大体积混凝土，养护时间应根据混凝土内部温度与表面温度的差值、表面温度与环境温度的差值以及混凝土的收缩情况等因素确定，一般不少于 14 d；对于重要部位或有特殊要求的大体积混凝土，养护时间可能需要延长至 28 d 甚至更长。

4.3.5 混凝土冬期施工

4.3.5.1 冬期施工原理

根据当地多年气象资料，当室外日平均气温连续 5 d 稳定低于 5 ℃时，混凝土工程应采取冬期施工措施，并应及时采取应对气温突然下降的防冻措施。

冻结对早期混凝土会造成严重危害。其主要原因是混凝土内部的水结冰后体积膨胀，冰应力使强度还很低的混凝土内部产生无法弥补的微裂纹；其次，导热性强的钢筋、粗骨料表面易形成冰膜，削弱了混凝土与钢筋、砂浆与石子间的握裹力，导致混凝土最终强度降低。试验证明，混凝土遭冻的时间越早、水胶比越大，则强度损失越多，反之则少。

混凝土受冻后，当温度恢复至正温时，其强度还能继续增长。当混凝土达到某一初期强度值后遭到冻结，解冻后再经 28 d 标准养护，其强度如能达到设计等级的 95％以上时，则受冻前的初期强度值即称为混凝土的允许受冻临界强度，其规定见表 4.17。

表 4.17 混凝土允许受冻临界强度规定

混凝土种类	受冻临界强度
用硅酸盐、普通硅酸盐水泥配制的混凝土	30％设计强度等级值
用矿渣硅酸盐水泥等配制的混凝土	40％设计强度等级值
抗渗混凝土	50％设计强度等级值
有抗冻耐久性要求的混凝土	70％设计强度等级值

4.3.5.2 冬期施工要求与方法

(1) 原材料的选择及要求

① 水泥。应优先选用水化热及早期强度高的水泥(如硅酸盐水泥或普通硅酸盐水泥)，采用蒸汽养护时宜采用矿渣硅酸盐水泥。最小水泥用量不宜少于 280 kg/m^3，水胶比不应大于 0.55。

② 骨料。不得含有冰、雪和冻块；当掺用含有钾、钠离子防冻剂时，不得混用活性骨料。

③ 外加剂。不宜使用氯盐类防冻剂；对抗冻性要求高的混凝土，宜使用引气剂或减水剂。

(2) 原材料的加热

冬期施工常采用热拌混凝土。在拌制前应优先考虑对水进行加热，当其不能满足要求时再加热骨料。水泥不得加热，宜在使用前运入棚内存放。水及骨料的加热温度，应根据热工计算确定，但不得超过表 4.18 中拌合水及骨料加热最高温度的规定。在任何情况下，水泥都不得与 80 ℃以上的水直接接触，以防出现“假凝”现象。

表 4.18　拌合水及骨料加热最高温度　　单位:℃

普通硅酸盐水泥、矿渣硅酸盐水泥的强度等级	拌合水	骨料
42.5 MPa 以下	80	60
42.5 MPa 及以上	60	40

(3) 混凝土的搅拌

在混凝土搅拌前,先用热水或蒸汽冲洗、预热搅拌筒,以保证混凝土的出机温度。投料顺序是:当水温不高于表 4.18 中拌合水及骨料加热最高温度的规定时,可将水泥和骨料先投入,干拌均匀后再加入水,直至搅拌均匀为止;否则应先投入骨料和热水,拌至温度下降后再投入水泥。混凝土的搅拌时间应较常温延长 50%,混凝土拌合物的出机温度不宜低于 10 ℃。

(4) 混凝土运输和浇筑

运输混凝土所用的容器应有保温措施,运输时间应尽量缩短,保证混凝土的入模温度不低于 5 ℃。混凝土在浇筑前,应清除模板和钢筋上的冰雪和污垢;不得在强冻胀性地基上浇筑;当在弱冻胀性地基上浇筑时,基土不得遭冻。当分层浇筑大体积混凝土时,已浇筑层在被上层覆盖前,不得低于按热工计算要求的温度,且不得低于 2 ℃。

(5) 混凝土养护方法

混凝土冬期施工的养护方法,一般要经过技术、经济比较确定。在免遭冻害的前提下,选择质量优、费用低、污染小且简单易行的方法。

① 蓄热法及综合蓄热法

蓄热法是利用原材料加热以及水泥水化热量,采用适当的保温措施减缓混凝土的降温速度,使混凝土温度降到 0 ℃或设计规定温度前达到预期混凝土强度。综合蓄热法是在蓄热法的基础上掺入化学外加剂的施工方法。当室外最低气温不低于 −15 ℃时,地面以下的工程,或表面系数不大于 5 m^{-1} 的结构,宜采用蓄热法养护;对于表面系数为 5～15 m^{-1} 的结构,宜采用综合蓄热法养护。

蓄热法养护的关键要素是混凝土的入模温度、围护层的总传热系数和水泥水化热值。采用蓄热法时,宜选用水化热大的硅酸盐水泥或普通硅酸盐水泥,适量用早强剂,适当提高入模温度,同时选用导热系数小、价廉耐用且有一定防火性能的保温材料,如草帘被、岩棉毡等。必要时可采取外部早期短时加热的措施。

② 暖棚法

暖棚法是将被养护的混凝土构件或结构置于搭设的棚中,在内部设置热源加热棚内空气,使混凝土构件或结构处于正温环境下进行养护。当蓄热法及综合蓄热法不能满足施工要求时,可采用暖棚法。

棚内各测点温度不得低于 5 ℃,养护期间应监测暖棚内的相对湿度,混凝土不得有失水现象,否则应及时采取增湿措施或在混凝土表面洒水养护。暖棚的出入口应设专人管理,并应采取防止棚内温度下降或引起风口处混凝土受冻的措施。

③ 外加剂法

外加剂法是通过掺入具有抗冻、早强、催化、减水等作用的外加剂,降低混凝土的冰点,使之在负温下继续硬化,以达到要求的强度。使用该法应做好试验检验工作,避免不同类型外加剂间的相互影响，防止产生不利影响和造成环境污染；且保证混凝土入模温度和初始温度符合要求。

④ 蒸汽养护法

蒸汽养护法是利用蒸汽对混凝土进行加热，以达到受冻临界强度。该法效果好，但费用较高。具体方法包括蒸汽室法、蒸汽套法、毛细管法和构件内部通汽法等。

使用蒸汽养护法，应得到设计方的同意，并严格控制温度。当采用加热养护时，混凝土养护前的温度不得低于 2 ℃；当加热温度需在 40 ℃以上时，应采取防止产生较大温度应力的措施。

4.3.6 混凝土的质量检查

混凝土的质量检查包括施工过程中的质量检查及成品的强度、外观检查。

4.3.6.1 施工过程中的质量检查

在拌制和浇筑过程中，对拌制混凝土所用原材料的品种、规格和用量的检查，每一工作班至少两次；当混凝土配合比由于外界影响有变动时，应及时检查并调整；在混凝土搅拌过程中，应随时检查。

4.3.6.2 混凝土试块的留置

为了检查混凝土强度等级是否达到设计或施工阶段的要求，应制作试块，进行抗压强度试验。试块的尺寸及强度换算系数见表 4.19。

表 4.19 混凝土试件尺寸及强度的尺寸换算系数

骨料最大粒径/mm	试件尺寸/mm	强度的尺寸换算系数
≤31.5	100×100×100	0.95
≤31.5	150×150×150	1.00
≤31.5	200×200×200	1.05

注：对强度等级为 C60 及以上的混凝土试件，其强度的尺寸换算系数可通过试验确定。

(1) 检查混凝土是否达到设计强度等级

检查方法是，制作标准养护试块，经 28 d 养护后做抗压强度试验。其结果作为确定结构或构件的混凝土强度是否达到设计要求的依据。

标准养护试块应在浇筑地点随机取样制作。其组数应按下列规定留置：

① 每个工作班、每一楼层、每拌制 100 盘、每 100 m^3 的同配合比的混凝土，取样均不得少于一次。

② 每次取样应至少留置一组(3 个)标准试块。每组试块应在同盘混凝土中取样制作。

(2) 检查混凝土的实体强度

为了满足结构或构件的拆模、运输、吊装、施加预应力或临时负荷的需要，以及结构实体检验要求，尚应留置与结构或构件同条件养护的试块。其组数可按实际需要确定。

4.3.6.3 混凝土强度的评定

(1) 每组试块强度代表值的确定

混凝土强度应分批进行验收。同一验收批的混凝土应由强度等级相同、龄期相同以及生产工艺和配合比基本相同的混凝土组成。每一验收批的混凝土强度，应以同批内各组标准试件的强度代表值来评定。每组试块的强度代表值按下述规定确定：

① 取三个试块试验结果的平均值，作为该组试块的强度代表值；

② 当三个试块中的最大或最小的强度值，与中间值相比超过15%时，取中间值代表该组的混凝土试块的强度；

③ 当三个试块中的最大和最小的强度值，与中间值相比均超过15%时，该组试件作废。

(2) 混凝土强度评定方法

根据混凝土生产情况，在混凝土强度检验评定时，有以下三种评定方法：

① 标准差已知统计法。当混凝土的生产条件在较长时间内能保持一致，且同一品种混凝土的强度变异性能保持稳定时，由连续的三组试块代表一个验收批进行评定。

② 标准差未知统计法。当混凝土的生产条件不能满足上述规定，或在前一个检验期内的同一品种混凝土没有足够的数据用以确定验收批混凝土立方体抗压强度标准差时，应由不少于10组的试块代表一个验收批，进行强度评估。

③ 非统计法。对零星生产的预制构件的混凝土或现场搅拌的批量不大的混凝土，可采取非统计法评定，此时，验收批混凝土的强度必须同时满足下列两式要求：

$$m_{f_{cu}} \geqslant 1.15 f_{cu,k} \tag{4-9}$$

$$f_{cu,min} \geqslant 0.95 f_{cu,k} \tag{4-10}$$

式中 $m_{f_{cu}}$——同一验收批混凝土立方体抗压强度平均值(MPa)；

$f_{cu,k}$——混凝土立方体抗压强度标准值(MPa)；

$f_{cu,min}$——同一验收批混凝土立方体抗压强度最小值(MPa)。

思考题与习题

4.1 钢筋的连接方法有哪些？各自适用的范围有哪些？

4.2 在抗震结构设防要求的结构中钢筋的接头不宜设置在什么位置？

4.3 模板有哪些作用？一般由哪几部分组成？对模板及支架有哪些要求？

4.4 基础、柱、梁、楼板结构用木模板时，其构造及安装有哪些要求？

4.5 混凝土的施工包括哪些施工过程？离析现象对混凝土质量有什么影响？在哪些环节上要注意控制？

4.6 混凝土运输有哪些要求？有哪些运输机具？工程中常用哪几种运输方案？

4.7 什么是混凝土的施工缝？对施工缝留置位置有什么要求？对施工缝的处理有什么要求？

4.8 什么是混凝土的自然养护法？有哪些具体方法和要求？模板拆除要遵循哪些基本原则？

5 预应力混凝土工程

【本章提要】

本章内容包括预应力混凝土材料与设备、先张法施工、后张法施工三部分，重点阐述了施工工艺及特点。

【学习要求】

（1）了解混凝土的预应力建立过程、各种预应力混凝土施工机械性能。

（2）掌握预应力混凝土的有关施工计算方法、预应力混凝土施工工艺和质量控制方法。

预应力结构是在结构或构件承载设计荷载之前，预先对其施加压应力，以改善使用性能的结构形式。与非预应力结构相比，预应力结构具有以下特点：改善结构的使用性能，提高结构的变形恢复性能；提高抗剪承载力；提高抗疲劳强度。此外，预应力混凝土结构还具有良好的耐久性；能减小构件截面高度，减轻自重；提升刚度与稳定性；具有良好的裂缝闭合性能与经济性。

对混凝土构件受拉区施加预压应力的方法，一般是通过预应力钢筋或锚具，将预应力钢筋的弹性收缩力传递到混凝土构件上，并产生预应力。预应力的作用可部分或全部抵消外荷载产生的拉应力，从而提高结构的抗裂性。对于在使用荷载下出现裂缝的构件，预应力也会起到减小裂缝宽度的作用。

由于预应力混凝土结构的截面小、刚度大、抗裂性和耐久性好，故在世界各国的土木工程领域中得到广泛应用。近年来，高强度钢材及高强度等级混凝土的出现，促进了预应力混凝土结构的发展，也进一步推动了预应力混凝土施工工艺的成熟和完善。

预应力混凝土按张拉预应力筋与浇筑混凝土的顺序不同，可分为先张法和后张法两种。在后张法施工中，按预应力筋与混凝土的结合状态，分为有黏结、无黏结预应力施工。

常用规范：《混凝土结构工程施工规范》(GB 50666—2011)、《预应力筋用锚具、夹具和连接器应用技术规程》(JGJ 85—2010)、《无粘结预应力混凝土结构技术规程》(JGJ 92—2016)、《缓粘结预应力混凝土结构技术规程》(JGJ 387—2017)、《预应力钢结构技术规程》(CECS 212—2006)等。

5.1 材料与设备

5.1.1 预应力钢筋

普通钢筋混凝土结构具有很多优点，但它也存在一些缺点，如开裂过早、刚度较小、不能充分利用高强度材料等，从而影响了钢筋混凝土结构在建筑工程中的应用。为了弥补上述缺点，目前最好的方法是对混凝土施加预应力，即在构件承受荷载之前，对构件受拉区域通过张拉钢筋的方法将钢筋的回弹力施加给混凝土，使混凝土获得预压应力。这样，在构件承受荷载后，此预压应力就可以抵消荷载在混凝土中所产生的大部分或全部拉应力，从而延缓裂缝的产生，抑制裂缝的开展。预应力钢筋按材质划分，包括金属预应力钢筋和非金属预应力钢筋两类。常用的金属预应力筋可分为高强钢筋、钢丝和钢绞线三类，非金属预应力钢筋主要指纤维增强塑料(即 FRP)预应力钢筋。

预应力钢筋技术，涉及在混凝土构件制备过程中，采用先张法或后张法工艺，对钢筋施加预应力，以在混凝土固化阶段通过钢筋的弹性回缩效应，在结构内部形成有益的预压应力状态，从而显著增强构件的抗裂性能、结构刚度和长期耐久性。

在预应力施加过程中，先张法要求在混凝土浇筑前完成钢筋的张拉和锚固，而后张法则需在混凝土达到设计强度的特定阶段后，通过预留孔道进行钢筋的张拉和锚固。预应力钢筋根据与混凝土的黏结方式，可分为有黏结预应力筋和无黏结预应力筋，其中，有黏结预应力筋通过灌浆或其他黏结介质与混凝土形成整体，而无黏结预应力筋则通过涂层或套管实现与混凝土的物理隔离。

(1) 预应力混凝土的优点

① 改善结构的使用性能，延缓裂缝的出现，减小裂缝宽度；截面刚度显著提高，挠度减小，可用于建造大跨度结构。

② 施加纵向预应力可延缓斜裂缝的形成，使受剪承载力提高。

③ 卸载后的结构变形或裂缝可得到恢复，由于预应力的作用，活荷载移去后，裂缝会闭合。

④ 提高构件的疲劳承载力。预应力可减小钢筋的疲劳应力比，增大钢筋的疲劳强度。

⑤ 使高强钢材和高强混凝土得到充分利用，有利于减轻结构自重，节约材料，经济效益较好。

(2) 预应力混凝土的缺点

① 工艺复杂，对施工质量要求较高。

② 需要专门的设备，且预应力上拱度不易控制。

③ 预应力混凝土结构的造价较高。

5.1.2 预应力钢筋用锚具、夹具及连接器

【扫码演示】

预应力钢筋用的锚具是指在先张法、后张法预应力混凝土结构或构件中，为保持预应力钢筋的拉力并将其传递到混凝土上所用的永久性锚固装置，根据锚固方式可分为支承式(如螺栓端杆锚具)、夹片式(如 JM 型锚具)、锥塞式和握裹式。夹具则是指在后张法预应力混凝土构件施工时，为保持预应力钢筋的拉力并将其固定在生产台座(或设备)上的临时性锚固装置，或在后张法预应力混凝土结构或构件施工时，在张拉千斤顶或设备上夹持预应力钢筋的临时性锚固装置。

连接器是用于连接预应力钢筋的装置，如钢绞线对接头或螺纹钢连接器，需根据预应力筋规格选择。

5.1.3 张拉机械

张拉机械是指用于预应力施工或机械张拉过程中的设备，其主要功能是通过施加拉力来实现钢筋、钢绞线等预应力材料的张拉，从而达到设计要求的张拉力和伸长值。张拉机械分为电动张拉和液压张拉两类，前者多用于先张法，后者既可用于先张法，也可以用于后张法。

5.1.4 预应力钢筋、锚具、张拉机械的配套使用

锚具、夹具和连接器的选用应根据钢筋种类以及结构要求、产品技术性能和张拉施工方法等选择，张拉机械则应与锚具配套使用。在后张法施工中，锚具及张拉机械的合理选择十分重要，工程中可参考表 5.1 所示。

表 5.1 预应力钢筋、锚具及张拉机械的配套选用

预应力钢筋品种	锚具形式			张拉机械
	固定端		张拉端	
	安装在结构之外	安装在结构之内		
钢绞线及钢绞线束	夹片锚具 挤压锚具	压花锚具 挤压锚具	夹片锚具	穿心式
钢丝束	夹片锚具 墩头锚具 挤压锚具	挤压锚具 墩头锚具	夹片锚具	穿心式
			墩头锚具	拉杆式
			锥塞锚具	锥锚式、拉杆式
精轧螺纹钢筋	螺母锚具		螺母锚具	拉杆式

5.2 先张法施工

5.2.1 先张法施工工艺流程

先张法施工工艺流程如图 5.1 所示。

先张法的主要施工工序为：在台座上张拉预应力钢筋至预定长度后，将预应力钢筋固定在台座的传力架上；然后在张拉好的预应力钢筋周围浇筑混凝土；待混凝土达到一定的强度（约为混凝土设计强度的 75%）后可以开始释放预应力。通过专门设备缓慢放松夹具，使预应力筋恢复原状，并从构件中切割出来。由于预应力钢筋的弹性回缩，与预应力钢筋黏结在一起的混凝土受到预压作用。因此，先张法是靠预应力钢筋与混凝土之间的黏结力来传递预应力的。

先张法通常适用在长线台座（100～150 m）上成批生产配直线预应力钢筋的混凝土构件，如屋面板、空心楼板、檩条等。也可以采用槽式台座，用于生产深梁、箱梁、盾构的管片等。采用流水线生产预制楼板也有用钢模板作为台座。先张法的优点为生产效率高、施工工艺简单、质量稳定、锚具可多次重复使用等。

5.2.2 先张法施工设备

用台座法生产预应力混凝土构件时，预应力钢筋锚固在台座横梁上，台座承受全部预拉

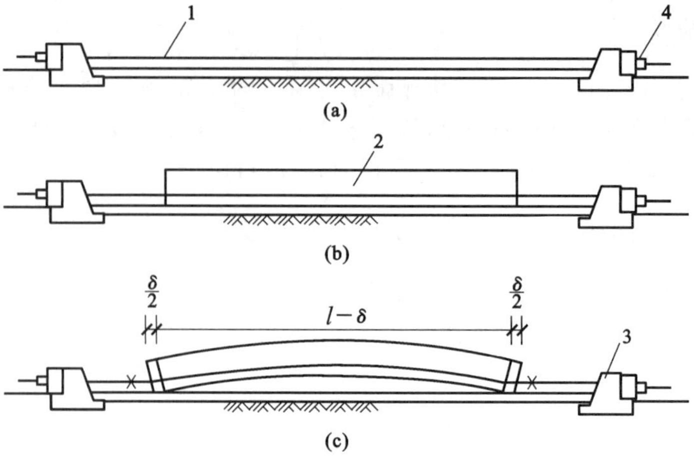

【扫码演示】

图 5.1　先张法施工工艺流程

1—预应力钢筋；2—混凝土构件；3—台座；4—夹具

力，故台座应有足够的强度、刚度和稳定性，以避免台座变形、倾覆和滑移。

台座由台面、横梁和承力结构等组成。根据推力结构的不同，台座分为墩式台座、槽式台座、钢模台座等。

5.2.2.1　墩式台座

以混凝土墩作承力结构的台座称墩式台座，一般用以生产中小型构件。台座长度较长，张拉一次可生产多根构件，从而减少因钢筋滑动引起的预应力损失。

当生产空心板、平板等平面布筋的小型构件时，由于张拉力不大，可利用简易墩式台座，它将卧梁和台座浇筑成整体，充分利用台面受力，锚固钢丝的角钢用螺栓锚固在卧梁上。

生产中型构件或多层叠浇构件时，可用如图 5.2 所示墩式台座。

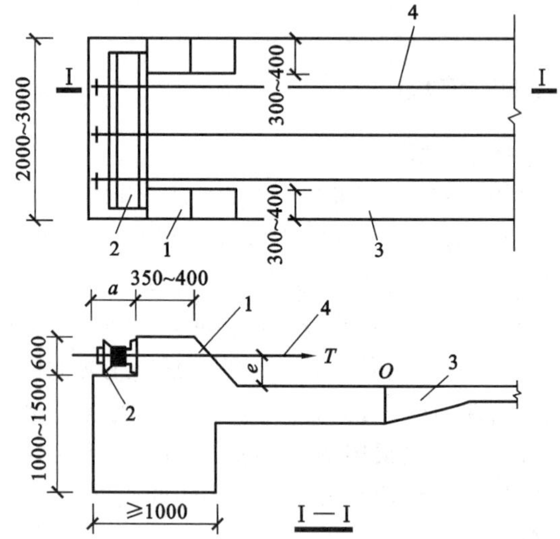

图 5.2　墩式台座

1—混凝土墩；2—钢横梁；3—局部加厚的台面；4—预应力钢筋

台面局部加厚，以承受部分张拉力。设计墩式台座时，应进行台座的稳定性和强度验算。稳定性是指台座抗倾覆能力。

抗倾覆验算的计算简图如图 5.3 所示，台座的抗倾覆稳定性按下式计算：

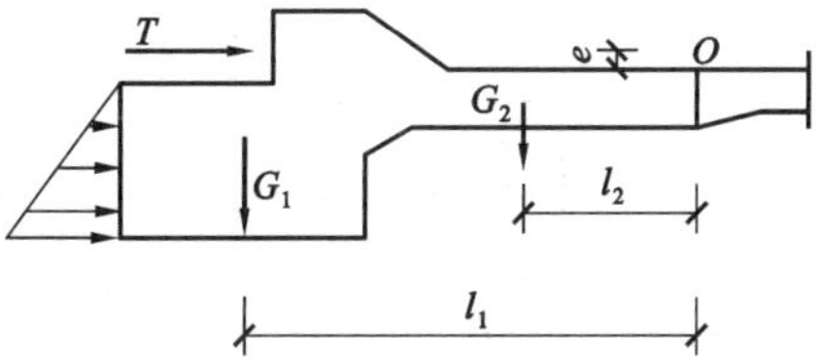

图 5.3 墩式台座的抗倾覆计算简图

$$K_0=\frac{M'}{M} \tag{5-1}$$

式中 K_0——台座的抗倾覆安全系数；

M——由张拉力产生的倾覆力矩(kN·m)，$M=T\cdot e$；

e——张拉力合力 T 的作用点到倾覆转动点 O 的力臂(m)；

M'——抗倾覆力矩(kN·m)，如果忽略土压力，则其计算公式为：

$$M'=G_1\cdot l_1+G_2\cdot l_2 \tag{5-2}$$

进行强度验算时，支承横梁的牛腿按柱子牛腿计算方法计算其配筋；墩式台座与台面接触的外伸部分，按偏心受压构件计算；台面按轴心受压杆件计算；横梁按承受均布荷载的简支梁计算。其挠度应控制在 2 mm 以内，并不得产生翘曲。

5.2.2.2 槽式台座

在预应力混凝土构件生产中，像吊车梁、箱梁这类构件，由于在张拉过程中需要承受较大的张拉力以及倾覆力矩，通常会采用槽式台座(图 5.4)。槽式台座的特点在于其配备了通长的钢筋混凝土压杆，这使得它能够有效地承受较大的张拉力和倾覆力矩。此外，在槽式台座的压杆上进行砖墙加砌并加盖之后，便可实施蒸汽养护。考虑到混凝土运输的便捷性以及蒸汽养护的便利性，槽式台座一般会设置为低于地面的形式。而且，为了方便拆迁，台座的压杆还可以采用分段浇制的方式。

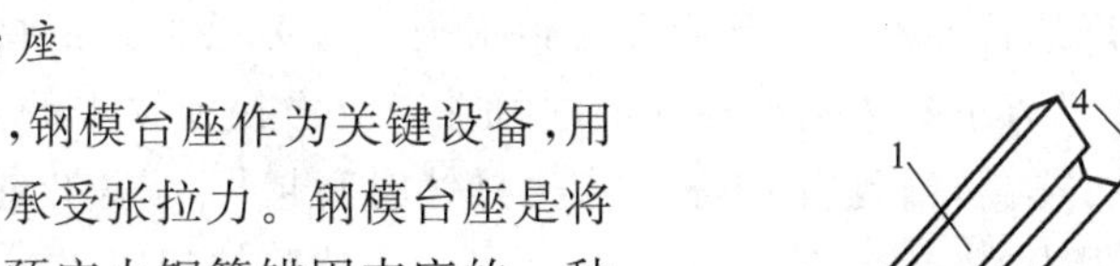

图 5.4 槽式台座

1—钢筋混凝土压杆；2—砖墙；3—下横梁；4—上横梁

5.2.2.3 钢模台座

在先张法工艺中，钢模台座作为关键设备，用于固定预应力钢筋并承受张拉力。钢模台座是将制作构件的模板作为预应力钢筋锚固支座的一种台座。将钢模板制作成具有相当刚度的结构，将钢筋直接放置在模板上进行张拉。这种模板主要在流水线生产中应用。图 5.5 所示即为钢模台座的示意图。

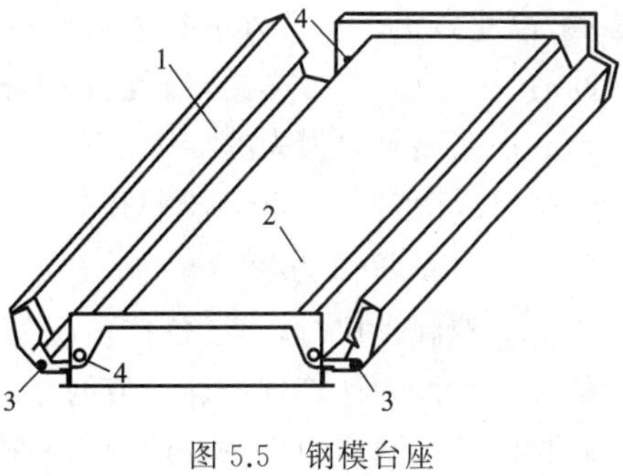

图 5.5 钢模台座

1—侧模；2—底模；3—活动铰；4—预应力钢筋锚固孔

5.2.3 先张法施工工艺

先张法混凝土施工工艺流程如图 5.6 所示。

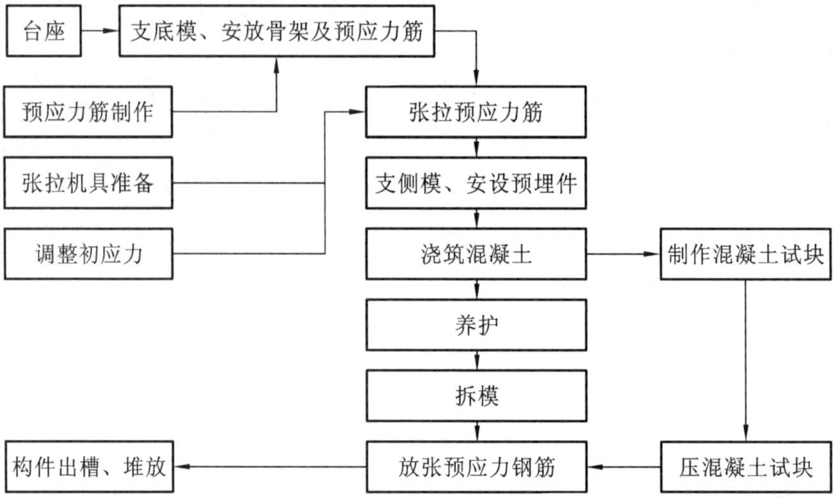

图 5.6　先张法混凝土施工工艺流程图

下列情况下，表 5.2 中的张拉控制应力限值可再提高 $0.05f_{ptk}$：

表 5.2　张拉控制应力限值

钢　　种	先　张　法	后　张　法
消除应力钢丝、钢绞线	$0.75f_{ptk}$	$0.75f_{ptk}$
热处理钢筋	$0.70f_{ptk}$	$0.65f_{ptk}$

① 为了提高构件在施工阶段的抗裂性，而在使用阶段受压区域内设置了预应力钢筋；

② 为了部分抵消由于应力松弛、摩擦、钢筋分批张拉以及预应力钢筋与台座之间的温差等因素而产生的应力损失。

5.2.3.1　预应力钢筋的张拉程序

预应力钢筋张拉程序一般可按下列程序之一进行：

程序 1（先张法）：$0 \rightarrow 1.03\sigma_{con} \rightarrow$ 锚固（适用于低松弛钢绞线）。

程序 2（普通松弛材料）：$0 \rightarrow 1.05\sigma_{con} \xrightarrow{\text{持荷 2 min}}$ 卸载至 σ_{con} 锚固。

采用上述张拉程序的目的是减少预应力松弛损失。应力松弛是钢材的一种特性，即钢材在常温、高应力状态下具有不断产生塑性变形的特性。应力松弛损失的大小跟控制应力和延续时间有关。控制应力越高，松弛损失越大；应力延续时间越长，损失也越大，但是应力松弛可在 1 min 内完成应力损失的 50%，24 h 可完成 80%。上述张拉程序，先超张拉 5% σ_{con} 再持荷 2 min，则可减少 40%～50%松弛损失。超张拉 3% σ_{con} 也是为了弥补松弛引起的预应力损失。

5.2.3.2　张拉应力的控制

用应力控制张拉时，为了校核预应力值，在张拉过程中应测出预应力钢筋的实际伸长值。实际伸长值与设计计算理论伸长值的相对允许偏差为±6%。

张拉时的控制应力应按设计规定来确定。控制应力的数值会直接影响预应力的效果，控制应力高，建立的预应力值则大，但控制应力过高，预应力钢筋处于高应力状态，不论对施工还是结构使用均不利。此外，施工中为减少由松弛等原因造成的预应力损失，一般要进行超张拉，如果原定的控制应力过高，再加上超张拉就可能使钢筋的应力超过允许张拉控制应力。为此，一方面，为了充分发挥预应力筋的作用，弥补预应力损失，钢丝、钢绞线和热处理钢筋的最低张拉控制应力不应小于 $0.4f_{ptk}$（f_{ptk}为预应力钢筋标准强度值）；另一方面，应保证张拉控制应力不得超过表 5.2 的规定。

5.2.3.3 施工注意事项

(1) 钢筋的张拉

预应力钢筋张拉应根据设计要求进行。当进行多根成组张拉时，应先调整各预应力钢筋的初应力，使其长度和松紧一致，以保证张拉后各预应力钢筋的应力一致。

台座法张拉中，为避免台座承受过大的偏心压力，应允许先张拉靠近台座截面重心处的预应力钢筋。

张拉完毕锚固时，张拉端的预应力钢筋内缩量不得大于设计规定值；锚固后，预应力钢筋对设计位置的偏差不得大于 5 mm，并不大于构件截面短边长度的 4%。做好材料、设备检查，并做好预应力筋张拉记录。

另外，施工中必须注意安全，严禁在正对钢筋张拉设备的两端站立人员，防止断筋回弹伤人。冬季张拉预应力钢筋环境温度不宜低于－15 ℃。

(2) 混凝土的浇筑与养护

确定预应力混凝土的配合比时，应尽量减少混凝土的收缩和徐变，以减少预应力损失。收缩和徐变都与水泥品种和用量、水灰比、骨料孔隙率、振动成型等有关。

预应力钢筋张拉完成后，钢筋绑扎、模板拼装和混凝土浇筑等工作应尽快跟上。混凝土应振捣密实。混凝土浇筑时，振动器不得碰撞预应力钢筋。混凝土未达到强度前，也不允许碰撞或踩动预应力钢筋。

混凝土可采用自然养护或湿热养护。但必须注意，当预应力混凝土构件在台座上进行湿热养护时，由于预应力钢筋张拉后锚固在台座上，温度升高会使预应力钢筋膨胀伸长，从而使预应力钢筋的应力减小。在这种情况下混凝土逐渐硬结，而预应力钢筋由于膨胀伸长引起的应力损失不能恢复。若在台座上进行蒸汽养护，应注意温度升高后预应力钢筋膨胀而台座长度无变化引起的预应力损失。因此，混凝土达到一定强度之前，温差一般不能超过 20 ℃。采用蒸汽养护时，其最高允许温度应根据设计要求的允许温差经计算确定。当混凝土强度养护至 7.5 MPa（预应力筋为精轧螺纹钢筋）或 10 MPa（预应力筋为钢丝、钢绞线）以上时，则可按照一般构件的蒸汽养护规定进行。这种养护方法叫作二次升温养护法。

(3) 预应力钢筋放松

混凝土强度达到设计规定的数值（一般不小于混凝土标准强度的 75%且不低于 30 MPa）后，才可放松预应力钢筋。这是因为放松过早会由于预应力钢筋回缩而引起较大的预应力损失或产生预应力筋滑动。预应力钢筋放松应根据配筋情况和数量，选用正确的方法和顺序，否则易引起构件翘曲、开裂和断筋等现象。

当预应力钢筋采用钢丝时，对配筋不多的中小型钢筋混凝土构件，钢丝可用砂轮锯或切断机切断等方法放松；而对配筋多的钢筋混凝土构件，钢丝应同时放松，如逐根放松，则最后几根钢丝将由于承受过大的拉力而突然断裂，易使构件端部开裂。长线台座上放松后预应力钢筋的切断顺序，一般由放松端开始，逐次切向另一端。

采用湿热养护的预应力混凝土构件，宜热态放松预应力钢筋，而不宜降温后再放松。

5.3 后张法施工

5.3.1 后张法施工工艺流程

在制作构件或块体时，在放置预应力筋的部位留设孔道，待混凝土达到设计规定的强度后，将预应力筋穿入预留孔道内，用张拉机具将预应力筋张拉到规定的控制应力，然后借助锚具把预应力筋锚固在构件端部，最后进行孔道灌浆（也有不灌浆的），这种预加应力的方法为后张法。

后张法施工工艺流程如图 5.7 所示。

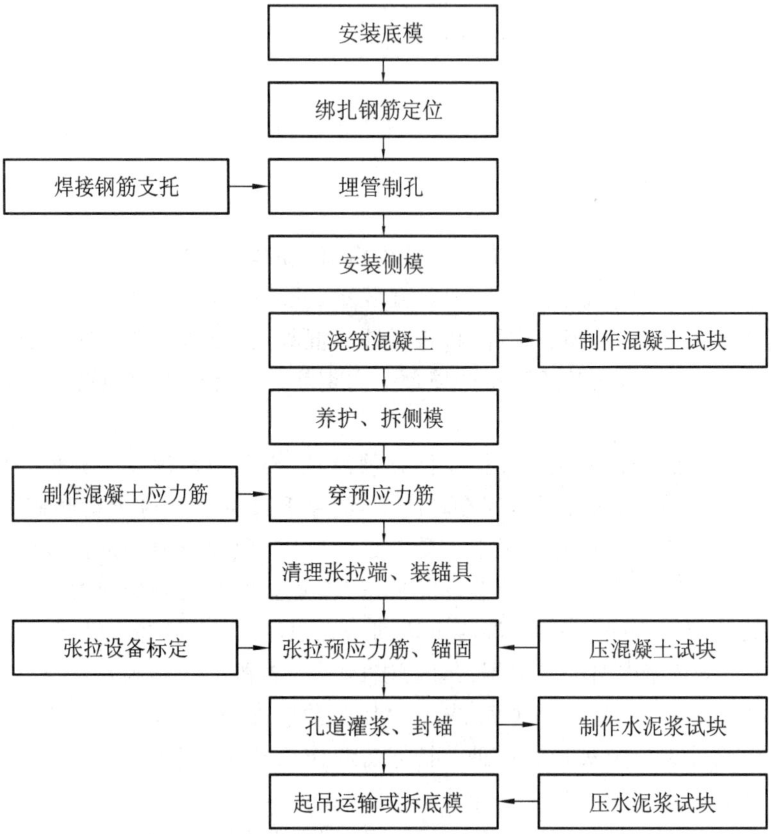

图 5.7 后张法施工工艺流程图

后张法是先制作构件或结构，待混凝土达到一定强度后，在构件或结构上张拉预应力筋的方法。后张法预应力施工，不需要台座设备，灵活性大，广泛用于构件厂生产大型预应力混凝土预制构件和施工现场在设计位置浇筑的预应力混凝土构件。后张法预应力施工，又可分有黏结预应力施工、无黏结预应力施工和缓黏结预应力施工三类。

有黏结后张法预应力结构的主要施工工序为：浇筑好混凝土构件，并在构件中预留孔道，待混凝土达到预期强度（一般不低于混凝土设计强度的 75%）后，将预应力钢筋穿入孔道；利用构件本身作为受力台座进行张拉（一端锚固、一端张拉或两端同时张拉），在张拉预应力钢筋的同时，使混凝土受到预压。张拉完成后，在张拉端用锚具将预应力钢筋锚住；最后在孔道内灌浆使预应力钢筋和混凝土构成一个整体，形成有黏结后张法预应力结构，如图 5.8 所示。

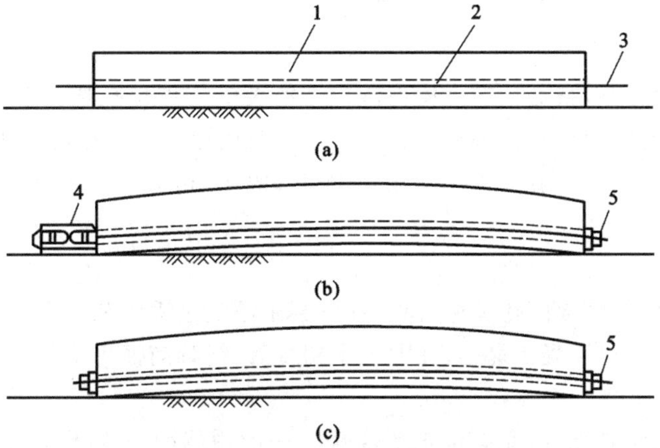

【扫码演示】

图 5.8　有黏结后张法工艺流程

1—混凝土构件；2—预留孔道；3—预应力钢筋；4—张拉千斤顶；5—锚具

有黏结后张法是后张法预应力技术的一种，其施工流程为：先浇筑混凝土构件并预留孔道，待混凝土达到一定强度后穿入预应力筋进行张拉，张拉完成后通过孔道灌浆使预应力筋与混凝土黏结，最终通过锚具传递预压应力。其与无黏结后张法的区别在于是否进行灌浆：有黏结需灌浆形成黏结，而无黏结则省略灌浆步骤，依靠护套防腐。

无黏结后张法预应力结构的施工工序如下：首先，需将无黏结预应力钢筋精准定位，并与普通钢筋共同绑扎，构成钢筋骨架；接着，进行混凝土的浇筑作业。待混凝土强度达到设计强度的 75%以上时，开始张拉预应力筋，可选择一端锚固一端张拉，或两端同时张拉的方式。张拉完成后，在张拉端使用锚具将预应力筋锚固，从而形成无黏结预应力结构。如图 5.9 所示。

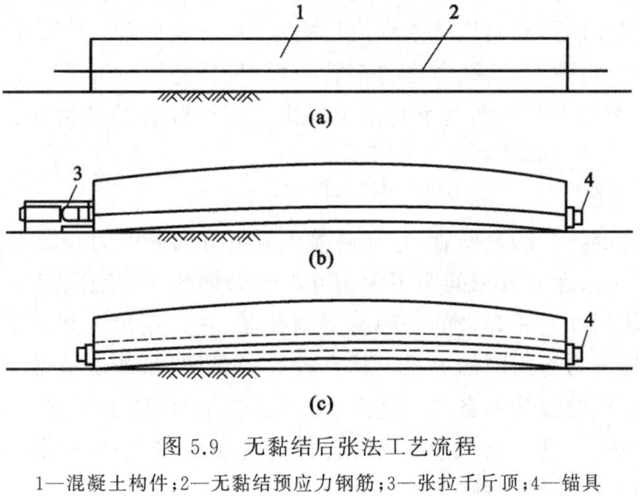

图 5.9　无黏结后张法工艺流程

1—混凝土构件；2—无黏结预应力钢筋；3—张拉千斤顶；4—锚具

5.3.2 后张法施工工艺

5.3.2.1 有黏结后张法预应力施工工艺

(1) 构件的孔道留设

孔道留设是有黏结后张法预应力构件制作中的关键工作。孔道留设方法有钢管抽芯法、胶管抽芯法和预埋波纹管法。预埋波纹管法只用于曲线形孔道。在留设孔道的同时还要在设计规定位置留设灌浆孔。一般在构件两端和中间每隔 12 m 留一个直径 20 mm 的灌浆孔,并在构件两端各设一个排气孔。

① 钢管抽芯法

预先将钢管埋设在模板内孔道位置处,在混凝土浇筑过程中和浇筑之后,每间隔一定时间慢慢转动钢管,使之不与混凝土黏结,在混凝土初凝后、终凝前抽出钢管,即形成孔道。该法只可留设直线孔道。

钢管要平直,表面要光滑,安放位置要准确。一般用间距不大于 1 m 的钢筋井字架固定钢管位置。每根钢管的长度最好不超过 15 m,以便于旋转和抽管,较长构件则用两根钢管,中间用套管连接。钢管的旋转方向两端要相反。

掌握恰当的抽管时间至关重要。若抽管过早,会导致孔道坍塌;若抽管过晚,则会使抽管操作变得困难。通常,抽管应在混凝土初凝后、终凝前进行。此时,用手指按压混凝土表面,若不粘浆且无明显印痕,即可进行抽管操作。

为确保抽管顺利进行,混凝土的浇筑顺序应与抽管操作密切配合。抽管顺序宜先上后下。抽管操作可用人工或卷扬机进行。在抽管过程中,要边抽动边转动,保持速度均匀,并确保抽管与孔道成一直线。

② 胶管抽芯法

胶管有布胶管和钢丝网胶管两种。用间距不大于 0.5 m 的钢筋井字架固定位置,浇筑混凝土前,胶管内充入压力为 0.6~0.8 MPa 的压缩空气或压力水,此时胶管直径增大 3 mm 左右,待浇筑的混凝土初凝后,放出压缩空气或压力水,管径缩小而与混凝土脱离,便于抽出。钢丝网胶管质硬,具有一定弹性,留孔方法与钢管一样,只是浇筑混凝土后不需转动,因其有一定弹性,抽管时在拉力作用下其断面缩小而易于拔出。采用胶管抽芯留孔,不仅可留直线孔道,而且可留曲线孔道。

③ 预埋波纹管法

波纹管为特制的带波纹的金属管,它与混凝土有良好的黏结力。波纹管预埋在构件中,浇筑混凝土后不再抽出,预埋时宜用间距不大于 0.8 m 的钢筋井字架固定。

塑料波纹管是从国外发展起来的一种新型制孔器,它采用聚丙烯或高密度聚乙烯等塑料制成。其外表面的螺旋肋与周围的混凝土具有较高的黏结力,能够有效地将预应力传递到管道外的混凝土中。塑料波纹管具有以下优点:耐腐蚀性能好,能有效抵抗酸、碱等化学物质的侵蚀;孔道摩擦损失小,有助于减少预应力在传递过程中的损失;可提高后张预应力结构的抗疲劳性能,增强结构的耐久性和稳定性。

(2) 预应力钢筋张拉

张拉预应力钢筋时,构件混凝土的强度应符合设计规定,如设计无规定,则不宜低于混凝土标准强度的 75%。

预应力混凝土在施工中引起预应力损失的原因很多，产生的时间也先后不一。在进行预应力钢筋的应力计算与施工时，一般应考虑由下列因素引起的预应力损失：

① 锚具变形、预应力钢筋内缩和分块拼装构件接缝压密引起的应力损失。

② 预应力钢筋与孔道壁之间摩擦引起的应力损失。

③ 混凝土加热养护时，预应力钢筋和张拉台座之间温差引起的应力损失。

④ 预应力钢筋松弛引起的应力损失。

⑤ 混凝土收缩和徐变引起的应力损失。

⑥ 环形结构中螺旋式预应力钢筋对混凝土的局部挤压引起的应力损失。

⑦ 混凝土弹性压缩引起的应力损失。

后张法施工中对以上第②、③、④、⑦项预应力钢筋损失在张拉时应予以注意。此外，当采用多层叠浇法施工时，还应考虑构件之间摩阻力的影响。

(3) 最大张拉应力的控制

在预应力钢筋张拉时，往往需采取超张拉的方式来弥补多种预应力的损失，此时，预应力钢筋的张拉应力较大，有时会超过表 5.2 的规定值。例如，多层叠浇的最下一层构件中的先张拉钢筋，既要考虑钢筋的松弛，又要考虑多层叠浇的摩阻力影响，还要考虑后批张拉钢筋的张拉影响，往往张拉应力会超过规定值，此时，可采取分两阶段建立预应力的方法解决，即预应力钢筋张拉到一定应力值(如 90%)后，再第二次张拉至控制值。

(4) 孔道灌浆

预应力钢筋张拉后，应随即进行孔道灌浆，尤其是钢丝束，张拉后应尽快进行灌浆，以防锈蚀，从而增强结构的抗裂性和耐久性。

在浇筑混凝土之前需设置灌浆孔、排气孔与泌水管。灌浆孔或排气孔一般设置在构件两端及跨中处，也可设置在锚具或铸铁喇叭管处，孔距不宜大于 12 m。灌浆孔用于灌进水泥浆，排气孔是为了保证孔道内气流通畅以及水泥浆充满孔道，不形成死角。灌浆孔或排气孔在跨内高点处应设置在孔道上侧方，在跨内低点处应设置在孔道下侧方。排水孔一般设在每跨曲线孔道的最低点，开口向下，主要用于排除灌浆前孔道内冲洗用水或养护时进入孔道内的水分。泌水管应设在每跨曲线孔道的最高点处，开口向上，露出梁面的高度一般不小于 500 mm。泌水管用于排除孔道灌浆后水泥浆的泌水，并可二次补充水泥浆。泌水管一般与灌浆孔统一设置。

灌浆前，首先用压力水冲洗和润湿孔道。灌浆过程中，可用电动或手动灰浆泵进行灌浆，水泥浆应均匀缓慢地注入，不得中断。灌满孔道并封闭气孔后，宜再继续加注至 0.5～0.6 MPa，并稳定一段时间，以确保孔道灌浆的密实性。对不掺外加剂的水泥浆，可采用二次灌浆法来提高灌浆的密实性。

灌浆顺序应先下后上。曲线孔道灌浆由最低点注入水泥浆，至最高点排气孔排尽空气并溢出浓浆为止。

5.3.2.2 *无黏结后张法预应力施工工艺*

(1) 预应力钢筋的铺设

无黏结后张法预应力钢筋在平板结构中常常为双向曲线配置，因此其铺设顺序很重要。无黏结预应力筋通常在普通钢筋绑扎后期开始铺设，并与普通钢筋绑扎穿插进行。在平板结构中，预应力筋一般为双向配置，需根据双向钢束丝交点的标高差绘制铺设顺序图，底层钢束先行铺设，然后依次铺设上层钢束。

(2) 无黏结后张拉法预应力钢筋的张拉

无黏结预应力筋张拉时,混凝土同条件立方体试块抗压强度应满足设计要求;当设计无具体要求时,不应低于混凝土设计强度等级的75%。

张拉前应清理承压板表面,并检查承压板后面的混凝土质量。张拉顺序应符合设计要求;设计无具体要求时,可采用分批、分阶段对称张拉或依次张拉,并应保证各阶段不出现对结构不利的应力状态。确定张拉力时,宜考虑后批张拉的预应力筋产生的结构构件的弹性压缩对先批张拉预应力筋的影响,并予以调整。无黏结预应力筋一般采用前卡式千斤顶单根张拉,并使用单孔夹片锚具进行锚固。

无黏结曲线预应力筋的长度超过 25 m 时,宜采取两端张拉。当筋长超过 40 m 时,宜采取分段张拉。

(3) 锚头端部处理

无黏结预应力筋张拉完成后,应及时对锚固区进行保护。锚固区必须有严格的密封防护措施,严防水汽进入产生锈蚀。锚具的保护层厚度不小于 50 mm。预应力筋的保护层厚度,正常环境下不小于 20 mm,受腐蚀的环境下不小于 50 mm。无黏结后张法预应力钢筋由于一般采用镦头锚具,锚头部位的外径比较大,因此,钢丝束两端应在构件上预留有一定长度的孔道,其直径略大于锚具的外径。钢丝束张拉锚固以后,其端部便留下孔道,并且该部分钢丝设有涂层,为此应加以处理,以保护预应力钢丝。

无黏结后张法预应力钢筋锚头端部处理,目前常采用两种方法:第一种方法是指在孔道中注入油脂并加以封闭,如图 5.10(a)所示;第二种方法是指在两端留设的孔道内注入环氧树脂水泥砂浆,其抗压强度不低于 35 MPa。灌浆时应同时将锚头封闭,以防止钢丝锈蚀,同时也起一定的锚固作用,如图 5.10(b)所示。

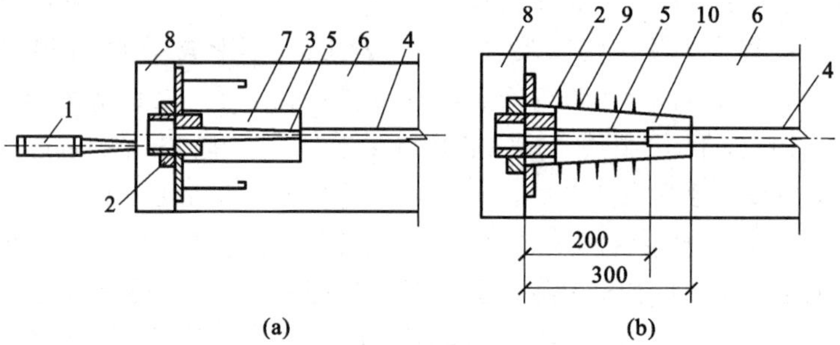

图 5.10 锚头端部处理方法

(a)油脂封闭;(b)环氧树脂水泥砂浆封闭

1—油枪;2—锚具;3—端部孔道;4—有涂层的无黏结预应力钢筋;5—无涂层的端部钢丝;6—构件;7—注入孔道的油脂;8—混凝土封闭;9—端部加固螺旋钢筋;10—环氧树脂水泥砂浆

5.3.2.3 缓黏结后张法预应力施工工艺

缓黏结预应力是处在无黏结与有黏结预应力间的一种新的后张法预应力施工技术。它既具有无黏结筋布筋自由、使用方便、无须设置孔道和灌浆的优点,又具有有黏结筋在后期使用上的优点和安全性。即在张拉前施工简便、截面小、张拉阻力小,而后期又具有构件整体性好、锚固能力及抗腐蚀性强等特点,综合了无黏结筋与有黏结筋各自的优点。

缓黏结预应力筋(图 5.11)的作用机理是在预应力筋的外侧包裹一种特殊的缓凝砂浆或胶

黏剂，这种砂浆或胶黏剂在 5～40 ℃密闭条件下，能够根据工程实际需要，在一定时期内不凝结，以满足施工现场张拉预应力筋的时间要求。其后开始逐渐硬化，并对预应力筋产生握裹、保护作用，且最终能达到一定的抗压强度。

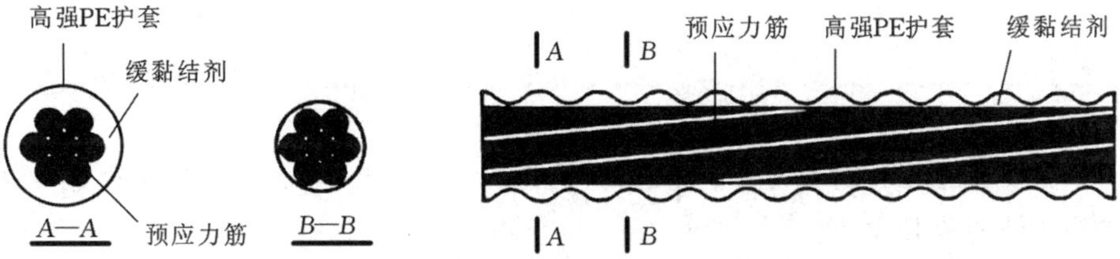

图 5.11　缓黏结预应力筋坡面图

思考题与习题

5.1　什么是预应力混凝土？其优点有哪些？

5.2　试比较先张法与后张法施工的不同特点及其适用范围。

5.3　试述先张法的台座、夹具和张拉机具的类型及特点。

5.4　先张法施工时，预应力钢筋什么时候才可放张？怎样进行放张？

5.5　预应力混凝土施工中，可能产生哪些预应力损失？如何减少这些损失？

5.6　后张法预应力孔道留设方法有几种？取舍孔道时应注意哪些问题？

5.7　无黏结后张法预应力施工有何特点？无黏结后张法预应力钢筋铺设和张拉时应注意哪些问题？

6　结构安装工程

【本章提要】

本章主要介绍各种起重设备和器具的特点及工作性能，系统地介绍了设备的选型计算和常见构件的吊装方法。

【学习要求】

(1) 了解单层厂房的安装程序及起重机械、索具、设备的性能。

(2) 了解单层工业厂房结构安装工作的全过程。

(3) 掌握单层厂房吊装和构件连接施工技术。

结构安装工程是指利用起重机械将预制构件或组合单元按照设计位置进行安装的施工过程，是装配式结构施工的关键环节。其主要特点包括工期短、工业化程度高且有利于环境保护与可持续发展；预制构件的类型和质量直接影响吊装进度；吊装方法及起重机械的选择是施工的关键环节；施工前需对构件或结构进行吊装强度和稳定性验算，并采取相应的安全技术措施，确保施工过程中的安全性和可靠性。因此，在施工方案编制阶段，应充分考虑吊装工艺、设备选择及安全防护等技术要求，并进行专项施工方案的审查和交底。

常用规范：《建筑施工起重吊装工程安全技术规范》(JGJ 276—2012)、《混凝土结构工程施工规范》(GB 50666—2011)、《装配式混凝土结构技术规程》(JGJ 1—2014)、《钢结构工程施工规范》(GB 50755—2012)等。

6.1　起重机械与设备

6.1.1　起重机械

建筑结构安装工程常用的起重机械有桅杆式起重机、自行杆式起重机和塔式起重机等三大类。

6.1.1.1　桅杆式起重机

桅杆式起重机是一种常用的建筑结构安装工程设备，主要由桅杆、卷扬机和滑轮系统组成。其特点是采用桅杆作为主要受力构件，并通过桅杆的伸缩调节功能实现对吊装物体的垂直和水平位置的精确控制。但这类起重机起重半径小，灵活性差且需设较多的缆风绳，移动困难。桅杆式起重机通常用于高层建筑的钢筋混凝土梁柱安装等复杂施工工艺中，其结构设计合理、操作简便，能够适应不同高度的施工需求。

桅杆式起重机按其构造不同，可分为独脚拔杆、人字拔杆、悬臂拔杆和牵缆式起重机等。

(1) 独脚拔杆

独脚拔杆(图 6.1)分为圆木、钢管和格构式独脚拔杆等形式。独脚拔杆由拔杆、起重滑轮组、卷扬机、缆风绳及锚碇等组成。其中缆风绳数量一般控制在 6～12 根,不得少于 4 根,起重时拔杆的倾角应保持不大于 10°。

(2) 人字拔杆

人字拔杆(图 6.2)是由两根圆木、钢管或格构式截面杆件在顶部以 20°～30°夹角相交,通过钢丝绳绑扎或铁件铰接形成的起重装置。其优点是侧向稳定性比独脚拔杆好,所用缆风绳数量少。但缺点是构件起吊后活动范围小。为确保起重时拔杆底部的稳固,在一根拔杆底部设置一导向滑轮,起重索通过它连至卷扬机,同时使用另一根钢丝绳连接到锚碇上。

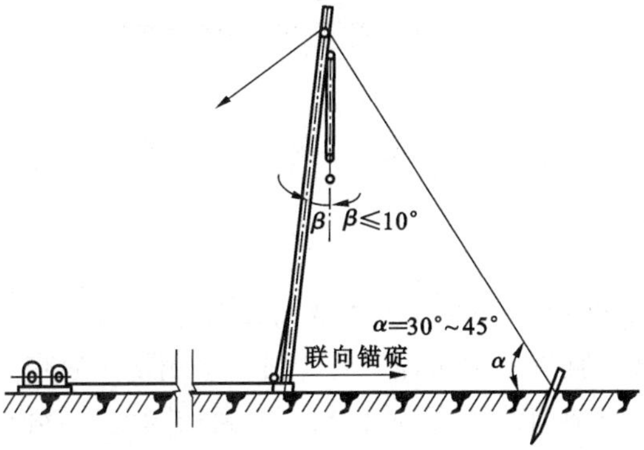

图 6.1　独脚拔杆

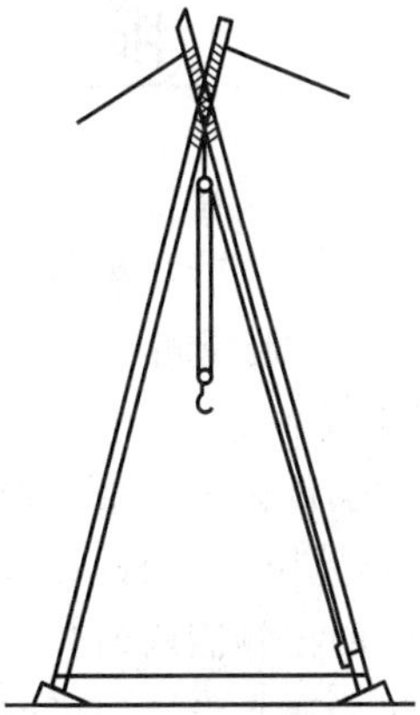
图 6.2　人字拔杆

(3) 悬臂拔杆

悬臂拔杆(图 6.3)是一种在独脚拔杆中部或距底部 2/3 处安装一根起重臂的结构。起重臂可以回转、起伏并固定在特定位置,也可沿杆升降。其特点是起重高度和起重半径较大,起重臂左右摆动角度可达 120°至 170°,但起重量较小,通常用于吊装轻型构件,如屋面板、檩条等。

【扫码演示】

(4) 牵缆式起重机

牵缆式起重机(图 6.4)通常在独脚拔杆的下端装有一根可回转和起伏的起重臂,机身可以 360°回转,起重半径较大,灵活性高,适用于构件多、重量大且集中的结构安装工程,如单层工业厂房结构吊装。起重量一般为 15～60 t,起重高度可达 80 m。

6.1.1.2　自行杆式起重机

自行杆式起重机是一种以自行杆为支撑结构的起重机,主要由伸缩杆、卷扬机和滑轮系统组成。与传统的桅杆式起重机相比,自行杆式起重机具有更高的紧凑性和灵活性,能够在狭窄或受限的工作环境中灵活操作。其特点在于不需要传统的桅杆支撑,而是通过伸缩杆的调节功能实现吊装作业的稳定性。自行杆式起重机常用于城市高楼密集区域的建筑施工,因其高效性和环保性受到广泛关注。

自行杆式起重机主要包括履带式、汽车式、轮胎式三个子类。

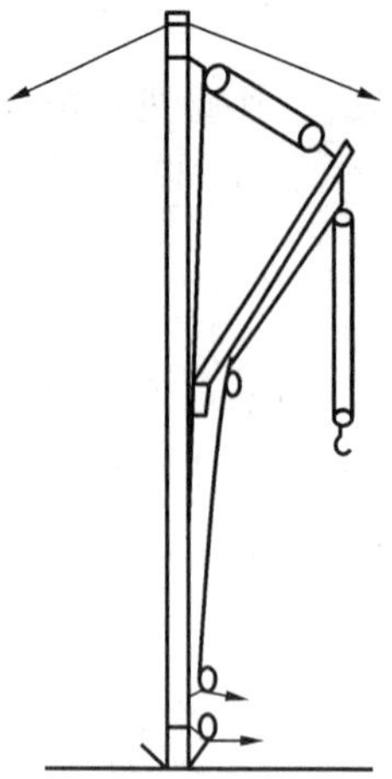

图 6.3　悬臂拔杆

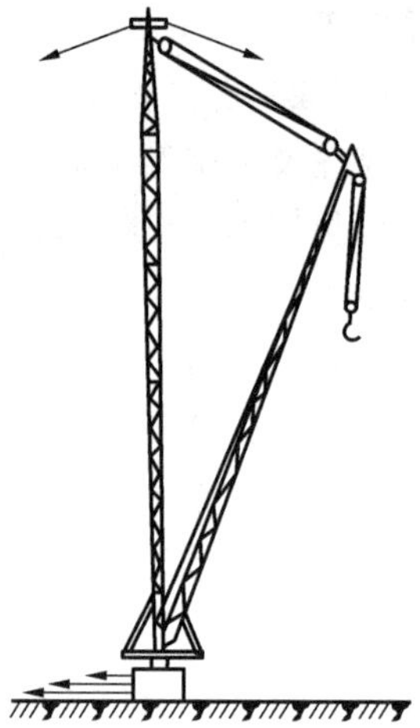

图 6.4　牵缆式起重机

(1) 履带式起重机

① 构造及特点

履带式起重机主要由行走装置、回转机构和机身等组成,具体结构如图 6.5 所示。其核心特点在于其独特的结构设计,可以实现高效操作且具备耐用性。行走机构采用链式履带系统,通过其宽大的接触面均匀分担荷载,显著减小对地面的压力,从而提高设备的稳定性及作业效率。回转机构通常设计为可旋转的圆盘状组件,可绕中心轴自由转动,使机身具备 360°的旋转能力,便于实现多方位的操作空间布置和作业范围的灵活调整。整套系统的协同工作不仅提升了设备的作业效率,也延长了其使用寿命,增强了其适应性。

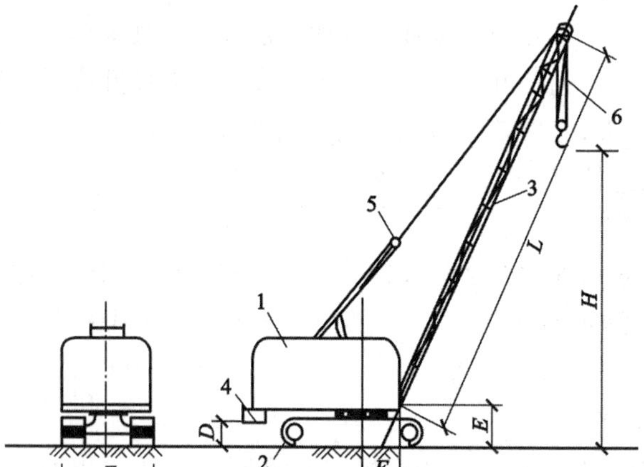

图 6.5　履带式起重机

1—机身;2—行走装置(履带);3—起重杆;4—平衡重;5—变幅滑轮组;6—起重滑轮组

H—起重高度;R—起重半径;L—起重杆长度

履带式起重机的特点是机动灵活,履带式起重机可以在原地 360°旋转,无须设支腿,适合在不平整的地面作业。目前,在装配式结构施工中,特别是单层工业厂房结构安装中应用较多。履带式起重机的缺点是稳定性差，不应超负荷吊装；行驶速度慢且履带易损坏路面，因此转移时一般要用平板拖车装运；履带式起重机结构复杂，操作难度较大。

② 技术性能

履带式起重机主要技术性能参数包括起重量 Q、起重半径 R 和起重高度 H。其中，起重量 Q 是衡量起重机安全工作能力的关键指标，定义为起重机在正常工作状态下允许的最大起重重物的质量；起重半径 R 表示回转轴线至吊钩中垂线的水平距离，影响了起重机的作业范围和空间利用率；起重高度 H 则指从起重吊钩中心到停机面的垂直距离，直接决定了起重机的工作高度范围。

通常国产履带式起重机的起重量为 5～75 t，起重臂长度为 10～45 m。其中，QUY600 型履带式起重机具有高达 190 m 的起重高度、600 t 的最大起重量以及接近 1000 t 的设备自重。履带式起重机主要技术性能可查起重机手册中的起重机性能表（表 6.1）或性能曲线（图 6.6）。

表 6.1　履带式起重机技术性能表

参数		单位	型号							
			W_1-50			W_1-100		W_1-200		
起重臂长度		m	10	18	18 带鸟嘴	13	23	15	30	40
最大起重半径		m	10.0	17.0	10.0	12.5	17.0	15.5	22.5	30.0
最小起重半径		m	3.7	4.5	6.0	4.2	6.5	4.5	8.0	10.0
起重量	最小起重半径时	t	10.0	7.5	2.0	15	8.0	50.0	20.0	8.0
	最大起重半径时	t	2.6	1.0	1.0	3.5	1.7	8.2	4.3	1.5
起重高度	最小起重半径时	m	9.2	17.2	17.2	11.0	19.0	12.0	26.8	36.0
	最大起重半径时	m	3.7	7.6	14.0	5.8	16.0	3.0	19.0	25.0

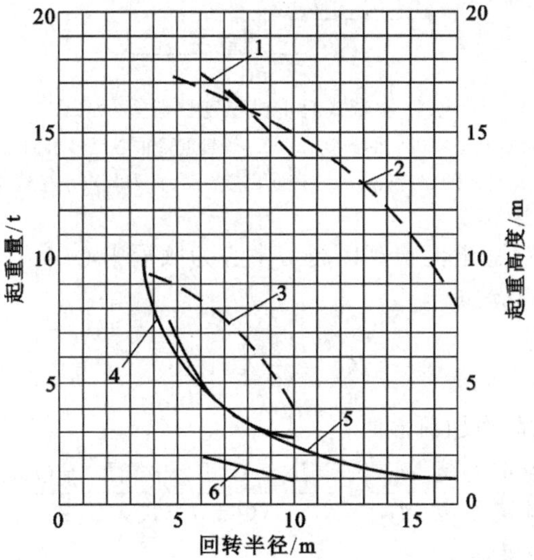

图 6.6　W_1-50 型起重机性能曲线

1—起重臂长 18 m 带鸟嘴时起重高度曲线；2—起重臂长 18 m 时起重高度曲线；
3—起重臂长 10 m 时起重高度曲线；4—起重臂长 10 m 时起重量曲线；
5—起重臂长 18 m 时起重量曲线；6—起重臂长 18 m 带鸟嘴时起重量曲线

履带式起重机的工作性能由起重量 Q、起重半径 R 和起重高度 H 三个主要参数决定，这三个参数之间存在相互制约的关系，并受到臂长 L 和仰角 α 两个因素的影响。在臂长 L 保持不变的情况下，随着仰角 α 的增大，起重量 Q 会增加，但起重半径 R 会减小；同时，起重高度 H 也会随之增大。反之，在仰角 α 固定时，随着臂长 L 的增加，虽然起重量 Q 会有所下降，但起重半径 R 和起重高度 H 都会显著提升。这些特性使得每一台起重机在设计时通常会有不同的臂长（L 值）设置，以满足不同的工作条件和性能需求。

③ 稳定性验算

起重机稳定性是指整个机身在作业条件下保持平衡和不发生倾覆的能力。其主要影响因素包括结构刚度和基础设计等。在正常工作状态下，起重机通常能够维持稳定的作业状态；但在超负荷吊装或因施工需要延长起重臂时，需进行稳定性验算，以确保在这些特殊工况下，起重机具备足够的抗倾覆能力，从而避免发生倾覆事故。

当超负荷吊装或接长起重臂或机身与行驶方向垂直时，需要验算稳定性。履带式起重机稳定性验算示意图如图 6.7 所示。

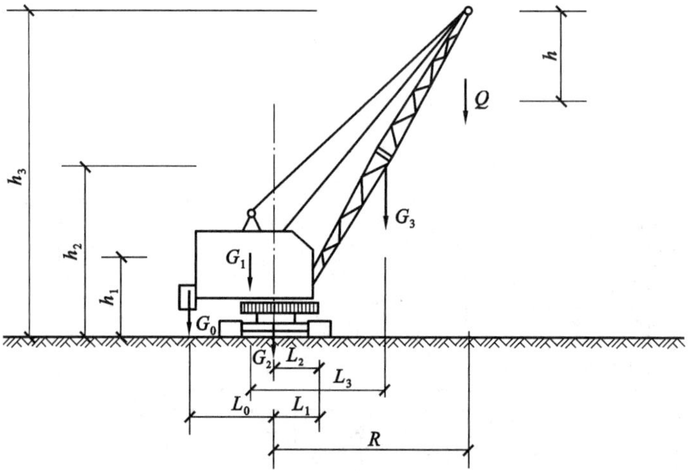

图 6.7　履带式起重机稳定性验算示意图

h_1—起重机重心至停机面的高度(m)；h_2—起重臂重心至停机面的高度(m)；

h_3—绑扎点至停机面的高度(m)；h—锁具高度(m)，自绑扎点至吊钩面，不小于 1 m

a. 稳定性安全系数 K（稳定性验算以履带中心为倾覆中心 A）

考虑吊装和载荷附加荷载时：

$$K_1=\frac{M_{稳}}{M_{倾}}\geqslant 1.15 \tag{6-1}$$

考虑吊装而不考虑载荷附加荷载时：

$$K_2=\frac{稳定力矩\ M_{稳}}{倾覆力矩\ M_{倾}}=\frac{G_1L_1+G_2L_2+G_0L_0-G_3L_3}{(Q+q)(R-L_2)}\geqslant 1.4 \tag{6-2}$$

式中　G_0——起重机平衡重(kN)；

G_1——起重机可转动部分的重量(kN)；

G_2——起重机机身不转动部分的重量(kN)；

G_3——起重臂重量（起重臂接长时为接长后的重量），为起重机重量的 4%～7%(kN)；

L_0, L_1, L_2, L_3——以上各部分的重心至倾覆中心的距离(m);

Q——吊装荷载(kN);

q——起重滑轮组及吊钩吊具重量(kN);

R——起重半径(m)。

若 K 值不满足,需增加平衡重或在起重臂顶端设置缆风绳,需增加的重量 G_0'可按下式计算:

$$G_0' = \frac{1.40 \times 倾覆力矩 - 稳定力矩}{L_0} \tag{6-3}$$

b. 起重臂接长的计算

起重高度或工作幅度不足时可将起重臂接长,此时起重机的最大起重量 Q'可根据力矩等量换算的原则求得,即(接长后起重量按同一起重机起重力矩相等原则):

$$Q' = \frac{Q(R - L_2) - \dfrac{G'(R + R' - 2L_2)}{2}}{R' - L_2} \tag{6-4}$$

式中 Q——起重臂接长前起重机的最大起重量(kN);

R, R'——起重臂接长前、后起重机起重半径(m);

G'——起重臂接长部分的重量(kN);

L_2——起重机回转中心至倾覆中心的距离(m)。

当 Q'小于所吊构件重量时,须用式(6-1)或式(6-2)进行稳定性验算,并采取相应措施,如在起重臂顶端拉缆风绳等,以加强起重机稳定性。

(2) 汽车式起重机

汽车式起重机是一种将起重机构安装在汽车底盘或专用底盘上的自行式全回转起重机,其驾驶室与起重操纵室分开设置。这类起重机通常配备可伸缩支腿,作业时需支腿落地以增强稳定性,无法负载行驶。其优点包括机动性强、行驶速度快(转移效率高)、对路面损伤小,适用于流动性大或需频繁变换作业场地的场景;缺点主要为机身较长导致转弯半径大、越野性能差,且吊装时稳定性较弱,对地面平整度要求较高。

汽车式起重机广泛应用于建筑、桥梁、港口、矿山等领域的吊装作业,特别是在需要频繁更换作业地点的项目中,其优势尤为明显。在进行作业之前需压实场地,确保地面平整、坚实,防止起重机在作业时发生倾覆。同时必须安放支腿,以增大机械的支承面积,提高稳定性。在支腿内侧垫好保险枕木,防止支腿失灵时发生事故。并确保吊装的构件和就位点均在起重机的回转半径之内。

(3) 轮胎式起重机

轮胎式起重机是把起重机构安装在由加重型轮胎和轮轴组成的特制底盘上的一种全回转式起重机,其核心特点包括:采用专用底盘设计,横向稳定性好,支持全回转作业,并可在允许荷载下带载移动,但速度较慢,不适合长距离运输;驾驶室与起重控制室一体化,通过轮胎底盘取代履带,减少对路面的损坏。为了保证安装作业时机身的稳定性,起重机设有四个可伸缩的支腿。在平坦的地面上可不用支腿进行小起重量作业。

轮胎式起重机广泛应用于建筑施工、港口装卸、矿山开采以及电力工程等领域,特别适合需要较高稳定性和灵活性的项目。

6.1.1.3 塔式起重机

塔式起重机主要由塔身、起重臂、轨道系统及控制系统等部分组成,其核心特点是竖直的塔身与水平的起重臂形成“Γ”形结构，极大增大了起重机的工作空间和作业幅度。其结构主要包括行走台车或底座、塔身、塔尖、起重臂、平衡臂、驾驶室等，这种设计使其安装位置能够靠近建筑物或施工场地，非常适合多层或高层建筑工程的施工操作。

塔式起重机有多种形式和型号，其主要技术性能参数包括起重量 Q、起重高度 H、起重幅度 R 和起重力矩 M。

塔式起重机按变幅方式分为小车变幅、动臂变幅和折臂变幅三种形式，如图 6.8 所示。

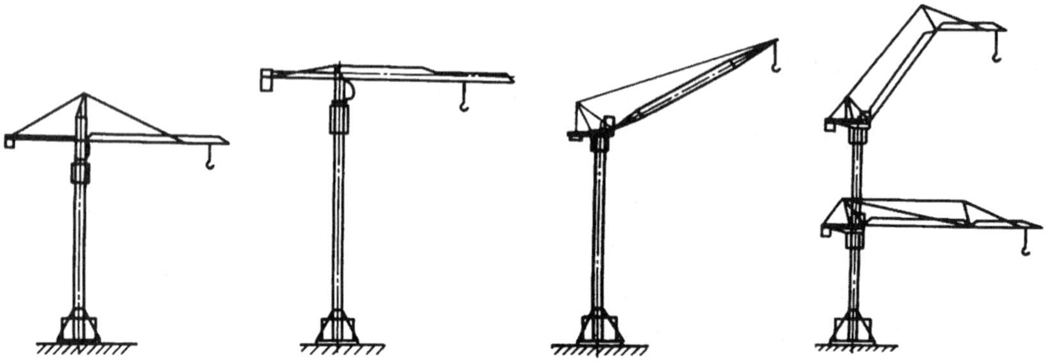

图 6.8　塔式起重机的塔臂形式与变幅方式

(a)小车变幅(塔头式)；(b)小车变幅(平头式)；(c)动臂变幅；(d)折臂变幅

小车变幅式塔式起重机通过载重小车沿起重臂移动实现变幅。它的优点在于可以带载变幅，功率小且速度快，吊重可以水平移动，安装就位方便，幅度利用率高。然而，其起重臂结构较为复杂，自重大，这在某些场合可能增大施工难度。

动臂变幅式塔式起重机则是通过改变起重臂的俯仰角度来实现变幅。它的优势在于，在塔身高度相同的情况下，可以获得较大的起升高度。但其缺点也比较明显，最小幅度约为最大幅度的 30%，吊钩或建筑物不能靠近塔身，幅度利用率低，且重物一般不能实现水平移动，有的不允许带载变幅，安装就位也不方便。

折臂变幅式塔式起重机结合了动臂变幅式塔式起重机和小车变幅式塔式起重机的优点，适用于需要频繁调整臂长和角度的作业，能够适应复杂的作业需求。但其结构复杂，成本较高，维护和操作相对复杂。

塔式起重机按照架设形式分为固定式、行走式(轨、胎)、附着式和爬升式(内、外)，见图 6.9。

(1) 轨道(行走)式塔式起重机

轨道(行走)式塔式起重机是一种常见的起重设备，其特点是通过轨道移动进行吊装作业。它的主要优点有作业范围大和装拆方便。轨道(行走)式塔式起重机能够在较大范围内高效完成施工任务，特别适合需要频繁改变吊装位置的场景。此外，其装拆过程相对简单，能够缩短施工准备和结束的时间，提高整体效率。然而，轨道(行走)式塔式起重机也存在一些明显的缺点。在安装前需要预先铺设路基和轨道，这增加了施工前的准备工作量；轨道铺设占用了较大的施工场地，可能限制其他施工活动的正常进行。一些常见的轨道(行走)式塔式起重机型号如图 6.10 所示。

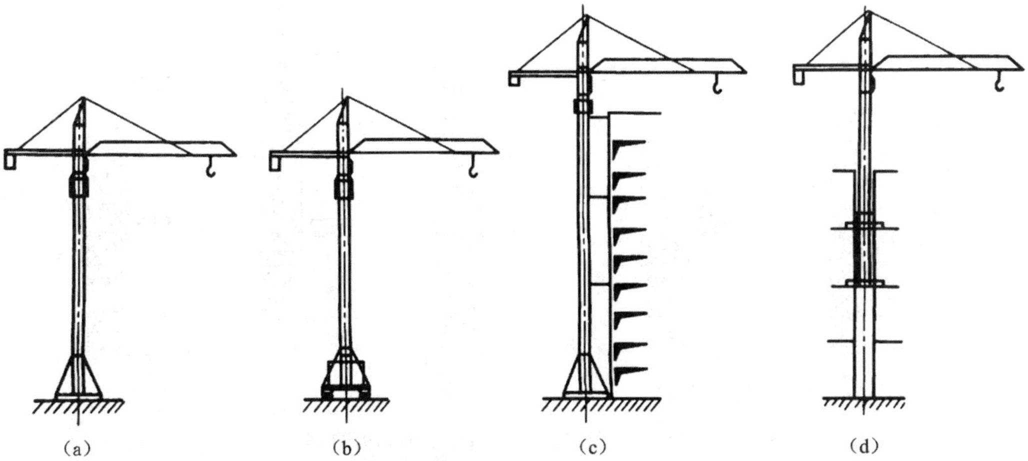

图 6.9 塔式起重机的架设形式

(a)固定式;(b)轨行式;(c)附着式;(d)内爬式

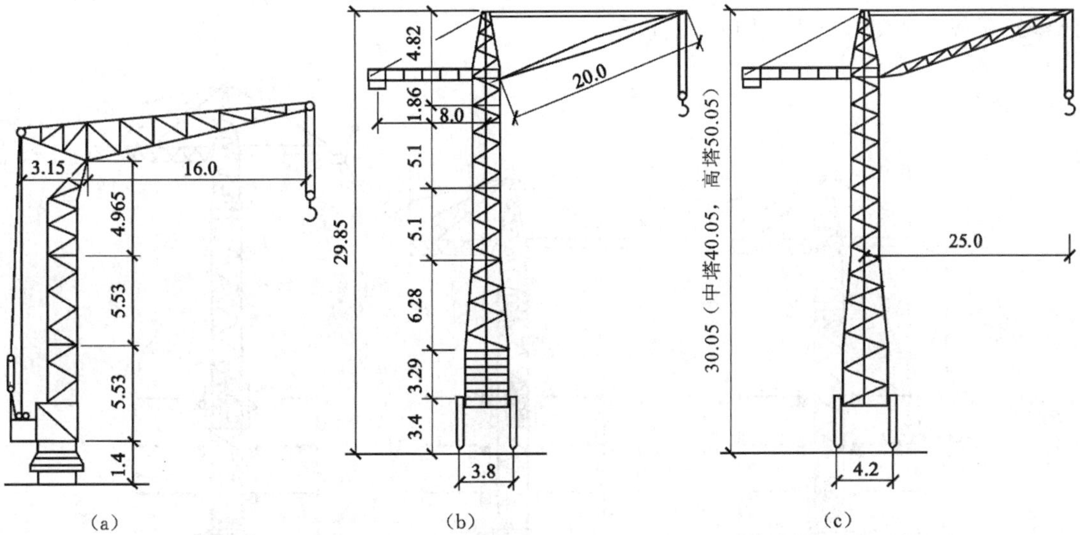

图 6.10 三种常见的轨道(行走)式塔式起重机(单位:m)

(a)QT1-2 型塔式起重机;(b)QT1-6 型塔式起重机;(c)QT60/80 型塔式起重机

(2) 附着式塔式起重机

附着式塔式起重机是一种广泛应用于高层建筑施工的起重设备,其核心特点是能够随着建筑物的升高而自行接高。附着式塔式起重机在高层建筑施工中具有显著优势,起重高度可达 100 m 以上,能够满足高层建筑的吊装需求。同时安装过程相对便捷,占地面积小,适合在空间有限的施工现场使用。常用的型号有 QTZ63、QTZ100、QTZ125、FO/23B 等。附着式塔式起重机的顶升过程如图 6.11 所示。

(3) 爬升式塔式起重机

爬升式塔式起重机是安装在建(构)筑物结构(核心、桥塔、电梯井或特设开间等处)内部或外侧,能够通过自身的提升或液压顶升系统,随建筑物升高而向上爬升的一种塔式起重机。

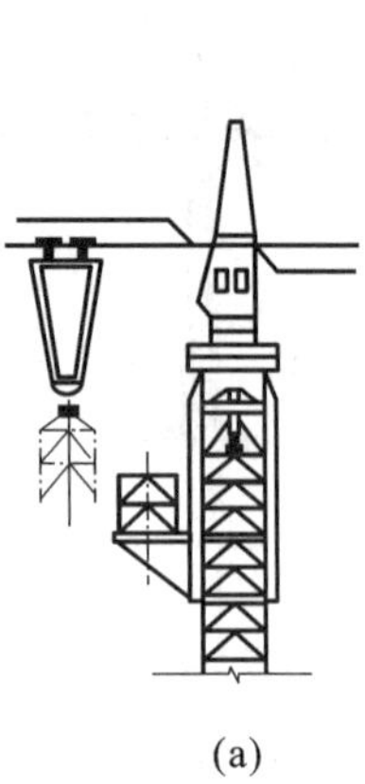

图 6.11　附着式塔式起重机的顶升过程

(a) 准备状态；(b) 顶升状态；(c) 推入标准节；(d) 安装标准节；(e) 塔顶与塔身连成整体

爬升式塔式起重机的主要优点是体积小、不占施工场地、起升高度大、覆盖范围和起重能力能得到充分利用。适合现场狭窄的高层、超高层建筑或高耸构筑物施工，且建筑物越高经济效益越显著。其爬升过程如图 6.12 所示。

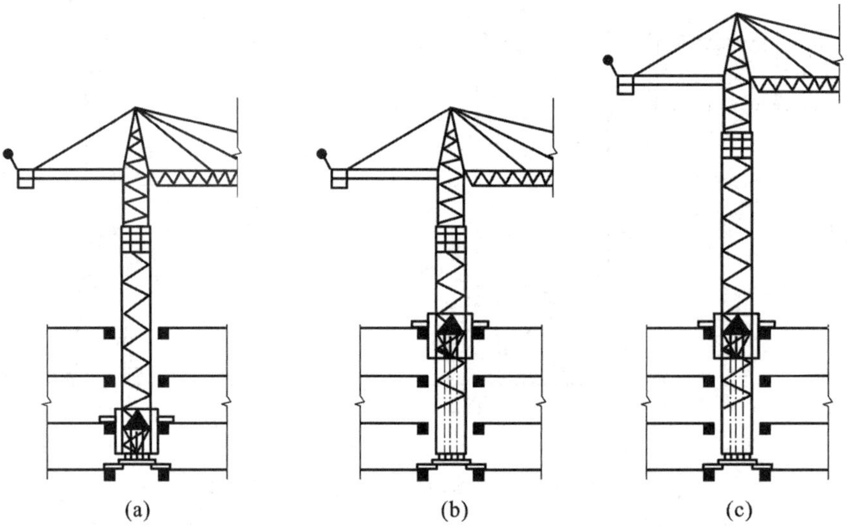

图 6.12　爬升式塔式起重机的爬升过程示意图

6.1.2　索具设备

索具设备是用于起吊、固定、悬挂或牵引物体的装置，主要由绳索、链条、钢丝绳、钩子、卸扣等组件构成。其核心特点包括高强度、耐磨、耐腐蚀，广泛应用于工业、建筑、船舶、航空等领域的构件安装过程中。

6.1.2.1　吊索

吊索一般由钢丝绳制成，其主要用途是作为结构吊装中的捆绑工具，以确保构件的准确安装和稳固悬挂。钢丝绳具有高强度、高韧性以及耐磨等优异性能，这些特性使其成为吊装工程中的理想选择。

钢丝绳通常采用六股钢丝与一股绳芯捻结的方式制造。每一股钢丝又由多根高强钢丝通过捻合工艺精密组合而成，确保其整体强度和耐久性。

钢丝绳的种类按捻向可分为顺捻绳、反捻绳和交叉捻绳，如图 6.13 所示。

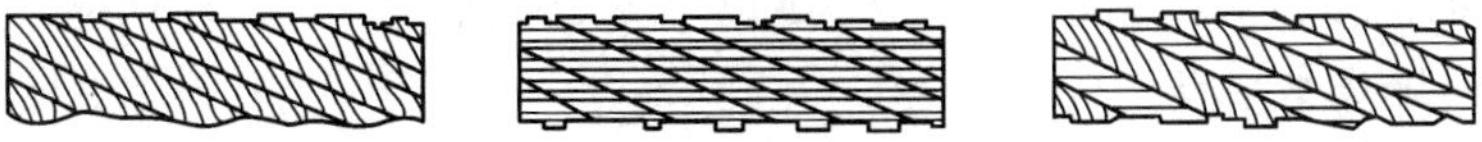

(a)　　(b)　　(c)

图 6.13　钢丝绳的捻向

(a)顺捻；(b)反捻；(c)交叉捻

6.1.2.2　滑轮组、横吊梁

滑轮组是由一定数量的定滑轮和动滑轮以及绕过它们的绳索组成的机械装置。其主要功能是通过改变力的方向或减小所需的拉力来提升或移动重物。滑轮组通常由定滑轮和动滑轮组成，并按照其定滑轮和动滑轮的组合方式命名。滑轮组中的工作线数指共同承担构件重量的绳索根数，是确定滑轮组承重能力的重要参数。

横吊梁（也称为铁扁担）是一种用于吊装构件的工具。其常见形式有钢板横吊梁和钢管横吊梁。在柱吊装中，为了保持构件的垂直度，采用直吊法时用钢板横吊梁；而在屋架吊装中，则采用钢管横吊梁以降低索具的高度。横吊梁的作用主要有两点：一是通过降低吊索高度，减小对构件造成的压力；二是优化吊装工位布置，提高作业效率和安全性。

6.1.2.3　卷扬机、锚碇

卷扬机（又称绞车）是一种通过卷筒缠绕钢丝绳或链条来提升、牵引重物的轻小型起重设备，可进行垂直、水平或倾斜作业。卷扬机是结构吊装最常用的设备。按绕绳速度可分为快速和慢速两种。快速电动卷扬机（JJK 型）主要用于垂直、水平运输和打桩作业；慢速电动卷扬机（JJM 型）主要用于结构吊装、钢筋冷拉和预应力钢筋张拉作业。

锚碇又叫地锚，用于固定缆风绳和卷扬机，它是保证系缆构件稳定的重要组成部分，一般分为桩式锚碇和水平锚碇两种。

6.2　单层工业厂房结构安装

单层工业厂房除了基础之外的构件一般为预制，因此多数情况下需进行结构安装。结构构件主要有柱子、吊车梁、连系梁、屋架、天窗架、屋面板等。本节主要讲解各种构件的吊装方法。

6.2.1　吊装前的准备工作

6.2.1.1　构件的制作和运输

大型构件（如柱子、屋架和吊车梁）通常在施工现场预制以减少运输成本和降低施工难度。中小型构件（如大型屋面板）多在预制厂加工，异形构件（如门窗过梁）可在车间外部集中预制，在许可条件下尽量采用叠浇法。叠浇层数一般不超过 4 层，相邻层间需做好隔离层，并确保上层构件的浇筑等到下层混凝土达到设计强度的 30%后进行。整个预制场地应保持平整、坚实，避免因受荷或浸水而导致不均匀沉陷。

工厂预制的构件需要在吊装前运至工地，运输时选择载重量较大的载重汽车和半拖式或全拖式的平板拖车，将构件直接运送到工地的堆放处。为确保构件在运输过程中的安全，应满足以下要求：设计无具体要求时，混凝土强度不应低于设计标准值的75%。运输时应根据构件的吊（垫）点选择合适的支撑位置和方法，避免产生超应力或导致构件损坏。

6.2.1.2 现场施工准备

现场施工准备包括：

（1）场地清理和道路修筑；

（2）构件的检查与清理；

（3）构件的弹线放样；

（4）基础的准备；

（5）构件吊装现场的运输路线；

（6）构件吊装现场的摆放。

6.2.2 结构安装方法和工艺

单层厂房结构安装工程施工方案主要内容包括结构吊装方法、起重机的选择、起重机的开行路线及构件的平面布置。

6.2.2.1 结构安装方法

单层工业厂房结构安装方法有以下两种：

（1）分件安装法

分件安装法是一种传统的单层工业厂房结构安装方法，其特点是每次起重机开行时吊装一种或一类构件。这种方法能充分利用起重机的工作性能，通过选择适配构件重量和安装高度的起重机型号，能够充分发挥起重机的效率和能力。在吊装过程中，吊具更换频率较低，操作人员可以较为熟练地完成任务，同时吊装速度较快。此外，该方法为构件提供充分的时间进行临时固定、校正和最后固定作业，确保结构安装的安全性和准确性。构件的供应和现场布置也相对简单，因此该方法是目前单层厂房结构吊装中应用较为广泛的方法。然而，分件安装法的主要缺点在于起重机开行路线较长，施工过程中结构空间利用效率较低，导致稳定性较差。

（2）综合安装法

综合安装法是一种在单层工业厂房结构安装中使用的新型方法，其特点是起重机在同一开行中完成一个节间内各种类型的构件安装。这种方法的主要优点包括减少停机次数、提高施工速度以及为后续工序创造更多工作面。此外，通过合理规划吊装顺序和进行妥善安排，可以有效利用场地空间，提升施工效率。

然而，综合安装法也存在一些限制。同时吊装多种构件，起重机的工作能力难以充分发挥，可能导致索具更换频繁、操作复杂；校正和固定作业时间紧张，增大了施工难度；此外，构件的供应和现场布置更加复杂，可能导致平面布置拥挤。因此，在一般情况下，综合安装法并不适合所有工程场景，但在使用移动困难的牵缆式起重机时，它可以作为优化施工方案的一种选择。

6.2.2.2 构件的吊装工艺

构件的吊装工艺包括绑扎、吊升、对位、临时固定、校正、最后固定等工序。

(1) 柱子吊装

① 弹线

柱子吊装时需在预制厂或工地现场设置弹线以指导安装。应在柱身的三个面弹出安装中心线,分别为柱身的几何中心线、基础顶面线和地坪标高线;矩形截面柱的安装中心线应按几何中心线设置,工字形截面柱可在翼缘部位增加一条与中心线平行的辅助线以便观测。柱顶和牛腿顶面还需弹出屋架及吊车梁的安装中心线,并在杯型基础地面抄平后弹出定位线以确保基础位置准确无误。

② 绑扎

柱的绑扎方法、绑扎位置和绑扎点数,应根据柱的形状、长度、截面、配筋、起吊方法和起重机性能等确定。

常用的绑扎方法如下:

a. 一点绑扎斜吊法,如图 6.14(a)所示;

b. 一点绑扎直吊法,如图 6.14(b)所示;

c. 两点绑扎斜吊法,如图 6.15(a)所示;

d. 两点绑扎直吊法,如图 6.15(b)所示。

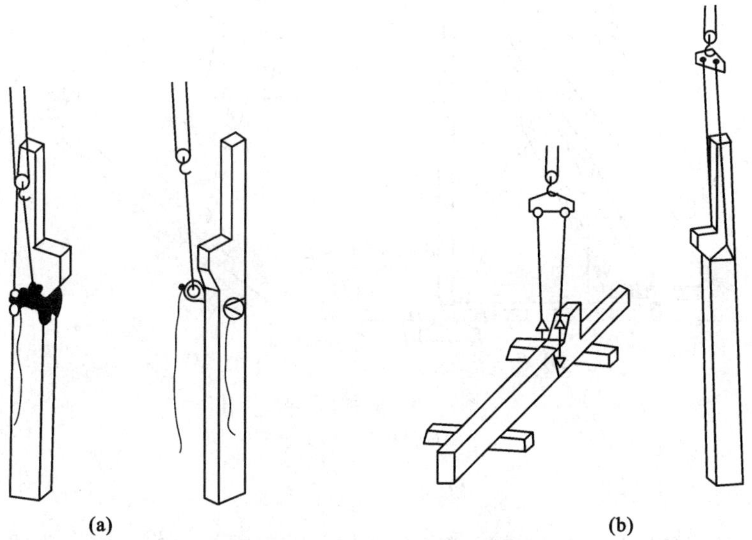

图 6.14 柱子一点绑扎起吊

(a)一点绑扎斜吊法;(b)一点绑扎直吊法

③ 柱的吊升

柱的吊升方法应根据柱的重量、长度、起重机的性能和现场条件确定。

根据柱在吊升过程中运动的特点可将吊升方法为旋转法和滑行法两种。重型柱子有时可用两台起重机同时抬吊。

a. 旋转法

采用旋转法吊装柱子时,柱的平面布置宜使柱脚靠近基础,柱的绑扎点、柱脚中心与基础中心三点宜位于起重机的同一起重半径的圆弧上,如图 6.16 所示。

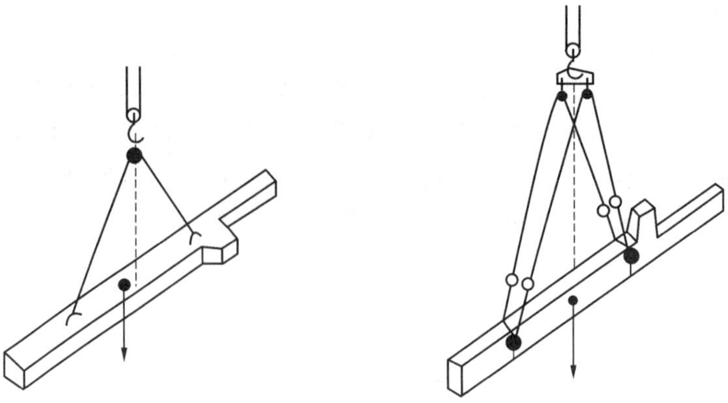

(a)　　　　(b)

图 6.15　柱子两点绑扎起吊

(a)两点绑扎斜吊法；(b)两点绑扎直吊法

【扫码演示】

扫码演示

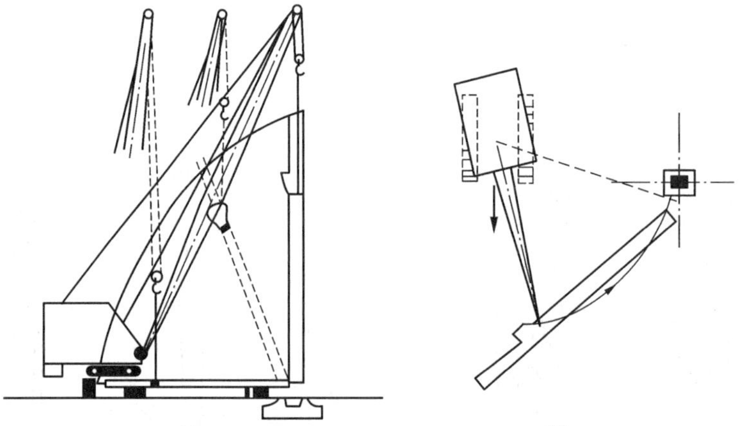

(a)　　　　(b)

图 6.16　旋转法吊柱

(a)吊装过程示意；(b)平面布置

b. 滑行法

柱吊升时，起重机只升钩，起重臂不转动，使柱顶随起重钩的上升而上升，柱脚随柱顶的上升而滑行，直至柱子直立后，吊离地面，并旋转至基础杯口上方，插入杯口，如图 6.17 所示。

④ 对位和临时固定

柱子吊装中的对位是保证柱子安装精度的关键工序。柱子对位是指将柱子插入杯口并对准安装准线的过程。对于直吊法，柱脚应插入杯口后适当悬离杯底，在吊索一侧的杯口中插入两个楔子，通过起重机回转使柱子对准安装准线；而斜吊法则需在柱脚接近杯底时调整位置，并通过回转对位。对位过程中，应从柱四周向杯口放入 8 个楔块，用撬棍拨动柱脚，确保柱子的吊装中心线对准杯口上的吊装准线，同时使柱子保持垂直。

对位完成后，应将楔块略为打紧以固定柱子位置，并松开吊钩进行检查。若对中无误，可将楔块完全打紧作为临时固定，此时起重钩即可脱钩。对于重型柱或细长柱，应在上述步骤基础上增设缆风绳拉锚，以提高吊装过程的安全性。

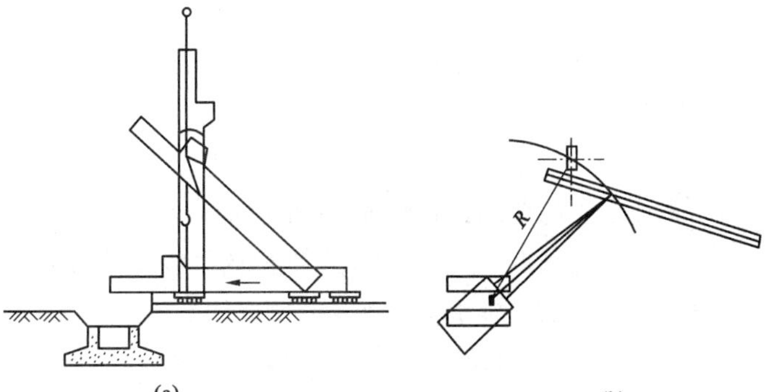

图 6.17　滑行法吊柱

(a)吊装过程示意;(b)平面布置

⑤ 柱的校正和最后固定

柱的校正是对已临时固定的柱子进行全面检查和调整的一道工序。柱子校正分为垂直度、平面位置和标高的校正。首先,需用两台经纬仪分别从柱的相邻两面观测柱的安装中心线是否符合垂直条件,垂直偏差的允许值应根据柱高 H 确定:当 $H \leqslant 5$ m 时为 5 mm,$H > 5$ m 时为 10 mm,$H \geqslant 10$ m 时为 1/1000 柱高(不超过 20 mm)。

校正方法:对于较小的垂直偏差,可采用敲打楔块的方法或用钢钎矫正;对于较大的偏差,则可通过千斤顶校正法、钢管撑杆斜顶法或缆风绳校正法等方法进行调整。校正完成后,应立即进行固定,在柱脚与杯口的空隙中浇筑比柱混凝土强度等级高一级的细石混凝土。浇筑分两次完成:第一次至楔块底面,待混凝土强度达到 25%后拔去楔块;第二次将混凝土浇满杯口,确保其强度达到 70%以上后再吊装上部构件,如图 6.18 所示。

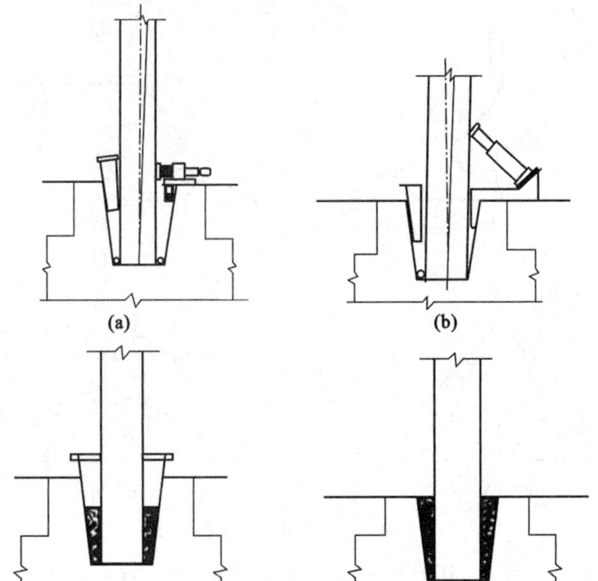

图 6.18　柱子的校正和固定

(a)螺旋千斤顶法;(b)千斤顶斜顶法;(c) 浇筑下部细石混凝土;(d) 浇筑上部细石混凝土

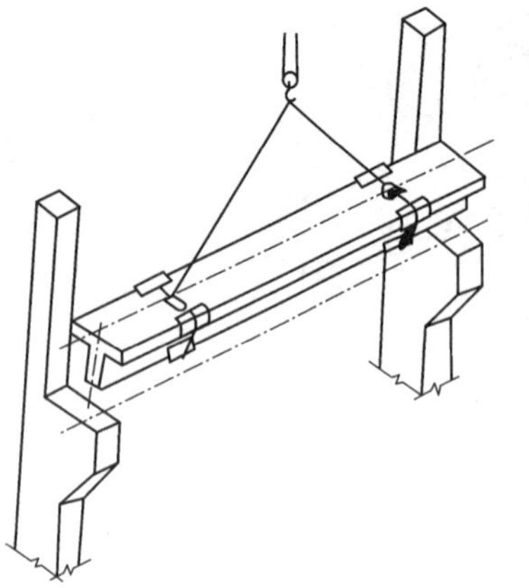

图 6.19　吊车梁的安装

(2) 吊车梁的吊装

① 绑扎、吊升、对位和临时固定

对吊车梁进行绑扎时需确保两根吊索等长，并对称绑扎。钩子应准确对准梁的重心位置，避免偏移导致起吊不稳。在梁的两端设置溜绳，防止碰撞或意外冲出。起吊过程中，应缓慢降低吊钩，使吊车梁端部的吊装准线与牛腿顶面的安装准线对准。由于吊车梁具有较好的自身稳定性，通常会在绑扎后垫平并进行适当支撑后脱钩，一般情况下不需要临时固定措施。对于高宽比较大的吊车梁，为防止倾倒，可用铁丝将梁临时绑在柱子上进行固定。如图 6.19 所示。

② 校正及最后固定

在起吊完成后，需对吊车梁进行校正和最后固定。首先是对标高、垂直度和平面位置进行校正。标高主要根据柱子牛腿的高度来确定；平面位置则包括直线度和平距检查，重型吊车梁可能需要借助起重机进行边吊边校正。校正是确保吊车梁安装精确无误的关键步骤。最终固定时，使用连接钢板等材料与柱体侧面和吊车梁顶端的预埋件进行焊接，并在接头处支设模板浇筑细石混凝土，以确保结构的稳定性和安全性。

(3) 屋架的吊装

① 屋架的绑扎

屋架的绑扎点应选在上弦节点处，左右对称，绑扎中心(即各支吊索的合力作用点)必须高于屋架重心，使屋架起吊后基本保持水平，不晃动，不倾翻。吊索与水平线的夹角不宜小于 45°，以免屋架承受过大的横向压力，必要时可采用横吊梁。屋架的绑扎如图 6.20 所示。

【扫码演示】

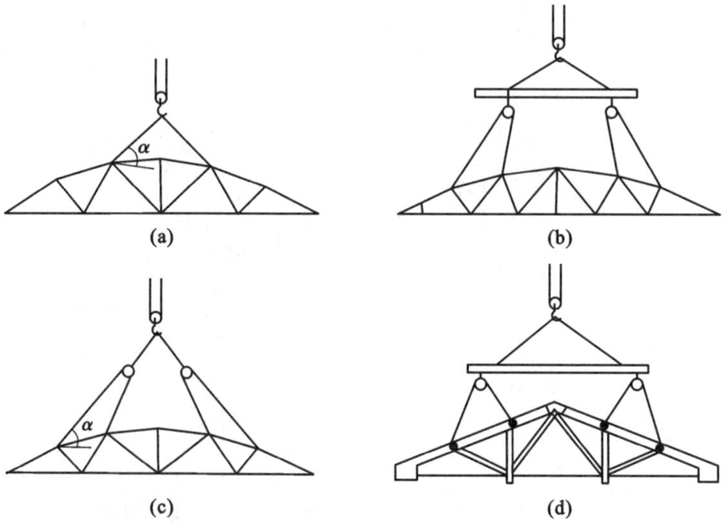

图 6.20　屋架的绑扎

(a)跨度在 18 m 内；(b)跨度大于 18 m；(c)跨度在 30 m 内；(d)三角形组合屋架

② 屋架的扶直与排放

屋架的扶直与排放是施工过程中的关键环节。屋架一般在施工现场平卧叠浇，因此在吊装前需通过扶直将屋架从平卧状态转为竖立状态，并放置于预先设计好的地面位置上。扶直过程中应采取必要的保护措施，必要时应进行验算以确保结构稳定性。对于叠浇的屋架，若存在严重黏结现象，应在起吊前用撬杠或钢钎等工具将其分开，避免硬拉导致屋架损坏；同时需在屋架两端设置井字架或枕木垛，防止扶直过程中屋架下滑造成损坏。

按照起重机与屋架预制时相对位置的不同，屋架扶直有两种方式，即正向扶直和反向扶直，如图 6.21 所示。正向扶直是在起吊后，将屋架正向放置在支撑结构上；反向扶直则是在起吊后，将屋架倒置放置。两种方式均需严格按照规范要求进行操作，并采取适当的固定措施以确保屋架的稳定性与安全。起重机位于屋架下弦一边时为正向扶直。

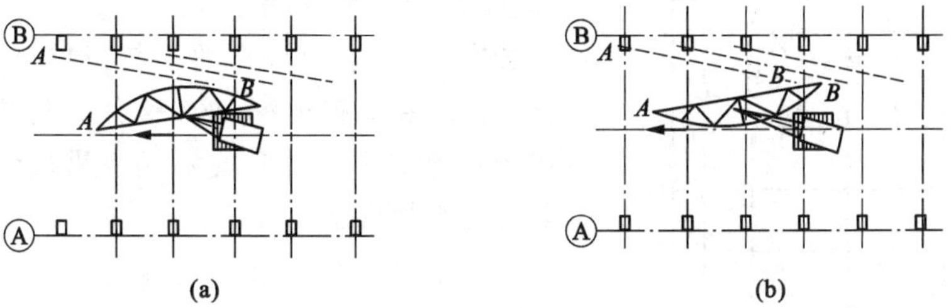

图 6.21 屋架的扶直

(a)正向扶直；(b)反向扶直

屋架扶直之后，立即排放就位。一般靠柱边斜向排放，或以 3～5 榀为一组平行于柱边纵向排放。

③ 屋架的吊升、对位与临时固定

屋架的吊升过程包括将屋架从地面提升至安装位置上方 300～500 mm 的位置，并将其转至安装位置下方。随后，缓慢提升至柱顶上方约 300 mm 后进行对位。屋架的吊升方法有单机吊装、双机抬吊(仅用于屋架重量较大且单台起重机能力不足时)。双机抬吊时，应根据起重量合理分配荷载并同步提升；在安装位置下方完成对位后，应以建筑物的定位轴线为基准进行校准，并立即进行临时固定。

④ 屋架的校正及最后固定

屋架的校正涉及对其垂直度的检查与调整。首先使用经纬仪或垂球进行检查。在屋架上弦安装三个卡尺(一个位于中央，两个分别位于两端)，自屋架上弦几何中心线量取 500 mm，在卡尺上作出标志；然后在距屋架中线 500 mm 处的地面上设置一台经纬仪或垂球，检查三个卡尺上的标志是否在同一垂直面上；之后通过转动工具式支撑的螺栓进行调整，并垫入斜垫铁以提高校正精度；最后在校正完毕后，应立即对屋架进行绑扎固定，以防止变形或移动。

(4)天窗架及屋面板的吊装

天窗架及屋面板的吊装应遵循规范要求。屋面板一般通过带钩的吊索与吊环配合进行起吊，起吊时应确保四根吊索拉力相等以保持屋面板水平；屋面板的吊装可采用一钩多块叠吊或平吊法，以提高效率并充分利用起重机的能力。为保证施工安全和质量，应按照规定的顺序(自两边檐口对称逐块铺向屋脊)进行安装，并在对位完成后及时用焊接等方法固定。天窗架的吊装应在屋面板完成之后进行，其吊装可单独进行或与屋架拼装成整体同时完成；最后固定时，应通过焊接将天窗架底脚固定于屋架上弦的预埋件上以确保结构稳固。

6.3 装配式框架结构安装

6.3.1 吊装方案

多层装配式框架结构具有房屋高度大、占地面积较小、构件类型多样、数量庞大、接头复杂以及技术要求高等特点。因此,在进行结构吊装方案设计时,需要重点关注以下几个方面:吊装机械的选择与布置、吊装顺序与方法的安排等。在具体的吊装实践中,选择合适的吊装机械至关重要。根据施工需求和工程实际,通常采用自行式塔式起重机、履带式起重机和自升式塔式起重机作为主要设备,并以此来规划施工方案。

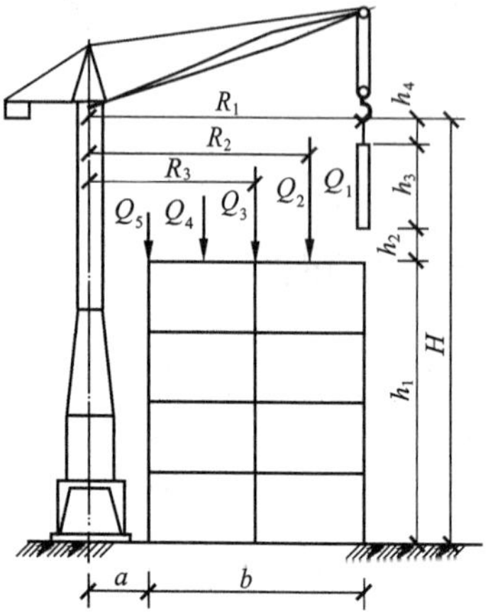

图 6.22 塔式起重机工作参数计算简图

b—房屋宽度(m);a—房屋外侧至塔轨中心线距离($a=3\sim5$ m);R—起重半径(m)(包含图中$R_1\sim R_3$);Q—各个主要构件的重量(kN)(包含图中$Q_1\sim Q_5$);H—起重机的起重高度(m),从停机面至吊钩的垂直距离;h_1—房屋高度(m);h_2—安装间隙(m);h_3—起重构件高度(m);h_4—索具高度(m),自绑扎点至吊钩面,不小于 1 m

6.3.1.1 采用自行式塔式起重机吊装方案

(1) 起重机的选择

选择自行式塔式起重机用于多层装配式框架结构吊装时,应首先根据工程设计图纸绘制结构平面图和立面图,并标注主要构件的重量(Q)及其安装位置所需的起重半径(R)。之后计算每个主要构件的力矩需求$M_i=Q_iR_i$(kN·m),并找出所有力矩中的最大值作为选择依据。然后验证所选起重机在作业条件下的安全性和可靠性,确保其能够满足性能需求,并完成吊装任务。塔式起重机工作参数计算简图如图 6.22 所示。

(2) 起重机的布置

起重机的布置,一般有以下几种方案(图 6.23)。

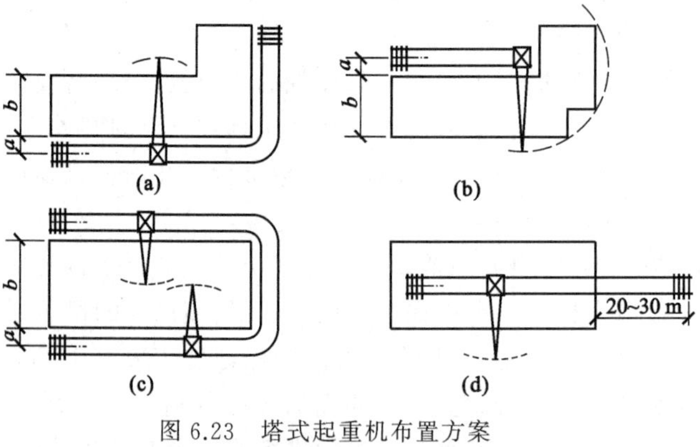

图 6.23 塔式起重机布置方案

(a)、(b) 单侧布置;(c) 双侧布置;(d) 跨内单行布置

① 单侧布置[图 6.23(a)、(b)]

当房屋宽度小,构件重量较轻时常采用单侧布置。此时,其起重半径 R 应满足:

$$R \geqslant b + a \tag{6-5}$$

式中 b——房屋宽度(m);

a——房屋外侧至塔轨中心线距离($a=3\sim5$ m)。

此种布置的优点是轨道长度较短,并在起重机的外侧有较宽的构件堆放场地。

② 双侧布置[图 6.23(c)]

该种布置适用于房屋宽度较大或构件较重的情况。起重半径应满足:

$$R = \frac{b}{2} + a \tag{6-6}$$

若吊装工程量大,且工期紧迫,可在房屋两侧各布置一台起重机;反之,则可用一台起重机环形吊装。

③ 跨内单行布置[图 6.23(d)]

该方案受限于场地狭小,在建筑物外侧难以设置塔式起重机,或因建筑宽度较大、构件重量较重等原因采用了此方案。其优点在于能够减小轨道长度并节约施工用地面积;缺点包括仅能进行垂直整合安装,导致结构稳定性较差;构件往往布置在塔式起重机的起吊半径之外,需要增加二次搬运环节;同时对外围防护结构的吊装也会造成一定困难;此外还需预留 20～30 m 的区域作为塔式起重机的安装和拆除作业所需的基础长度。

④ 跨内环形布置

当房屋较宽、构件较重、起重机跨内单行布置不能起吊全部构件,而受场地限制又不可能跨外环形布置时,则宜采用跨内环形布置。

(3) 预制构件现场布置

构件的现场布置是否合理,对吊装效率、吊装质量及二次搬运工作量均有直接影响。因此,构件的布置也是多层框架吊装的重要环节之一。现场布置原则如下:

① 尽可能布置在起重半径的范围内,以免二次搬运;

② 重型构件靠近起重机布置,中小型则布置在重型构件外侧;

③ 构件布置地点应与吊装就位的布置相配合,尽量减少吊装时起重机的移动和变幅;

④ 构件叠层预制时,应满足安装顺序要求,先吊装的底层构件在上,后吊装的上层构件在下。

柱为现场预制的主要构件,在布置时应当首先考虑。柱的布置方案有以下三种:与塔式起重机轨道相平行、倾斜以及垂直(图 6.24)。平行布置的优点是可以将多层柱进行通长预制,能减小柱接头的偏差。倾斜布置可用旋转法起吊,适用于较长的柱。当起重机在跨内开行时,为了使柱的吊点在起重半径范围内,柱宜与房屋垂直布置。

图 6.25 所示的塔式起重机跨外环形吊装方案采用了特定的构件布置方式和技术手段,其核心特点如下:

采用两层叠浇技术,将房屋两侧的全部柱子预制并在塔式起重机轨道外侧倾斜布置,以减少柱子接头和构件数量。梁、板和其他构件则在工厂预制后用汽车运输至现场,并配合汽车式起重机进行卸车和堆码操作。这种布置方式充分利用了塔式起重机的承载能力,提高了作业效率,显著减小了轨道长度并节约了施工用地面积;同时,避免了房屋内部及塔式起重机轨道内构件的外

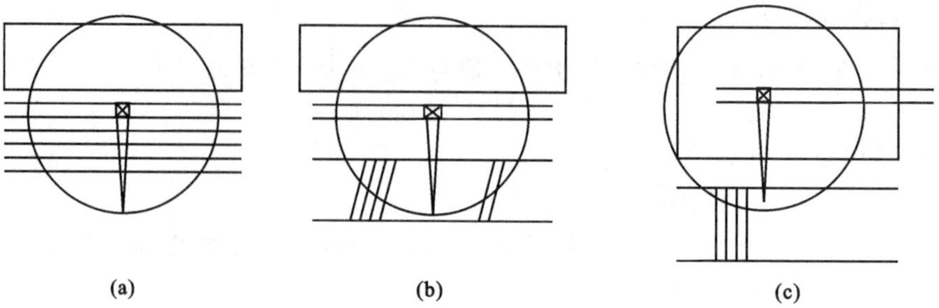

图 6.24　使用塔式起重机吊装柱的布置方案

(a)平行布置;(b)倾斜布置;(c)垂直布置

露,有利于提升施工组织效率和文明施工水平。尽管如此,该方案对场地要求较高,需要预留20～30 m的区域作为塔式起重机的安装和拆除作业基础,以确保作业顺利进行。

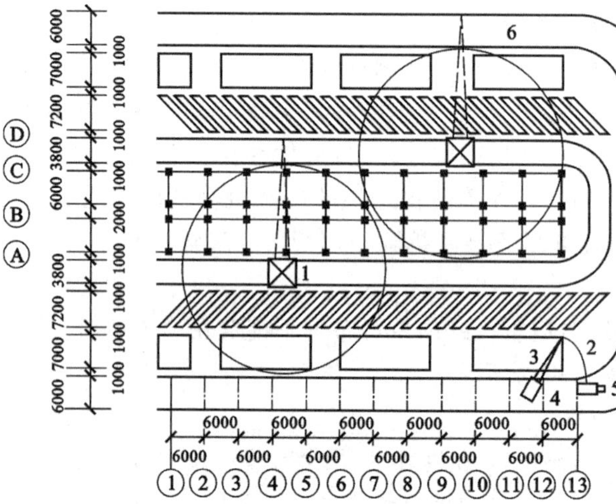

图 6.25　塔式起重机跨外环形构件布置

1—塔式起重机;2—柱预制场地;3—梁板堆放场地;4—汽车式起重机;5—载重汽车;6—临时道路

自行式塔式起重机吊装框架结构的优点在于具有较大的有效安装空间,能够避免已吊装构件之间的碰撞,服务范围较大,有利于分层分段的吊装操作;其吊装效率较高,不仅能够完成所有构件的吊装任务,还能吊运其他建筑材料。此外,这种方案还具有较强的灵活性,适用于复杂的结构构件布置。然而,其缺点是拆装工作较为费时费力,并需要额外铺设轨道,因此在房屋高度较低时,更适合采用履带式、轮胎式或汽车式起重机进行吊装操作。

6.3.1.2　*采用履带式起重机吊装方案*

履带式起重机因其起重量大和灵活多变的特点,在装配式框架吊装工程中得到广泛应用,尤其适用于建筑平面形状复杂不规则的项目。然而,其受限于较小的起重高度和较大的起重半径,仅适合吊装四层以下的建筑物。为提高作业效率,通常可将履带式起重机与塔式起重机配合使用:履带式起重机负责吊装底层柱架,塔式起重机则承担梁板及上层柱的吊装任务。

从开行路线来看,履带式起重机可采用跨内开行或跨外开行方式。对于较重构件,采用跨内开行时可利用垂直回转提升作业效率;而针对框架分层吊装需求,则采用跨外开行,通过分段吊装框架实现整体构架的稳固构建。由于框架结构的柱间距较小,履带式起重机在一个停点可同时起吊两根柱，且柱的布置方向通常平行或斜向于纵轴线，以便更灵活地完成吊装作业。

图 6.26 所示是履带式起重机采用跨内开行吊装方案中一幢两层三跨框架结构的构件布置图，柱斜向布置在中跨基础旁，两层叠浇。起重机在两个边跨开行。梁板布置在房屋外两侧，位于起重机有效工作范围内。

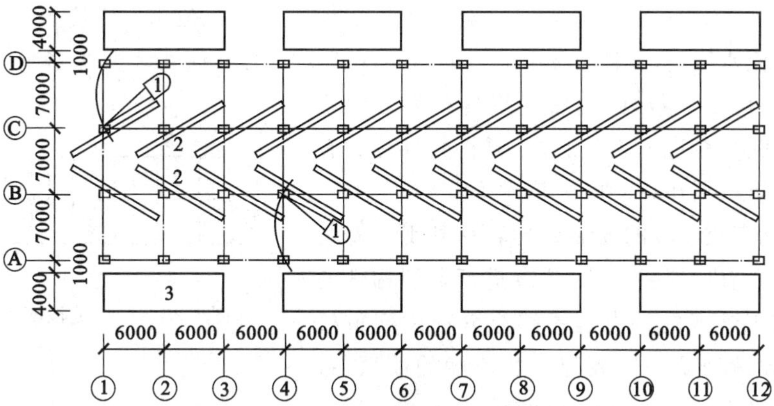

图 6.26　履带式起重机跨内开行构件布置

1—履带式起重机；2—柱的预制场地；3—梁、板堆场

6.3.1.3　采用自升式塔式起重机吊装方案

对于高层装配式建筑，由于高度较大，只有采用自升式塔式起重机才能满足起重高度的要求。

自升式塔式起重机可布置在房屋内，随着房屋的升高往上爬升；也可布置在房屋外侧。布置时，应尽量使建筑平面和构件堆场位于起重半径范围内。图 6.27 所示为某 10 层公寓采用自升式塔式起重机的施工平面布置。构件堆放在房屋南侧，所以该机的安装位置稍偏南。由于在起重半径内的堆场不大，因此除壁板、楼板考虑一次就位外，其他构件均需二次搬运，在附近设中间转运站，现场设置一台履带式起重机卸车。也可采用随运随吊的方案，以免二次搬运。

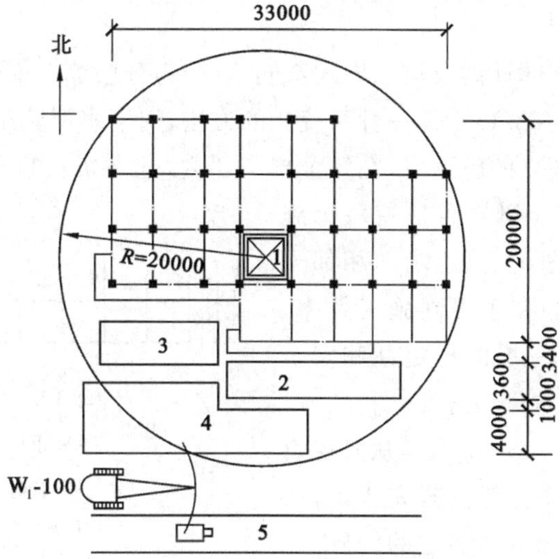

图 6.27　自升式塔式起重机吊装框架结构

1—自升式塔式起重机；2—墙板堆放区；3—楼板堆放区；4—柱、梁堆放区；5—运输道路

6.3.2 安装方法

多层框架结构的安装方法可分为分件安装法与综合安装法两种。

6.3.2.1 分件安装法

根据其流水方式不同,可分为分层分段流水安装法、分层大流水安装法。

分层分段流水安装法(图 6.28)是一种将装配式结构的分件安装分为多个施工阶段的方法。首先,按照施工层数划分,将多层建筑划分为若干个施工层;其次,在每个施工层内,再将其划分为若干安装段。起重机则在每一段内依次安装柱子、梁和板等构件,直到完成该段的安装后再转移到下一安装段。当一层的所有构件完成后,才会进行上层构件的安装。这种施工方式的特点是能够充分利用起重机的能力,但需要考虑施工层数与安装速度的关系,避免因施工层数过多而导致安装速度变慢。

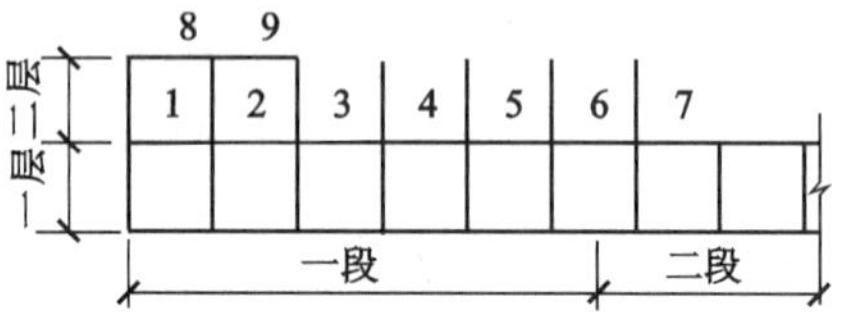

图 6.28 分层分段流水安装法

(图中 1、2、3、… 为安装顺序)

在实际操作中,施工层数和安装段数的划分需综合考虑多个因素:首先,施工层数与预制柱的高度有关;其次,安装段数则应根据结构特点确定,一般以 4～8 个节间为宜。这种划分能够保证施工过程中的稳定性,减少临时固定支撑的数量,提高吊装、校正和焊接的协调性。

分层大流水安装法与分层分段流水安装法的主要区别在于施工段的划分方式。在分层大流水安装法中,每一施工层无须进一步细分安装段,而是在整个施工层上一次性完成所有构件的安装。这种安装方法由于不需要将施工层划分为多个小段落,因此所需的临时固定支撑数量较多。其适用于面积较小、结构较为简单的房屋,能够灵活适应建筑形式的变化。

分件安装法的主要优点:构件供应与布置较为灵活,每次吊装同类型的构件可提高效率;施工过程中各工序(如吊装、校正、焊接等)能够相互配合;操作过程更为安全、稳定。然而,其缺点在于起重机开行路线较长,可能导致临时固定设备数量增加,提高了施工成本和复杂性。

6.3.2.2 综合安装法

根据所采用吊装机械的性能及流水方式不同,可分为分层综合安装法与竖向综合安装法。

分层综合安装法[图 6.29(a)]是一种系统化的方法,用于多层建筑的施工。该方法是将整个建筑结构划分为多个独立的施工层,在每个施工层内,起重机仅进行一次吊装作业,安装构件时,依次安装各节间的全部构件。待一个施工层的所有构件完成并固定后,逐步向相邻上层转移。这种方法的优势在于提高施工效率,减少停机时间,并确保每一层的稳定性和安全性,从而保障整个建筑的质量和进度。

竖向综合安装法[图 6.29(b)],是从底层直到顶层把第一节间的构件全部安装完毕后,再依次安装第二节间、第三节间等各层的构件。

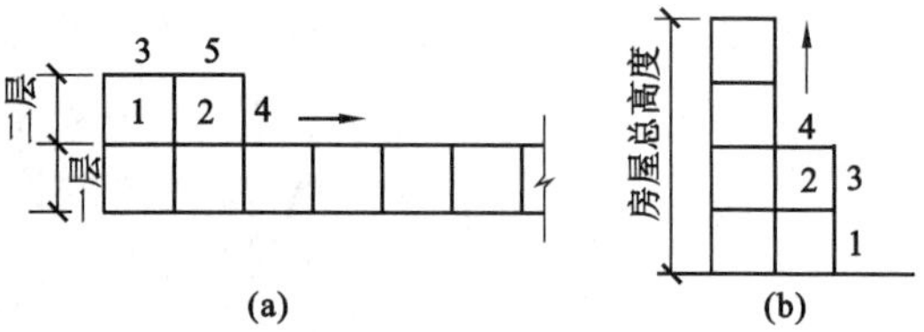

图 6.29 综合安装法

(a)分层综合安装;(b)竖向综合安装

(图中 1、2、3、… 为安装顺序)

6.3.3 柱的吊装与校正

依据预制施工便利性原则，各层柱的截面尺寸应尽量保持一致，以简化预制操作并降低施工成本。柱体长度通常划分为单节（1～2 层楼高）或双节（3～4 层楼高），根据结构高度和起重机类型选择合适的分节方案。采用塔式起重机吊装时，单节长度为 1～2 层楼高较为适宜；采用履带式起重机吊装时，可考虑单节至顶的方案。

柱体接头位置应优先选择弯矩较小的位置或设置在节点处以降低施工难度。各楼层接头设置在同一标高上，以统一构件规格并降低型号变化带来的管理成本。由于长细比大，框架柱吊装时需合理选择吊点位置和绑扎方法，避免吊装断裂。对于 10 m 以内的短柱，可采用一点绑扎旋转法进行起吊；长度为 14～20 m 的中等长柱，则需要两点绑扎起吊，并需进行动态校正和力学验算。吊装过程中应确保绑扎稳固，避免构件变形或松动。对于较长的框架柱（长度超过 20 m），应在吊装过程中进行动态校正，以保证构件安装质量。

柱的校正应遵循以下流程：首先在脱钩后电焊前进行初校，确保柱子基础位置准确；其次在柱接头电焊完成后进行第二次校正，以消除焊接应力和施工荷载对柱体产生的偏差。此外，在梁和楼板安装完成后还需再次检查，以确保焊接应力和荷载对其位置的影响得到控制。

在具体操作中，上节柱的校正应在下节柱校正完毕后进行。校正时应尽量保证上节柱底部中心线对准下节柱顶部中心线（图 6.30）。同时，在校正过程中仍需以标准中心线为准，确保校正过程的准确性。对于垂直度和水平位移的偏差，若垂直度偏差较大，则应优先校正垂直度，然后调整水平位移，以降低柱倾覆的可能性。柱的垂直允许偏差值不超过$\frac{H}{1000}$（其中 H 为柱高），且不大于 10 mm；水平位移偏差不超过 5 mm。

对于细长的框架柱，由于阳光的影响，其垂直度变化较为明显，在校正时需要考虑温差的影响，其措施如下：

（1）在无阳光影响的时候（如阴天、早晨、晚间）进行校正。

（2）在同一轴线上的柱，可选择第一根柱（称标准柱）在无温差影响下精确校正，其余均以此第一根柱为标准进行校正。

（3）预留偏差（图 6.31）。其方法是在无温差条件下弹出柱的中心线，在有温差条件下校正 $l/2$ 处的中心线（l 为框架架构中柱的高度），使其与杯口中心线垂直[图 6.31(a)]，测得柱顶偏移值为 Δ；再在同方向将柱顶增加偏移值 Δ[图 6.31(b)]，当温差消失后该柱将回到垂直状态[图 6.31(c)]。

6.3.4 构件接头

在多层装配式框架结构中，构件接头的质量对整个结构的稳定性和刚度具有显著的影响，因此必须对构件接头的质量予以重视。

柱的接头类型有榫式接头、浆锚接头和插入式接头三种。

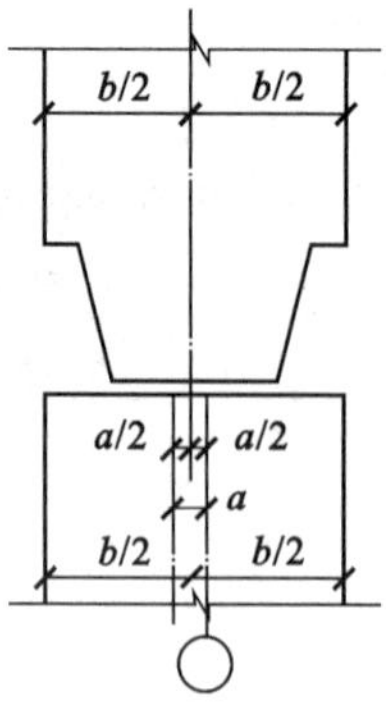

图 6.30　上下节柱校正时中心线偏差调整

a—下节柱顶部中心线偏差；b—柱宽

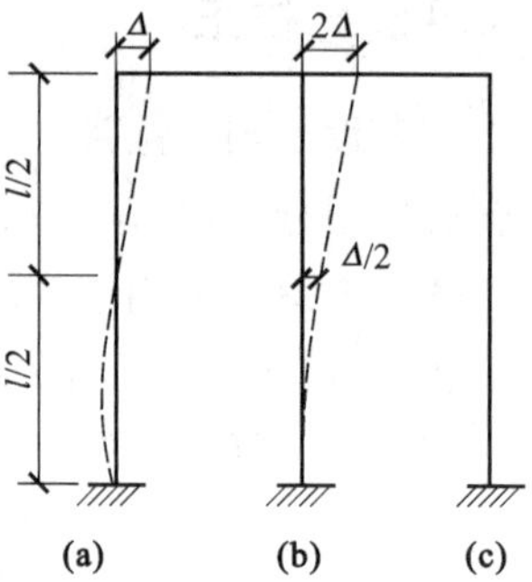

图 6.31　柱校正预留偏差简图

(1) 榫式接头

榫式接头(图 6.32)是一种传统的接头形式，具有较好的节点连接性能和可调节性。上下柱预制时各向外伸出一定长度(不小于 $25d$，d 为钢筋的直径)的钢筋，上柱底部带有突出的榫头，柱安装时使钢筋对准，用剖口焊进行焊接，然后用比柱的混凝土强度等级高 25%的细石混凝土或膨胀混凝土浇筑接头。吊装上层构件需等接头混凝土的强度达到 75%。

榫式接头，要求柱预制时最好采用通长钢筋，以免钢筋错位难以对接；钢筋焊接时应注意焊接方法与质量，避免过大焊接应力以及偏移和构件裂缝的产生；灌注应当保证饱满充实，防止因下沉、收缩产生空隙或裂缝。

(2) 浆锚接头

浆锚接头(图 6.33)，是在上柱底部外伸四根长 300～700 mm 的锚固钢筋，下柱顶部预留四个深 350～750 mm、孔径为$(2.5\sim4)d$(d 为锚固钢筋直径)的浆锚孔。接头前，应先将浆锚孔清洗干净，并注入快凝砂浆；在下节柱的顶面满铺 10 mm 厚的砂浆；最后把上柱锚固钢筋插入孔内，使上下柱连成整体。也可采用先插入锚固钢筋，然后进行灌浆或压浆的工艺。

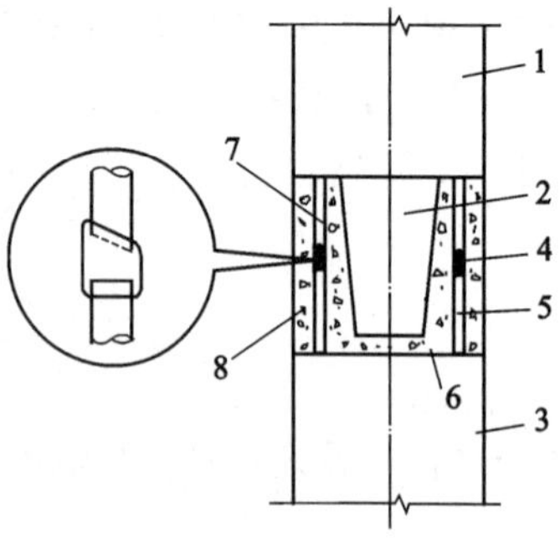

图 6.32　榫式接头

1—上柱；2—上柱榫头；3—下柱；
4—剖口焊；5—下柱外伸钢筋；6—砂浆；
7—上柱外伸钢筋；8—后浇接头混凝土

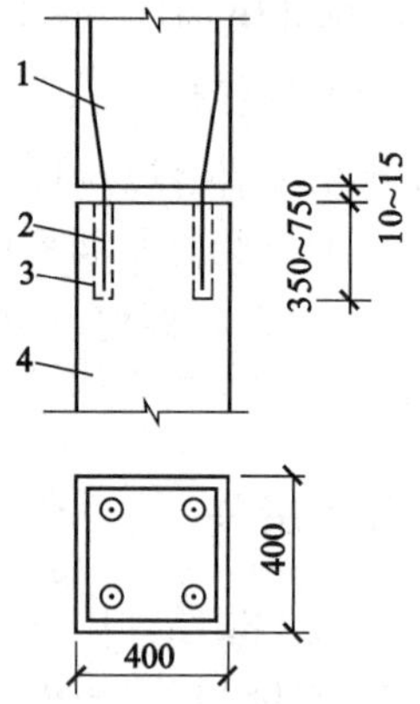

图 6.33　浆锚接头

1—上柱；2—上柱外伸锚固钢筋；
3—浆锚孔；4—下柱

(3) 插入式接头

插入式接头(图 6.34),是将上节柱做成榫头,下节柱顶部做成杯口形,上节柱插入杯口后,用水泥砂浆灌实成整体。此种接头安装方便,但在大偏心受压时,必须采取构造措施,防止受拉边产生裂缝。

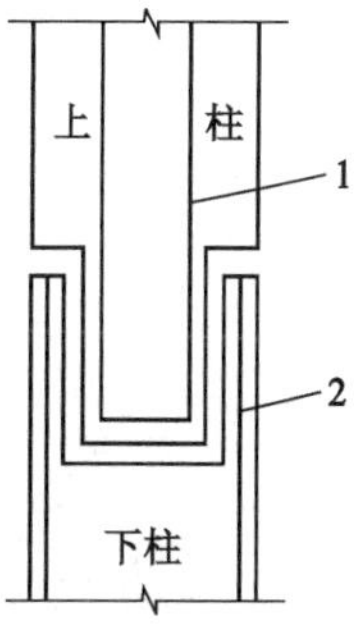

图 6.34 插入式接头

1—榫头纵向钢筋;2—下柱钢筋

装配式框架中梁与柱的接头需根据结构设计要求确定,做成刚接、铰接均可。接头的形式有明牛腿式梁柱接头、暗牛腿式梁柱接头、齿槽式梁柱接头和浇筑整体式梁柱接头。其中明牛腿式的铰接接头和浇筑整体式的刚接接头因其构造、制作简单,施工方便,故应用较为广泛。

6.4 大跨度结构安装*

分条(块)吊装法、整体吊装法、高空滑移法、整体提升法、整体顶升法等相关内容见二维码。

【拓展内容】

思考题与习题

6.1 试述起重机的起重量、起重高度、起重半径之间的关系。

6.2 试述预制柱吊装的工艺流程。

6.3 试述预制梁吊装的工艺流程。

6.4 当柱采用双机抬吊时,应注意什么问题?试述双机抬吊的方法。

6.5 如何对柱进行固定和校正?

6.6 对屋架预制布置有何要求,其布置方式有哪几种?试比较其优缺点。

6.7 屋架正向扶直和反向扶直有何区别?

6.8 屋架就位方法有几种?斜向就位的位置如何确定?对成组就位有何要求?

6.9 屋架的吊点如何选择?对屋架绑扎有何要求?在哪种情况下应采用横吊梁?

6.10 试述屋架吊升、校正和固定方法。

6.11 屋架采用双机抬吊有哪几种方法?对屋架就位有何要求?

6.12 对屋面板就位、吊装顺序和固定有何要求?

6.13 试比较分件吊装和综合吊装的优缺点。

6.14 起重机开行路线与构件预制平面布置和就位平面布置有何关系?

6.15 多层装配式框架结构吊装方案有哪几种?对起重机和构件平面布置有何要求?

6.16 试述多层装配式框架柱的吊装、校正和接头方法。

6.17 大跨度结构有何特点?拟定吊装方案时应考虑哪些主要因素?

6.18 网架结构有哪几种吊装方法?简述其施工工艺。

6.19 某车间跨度 24 m,柱距 6 m,天窗架顶面标高 18 m,屋面板厚 240 mm。已知停机面标高−0.2 m,起重臂旋转枢纽中心距地面高度 2.1 m,起重臂轴线与已经安装好的结构之间的水平距离为 1 m。试确定履带式起重机的最小臂长。

7 道路、桥梁及地下工程

【本章提要】

本章包括道路工程、桥梁工程以及地下工程三部分内容。道路工程包括路面基层与底基层的施工，路面施工则包括沥青路面施工与水泥混凝土路面施工两部分。桥梁工程则主要介绍了梁桥与拱桥基本施工方法，以及不同类型桥梁上部结构的施工方法。地下工程介绍了明挖法、盖挖法、浅埋暗挖法、盾构法等施工方法。

【学习要求】

(1) 掌握道路工程材料质量和施工质量的控制方法。

(2) 掌握预应力混凝土桥梁顶推法的施工工艺。

(3) 了解道路与桥梁的分类、一般构造，了解桥梁工程主要施工程序。

(4) 了解道路与桥梁工程施工机械的选用方法。

(5) 熟悉常见地下结构物的施工方法与技术要求。

道路、桥梁及地下工程作为土木工程的重要组成部分，在交通和城市基础设施建设中发挥着关键作用。路基是道路的基础结构，由天然土石材料按照设计线型经填挖作业形成，需满足强度、稳定性和变形等性能要求；路面则通过多层筑路材料分层铺设，确保具有足够的承载能力、稳定性以及排水抗滑性能，同时兼顾平整度以保证行车舒适性。桥梁作为跨越障碍物或建筑物的关键结构物，在道路连续体中起到重要的节点连接作用。地下工程包括道路、隧道、地铁及车站等地下设施，其设计与施工需满足地质条件和功能需求，确保地下空间的安全性和功能性。

常用规范：《公路路基施工技术规范》(JTG/T 3610—2019)、《公路沥青路面施工技术规范》(JTG F40—2004)、《公路水泥混凝土路面施工技术细则》(JFG/T F30—2014)、《公路桥涵施工技术规范》(JTG/T 3650—2020)、《地下工程盖挖法施工规程》(JGJ/T 364—2016)、《地下铁道工程施工标准》(GB/T 51310—2018)、《地下铁道工程施工质量验收标准》(GB/T 50299—2018)、《盾构法隧道施工及验收规范》(GB 50446—2017)、《通用硅酸盐水泥》(GB 175—2023)等。

7.1 道路路基工程

道路是供各种无轨车辆和行人通行的基础设施，是一种线性工程结构物。它通常按照一定的技术标准和设计要求进行规划、设计和施工，是交通系统的重要组成部分，也是连接不同地点、实现人和物空间位移的通道。

路基是道路工程的基础组成部分，是路面及道路结构的重要支撑。根据规范要求，路基是由天然土石材料经过填挖作业形成的人工或自然断面形状的土工结构物，路基主体为沿路线形分布的带状结构，满足设计规定的断面尺寸、压实度及力学性能要求。路基的作用包括承受行车荷载、抵抗地基沉降变形以及抵御自然因素侵袭等多方面。

在施工过程中，路基工程具有技术复杂性高、施工工序多的特点，其土石方工程量大且分布不均，施工难度较大。此外，路基的隐蔽工程较多，如排水系统和连接处等部位的质量问题容易影响整个道路工程的使用性能。因此，在进行路基施工时，必须严格按照规范要求，把控施工工艺、质量控制标准以及检测流程，确保路基达到预期的技术指标要求。同时，施工过程中应加强工序间的衔接，注意边坡稳定措施的实施，以实现高效、安全的施工过程，并保障最终道路工程的质量。

道路结构施工流程如图 7.1 所示。

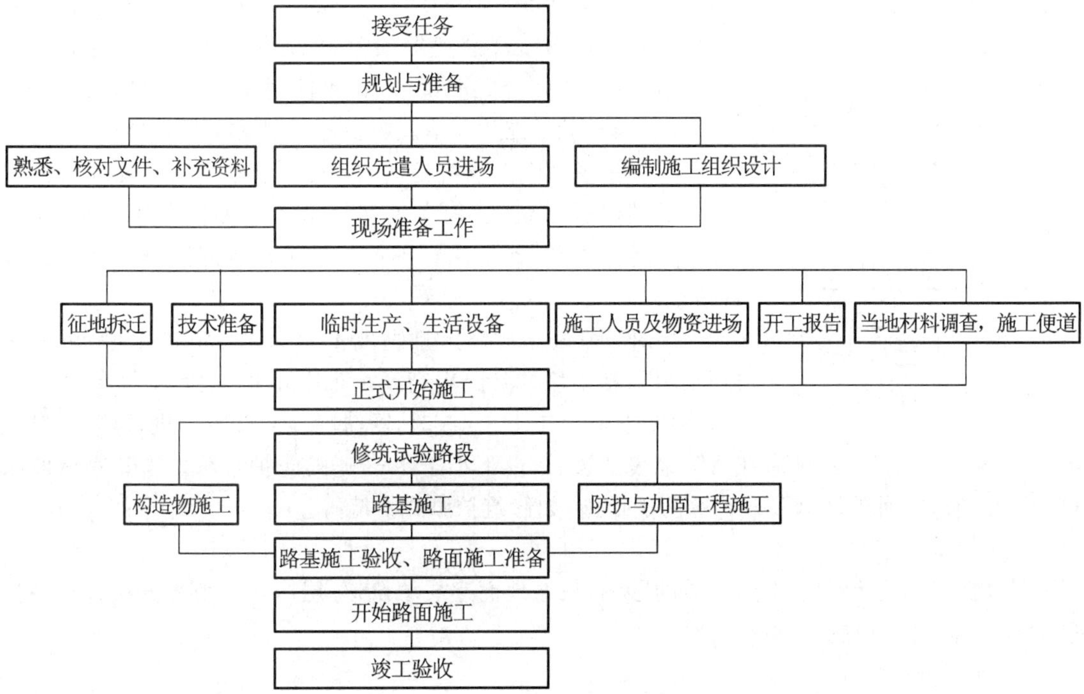

图 7.1　道路结构施工流程

7.1.1　土质路基施工

7.1.1.1　路堤填筑

路堤或半填挖路基填方部分是在天然地基上人为填筑的结构，其土石材料一般情况下就地取材，施工流程如图 7.2 所示。为保证路堤的强度及稳定性要求，施工过程中应格外注意路堤填料的选择、基底的处理方法以及填筑方式的确定。

（1）填料的选择

在路基施工中，路堤填料的选择至关重要，应优先选择强度高、稳定性好且易于施工的土石材料。根据规范要求，碎石、卵石、砾石、粗砂等颗粒大小适中、透水性良好的材料，可优先作为路堤填料；经压实后的砂质粉土和粉质黏土也具有较好的力学性能，适用于路堤填筑。粉性土的水稳性较差，不宜用作填料；重粉质黏土、黏性土等透水性差的材料，在使用时需谨慎处理，可考虑掺入其他稳定材料以提高其稳定性。施工前应对填料进行试验确定其力学特性，并根据地基承载力要求选择合适的填料比例和处理措施。

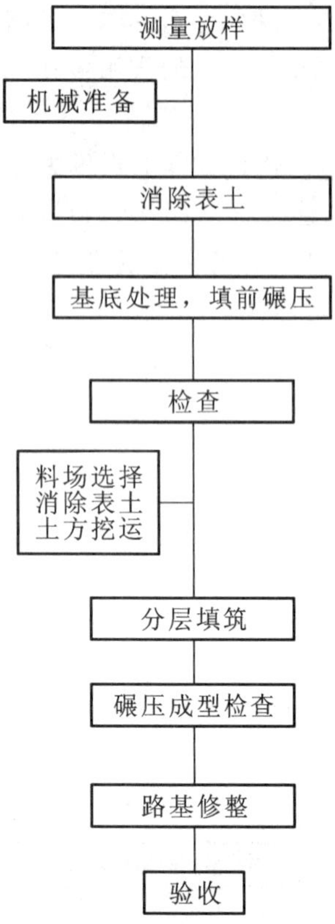

图 7.2 路堤填筑施工流程

(2) 基地的处理

为确保填筑在天然地面上的路堤与原地基结合紧密，避免填筑后路堤产生沿基底滑动或过大变形的情况，应在填筑前对基底进行必要的处理。根据规范要求，应综合考虑基底土质、水文条件、地形坡度及植被状况等因素，采取适当的基底处理措施，如物理法、化学法或生物法等，以改善基底性能，增强填土的稳定性。例如，可采用碎石镇压、压实填料等技术对基底进行处理，并根据不同基底条件选择合适的处理方案。处理后应确保填土与原地基的结合更加紧密，有效控制填土层的滑动和变形，从而保证填筑后的路堤具有良好的稳定性和使用性能。

① 当基底为松土或耕地时，应先进行地面压实处理后再填筑；当路线经过水田、洼地或池塘等水文条件特殊地段时，需采取疏干、挖除淤泥、换土或打砂桩等措施对基底进行处理后再进行填筑。

② 对于基底土质稳定且纵坡不大于 1∶10 的地段，可直接修筑路堤；在不填挖且路堤高度小于 1 m 的地段，应清除地表杂草；当纵坡为 1∶10～1∶5 时，需清除地表杂草后进行填筑；对于纵坡大于 1∶5 的地段，则应在清除地表杂物后，设不小于 1 m 宽的防护台阶。当基底纵坡超过 1∶2.5 时，应对外坡脚采取特殊防护措施，如修筑护脚或护墙等。

(3) 填筑方案

路堤的填筑必须考虑不同土质的影响，从原地面逐层填筑，分层压实。填方方法有水平分层填筑、竖向填筑和混合填筑三种。

① 水平分层填筑

水平分层填筑是一种将不同性质的土有组织地分层填筑并压实的方法，这种方法能够确保达到规定的压实度和质量，是填筑路堤的基本方案。其具体规定如下：

a. 在填筑路堤时，应对不同性质的土进行分层填筑，不得混杂填充，以保证填土的均匀性和稳定性。

b. 用透水性较小的土填筑路堤下层时，应将其做成 4% 的双向横坡；若用以填筑上层，则不得覆盖在透水性较大的土所填筑的下层边坡上，避免出现"水囊"现象。

c. 凡不因潮湿或冻融等因素而改变体积的优良土应作为上层填料，强度较小的土则作为下层填料，以确保填土的性能符合要求。

d. 河滩路堤填土时，应在填筑整个宽度范围的同时，连同护道一起进行分层填筑；受水浸淹区域的填料应选用具有较好水稳定性且未被水浸泡的土料。

e. 对于桥涵、挡土墙及其他构造物的回填土，在施工过程中，应优先选择砂砾或砂性土作为填料，并按照规范要求分层回填并进行压实，以防止出现过大沉降变形的问题。

不同路堤填筑方案如图 7.3 所示。此外,对于高填方路堤的填筑,应按技术规范的有关规定进行稳定性检验。

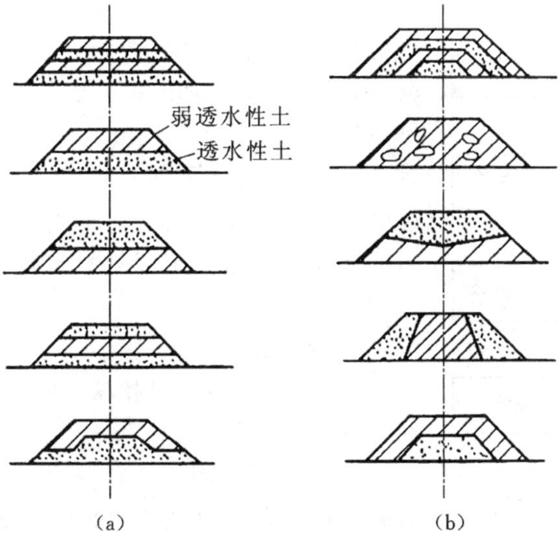

图 7.3 路堤分层填筑方案

(a)正确;(b)错误

② 竖向填筑

竖向填筑[图 7.4(a)]是指沿公路纵向或横向逐步向前填筑的方法,适用于地形复杂且高差较大的区域,能够应对填土过厚难以压实的问题,通常采用高效能压实机械以提高填土质量。

③ 混合填筑

混合填筑[图 7.4(b)]指路堤下层采用竖向填筑法处理地形复杂且高差较大的区域,而上层则采用水平分层填筑法,通过分层碾压可达到足够的压实度,并结合高效能压实机械(如振动压路机)以提升填土质量。

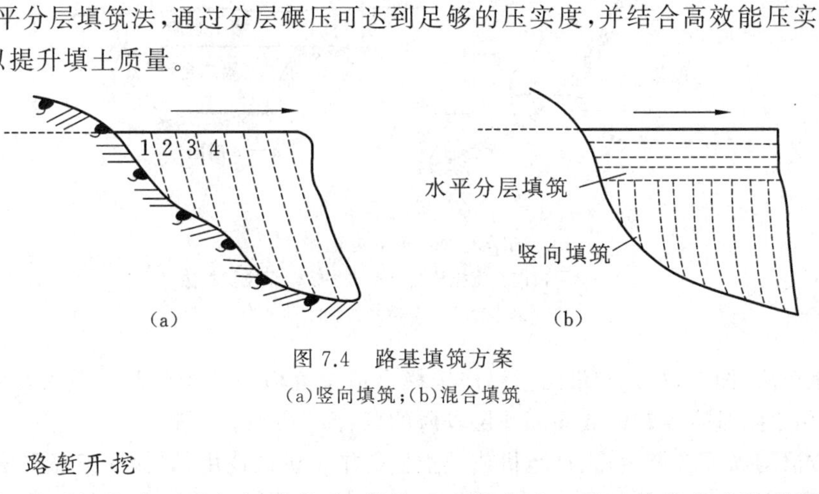

图 7.4 路基填筑方案

(a)竖向填筑;(b)混合填筑

7.1.1.2 路堑开挖

土质路堑的开挖方式通常包括横挖法、纵挖法和混合法三种。综合考虑路基深度、纵向长度及地形、土质条件等因素,选择最合适的开挖方法:横挖法适用于短而深的道路填挖;纵挖法适合长而浅的道路填挖;而混合法则在地形复杂或需兼顾效率时使用,以适应多种施工条件。

路堑开挖施工流程如图 7.5 所示。

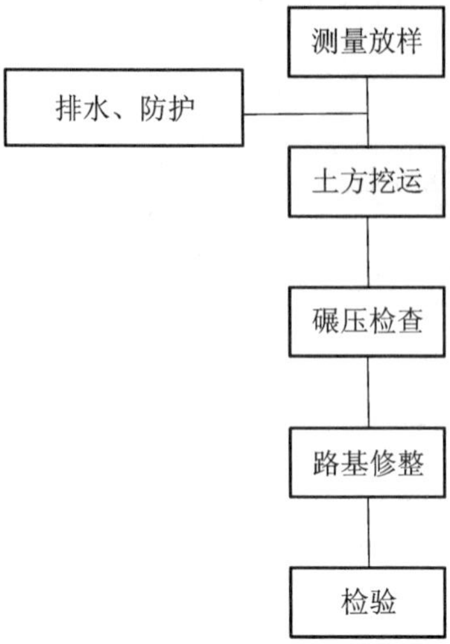

图 7.5　路堑开挖施工流程

(1) 横挖法

土质路堑的开挖方式中，横挖法适用于短而深的道路填挖或者地形较为稳定的区域。其特点是自一端或两端逐渐向前开挖，形成横断面宽度较大的区域，并分台阶推进，每层开挖深度通常控制在 1.5～2.0 m，以确保施工安全和效率。为便于运土和排水，开挖过程中需设置单独的运土通道及临时排水沟，无论是整体开挖还是分台阶开挖，均应满足排水需求，保证开挖顺利进行。横向全宽挖掘法如图 7.6 所示。

(2) 纵挖法

纵挖法包括分层纵挖法、通道纵挖法和分段纵挖法三种类型。

分层纵挖法[图 7.7(a)]是沿路堑全宽以深度较小的纵向进行分层挖掘，适用于较长的道路填挖。

通道纵挖法[图 7.7(b)]则先开凿一条纵向通道后向两侧扩展，适用于地形较为复杂或需要加强排水条件的情况。

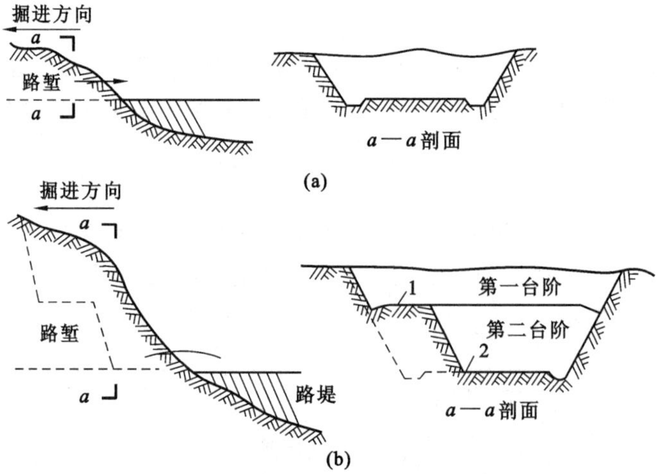

图 7.6　横向全宽挖掘法

(a)单层横向全宽挖掘法；(b)多层横向全宽挖掘法

1—第一台阶运土道；2—临时排水沟

分段纵挖法[图 7.7(c)]则沿路堑纵向选择合适位置横向开挖分割成段落，再逐段进行纵向挖掘，适用于路基宽度较大或局部地层较薄的场合。

这些方法均需配合铲运机、推土机或挖土机等施工机械使用，以保证工程质量和进度。

(3) 混合法

混合法是先沿路堑纵向开挖通道，随后横向开挖横向通道，形成双通道沿纵横向同时掘进的方法。该法适用于地形复杂或需要加强支护的路堑开挖，尤其在挖深较大时，通过双通道相互支撑可提高工程稳定性并加快进度。每一坡面应设置单独的施工小组或配备一台机械进行作业，以确保开挖过程的安全和效率。如图 7.8 所示。

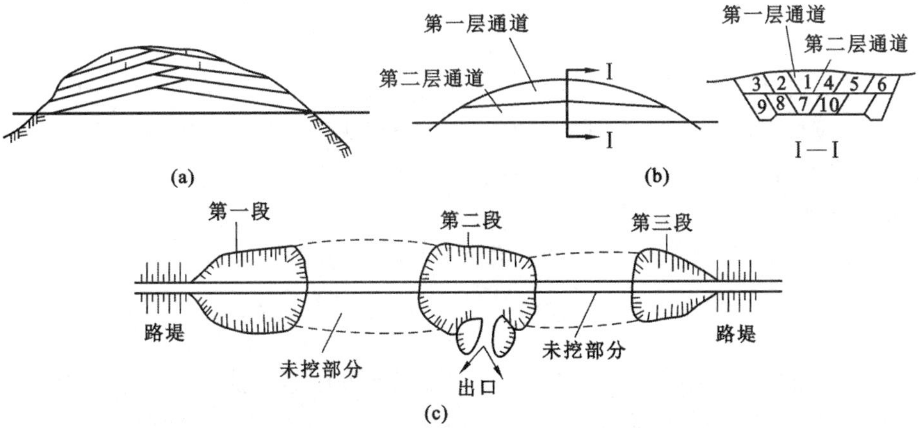

图 7.7 纵向挖掘法

(a)分层纵挖法；(b)通道纵挖法(图中数字为拓宽顺序)；(c)分段纵挖法

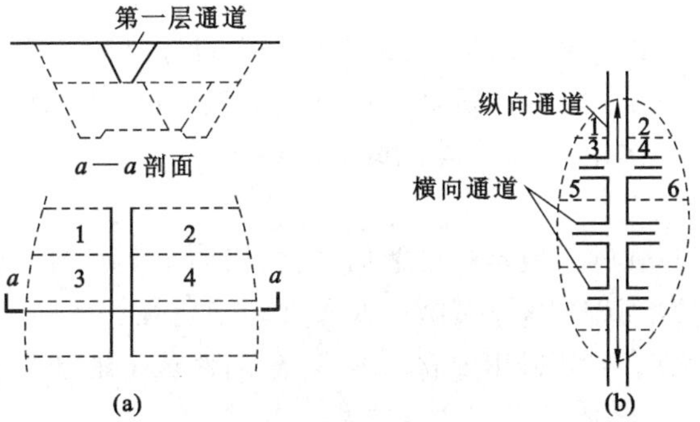

图 7.8 混合挖掘法

(a)横面和平面；(b)平面纵、横通道示意

注：箭头表示运土与排水方向，数字表示工作面号数

7.1.1.3 特殊地区路基施工

(1) 软土地基路基施工

当路堤经稳定性验算或沉降计算不能满足设计要求时，必须对软土地基进行加固。接下来从三个方面简单介绍加固方法。

① 浅层处理

浅层处理适用于表层软土厚度小于 3 m 的情况。常用的方法包括换填法、抛石挤淤法和垫层处理法。

a. 换填法

换填法通过将地基中软弱或不良土层挖除，然后回填具有良好力学性能的材料(如砂、碎石、灰土等)，并进行分层压实。这种方法能够有效提高地基的承载力、减少沉降和改善地基的稳定性。

b. 抛石挤淤法

抛石挤淤法通过向软弱土层中抛投大块石或卵石，利用抛石的自重和冲击力将软土挤出，形成稳定的石料挤密层。该方法施工速度快，适用于大面积处理；但材料成本较高，需注意石料规格和抛填顺序。此方法常用于公路、铁路、堤坝等工程的地基处理。

c. 垫层处理法

垫层处理法通过在基础与地基之间铺设一层具有良好力学性能的材料（如砂、碎石、灰土、水泥土等），形成垫层，进而增强地基承载力。垫层处理适用于软弱地基、不均匀地基等地质条件，广泛应用于建筑物、道路、桥梁等工程的基础处理。

② 深层处理

深层处理适用于深层软土或高承载力需求的情况，常用的方法包括 CFG 桩法、粒料桩法、加筋土桩法。

a. CFG 桩法

此方法主要通过在地基中打入由碎石、水泥和粉煤灰混合而成的桩体来加固地基。其优点是加固效果显著，施工便捷，成本效益高。该方法适用于多种类型的软弱地基，如黏性土、粉土、砂土及自重固结的素填土，广泛应用于高层建筑、高速铁路、公路桥梁等重大基础设施建设中。

b. 粒料桩法

粒料桩法主要通过高压喷射、振动沉管或打入等方式将粒料（如碎石、砂石等）压入土层中形成桩体，以改善地基的承载力、减少沉降。优点是施工快速、适应性强、对周边环境影响小，适用于处理软弱地基、不均匀地基或湿陷性黄土地基。

c. 加筋土桩法

加筋土桩法主要通过在软弱地基中设置加筋材料（如土工格栅、土工布等）与土桩或碎石桩相结合，以提高地基的承载力、减少沉降和改善地基稳定性。加筋土桩法具有施工简便、成本较低、环境影响小等优点，尤其适用于软土地基、湿陷性黄土地基等复杂地质条件下的工程建设。

③ 特殊处理

特殊处理适用于复杂地质条件或高难度工程，常用的方法包括加固土桩法、排水固结法和真空预压法。

a. 加固土桩法

加固土桩法通过在软弱地基中打入或压入由水泥、石灰、粉煤灰等材料与土混合形成的桩体，以提高地基的承载力和稳定性。加固土桩法能够显著改善地基的力学性能，减少沉降，适用于软土地基、湿陷性黄土等地质条件。该方法施工简便、成本效益高，在施工时需控制注浆参数以确保效果。

b. 排水固结法

排水固结法通过在地基中设置排水系统（如砂井、排水板等），加速地基土体中的水分排出，促使土体固结，从而提高地基的强度和稳定性。该种方法加固效果显著，能够有效减少地基沉降，但施工周期较长，施工过程中需定期监测地基变化。

c. 真空预压法

真空预压法通过在地基表面铺设不透水膜，并在膜下抽真空，利用大气压力将地基土中的水分排出，促使土体固结。真空预压法具有施工速度快、对周边环境影响小、处理效果显著等优点，该方法广泛应用于建筑物、道路、港口码头、机场跑道等工程的地基处理，尤其在需要快速施工和有高承载力要求的项目中表现出色。

(2) 其他特殊地区路基施工

① 黄土地区

a. 填料选择与处理

黄土地区路基填筑的填料选择非常重要。新老黄土均可作为填料，但以新黄土为宜。填料的物理性质应满足以下要求：黄土中的黏粒含量不宜超过 25%，砂粒含量不宜超过 20%。在使用前，应通过试验确定填料的适宜性。由于黄土的透水性差，干湿程度难以调节，且大块土料不易破碎，施工前应进行必要的处理，如破碎大块土料、调节含水量等。

b. 填筑施工

黄土地区路基填筑时，应严格控制填料的含水量。多数情况下，填料的含水量小于最佳含水量，施工时每铺一层均需洒水，洒水量应根据天然含水量与最佳含水量之差以及蒸发情况等因素确定。待土体吸收水分后，反复掺拌，最后整平压实。当含水量大于最佳含水量时，可采用添加石灰的方法，用稳定土拌和机拌和后摊铺到路基上，摊铺厚度不宜大于 200 mm。

c. 压实

黄土地区路堤的压实是关键步骤，多采用重型（>15 t）或特重型（>50 t）压实机械设备。松铺厚度为 250～300 mm，采用特重型设备时松铺厚度可达 400 mm。压实过程中应严格控制土的含水率，黄土碾压时的含水率宜控制在最佳含水率的±2%，必要时可掺入适量的石灰以降低含水率，或通过加水或改进压实机械和操作方式来保证压实质量。

d. 排水

黄土地区应特别注意路基排水。对地表水应采取拦截、分散、防冲、防渗、远接远送的方法，根据设计及时做好综合排水设施，将水迅速引离路基。在填挖交界处引出边沟水与地面排水的设施，应按设计要求加固并采取防渗措施。黄土陷穴对路基有很大的危害，施工中应追踪发源地点，封堵陷穴进口，并引排周围地表水，避免进一步的水害。

e. 边坡防护

黄土地区路基边坡防护应综合考虑土质、降水量、边坡高度及坡率等因素。路堑边坡应严格按设计坡度开挖，如设计坡度较陡，应采取必要的防护措施。路堤边坡坡率可采用相关规范的规定。

f. 施工监测与检测

施工过程中应进行必要的监测与检测，确保路基的稳定性和压实度。特别是对于高路堤和湿陷性黄土路堤，应定期监测，及时发现和处理潜在问题。监测内容包括路基沉降、边坡稳定性、压实度等。

② 膨胀土地区

a. 施工前准备

在膨胀土地区进行路基施工前，应结合永久排水设施做好地表排水设施，确保施工场地的排水畅通。排水沟应随挖随砌，铺砌应及时完成，以防止天然地表水和施工用水流入基坑。临时性生活设施、施工设施（如水池、洗料场、混凝土搅拌站等）应安排在离基坑较远的位置，避免水流进基坑。

b. 基坑开挖

基坑开挖应安排在冬旱季节进行，力求避开雨季，否则应采取可靠的防雨措施。基坑开挖至接近基底设计标高时，应留 0.3 m 左右的保护层，待下道工序开始前再挖除保护层。基坑挖至设计标高后，应及时铺水泥浆封闭坑底，或快速浇筑素混凝土垫层保护地基，待混凝土达到 50%以上强度后及时进行基础施工。

c. 边坡防护

膨胀土地基的边坡防护尤为重要。应防止雨水浸入坡面和坡面土中水分蒸发，避免干湿交替，保护边坡稳定。可在坡面喷水泥砂浆保护层或用土工膜覆盖地面，以防止水分流失和雨水侵蚀。

d. 回填施工

回填土料应选用非膨胀土、弱膨胀土及掺有水泥的膨胀土。选用弱膨胀土时，其含水量宜为塑限含水量的 1.1～1.2 倍。回填施工时应分层进行，并确保每层压实度达到设计要求。高速公路、一级公路、二级公路等采用中等膨胀土作路床填料时，应掺灰进行改性处理，要求胀缩总率接近零。

e. 路床处理

高速公路、一级公路路堤原地面应进行处理，当填高不足 1 m 的路堤时，必须挖去 300～600 mm 的膨胀土，换填非膨胀土并按规定压实。当地表为潮湿土时，必须挖去湿软土层换填碎石、砾石层，其厚度为 300～500 mm，待路堑挖完时，再削去边坡预留部分，并立即浆砌护坡封闭。当填土壤至路床底面时，应停止填筑，改用符合规定强度的非膨胀土或改性处理的膨胀土填至路床顶面设计标高并严格压实。如当年不能铺筑路面，应做封层，封层的填筑厚度不宜小于 300 mm，并做成坡度不小于 2%的横坡。

f. 过渡段处理

膨胀土地基上的路堤过渡段施工时，换填厚度应根据开挖后地基检测结果确定，且不应小于设计要求。基底换填应与开挖紧密衔接。如不能及时回填，应预留厚度不小于 50 cm 的保护层。

g. 施工监测与检测

施工过程中应进行必要的监测与检测，确保路基的稳定性和压实度。特别是对于高路堤和膨胀土地基，应定期监测，及时发现和处理潜在问题。监测内容包括路基沉降、边坡稳定性、压实度等。

③ 盐渍土地区

a. 路基填料选择与处理

在盐渍土地区进行路基施工时，应选择适宜的填料。填料应具有良好的透水性和稳定性，避免使用细粒土，特别是长期浸水的路堤不宜用细粒土填筑。常用的填料包括砂质亚黏土、砂土等。在填筑前，应进行必要的处理，如掺入适量的氯化钠（NaCl）、氯化钙（$CaCl_2$）或氯化钾（KCl），以改善填料的抗盐渍化性能。一般情况下，砂质亚黏土中可按重量比加入 2%～4%的氯化钠或氯化钙，含少量粉土和黏土的砂质土应添加 1%～2%的氯化钠或氯化钾。

b. 路堤构造要求

盐渍土路堤的构造应满足以下要求：

（a）边坡坡率：盐渍土路堤边坡率应根据填料土质和盐渍化程度确定，具体数值见表 7.1。

表 7.1　盐渍土路堤边坡坡率

填料土质类别	填料盐渍化程度	
	弱、中盐渍土	强盐渍土
砾类土	1∶1.5	1∶1.5
砂类土	1∶1.5	1∶1.5～1∶1.75
黏质土	1∶1.5～1∶1.75	1∶1.75～1∶2
粉质土	1∶1.5～1∶1.75	1∶1.75～1∶2

(b) 路堤高度:路堤应有一定的高度,以确保路基的稳定性和抗盐渍化能力。

c. 基坑开挖与盐化处理

基坑开挖应按照设计标高进行,基坑边缘应超出基础边缘不少于 1 m。开挖后,应进行盐化处理,具体步骤如下:

(a) 放置盐水罐:沿基坑或基槽每隔一定距离放置盛饱和盐水的罐(桶)及胶皮管或钢管。

(b) 注盐水:将制好的饱和盐水装入罐(桶)内,并通过胶皮管或钢管向基坑或基槽内注入饱和盐水,保持 0.3 m 高的水头。

(c) 盐化时间:盐化时间应根据土的渗透性确定,一般为 7～10 d。

(d) 检测效果:盐化完成后,应停歇 3～5 d,对盐化效果进行检测,确保盐分充分渗入地基。

d. 隔断层设置

在盐渍土地基中设置隔断层,以隔断盐分和水分的迁移。隔断层应具有足够的抗拉强度和耐腐蚀性,常用材料包括防渗土工膜、混凝土等。隔断层的设计、施工和质量控制应按设计要求执行。

e. 排水与防护

盐渍土地区应特别注意路基排水和防护:

(a) 排水设施:设置完善的地表和地下排水系统,确保雨水和地下水及时排出,防止水分长期积聚在路基中。

(b) 边坡防护:采取必要的边坡防护措施,如喷射混凝土、土工布覆盖等,防止雨水侵蚀和盐分迁移。

f. 施工监测与检测

施工过程中应进行必要的监测与检测,确保路基的稳定性和抗盐渍化性能。监测内容包括路基沉降、边坡稳定性、填料含水量等。特别是在高路堤和盐渍土地基上,应定期监测,及时发现和处理潜在问题。

7.1.2　路基压实

在工程活动中,尽管自然风化等因素可能导致天然结构的变化,但路基施工往往会加剧土体的松散。因此,在进行路基建设时,人工压实是一种必要的技术措施,其核心在于通过施加压力使土颗粒重新排列,减少孔隙并提高密实度,提高整体强度和稳定性。

从机理上看,人工压实不仅改变了土颗粒的排列方式,减少了孔隙,还提升了单位重量,并通过增强内摩擦力和凝聚力,显著提升了土基的承载能力和抗变形能力。此外,实验证明,经过人工压实后的土体具有更优异的水稳性:透水性明显下降,毛细水作用减弱,同时减少的饱水量进一步降低了路基的整体渗水性能。

根据相关规范要求,各级道路的路堤和路堑均应严格执行压实措施,并达到规定的密实度指标。

7.1.2.1 路基压实标准

一般使用干密度表征土基密实程度。在路基施工中,压实度是衡量不同土质路基施工质量的重要标准。压实度是指压实后土的干密度与该种土室内标准击实试验所得的最大干密度之比。压实土体的干密度可按式(7-1)计算:

$$\gamma=\frac{\gamma_w}{1+0.01\omega} \tag{7-1}$$

式中 γ_w——土的天然湿密度(g/cm^3),一般以环刀法或灌砂法现场测定;

ω——土的含水量(%),一般以酒精燃烧法或烘干法测定。

技术规范规定,不同道路等级及路床不同深度的土基需分别制定不同的压实度指标,且压实度要求随道路等级或路床深度增加而提高,一般上层路基的压实度高于下层,以确保路基的结构完整性、承载能力和稳定性。在路基施工过程中,只有通过严格控制并达到规定的压实度标准,才能有效提升土基的强度和稳定性,并满足相关规范的技术要求。土质路基(含土石混填)的压实度标准见表7.2。

表7.2 土质路基压实标准

填挖类型		路床顶面以下深度/m	压实度(%)		
			高速公路、一级公路	二级公路	三、四级公路
路堤	上路床	0~0.30	≥96	≥95	≥94
	下路床	0.30~0.80	≥96	≥95	≥94
	上路堤	0.80~1.50	≥94	≥94	≥93
	下路堤	>1.50	≥93	≥92	≥90
零填及挖方路基		0~0.30	≥96	≥95	≥94
		0.30~0.80	≥96	≥95	—

压实度的测定通常采用室内标准击实试验所得的最大干密度作为基准值。然而,不同击实方法对实际密实度的影响存在差异,目前常见的击实方法有轻型和重型两种,其中重型击实试验不仅能够获得更高的干密度,还可能获得更低的最佳含水量。随着高等级公路的发展需求不断提高,道路路基的质量控制标准日益严格,因此在进行路基压实时,通常采用重型击实试验的标准来确定压实度指标。尤其是在高等级公路和城市重要干道中,这种标准被广泛采用以满足更高的技术要求。

7.1.2.2 路基压实施工的组织与质量控制

(1) 压实施工的组织

压实施工的组织一般应遵循下列步骤:

① 根据土质选择适宜的压实设备,掌握不同机具适用于不同填料的松铺厚度及碾压遍数。

② 组织碾压时，应遵循“先轻后重”的原则，从慢至快逐渐提高碾压速度。

③ 应按照边缘先过、中间后填的方式进行，超高路段宜从低处开始，逐步升高。相邻两次的碾压轮迹需重叠轮宽的 1/3～1/2，以确保压实均匀无遗漏，对难以压实的边角区域可配合人力或小型机具进行补充压实。

④ 在整个碾压过程中，应密切观察土料含水量及压实度，确保符合规定的密实度要求。

(2) 路基压实质量的控制

在路基碾压的过程中，应经常检查含水量及压实度。

工地含水量的控制至关重要。若含水量偏高(超出最佳值)，施工时应采取摊开晾晒措施，待其降至接近最佳含水率后方可进行碾压；若含水量偏低，则需通过人工或小型机具均匀掺入适量水，使其达到最佳含水率后再进行碾压。这一控制措施能够确保碾压过程中的压实效果和最终路基质量达标。所需洒水量见式(7-2)。

$$P=(w_0-w)\frac{G}{1+w} \tag{7-2}$$

式中 w_0，w ——土的最佳含水量及原状含水量(%)；

G ——需加水的土的质量(kg)。

7.1.3 路基排水施工

水是影响路基强度和稳定性的主要因素之一，它对路基的影响可分为地面水和地下水两部分。为此，路基排水工程可分为地面排水和地下排水两大类。为了维持路基的干燥、坚固和稳定性，需拦截地面水并将其排除到路基范围之外，防止水带来的侵蚀作用；同时，应截断和疏干地下水，降低地下水位，并引导水流至路基范围以外。

在施工过程中，应优先进行桥梁涵洞及施工场地范围以外的地面水和地下水排水设施的施工，以确保地基和填料不受水害影响。此外，施工场地的临时排水设施应与永久性排水设施相结合，以保证整体工程质量和进度。

(1) 地面排水设施

地面排水设施主要有边沟、截水沟、排水沟、跌水和急流槽等。

① 边沟

边沟是设置在道路挖方边坡外侧的一类深挖排水设施，主要用于汇集路基范围内少量的地面水、边坡积存的水流以及流向路基的地面径流。其构造通常包括深挖部分和开口段两部分：深挖部分用于截留和引导地表径流，开口段则与道路边缘或排水沟相连。边沟通常采用 V 形槽或 U 形槽结构，表面可设置防冲、耐磨材料，并在较长的长度内设置台阶，减少水流对边坡的影响。

② 截水沟

截水沟是设置在路基外侧或边沟附近的一类深挖排水设施，用于截留并疏导流向路基的地面径流。其主要作用包括：截留地表径流，避免径流冲刷路基；消减边沟内积水，降低边沟超高；减少急流水力对边坡的影响。截水沟通常采用 U 形槽或 V 形槽结构，并结合盖板等措施，防止水流外溢。

③ 排水沟

排水沟是引导低洼地区积水、化解路基积水的一种深挖排水设施。其构造通常包括深挖部分和开口段两部分:深挖部分用于将低洼积水引导至下游的其他排水设施或桥梁下部,开口段则与排水沟下游的排水渠道相连。排水沟的深挖宽度通常根据积水面积和排水需求确定,底面可设置坡度以加速水流消速。

④ 跌水

跌水是利用重力作用将山体或山坡积存的水快速排出的一种深挖排水设施。其结构通常采用U形槽或V形槽,并在槽底设置台阶以提高水流速度。跌水的主要作用包括:减小山洪和崩方的风险;降低地表高程,改善植被条件;减少径流对边坡稳定的威胁。

⑤ 急流槽

急流槽是应对山洪、泥石流的重要深挖排水设施。其结构通常采用U形槽或V形槽,底面设置台阶以增大水流阻力,并在槽内设置多级护坡和防护措施,防止水体冲刷边坡。急流槽的主要作用包括:消散强降雨期间的山洪;降低地表高程,改善周边地质条件;降低泥石流发生的风险。

(2) 地下排水设施

公路上常用的地下排水设施有明沟与排水槽、渗沟、渗井等。

① 明沟与排水槽

明沟与排水槽是一种适用于潜水层埋藏不深、地下水位较高的地下排水设施,其主要作用是截断地下水及降低浅层地下水的水位,同时兼通排地面水。这种排水方式尤其适用于寒冷地区和潜水层埋藏较浅的情况。应根据工程需要选择合适的间距,并结合地形条件进行合理布设:当设于路基旁侧时,沿路线方向布置;若位于低洼地带或天然沟谷,则顺山坡的走向设置,以充分利用地势优势。

在施工过程中,明沟与排水槽的壁面应在与含水层接触面处设置多排向沟中倾斜的渗水孔,以促进地下水的快速排出。此外,沟壁外侧需填筑粗粒透水材料或使用土工合成材料作为反滤层,以降低渗透阻力并加速水流消散。为确保排水效果,每隔10~15 m或通过软硬岩层分界处时,应设置伸缩缝或沉降缝,避免地层变化导致的结构损坏。

② 渗沟

渗沟是一种特殊的地下排水设施,用于截断有害水流、降低地下水位并保证路基稳定与干燥。根据施工工艺不同,渗沟可分为填石渗沟(暗沟)、管式渗沟和洞式渗沟三种类型,每种类型均需设置排水层、反滤层和封闭层,以确保排水效果的持久性和可靠性。

在实际应用中,当路基边缘无法保证排水要求时,可在边沟底部设置纵向渗沟,从而有效防止毛细水上升对路基稳定的影响;在路堤与堤坝的交界处设置横向渗沟,可阻隔路堑下含水层中的地下水,减少地下水沿路基延伸至路堤,进而降低路堤的湿化风险;此外,在边坡上设置边坡渗沟,可以疏干潮湿的边坡并排出局部滞水或泉水。

通过科学设置和合理设计,渗沟不仅能够有效控制地表水位,还能为工程提供较为稳定的排水环境,确保路基和堤坝的长期安全与稳定。

③ 渗井

当路基附近的地面水或浅层地下水无法排除,影响路基稳定时,可设置渗井,使地面水或地下水经渗井通过不透水层中的钻孔流入下层透水层中排除。

7.2　道路路面工程

7.2.1　路面基层(底基层)施工

在道路工程中,基层和底基层同属路面结构的承重层。直接作用于路面面层之下并用高质量材料铺筑的主要承重层被称为基层。底基层位于基层下方,属于基层的下卧层。基层属于路面结构核心层,在修筑道路时必须设置,底基层可根据道路等级、荷载需求选择设置。基层(底基层)按组成材料可分为碎砾石、稳定土和工业废渣三大类。

7.2.1.1　半刚性基层材料拌和机械

半刚性基层材料拌和机械主要分为路拌机械和厂拌设备两大类。

(1) 路拌机械

路拌机械能在路基附近将稳定土材料和稳定剂均匀拌和,主要适用于路拌法施工。路拌机械占地小、机动灵活,所需配套设备少,拌和质量好。其适用于公路、城市道路等基层稳定土的现场拌和作业,尤其是在一些地形复杂、不便于使用拌和站集中生产的路段,如山区道路、狭窄街道等。

(2) 厂拌设备

稳定土厂拌设备是将土、碎石、砾石或碎砾石、水泥、石灰、粉煤灰和水等材料按照施工配合比在固定的地点拌和均匀的专用生产设备。其特点是积木式模块化设计、搅拌性能优越、计量精准。稳定土厂拌设备由供料系统(包括各种料斗)、拌和系统、控制系统(包括各种计量器和操作系统)、输送系统和成品储存系统五大系统组成,如图 7.9 所示。

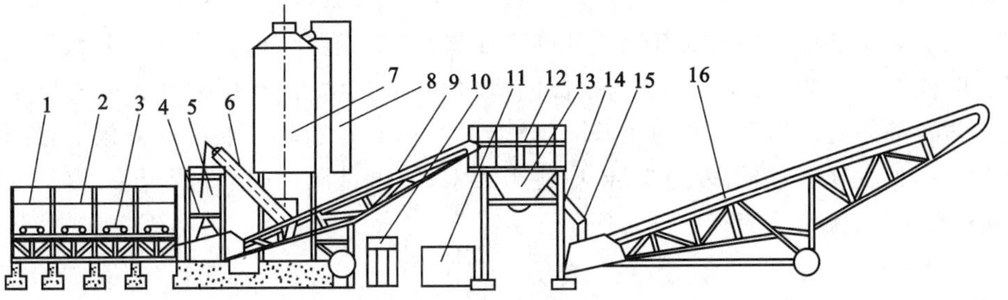

图 7.9　稳定土厂拌设备结构示意图

1—配料斗;2—皮带供料机;3—水平皮带输送机;4—小仓;5—叶轮供料器;6—螺旋送料器;7—大仓;8—垂直提升机;9—斜皮带输送机;10—控制柜;11—水箱水泵;12—拌和筒;13—混合料储仓;14—拌和筒立柱;15—溢料管;16—大输料皮带机

厂拌设备适用于大规模的稳定土基层材料生产,可用于高等级公路、机场、铁路、市政等工程,能生产各种不同规格要求的稳定土基层材料。

7.2.1.2　碎、砾石基层(底基层)施工

(1) 级配碎、砾石基层(底基层)施工

级配碎石或级配砾石是由粗、细碎石骨料和石屑或者粗、细砾石骨料和砂按一定比例组成的混合料。其通常用于道路的基层和底基层。它由各种不同粒径的碎石或砾石组成,当其颗粒组成符合技术规范的密实级配要求时,称为级配碎石或级配砾石。

① 路拌法施工

级配碎石基层(底基层)路拌法施工流程见图 7.10。

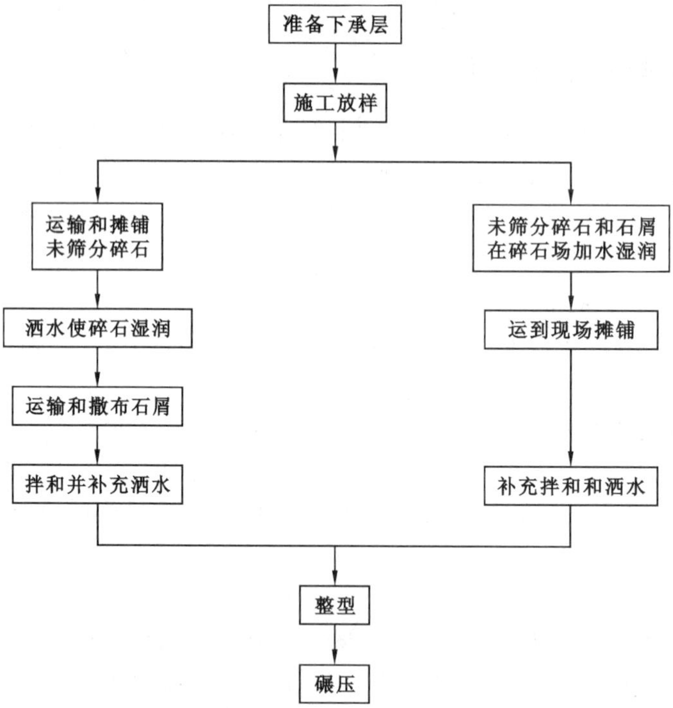

图 7.10 级配碎石基层路拌法施工工艺流程图

a. 准备下承层

基层的下承层是指基层或底基层所处的表面层,它是上层结构的基础。下承层的表面应平整、坚实,具有规定的路拱,没有任何松散的材料和软弱点。下承层的平整度和压实度弯沉值应符合规范的规定。当下承层为土基时,必须用 12～15 t 三轮压路机或等效的碾压机械进行碾压检验。如发现土过干,表层松散,应适当洒水;如土过湿,发生弹簧现象,应采取挖开晾晒、掺石灰或粒料、换土等措施进行处理。

b. 施工放样

在通过验收的下承层上恢复中线,对中心线的位置进行精确测量和复核,确保道路的中心线准确无误。在道路中心线两侧,根据设计的基层宽度和边坡坡率,计算出基层边缘的位置,并在相应位置钉设边桩。边桩的间距一般与中心桩相同,曲线段可适当加密。

c. 计算材料用量

根据各路段基层或底基层的宽度、厚度及预定的干压实密度,并结合确定的配合比,分别计算所需材料的数量。对于级配碎石,需分别计算未筛分碎石和不同粒径的石屑数量;对于级配砾石,则需分别计算各种骨料的数量。同时,根据材料的实际使用情况(如车次吨位、料场含水量等),计算每车料的堆放距离。

d. 运输和摊铺骨料

选择合适的运输车辆,确保车辆的车厢完好,车厢底部和侧板应平整光滑,以便骨料顺利卸料。在料场装料时,应根据车辆的载重和车厢容积,合理控制装料量,避免超载或装料过少。

运输过程中，车辆应保持平稳行驶，以减少骨料的颠簸和离析。若运输距离较长或天气炎热、干燥，为防止骨料水分蒸发过多，可对车厢内的骨料进行覆盖。

摊铺前应先检查下承层的平整度、压实度等指标是否符合要求，若存在问题应及时处理。同时，清理下承层表面的杂物和灰尘，确保骨料与下承层能良好结合。人工摊铺混合料时，其松铺系数为1.40～1.50；采用平地机摊铺混合料时，其松铺系数为1.25～1.35。

e. 拌和及整形

根据施工工艺要求，在采用稳定土拌和机进行级配碎石或砾石的拌和时，应确保拌和深度达到设计要求，并通过多遍拌和保证材料的均匀性；在无稳定土拌和机的情况下，可使用平地机或多铧犁与缺口圆盘耙配合进行拌和，平地机的拌和作业长度应控制在每段300～500 m，并进行5～6次拌和。

f. 碾压

根据施工工艺要求，在混合料含水量达到或接近最佳含水量后，应立即采用12 t及以上三轮压路机（包括振动压路机和轮胎压路机）进行碾压。对于直线段道路，应从两侧路肩向路中心进行碾压；而对于有超高路段，则需从内侧路肩向外侧路肩进行碾压。在碾压过程中，后轮应重叠1/2轮宽，并且必须超过接缝两段的位置，以确保碾压效果的连续性和质量。每遍碾压完成后，需完全覆盖路面全宽，并持续碾压直至达到要求的密实度。通常需要碾压6～8遍，并确保表面无明显轮迹。采用压路机作业时，头两遍碾压速度应控制在1.5～1.7 km/h，之后速度可提升至2.0～2.5 km/h。此外，路面两侧的碾压次数需多于其他区域，以确保质量均匀。

② 中心站集中拌和（厂拌）法施工

中心站集中拌和（厂拌）法是一种在工厂或场地内集中搅拌混合料后运输至施工现场摊铺并进行碾压的施工方法，适用于各种类型的土、骨料和结合料，尤其是塑性指数较小且含土较少的砂砾土、级配碎石、砂石屑等材料。摊铺时可使用摊铺机（如沥青混凝土摊铺机、水泥混凝土摊铺机或稳定土摊铺机），摊铺完成后需确保混合料均匀无离析现象；碾压时可选用振动压路机或三轮压路机，并按与路拌法相同的步骤和要求进行。

在摊铺过程中，若使用摊铺机摊铺后，混合料未完全压实，可在第二天与新摊铺的混合料一起碾压，并特别注意混合料的含水量以确保碾压效果；而当使用自动平地机摊铺时，则需按照路拌法的要求处理纵向接缝。为避免出现纵向接缝，在摊铺宽度不足的情况下，宜采用两台摊铺机前后同步摊铺，或在仅有一台摊铺机时分段摊铺并及时连接；若无法避免纵向接缝，则应垂直相连且不应斜接，确保接缝的合理性与质量。施工过程中需严格遵循施工规范。

(2) 填隙碎石基层（底基层）施工

道路工程中填隙碎石基层（底基层）的施工是路面结构的基础环节，其质量直接影响路面的承载能力和使用寿命。

① 准备下承层。

在铺设填隙碎石基层之前，需要对下承层进行检查和处理，确保下承层表面平整、坚实，无松散、软弱等缺陷。土基不论是路堤还是路堑，必须经过12～15 t三轮压路机或等效的碾压机械进行碾压检验（压3～4遍）。同时，如果土体过于干燥、表面松散，则须对下承层进行清扫和洒水湿润；如果土体过湿，则需要将土挖开晾晒、换土、掺石灰或骨料等。

② 施工放样同前。

③ 备料。

碎石料，根据各路段基层或底基层的厚度、宽度及松铺系数（1.20～1.30，碎石最大粒径与压实厚度之比为0.5左右时，系数为1.30，比值较大时，系数接近1.20），计算各段需要的粗碎石数量；根据运输车辆的体积，计算每车料的堆放距离。填隙料用量为粗碎石质量的30%～40%。

④ 运输并摊铺粗碎石。

⑤ 撒铺填隙料并碾压。

a.干法施工：

(a) 初压。用8 t两轮压路机碾压3～4遍，使粗碎石稳定就位。

(b) 撒铺填隙料。用石屑撒铺机或类似的设备将干填隙料均匀地撒铺在已压稳的粗碎石层上，松厚为2.5～3.0 cm，必要时，用人工或机械进行扫匀。

(c) 碾压。用振动压路机或重型振动压路机慢速碾压，将全部填隙料振入粗碎石间的孔隙中。注意路面两侧应多压2～3遍。

(d) 二次撒铺填隙料。步骤见第一次，松厚为2.0～2.5 cm。

(e) 二次碾压。碎石表面孔隙全部填满后，用12～15 t三轮压路机再碾压1～2遍。在碾压过程中，不应有任何蠕动现象。在碾压之前，宜在其表面先洒少量水（洒水量不宜少于3 kg/m^2）。

b. 湿法施工：

初压、撒铺填隙料、碾压、二次撒铺填隙料、二次碾压施工过程同干法施工。

撒铺填隙料之后用洒水车均匀地向粗骨料和填隙料的混合物上洒水，之后用12～15 t三轮压路机跟在洒水车后面进行碾压。碾压过程中需要将湿填隙料扫入出现的空隙，若不足则需要新加入填隙料。

碾压完成后的路段需要留待一段时间，让水分蒸发，表面变干后扫除面上多余的细料。

7.2.1.3 稳定土基层施工

稳定土基层是一种采用一定的技术措施，使土料与结合料（如水泥、石灰、粉煤灰等）混合，经过拌和、压实及养生后形成的具有一定强度和稳定性的路面基层。常用的稳定土基层有石灰土、水泥土和沥青土三种。稳定土质的方法有许多种，按其技术措施的不同可分为机械方法（如压实）、物理方法（如改善水温状况）、加入掺加剂（如粒料、盐溶液、有机高分子化合物及其他化学添加剂等）、技术处理（如热处理、电化学加固）等，详见表7.3。

表7.3 稳定土的主要方法

稳定的方法	使用的稳定材料	适宜稳定的土	稳定土的主要技术性质
压实		各类土	强度和稳定性有所提高
掺和粒料	对黏性土用砂、砾、碎石、炉渣等；对砂性土用黏性土	黏土、亚黏土或砂、砾	强度和稳定性略有提高
盐溶液	氯化钙、氯化镁、氯化钠等盐类	级配改善后的土	减少扬尘与磨耗
无机结合料	各类水泥、熟石灰与磨细生石灰、硅酸钠（水玻璃）	黏土类、亚黏土类、亚砂土类、粉土类	有较高的强度、整体性和水稳性，以及一定的抗冻性，但不耐磨
综合法	以石灰、水泥、沥青中的一种为主，掺入其他结合料	各类土	有较高的强度和稳定性

续表7.3

稳定的方法	使用的稳定材料	适宜稳定的土	稳定土的主要技术性质
有机结合料	黏稠或液体沥青、煤沥青、乳化沥青、沥青膏浆等	亚黏土类、亚砂土类	不透水，有一定的强度、水稳定性和抗冻性，但拌和稍困难
工业废料	炉渣、矿渣和粉煤灰等	黏土、亚黏土、粉土类	较高的强度和稳定性
离子稳固剂	CON-AID 稳固剂及 NSC 硬化剂	黏土、亚黏土、粉土类等	较高的强度和稳定性
高分子聚合物及合成树脂		各类土	较高的强度和稳定性

(1) 水泥稳定土基层

水泥稳定土基层由水泥、土、砂砾或碎石等材料按一定比例混合而成。水泥在混合过程中发生水化反应，生成胶结材料，将土颗粒或碎石颗粒牢固黏结，形成整体结构。这种结构不仅能够有效分散和传递荷载，还能减少基层的变形和破坏。水泥稳定土基层的承载机理主要依赖于水泥的胶结作用，通过增强颗粒间的黏结力，提高基层的整体强度和稳定性。

水泥稳定土基层施工方法有路拌法和厂拌法两种。

① 路拌法施工

路拌法施工工艺流程如图 7.11 所示。对于二级或二级以下的一般公路，水泥稳定土可以采用路拌法施工。

a. 准备下承层

下承层的施工质量是水泥稳定土基层的基础。确保下承层(如碎石垫层)已按设计要求施工完成，并且表面平整、无松散材料。下承层的密实度和均匀性直接影响基层的承载能力，新完成的底基层或土基，必须按规定进行验收。

b. 施工测量

施工测量是确保施工准确性的关键步骤。根据设计图纸进行精确的标高和坡度控制，使用水准仪和全站仪进行测量，确保施工线的准确性。首先在底基层或老路面或土基上恢复中线。直线段每 15～20 m 设一桩，平曲线段每 10～15 m 设一桩，并在两侧路肩边缘外设指示桩。

c. 备料

材料的质量直接影响水泥稳定土基层的性能。备料时，需选择符合设计要求的骨料和水泥。骨料应为级配良好的碎石或砾石，水泥则需符合《通用硅酸盐水泥》(GB 175—2023)的要求。备料时还需检查材料的含水量，确保其在适宜范围内。

d. 计算材料用量

根据各路段水泥稳定土层的宽度、厚度及预定的干密度，结合骨料的物理性质和运输条件，可以计算出每立方米土层

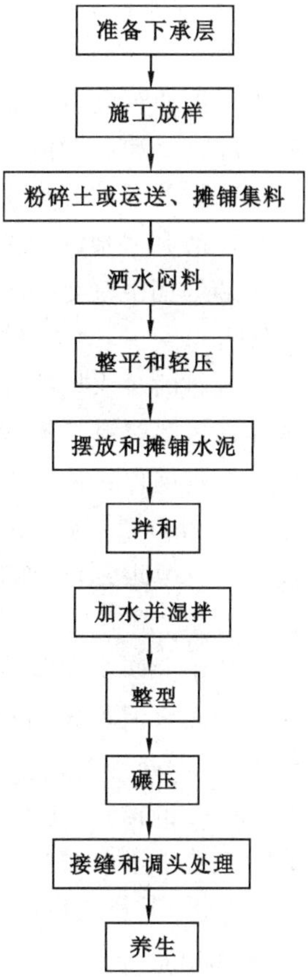

图 7.11 水泥稳定土路拌法施工工艺流程

所需的干燥骨料数量，并据此确定运输和储存的具体方案；通过分析料场骨料的含水量以及运输车辆的装载能力，可以合理规划每车料的堆放距离，确保存储空间的利用效率。结合水泥稳定土层的厚度、干密度及水泥用量等因素，计算出每平方米土层所需水泥的质量，并进一步推算出每袋水泥的摊铺面积；根据水泥稳定土层的宽度和设计要求，确定摆放水泥的行数，并据此计算每行水泥之间的间距。最后，结合每袋水泥的摊铺面积和行间距，可以合理安排每袋水泥在纵向方向上的分布距离，确保施工过程的有序性和效率。

e. 摊铺骨料

将骨料均匀摊铺在下承层上，确保厚度符合设计要求。摊铺时需使用摊铺机或人工摊铺，确保骨料均匀分布。摊铺后需使用平地机进行初步整形，确保表面平整。其厚度(松铺厚度＝压实厚度×松铺系数)应符合预计的要求。

f. 洒水闷料

对摊铺的骨料进行洒水，使其达到适宜的含水量。如已平整的骨料含水量过小，应在骨料层上洒水闷料。细粒土需要闷料一夜，中粒土和粗粒土应根据其中细粒土所占比例来确定闷料时间。洒水量需根据骨料的含水量和气候条件进行调整，确保混合料的均匀性。

g. 摊铺水泥

在集料上均匀摊铺水泥，确保水泥与骨料充分混合。摊铺水泥时需使用人工或机械进行均匀撒布，确保水泥分布均匀。水泥的摊铺厚度和均匀性直接影响基层的强度和稳定性。

h. 拌和

在进行拌和时应确保混合料均匀，拌和过程中需控制拌和深度和速度，确保混合料的均匀性和密实度。拌和后需检查混合料的均匀性，确保无未拌和的骨料或水泥。

i. 整型

拌和后，使用平地机对混合料进行整型，确保表面平整。整型过程中需控制平地机的行驶速度和角度，确保表面平整度符合设计要求。整型后需检查表面的平整度，确保无明显的高低不平。

j. 碾压

当混合料的含水量接近最佳时，应在全宽度上使用 12 t 以上的三轮压路机、重型轮胎压路机或振动压路机进行碾压。直线段应从两侧路肩向中心碾压，平曲线段则从内侧向外侧碾压。碾压时需确保每遍重叠半轮宽，并进行 6～8 遍碾压，前两遍速度控制在 1.5～1.7 km/h，后续变速为 2.0～2.5 km/h。碾压结束后应使用平地机进行终平处理，确保纵向顺适、路拱和超高符合设计要求；对局部高出部分需刮除并扫出，而低洼处则不再进行找补。

k. 接缝和“调头”处理

同日施工的两工作段的衔接处，应搭接拌和。第一段拌和之后预留 5～8 cm，在进行第二段施工时加入水泥重新拌和，与前一段未碾压的部分一起碾压。工作缝(每天最后一段末端缝)和“调头”的处理方式为：在已碾压完成的水泥稳定土层末端，沿稳定土挖一条横贯全路宽的长约 30 cm 的槽，直挖到下承层顶面，位置与道路中心线垂直，靠稳定土的一面切成垂直面。为了保证其边缘不致遭第二天工作时的机械破坏，需要将两根方木(长度各为水泥稳定土层宽的一半，厚度与其压实厚度相同)放在槽内，并紧靠已完成的稳定土。

在水泥稳定土层上进行机械调头时，需对“调头”部位采取保护措施，一般在准备调头的 8～10 m长的土层上覆盖一层厚塑料布(或油毡纸)，并在此塑料布上覆盖约 10 cm 厚的土、砂或砂砾。随后，在第二天摊铺水泥混合料和湿拌料后进行回填。靠近未能完全拌和的区域，需人工进行补充拌和。进行整平操作时，接缝处的水泥稳定土应高出完成断面约 5 cm，以便于将调头处的土除掉并刮平接缝。整平后，用平地机除去塑料布上的大部分土层(注意不要损坏塑料布)，人工清除剩余的土。在新混合料碾压过程中，需对接缝进行修整以确保平顺。

l. 纵缝处理

水泥稳定土层的施工应尽量避免纵向接缝。当必须分两幅进行施工时，纵缝必须垂直相接，不应斜接。具体处理方法为：在前一幅施工时，在靠中央一侧用方木或钢模板作支撑，其高度与稳定土层的压实厚度相同。混合料拌和结束后，靠近支撑物的部分应人工进行补充拌和，并进行整型和碾压后再铺筑另一幅。养生结束后需拆除支撑物。待第二幅混合料拌和完成后，在靠近第一幅部分，同样需要人工进行补充拌和并进行整型和碾压。

② 厂拌法施工

使用厂拌设备，如强制式拌和机，确保水泥和骨料在厂内均匀混合。将混合好的材料通过运输车辆运至施工现场，摊铺后进行压实。这种方法的优势在于混合均匀性高，质量控制严格，适用于大规模施工。

从施工方面考虑，除骨料的拌和地点不同，厂拌法需要运输混合料之外，具体施工与路拌法接近，在摊铺过程中需注意混合料的提供不应中断。碾压时，采用三轮压路机或轮胎压路机、振动压路机紧跟在摊铺机后面及时进行碾压。用摊铺机摊铺混合料时，中间不宜中断，如因故中断时间超过 2 h，应设置横向接缝。

(2) 石灰稳定土基层

石灰稳定土基层是由石灰与土混合后经碾压等处理形成的土层。石灰与土体中的黏土矿物发生火山灰反应，生成水化硅酸钙凝胶，胶结土颗粒形成整体板体结构，同时通过离子交换降低土体塑性，碳酸化填充孔隙，共同提升强度与水稳性。这种反应不仅增强土的颗粒间的作用力，还可能改变土的微观结构，使其更加密实。石灰稳定土基层在道路建设中主要用于地基处理，尤其是在处理存在软弱层、湿陷性黄土等情况时，能够显著提高地基的承载能力和稳定性。

石灰稳定土属于整体性半刚性材料，为了避免灰土层受弯拉而断裂，并能在施工碾压时有足够的稳定性和不起皮，灰土层不宜小于 8 cm。石灰稳定土层上未铺封层或面层时，禁止开放交通。当施工中断，临时开放交通时，应采取封土、封油撒砂等临时保护措施，不使基层表面遭受破坏。

(3) 沥青稳定土基层

沥青稳定土基层是由沥青(包括液体石油沥青、煤沥青、乳化沥青和沥青膏浆等)与粉碎土料拌和均匀后摊铺并碾压成型的基层。此类路面材料适用于多种土类，但对黏性较小的亚砂土和轻亚黏土等低黏性土，采用黏稠沥青可获得较好的稳定效果；而对于黏性较大的土，则需要先掺加少量活化剂以改善其稳定性。

在施工工艺方面，结合料的选择与使用温度是关键。采用液体石油沥青或低标号煤沥青时，通常选用热油冷料拌和，油温控制在 120～160 ℃；而乳化沥青或沥青膏浆多采用冷油冷料工艺。拌和可采用人工或机械方式，具体取决于施工效率和技术要求。碾压阶段则需要特别注意压实效果，通常选用轻型或中型轮胎式压路机进行单程或多程碾压。为了确保路面质量，建议在碾压后及时复压，并根据压实情况选择合适的复压次数，以达到最佳平整度和密实度。

施工过程中，质量控制至关重要。重点包括结合料的均匀性、碾压温度与压力的控制以及养护措施。科学的拌和工艺、合理的碾压技术和及时有效的养护措施,可以有效提升沥青稳定土基层的强度和耐久性,确保路面的整体性能达到预期要求。

(4) 工业废渣基层施工

石灰工业废渣稳定土是现代交通工程建设中重要的基层材料。石灰工业废渣主要包括粉煤灰、煤渣、高炉矿渣、钢渣(已达到稳定状态)、其他冶金矿渣和煤矸石等废弃物资源。通过合理配比石灰与粉煤灰或煤渣与其他骨料,并在最佳含水量下进行拌和、压实及养护,最终形成的混合料称为石灰工业废渣稳定土(简称石灰工业废渣)。这种材料具有良好的力学性能。

石灰工业废渣稳定土可分为两大类:一类是石灰粉煤灰类材料,包括二灰土、二灰砂砾、二灰碎石、二灰矿渣等;另一类是石灰其他废渣类材料,包括石灰煤渣土、石灰煤渣碎石、石灰煤渣砂砾和石灰煤渣矿渣等。这些材料具有良好的压实性能,并在各级公路的基层和底基层中得到了广泛应用。然而,二灰土作为一种特殊的混合料,虽然具有较高的稳定性和抗压强度,但其应用受到一定的限制:不能用于高级沥青路面的基层,也不适合用作高速公路上水泥混凝土面板下的基层;同时,二灰土也不能用作一级公路或二级公路的主路基材料。因此,在选择石灰工业废渣稳定土时,应根据具体工程的要求和路面功能特性进行合理配比。

在施工工艺方面,石灰工业废渣稳定土的施工可采用两种主要方式:一是路拌法,二是集中拌和(厂拌)法。其施工工艺流程如图 7.12 所示。无论是哪种方法,施工时都需要严格控制材料的拌和温度、水灰比和碾压工艺参数,并确保碾压后及时进行养护,以保证混合料的压实效果和长期稳定性。通过科学的施工技术和材料配比,石灰工业废渣稳定土能够充分发挥其良好的力学性能,为公路基层提供可靠的基础保障。

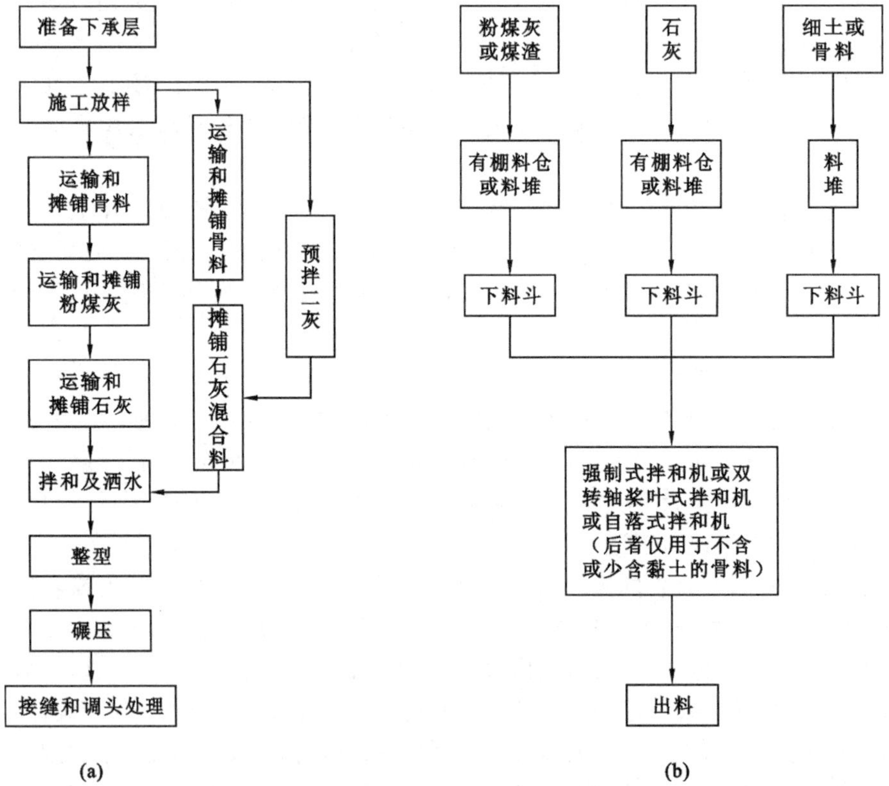

图 7.12 石灰工业废渣施工工艺流程图

(a)路拌法;(b)厂拌法

7.2.2 沥青路面施工

7.2.2.1 沥青路面施工机械

沥青路面施工机械主要有沥青洒布机、沥青混合料拌和设备和沥青混合料摊铺设备等。

(1) 沥青洒布机

沥青洒布机是一种将混合料(如沥青、骨料和其他添加剂)均匀撒布到路基表面的设备。它主要用于沥青路面的摊铺阶段,是确保路面平整度、温度均匀的关键设备。

(2) 沥青混合料拌和设备

沥青混合料拌和设备是指将沥青与其他材料(如碎石、泥土等)按一定比例混合,并通过适当的温度控制形成路基材料的拌和机械。其按施工特点可分为传统式和滚筒式;按生产能力可分为超大型(生产能力>400 t/h)、大型(生产能力 150～350 t/h)、中型(生产能力 50～100 t/h)和小型(生产能力<50 t/h)。

① 传统式拌和设备

根据混合料的拌和是否连续可以将传统式拌和设备分为传统连续式沥青混合料拌和设备和传统间歇式沥青混合料拌和设备。

传统连续式沥青混合料拌和设备中,各骨料的定量加料、烘干与加热、混合料的拌和与出料都是连续进行的;传统间歇式沥青混合料拌和设备中,各骨料的定量加料、烘干与加热是连续进行的,而混合料的拌和与出料则是按一定的间歇周期进行的。

② 拌和设备

传统式沥青混合料拌和设备生产过程中会产生大量的粉尘,对环境造成污染,因此需要额外添加结构复杂、耗能高的除尘设备。滚筒式沥青混合料拌和设备将骨料烘干、加热与沥青的拌和在一个滚筒内进行,避免粉尘的飞扬。

(3) 沥青混合料摊铺设备

沥青混合料摊铺设备是沥青路面施工中的关键设备,主要分为履带式、轮胎式和滑移式三种类型,每种设备都有其独特的功能和适用场景,选择时需综合考虑工程需求、路面类型和施工条件。

履带式摊铺机广泛应用于大型沥青路面工程,如高速公路和城市主干道。其主要特点是稳定性好、操作灵活,能够适应复杂的施工环境。履带式摊铺机通常配备自动找平系统,确保摊铺的平整度和均匀性。

轮胎式摊铺机适用于多种路面类型,包括高速公路、城市道路和农村公路。其优势在于机动性强,能够快速适应不同的施工条件。轮胎式摊铺机通常配备先进的控制系统,如自动调平和厚度控制功能,确保摊铺质量。轮胎式摊铺机的前轮为一对或两对实心小胶轮(图 7.13),这样既可增强承载力,又可避免因受荷载变化而变形,后轮大多为较大尺寸的充气轮胎。

滑移式摊铺机适用于小型或特殊路面施工,如人行道、自行车道和停车场。其特点是操作简便、体积小,适合在狭小空间内进行施工。滑移式摊铺机通常配备手动控制功能,适合精度要求不高的场景。

7.2.2.2 沥青路面的分类

沥青路面可分为沥青混凝土、热拌沥青碎石、乳化沥青碎石混合料、沥青贯入式和沥青表

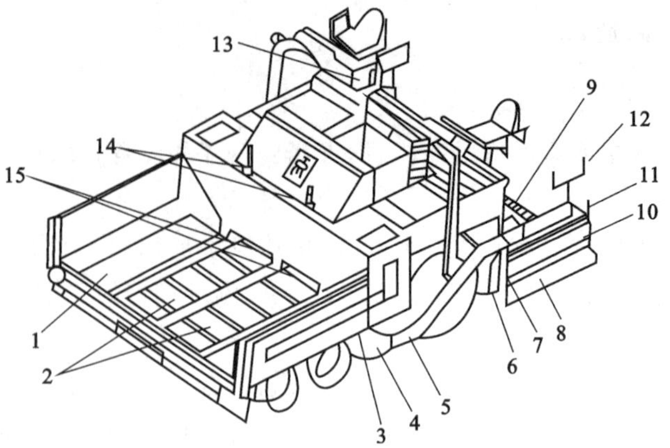

图 7.13　轮胎式沥青混合料摊铺机

1—受料斗；2—刮板输送器；3—牵引臂端提升液压缸；4—牵引臂端头；5—牵引臂；
6—熨平装置提升液压缸；7—螺旋摊铺器；8—纵坡调节传感器；9—振动-熨平板；10—熨平端板；
11—熨平端板调节手柄；12—铺层厚度调节器(手柄)；13—横坡调节传感器；14—左右闸门标高；15—左右闸门

面处置五种类型；按强度构成原理可将沥青路面分为密实类和嵌挤类两大类；按施工工艺的不同，沥青路面又可分为层铺法、路拌法和厂拌法三类。

7.2.2.3　沥青路面施工前准备工作

(1) 确定料源及进场材料的质量检验

确定料源及进场材料的质量检验是确保路面性能的基础。施工前，必须对沥青、矿料等原材料进行严格的质量控制。例如，沥青的针入度、软化点、延度等指标需符合设计要求，以确保其在高温和低温环境下的稳定性。同时，矿料的级配、含泥量等也需经过检测，避免因材料问题而导致路面出现裂缝或松散。

(2) 施工机械的检查

摊铺机、压路机等设备的性能和状态直接影响路面的平整度和密实度。例如，摊铺机需确保摊铺宽度、厚度和均匀性，而压路机则需根据混合料的类型选择合适的压实工艺。检查内容包括设备的运行状态、操作参数以及维护记录，确保其在施工过程中能够稳定运行。

(3) 铺筑试验路段

铺筑试验路段是验证施工工艺合理性的关键步骤。通过试验路段，可以确定最佳的施工参数，如摊铺温度、压实遍数等，确保后续大规模施工的质量和效率。试验路段的铺筑还需考虑实际施工条件，如气候、交通等因素，以确保施工方案的可行性和适应性。

7.2.2.4　洒铺法沥青路面层施工

用洒铺法施工的沥青路面面层有沥青表面处置路面和沥青贯入式路面两种。

(1) 沥青表面处置路面

沥青表面处置是一种铺设不超过 30 mm 的薄层路面面层的工艺，主要用于抵抗车辆行驶过程中的磨损、增强防水性能、提高路面平整度以及改善行车条件。根据施工材料和工艺层次的不同，它分为单层式、双层式和三层式三种类型。其中，单层式采用一次沥青结合一次矿料，厚度控制在 1.5 cm；双层式则使用两次沥青与两次矿料，厚度为 2.5 cm；三层式则由三次沥青配合三次矿料组成，施工后路面厚度达到 3 cm 以上。

层铺法沥青表面处置施工,一般采用“先油后料”(先洒布一层沥青,后铺撒一层矿料)法。双层式沥青表面处置路面的施工顺序为:备料→清理基层及放样→浇洒透层沥青→洒布第一层沥青→铺撒第一层矿料→碾压→洒布第二层沥青→铺撒第二层矿料→碾压→初期养护。单层式和三层式沥青表面处置的施工顺序与双层式基本相同,只是相应地减少或增加一次洒布沥青、铺撒矿料和碾压工作。

① 清理基层

在施工前,需对路面基层进行彻底清扫,确保大部分矿料外露,并保持干燥。对存在坑槽或不平整路段的区域应先修补和整平。若基层强度不足,还需进行补强处理。

② 浇洒透层沥青

在符合规定的基层类型(如级配砂砾、级配碎石、水泥结合料等)上,需浇洒透层沥青。透层沥青通常选用慢裂乳化沥青或中、慢凝石油沥青,其作用是与非沥青材料的基层结合良好,并渗透至基层表面。

③ 洒布沥青

在透层沥青充分渗透后,或在透层施工完成并开放交通后,进行沥青洒布。洒布时应控制温度(如石油沥青为 130～170 ℃,乳化沥青不超过 60 ℃),确保均匀覆盖,避免空白或积聚现象。

④ 铺撒矿料

在洒布沥青后,应趁热铺撒矿料,并按规定一次性撒足。铺撒时需确保矿料与沥青结合紧密,达到规定的层厚要求(如单层式为 1.0～1.5 cm)。

⑤ 碾压施工

铺撒矿料后,立即使用双轮压路机或轮胎压路机进行碾压。碾压应从路缘向路中心进行,每次轮迹重叠 30 cm,碾压遍数一般为 3～4 次,并控制碾压速度(开始时为 2 km/h,后续适当提高)以确保压实效果。

第二层、第三层的施工方法和要求与第一层相同。

⑥ 初期养护

碾压结束后即可开放交通,但应控制车速不超过 20 km/h,并控制车辆行驶的路线。

⑦ 质量控制与检查

在施工过程中,需定期检查材料选择、施工温度和设备使用是否符合规范要求。最终施工完成后,应对路面平整度、强度和排水性能进行全面检验,确保达到预期效果。

(2) 沥青贯入式路面

沥青贯入式路面是一种多层结构的路面系统,其主要由矿料基层、沥青面层以及嵌缝材料构成。在施工过程中,首先通过洒布的方式摊铺沥青,随后分层铺撒嵌缝料,再进行沥青洒布和多次碾压,依靠行车荷载的压实作用形成最终结构。这种路面设计具有较大的厚度(一般为 4～8 cm),其强度和稳定性主要来源于矿料的嵌挤作用和沥青材料的黏结力,因此具有较高的抗变形能力和良好的耐久性。

沥青贯入式路面的施工程序为:备料→整修、放样和清扫基层→浇洒透层或黏层沥青→铺撒主层矿料→第一次碾压→洒布第一次沥青→铺撒第一次嵌缝料→第二次碾压→洒布第二次沥青→铺撒第二次嵌缝料→第三次碾压→洒布第三次沥青→铺撒封层矿料→最后碾压→初期养护。

在沥青贯入式路面施工中，宜采用快裂的洒布型乳化沥青作为黏层材料，也可选用快、中凝液体石油或煤沥青，并根据具体要求控制沥青用量（如石油沥青用量为 0.4～0.6 kg/m^2，煤沥青用量可增加 20%）。适度的碾压是确保路面性能的关键，其不仅能够增强矿料的嵌挤稳定性，还能防止沥青流失和上下层不均匀分布；然而，过大的碾压可能导致矿料被压碎，破坏嵌挤结构并引发泛油现象。因此，施工过程中需合理控制碾压力度，以保证路面的稳定性。

7.2.2.5　热拌沥青混合料路面施工

（1）施工准备及要求

① 拌和设备选型

热拌沥青混合料施工的关键环节之一是拌和设备的选择与配置。根据工程规模和工期需求，应优先选用高效率、大容量的拌和设备。对于高等级公路项目，为满足施工要求，应选用拌和能力较强的设备，以确保其生产能力能够匹配摊铺能力，并预留 5%～10%的富余能力以应对可能出现的施工波动。选择设备时应综合考虑设备型号、生产能力和自动化水平，以提高施工效率和产品质量。

② 准备下承层和施工放样

在开始热拌沥青混合料施工前，必须对下承层进行全面检查，包括厚度、平整度、密实度及路拱等指标。下承层表面的任何质量问题都将影响路面结构的整体性能。施工放样阶段应准确测定标高，并考虑松铺系数的影响，以确保路面总厚度符合设计要求且标高误差在容许范围内。施工放样的结果将作为摊铺施工的基础，确保路面结构的均匀性和稳定性。

③ 机械组合

优先选用自动化程度高、生产效率高的摊铺机和拌和设备并以其为主导，同时与自卸汽车、压实压光设备等进行优化组合。这种多机配合的方式不仅提高了施工效率，还能确保沥青混合料的均匀混合和摊铺质量。

（2）沥青混合料拌和与运输

沥青混合料拌和是沥青路面施工中的关键环节，所需的器械主要包括沥青加热设备、骨料加热设备、骨料计量设备、沥青计量设备和搅拌设备。这些设备协同工作，确保沥青与骨料按设计配合比充分混合，形成高质量的沥青混合料。沥青混合料类型应在综合考虑公路所在地区自然条件、公路等级、路面性能要求、施工条件等因素的基础上参考表 7.4 确定。沥青与矿料的加热温度应调节到能使混合料出厂温度符合表 7.5 规定的要求。

表 7.4　沥青路面各层适用的沥青混合料类型

结构层次	高速公路和一级公路		其他等级公路	
	三层式沥青混凝土面层	双层式沥青混凝土面层	沥青混凝土面层	沥青碎石面层
上面层	AC-13、AC-16、AC-20	AC-13、AC-16	AC-13、AC-16	AM-13
中面层	AC-20、AC-25	—	—	—
下面层	AC-25、AC-30	AC-20、AC-25、AC-30	AC-20、AC-25、AC-30、AM-25、AM-30	AM-15、AM-30

表 7.5　热拌沥青混合料的施工温度　　单位：℃

沥青种类		石油沥青			煤沥青	
沥青标号		AH-50、AH-70、AH-90、A-60	AH-110、AH-130、AH-100、A-140	A-200	T-8、T-9	T-5、T-6、T-7
沥青加热温度		150～170	140～160	130～160	—	—
矿料温度	间歇式拌和机	比沥青加热温度高 10～20(填料不加热)			比沥青加热温度高 10～20(填料不加热)	
	连续式拌和机	比沥青加热温度高 5～10(填料不加热)			比沥青加热温度高 10～20(填料不加热)	
混合料储存仓储存温度		储料过程中温度降低不超过 10			储料过程中温度降低不超过 10	
沥青混合料正常出厂温度		140～165	125～160	120～150	90～120	80～110
运输到现场温度		不低于 120～150			不低于 90	
摊铺温度	正常施工	不低于 110～130,不超过 165			不低于 80,不超过 120	
	低温施工	不低于 120～140,不超过 175			不低于 100,不超过 140	
碾压温度	正常施工	110～140,不低于 110			80～110,不低于 75	
	低温施工	120～150,不低于 110			90～120,不低于 85	
碾压终了温度	钢轮压路机	不低于 70			不低于 50	
	轮胎压路机	不低于 80			不低于 60	
	振动压路机	不低于 65			不低于 50	
开放交通温度		路面冷却			路面冷却	

运输过程中要避免温差过大,尤其是在炎热或寒冷天气下,需注意保持适宜的温度,以确保混合料的流动性。选择合适的运输车辆,运输时间过长会导致混合料温度下降和离析现象,影响施工质量。运输车辆必须配备有效的保温措施,如覆盖篷布或使用保温仓。混合料在运输过程中温度应保持在 130～150 ℃之间,以确保其良好的工作性能。在极端天气条件下,如低温或大风,可能需要增加保温层或使用更高效的保温设备。

(3) 沥青混合料摊铺

在进行沥青混合料摊铺作业时,首先要确保摊铺机的熨平板状态良好。检查摊铺机的宽度和高度是否符合设计要求,并调整自动找平装置。优先采用全幅摊铺以减少接缝次数,分幅摊铺时应紧密接缝、拉直,并设置样桩控制厚度。摊铺温度不得低于 100 ℃(煤沥青不得低于 70 ℃)。摊铺厚度由松铺系数乘设计厚度得出,松铺系数需通过试铺确定,一般取值范围为沥青混合料 1.15～1.35,沥青碎石混合料 1.15～1.30。

摊铺分为三个步骤:

① 熨平板加热

每天施工前或停工后应对摊铺机的熨平板进行加热,以确保混合料与底面之间形成良好的黏结。夏季亦然,此操作对摊铺表面平整至关重要。

② 摊铺方式

从横坡较低处开铺，各条摊铺带宽度一致。单机作业时先摊铺较窄的区域；多机作业时应形成梯队作业，间距控制在 5～10 m，以确保热接槎处理顺利进行。

③ 接槎处理

a. 纵向接槎

纵向接槎是指两条相邻摊铺带之间的接槎处需要设置一定的搭接宽度（通常为 3～5 cm），以保证接槎处与其他部分具有相同的厚度。这种搭接方式分为冷接槎和热接槎两种：冷接槎适用于摊铺新层时，通过铲修边缘垂直处理已铺层带接槎处，并确保新旧摊铺带的松铺厚度一致；而热接槎则在多台摊铺机梯队作业时使用，利用混合料处于压实前的热状态进行连接，通常处理较为简单且连接强度较高。总体而言，纵向接槎施工能够有效保证路面结构的均匀性和整体性能。

b. 横向接槎

横向接槎是指相邻两幅及上下层之间的横向接槎，其接槎处应错位 1 m 以上。横向接槎分为斜接槎和平接槎两种类型，其中在高速和一级公路的中下层可采用斜接槎，而上层则须采用垂直平接槎。对于其他等级公路的各层，则应使用斜接槎。处理横向接槎时，应将第一条摊铺带的尽头边缘锯成垂直面并与纵向边缘形成直角。横向接槎的质量对路面的平整度具有重要影响。

(4) 沥青混合料的碾压

碾压是沥青路面施工的最后一道工序，其主要目的是通过压实处理提高沥青混合料的强度、稳定性和耐疲劳性能。碾压工作包括选型与组合各类压路机、控制压实温度和碾压速度、确定遍数及碾压方法，同时对特殊路段如弯道和陡坡等进行专门处理以确保路面质量。

① 碾压机械的选型与组合

静作用光轮压路机（包括三轮式、双轮式）适用于沥青混合料的初压作业，三轴三轮式串联压路机适合要求较高的高等级公路路面；轮胎压路机主要用于接缝处预压、消除裂纹以及摊铺层的压实；振动压路机则包括自行式单轮振动压路机和串联振动压路机，分别适用于不同施工场景。选择合适的压路机需综合考虑摊铺机生产效率、混合料特性及摊铺厚度等技术参数，并结合施工现场具体情况合理配制。

② 压实作业

a. 压实程序

(a) 初压阶段

初压是整平混合料并为后续复压创造条件。初压时可采用 6～8 t 双作用式振动压路机（关闭振动装置）进行两次碾压，压实温度一般控制在 110～130 ℃（煤沥青混合料不高于 90 ℃）。初压结束后需检查路面平整度及路拱情况，必要时进行局部修整。

(b) 复压阶段

复压是确保混合料密实和稳定的关键工序。应采用 10～12 t 三轮压路机、10 t 振动压路机或重型轮胎压路机进行不少于 4～6 次碾压，直至达到稳定状态且无明显轮迹为止。复压时的压实温度一般为 90～110 ℃（煤沥青混合料不低于 70 ℃）。

(c) 终压阶段

终压的目的是消除轮迹并形成平整的压实面。终压时可采用 6～8 t 双作用式振动压路机(关闭振动装置)进行 2～4 次碾压,确保无轮迹且符合压实温度要求:一般为 70～90 ℃(煤沥青混合料不低于 50 ℃)。

沥青混合料碾压时的具体温度受沥青标号、碾压器械、施工环境等因素的影响。具体的碾压温度请参考《公路沥青路面施工技术规范》(JTG F40—2004)5.2.2 节表 2 确定。

压实作业结束后应检查路面平整度及施工质量。

b. 压实方法

采用双作用式振动压路机时,从外向内慢速平稳碾压。使用轮胎式压路机时,相邻碾压带间应重叠 1/3～1/2 宽度;使用三轮式压路机时,相邻碾压带间应重叠 1/2 宽度;使用振动压路机时,相邻碾压带间应重叠 10～20 cm。振动压路机应控制频率为 35～50 Hz、振幅为 0.3～0.8 mm。压路机的碾压速度应符合相关技术规范规定,确保压实效果和温度控制。

7.2.3 水泥混凝土路面施工

水泥混凝土路面是道路工程中常见的路面类型,其种类主要包括普通混凝土路面、碾压混凝土路面、预制板混凝土路面、钢筋混凝土路面、钢纤维混凝土路面、沥青混凝土路面。目前采用最广泛的是就地浇筑的素混凝土路面。

7.2.3.1 水泥混凝土路面施工机械

水泥混凝土路面的施工机械主要有水泥混凝土搅拌和摊铺两类设备。

(1) 搅拌设备

搅拌设备是混凝土施工的核心,常见的有自落式搅拌机、强制式搅拌机、立轴式搅拌机和滚筒式搅拌机。这些设备通过不同的搅拌方式确保混凝土材料均匀混合。

(2) 摊铺设备

摊铺设备用于将混凝土均匀摊铺在路床上,按其施工方法可以分为轨道式与滑模式两大类。

① 轨道式摊铺机

轨道式摊铺机是一种专门用于水泥混凝土路面施工的机械设备,通过振动压路以形成压实的路面。轨道式摊铺机的主要组成部分包括轨道行走机构、摊铺装置、压路装置、控制系统、运输装置。

轨道式摊铺机通过轨道技术实现了高效率、高稳定性和高精度的路面摊铺和压路。主要适用于乡村道路、临时道路等小规模或临时性施工项目。其设备简单、移动灵活,能够快速适应不同的施工环境。

② 滑模式摊铺机

滑模式摊铺机是一种高效的水泥混凝土路面施工设备。滑模式摊铺机的主要组成部分包括摊铺机、传力杆或拉杆放置机、路面纹理加工机、养生剂洒喷机、切缝机等。其在工作时不需要额外架设轨道和模板,具有摊铺效率高、摊铺速度快、设备稳定性良好等优点,适用于城市道路、高速公路等多种场景。

7.2.3.2 轨道式摊铺机施工

(1) 施工准备工作

① 材料准备以及质量检验

在施工前,根据施工进度计划,需分别准备好所需水泥、砂、石料、外加剂等材料,并在实际使用前进行质量检验核查。对水泥的检验包括查验其出厂质量报告单，同时逐批抽验其细度、凝结时间、安定性及 3 d、7 d 和 28 d 的抗压强度是否符合要求。为了节省时间，可采用 2 h 压蒸快速测定方法来替代常规试验。此外，配合比检验与调整应包括工作性检验与调整、强度检验，并通过改变用水量、水胶比、砂率或级配等参数进行对比，最终选择经济合理的配合比方案。

② 基层检验与整修

施工前需对基层进行全面的质量检查和整修，主要包括以下内容：首先对基层的强度（以基层顶面的当量回弹模量值或标准汽车测定的计算回弹弯沉值作为指标）、压实度、平整度（以 3 m 直尺量得）、宽度、纵坡高程和横坡（用水准仪测量）等项目进行检验，确保均符合规范要求。施工完成后应加强基层养护，禁止出现车槽现象。测量放样是施工的重要环节，需根据设计图纸放出路中线及路边线，并设置胀缝、缩缝、曲线起讫点和纵坡转折点等中心桩。同时，根据现场核对施工分块线与窨井盖及其他公用事业检查井盖的边线距离要求（分块线距边线至少 1 m），必要时需调整分块线位置以满足规范要求。

（2）机械选型和配套

在轨道式摊铺机的施工过程中，机械的选型需要遵循以下基本原则：首先，确定主导机械。由于混凝土拌和与摊铺是决定路面质量和使用性能的关键工序，因此将混凝土摊铺成型机械作为主导机械，并结合其生产率和工艺要求选择合适的设备。其次，根据运输需求选择配套机械，主要依据运输距离、混凝土运量以及运输效率等因素，通常选用中、小型自卸汽车和混凝土搅拌运输车等。

主导机械的选择应基于施工阶段的工艺需求和技术参数，例如，摊铺机的选择需综合考虑其生产率、压实性能及适应性；拌和机的选择则需确保其生产率与摊铺机匹配，以实现施工过程的均衡性和一致性。而配套运输机械的选择需结合具体施工场景下的运输距离和混凝土重量，选用效率高且可靠性强的设备，如中、小型自卸汽车和混凝土搅拌运输车。合理的机械配套是保证施工效率和质量的关键，可确保主导机械的工作状态及运输机械的运输能力得到充分发挥。

（3）拌和与运输

① 拌和质量与运输管理

拌和质量是保证水泥混凝土路面平整度和密实度的关键。在机械化施工中，混凝土的供料系统应尽量采用自动计量设备以提高拌和的准确性和效率。拌和机的生产率、配合比计算的准确性以及骨料级配的均匀性对施工效果至关重要。此外，拌和过程中的温度控制和水化反应速度也需优化，确保混凝土的和易性得到充分表现。

在运输过程中，为保证混凝土的工作性，应综合考虑蒸发水分和水化失水的影响，避免运输颠簸或振动导致的离析现象。因此，运输距离不宜过长，并采取有效措施减少水分损失和离析风险。一般而言，当坍落度大于 5.0 cm 时，宜采用搅拌运输车进行运输，并且运输时间不应超过 1.5 h；当坍落度小于 2.5 cm 时，可选用中、小型自卸汽车运输，并且运输时间不宜超过 1 h。当运输时间超过上述极限值时，可考虑掺入缓凝剂以改善混凝土的和易性和流动性，从而延长运输时间并减少离析风险。

② 运输设备与卸料机械的操作要求

卸料机械有侧向和纵向卸料机两种（图 7.14）。

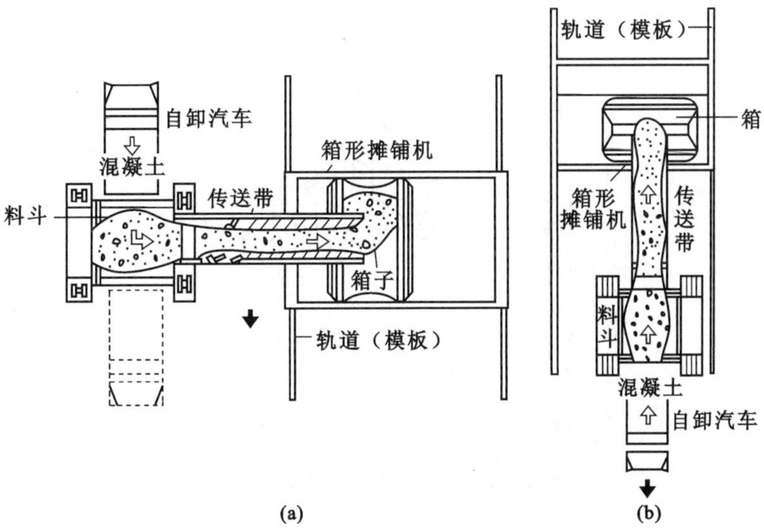

图 7.14　卸料机械

(a)侧向卸料机；(b)纵向卸料机

侧向卸料机通常在路面铺筑范围外操作，自卸汽车不进入路面铺筑范围，因此需要确保卸料机和自卸汽车有充足的通道通行。

纵向卸料机则在路面铺筑范围内操作，由自卸汽车后退卸料，但由于其操作范围有限，施工过程中需避免在基层预先安放传力杆及其支架以确保稳定性和安全性。

合理的运输管理与卸料机械操作方式能够有效保障混凝土的供应质量和施工效率，从而为整个摊铺过程提供可靠的技术支持。

(4) 混凝土的铺筑与振捣

① 轨道模板安装

轨道式摊铺机施工时整套机械在轨道上移动前进，并以轨道为基准控制路面表面高程。由于轨道和模板同步安装，统一调整定位，因此将轨道固定在模板上，模板既可作为水泥混凝土路面的侧模，也是每节轨道的固定基座(图 7.15)。

② 摊铺

摊铺是将倾卸在基层土或摊铺机箱内的混凝土按摊铺厚度均匀地充满在模板范围内。摊铺机械有刮板式、箱式和螺旋式三种。

刮板式摊铺机是一种常见的水泥混凝土路面摊铺机械，其主要特点是通过传动机构带动刮板转动，将新鲜混合料均匀地撒布到工作面上，由于刮板自身也要旋转，因此可以将卸在基层上的混凝土堆向任意方向摊铺(图 7.16)。其优点在于操作简单，成本较低，并且能够适应多种施工环境；但通常仅适用于单层或薄层路面的摊铺，难以处理多层结构或高压密级路面。

箱式摊铺机采用固定上下面的结构，通过驱动滚筒压紧混合料的方式进行摊铺。箱子在机械前进行驶时横向移动，同时箱子的下端按松散厚度刮平混凝土(图 7.17)。这种机械的特点是运输效率高、摊铺均匀性好，并且能够适应多层结构的路面施工；但其缺点是成本较高，且需要可靠的运输设备和稳定的材料供应。

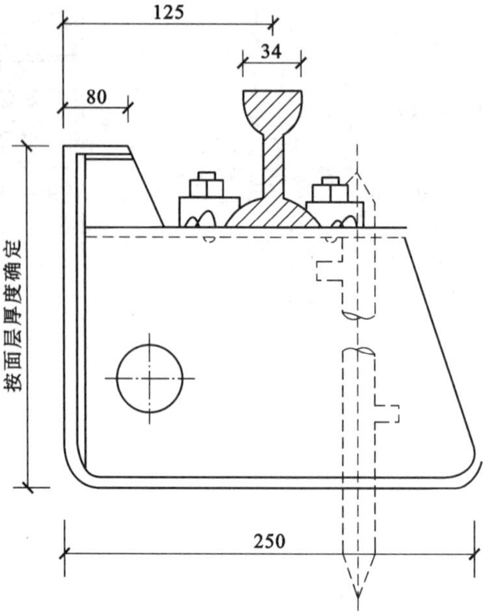

图 7.15　轨道模板(单位:cm)

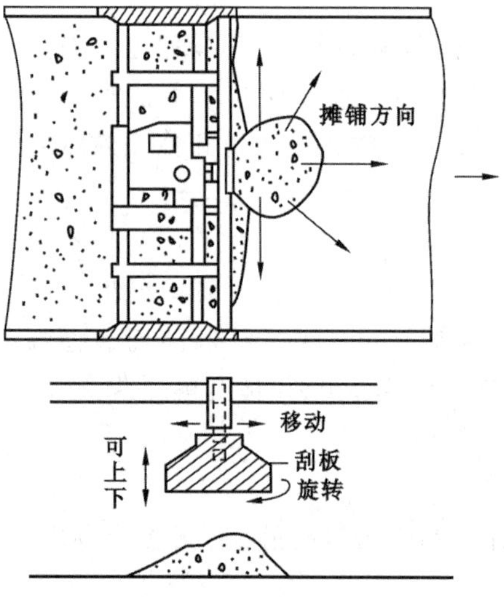

图 7.16　刮板式摊铺机施工

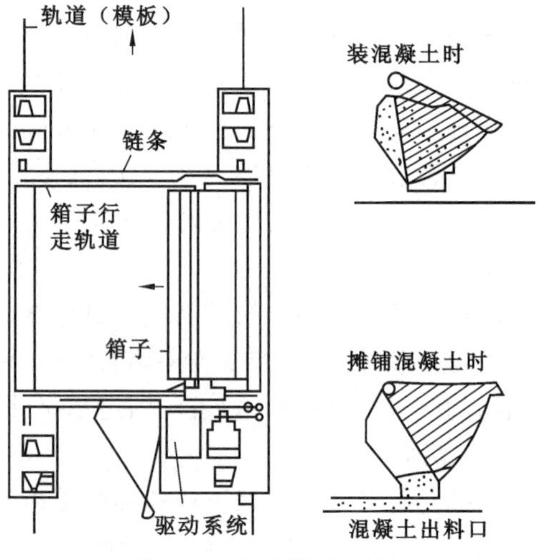

图 7.17　箱式摊铺机施工

螺旋式摊铺机利用旋转螺旋与工作面接触并施加压力,将混合料均匀地压入路面,在摊铺时可以准确地调整高度(图 7.18)。这种机械特别适用于高压密级路面的摊铺,能够确保路面结构紧凑、强度高;但其操作复杂性较高,成本也较高。

③ 振捣

水泥混凝土摊铺后应进行振捣,振捣可采用振捣机或内部振动式振捣机进行。振捣机的构造如图 7.19 所示。振捣机跟在摊铺机后面,是一种对混凝土进行再次整平和捣实的机械。内部振动式振捣机主要是通过并排安装的插入式振捣器插入混凝土中,由内部进行捣实。

(5) 表面修整

振实后的混凝土路面需通过表面修整工序，以确保路面的平整度和粗糙度符合设计要求。采用机械修整时，表面修整机主要包括斜向表面修整机和纵向表面修整机两种类型。

斜向表面修整机通过一对与机械行走轴线成10°～13°的整平梁进行相对运动，其中一根整平梁为振动整平梁，用于增强修整效果；另一根为普通整平梁，配合振动整平梁完成修整工作。纵向表面修整机则采用整平梁在混凝土表面做纵向往返移动的同时兼做横向移动的方式，通过机体的前进运动对混凝土板表面进行整平。施工时，确保轨道或模板的顶面保持清洁，以保证机械顺利通过并完成修整工作。

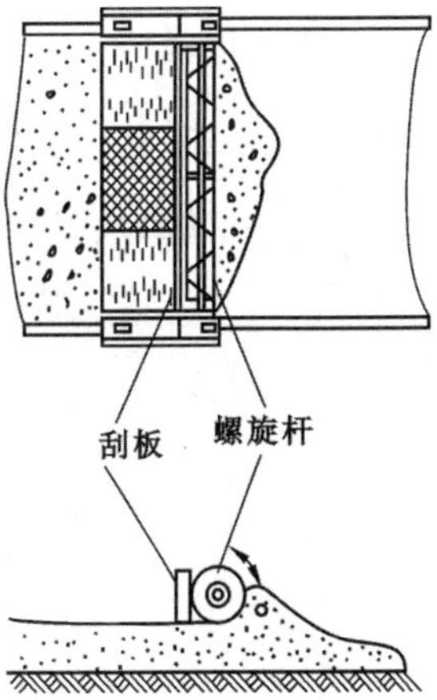

图 7.18　螺旋式摊铺机施工

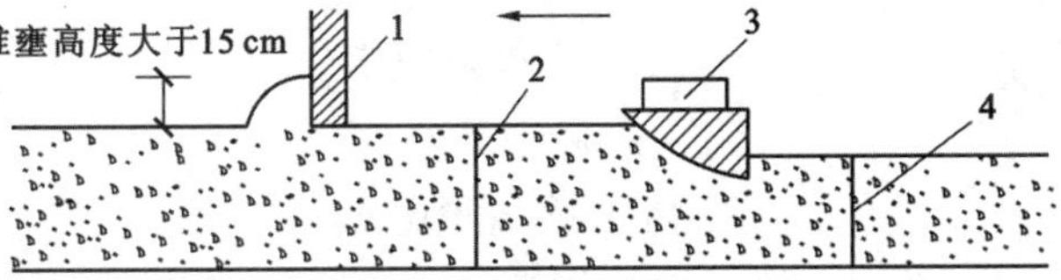

图 7.19　振捣机的构造

1—复平梁；2—松铺高度；3—弧面振动梁；4—面层厚度

精光工序是对混凝土路面表面进行最后的精细修整，其目的是进一步提升路面的平整度和致密性，同时改善路面外观的平整性和美观性。

纹理制作是提升高等级公路水泥混凝土路面行车安全的重要工序之一。其工艺根据不同施工阶段分为两类：一是初凝前或强度较低时的处理措施，如利用纹理制作机或棕刷进行拉毛(槽)、压纹(槽)或嵌石等处理；二是完全凝结硬化后或在施工过程中采取的切槽措施，通常在混凝土面层上用切槽机切出深 5～6 mm、宽 3 mm、间距为 20 mm 的横向防滑槽。这些处理不仅能够提升路面的外观质量，还能够有效提高路面的抗滑性能。

(6) 接缝施工

混凝土面层由一定厚度的混凝土板组成，具有热胀冷缩的特性，这些变形会造成板的断裂或拱胀等破坏。为了避免这些缺陷，混凝土路面必须在纵横两个方向建造许多接缝。

① 横向接缝

横向接缝是指垂直于行车方向的接缝，主要包括胀缝、缩缝和施工缝三种类型。根据施工条件和接缝位置的不同，其施工方法和技术要求也有所差异。

a. 胀缝

胀缝通常用于混凝土板无法连续浇筑的情况。施工时，传力杆长度的一半应穿过端部挡板，并固定于外侧定位模板中。在浇筑前需检查传力杆的位置并校正其位置。浇筑过程中，应先摊铺下层混凝土并用插入式振捣器振实，确保传力杆位置正确后再浇筑上层混凝土。同时，在浇筑邻板时，需预留滑动空间，并在胀缝板以上的混凝土硬化后用切缝机按胀缝板的宽度切两条线，以确保填缝施工的平整度和连续性。胀缝设置方法如图 7.20 所示。

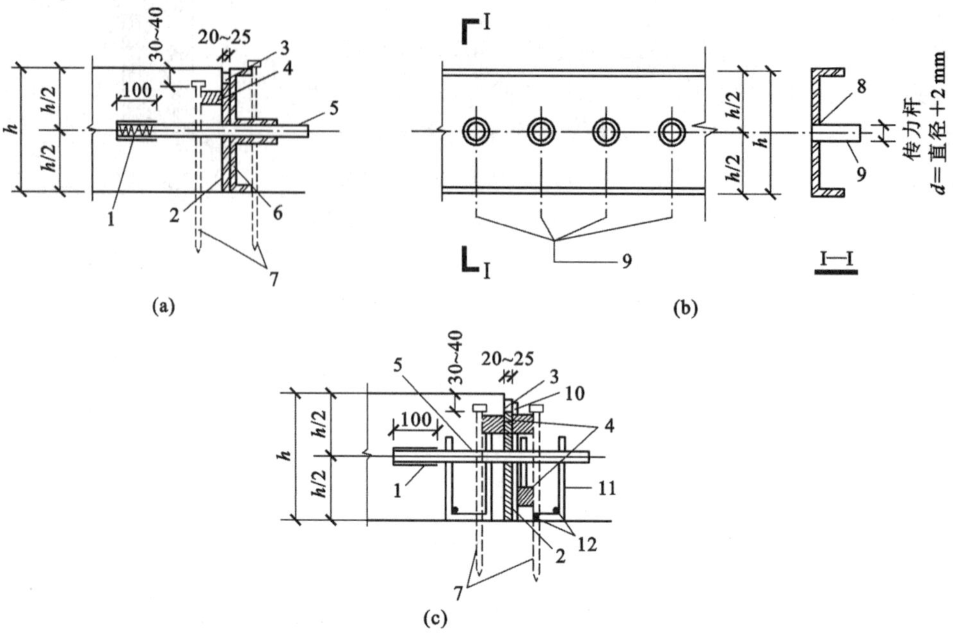

图 7.20 胀缝施工

(a)传力杆固定装置;(b)端头槽钢挡板;(c)安装、固定传力杆和接缝板

1—套管;2—接缝板;3—临时插入物;4—方木;5—传力杆;6—端头槽钢挡板;

7—钢钎;8—焊缝;9—钢管;10—端头钢挡板;11—传力杆支架;12—横向钢筋

b. 缩缝

横向缩缝通常用于多车道或长距离的混凝土结构中。其施工方法主要有压缝法和切缝法两种。压缝法是在混凝土捣实整平后,利用振动梁精确振出接缝槽,并用铁制或木制嵌缝条填塞,用原浆修平槽边,待初凝前泌水后取出嵌缝条。切缝法则在混凝土达到设计强度等级的25%～30%时使用锯缝机切割槽口,这种方法能有效保证缝槽质量和不破坏混凝土结构。需要注意的是,切缝时间过早会导致混凝土收缩裂缝,而时间过迟则会因传力杆磨损严重而影响施工效率。

c. 施工缝

施工缝是指混凝土无法连续浇筑而中断时留下的接缝。根据规范要求,施工缝应尽量设在胀缝或缩缝处,并避免在同一横向断面上设置多条施工缝。施工缝的构造形式通常采用平头缝或企口缝。平头缝上部需设置深为板厚 1/4～1/3 或 4～6 cm、宽为 8～12 mm 的沟槽,内填入填缝料。在板厚中央应设置长约 0.4 m、直径为 20 mm 的传力杆,其半段锚固于混凝土中,另半段涂沥青或润滑油,以允许裂缝滑动并传递荷载。

② 纵缝

纵缝是指平行于混凝土行车方向的接缝,其设置间距一般为 3～4.5 m。纵向假缝施工时,应在基层上预先将拉杆采用门形式固定,或通过旋转机在施工时置入。假缝顶面缝槽需要用锯缝机切割,深度控制在 6～7 cm,以防止因收缩而产生不规则裂缝。纵向平头缝和企口缝施工时则需根据设计要求的间距,在横板上预先制作拉杆置放孔,并涂刷隔离剂以防止泥浆污染。纵缝施工时应确保缝槽形状规整,填缝料填满后即可覆盖。

③ 接缝填封

混凝土板养生期满后应及时进行接缝填封。填缝前需清理缝隙内的泥砂并保持干燥状态，然后浇注填缝料。填缝料的灌注高度应根据气候条件调整：夏天与板面齐平，冬天稍低于板面。使用加热施工式填缝料时，需不断搅匀至规定温度，并根据气温高低采用喷灯加热缝壁或烧烤脱开处。当前常用的强制式灌缝机和灌缝枪可将改性聚氯乙烯胶泥、橡胶沥青等材料灌注到缝宽不小于 3 mm 的缝隙中，也可处理 7 mm 宽的较大缝。

7.2.3.3 滑模式摊铺机施工

滑模式摊铺机是一种无需轨道的摊铺设备，其核心特点是采用履带行走机构，并由四个液压缸支承腿支撑。该设备通过控制机架与液压缸之间的接触压力来调节摊铺层厚度，并配备两侧可随机移动的固定滑动模板，实现灵活的摊铺操作。

滑模式摊铺机能够完成摊铺、振捣和整平等多工序的操作。滑模式摊铺机的摊铺过程如图 7.21 所示。首先由螺旋摊铺器把堆积在基层上的水泥混凝土向左右横向摊开，刮平器进行初步刮平，然后由振捣器进行捣实，刮平板进行振捣后整平，形成密实而平整的表面，再利用振动式振捣板对混凝土层进行振实和整平，最后用光面带光面。

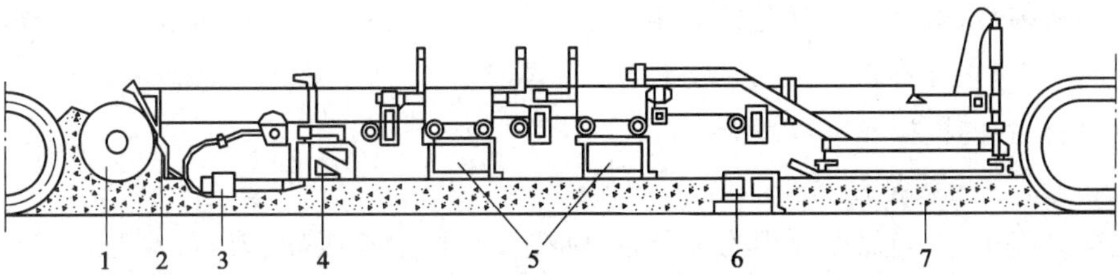

图 7.21 滑模式摊铺机摊铺过程图

1—螺旋摊铺器；2—刮平器；3—振捣器；4—刮平板；5—振动振捣板；6—光面带；7—混凝土面层

7.2.3.4 钢筋混凝土路面施工

钢筋混凝土路面是指板内配有一定数量的纵横向钢筋(或钢丝)网的混凝土路面。其配筋主要通过控制裂缝缝隙的张开量来维持板的完整性和强度，同时利用断裂面上的骨料嵌锁作用增强结构的承载能力。根据规范要求，钢筋混凝土路面的缩缝间距一般为 13～22 m，最大不应超过 30 m，并应在缩缝内设置传力杆以确保结构的整体性。

在施工过程中，钢筋网的安装和混凝土的振捣是关键环节。可采用以下两种施工方式：一是将钢筋骨架作为固定模板，一次性完成混凝土的铺筑、振捣和平整；另一种是先将钢筋网按缩缝分界线设置，待混凝土浇筑振捣密实后安装钢筋网，最后进行表面处理。在施工过程中，应严格控制温度和湿度，确保混凝土初期养护达到规范要求，并注意避免因温差或收缩不均匀而导致的裂缝扩展。

7.2.3.5 混凝土小块铺砌路面施工

混凝土小块铺砌路面是由高强水泥混凝土预制块料组成的铺砌结构，其抗压强度达到 60 MPa 以上。其中，水泥含量为 350～380 kg/m^3，水胶比控制在 0.35 左右，最大骨料尺寸为 8～10 cm。该路面结构由面层、砂整平层(厚度为 3 cm)和基层组成，具有结构简单、成本低廉、承载性能强等优点，适用于人行道、停车场、堆场等工程。

在施工过程中，需严格按照规范要求选择合适的块料尺寸、水泥用量及水胶比，并确保面层与砂整平层的结合紧密。施工时应先将块料运输至工地并进行解体存放，待材料稳定后进行摊铺。摊铺时应控制好混合料的温度和水分，确保摊铺厚度均匀一致。施工完成后需及时振捣密实，并对路面进行全面检查，确保符合规范要求的质量标准。同时，注意控制温度和湿度，避免因收缩不均而导致的裂缝扩展。

7.2.3.6 钢纤维混凝土路面施工

(1) 材料特性与掺入量

钢纤维混凝土是一种通过在普通混凝土中掺入低碳钢、不锈钢或玻璃钢纤维制成的新型路用材料。这种复合材料能够显著提升混凝土的抗拉强度、抗弯拉强度、抗冻性以及抗冲磨性能等，从而提高路面的整体性能和延长使用寿命。通常情况下，钢纤维的掺入量为体积比1.5%～2%。这种掺入量既能有效提升路面性能，又不至于显著增大施工成本。

(2) 钢纤维的物理特性与技术要求

钢纤维具有较高的抗拉强度和优异的耐久性，其抗拉强度不小于550 MPa，通常采用剪切型或熔抽型纤维。钢纤维的直径一般为0.25～1.25 mm，长度则为直径的50～70倍(如过长可能导致拌和困难，而过短则对混凝土强度提升有限)。此外，粗骨料的最大粒径要求不超过纤维长度的一半，并且不得大于20 mm。这一规定是为了确保钢纤维能够充分嵌入混凝土中，从而增强材料的抗拉和抗弯性能。

(3) 施工工艺与质量控制

在施工过程中，为确保钢纤维均匀分布，应在拌和机中按照砂、碎石、水泥、钢纤维的顺序进行加料，先干拌2 min，后逐步加入水并湿拌1 min。其他施工工序可采用普通水泥混凝土路面的工艺进行操作，无需特殊施工设备。在抹面环节，应仔细检查混凝土表面，将冒出的钢纤维拔出，并可在必要时进行铺设磨耗层处理以保证表面光滑和美观。整个施工过程需严格控制温度和湿度条件，确保材料性能发挥到最佳状态。

7.3 桥梁工程*

预制梁的运输与安装、悬臂体系和连接体系梁桥的施工特点、拱桥施工等相关内容见二维码。

【拓展内容】

7.4 地下工程*

明挖法与盖挖法、浅埋暗挖法、盾构法等相关内容见二维码。

【拓展内容】

思考题与习题

7.1 基层分哪几类？各类基层常采用哪些施工方法？

7.2 沥青路面分哪几种类型？各类沥青路面的施工工序是什么？

7.3 水泥混凝土路面常采用哪些施工方法？

7.4 简述各种常用架梁方法的工艺特点。

7.5 简述悬臂法施工的分类和各自的特点。

7.6 悬臂施工连续梁桥时，为什么要设临时固结和支承措施？

7.7 简述悬臂拼装施工连续梁桥的工序特点。

7.8 悬臂法施工中悬臂挠度如何控制？

7.9 什么是顶推施工法？有哪几种类型？

7.10 简述顶推施工法的工艺流程的要点。

7.11 举例说明拱桥常用的施工方法。

7.12 简述拱桥主拱圈砌筑施工要点。

7.13 什么是桁架拱桥的基本组成？

7.14 简述桁架拱桥的施工工序。

7.15 简述地下工程明挖法施工程序及特点。

7.16 明挖法施工中控制基坑变形的主要方法有哪些？

7.17 盖挖顺作法和盖挖逆作法的施工顺序有何区别？

7.18 浅埋暗挖法典型的施工方法有哪些？

7.19 盾构机的分类有哪些？

7.20 盾构法施工的主要步骤是什么？

7.21 盾构掘进过程中遇到哪些情况时，应及时处理？

8 防水工程

【本章提要】

本章内容包括地下防水工程和屋面防水工程两部分。在地下防水工程中，重点阐述了卷材防水层、水泥砂浆防水层、冷胶料防水层和防水混凝土的防水机理、施工方法和质量要求，并介绍了止水堵漏技术。在屋面防水工程中，主要介绍卷材防水屋面、涂膜防水屋面、细石混凝土防水屋面所用材料的种类及性能，不同类型屋面防水层的施工方法及保证质量的措施。

【学习要求】

(1) 掌握卷材防水屋面、涂膜防水屋面和细石混凝土防水屋面的施工要点及质量标准。了解沥青胶、冷底子油的配制，以及卷材防水层起鼓、开裂，沥青流淌、老化，屋面漏水的原因。

(2)了解地下工程防水方案，掌握卷材防水层、水泥砂浆防水层、冷胶料防水层和防水混凝土的构造及施工要点。

(3) 了解止水堵漏技术及方法。

土工工程防水的主要内容涉及多种结构部位的防渗与抗侵蚀措施，以防止水害对建筑结构及内部环境的影响。这些部位包括地下结构、楼地面、外墙、屋顶等。工程防水质量直接影响建筑物的使用寿命和生活卫生条件。按工程防水部位分类，主要包括地下防水、屋面防水、外墙防水以及厕浴间楼地面、桥梁隧道、水池及水塔等构筑物防水。从构造做法上可分为结构自防水与附加防水层两类。本章重点介绍地下防水工程和屋面防水工程的施工方法及工艺要点，为解决一般工程防水问题提供理论基础和实践指导。

常用规范:《地下工程防水技术规范》(GB 50108—2008)、《地下防水工程质量验收规范》(GB 50208—2011)、《屋面工程技术规范》(GB 50345—2012)、《屋面工程质量验收规范》(GB 50207—2012)、《硬泡聚氨酯保温防水工程技术规范》(GB 50404—2017)等。

8.1 地下防水工程

地下防水工程是建筑工程中至关重要的环节，其目的是防止地下水渗透，确保建筑物的结构安全和使用功能。

地下防水工程适用于地下室、地下车库、隧道等地下结构。其优点是施工简便、成本较低，但缺点是对温度变化的适应性较差，易出现裂缝。因此，在设计时需充分考虑地下工程的使用环境和荷载要求。

8.1.1 卷材防水层

地下防水卷材在施工时需要满足多个性能要求：不仅要有优异的强度、延伸性和不透水性，还需具备良好的耐腐蚀性。因此，在实际应用中，优先选择高聚物改性沥青防水卷材或合成高分子防水卷材等性能优越的产品。

在材料选用方面，需确保基层处理剂、胶黏剂和密封材料与铺贴的卷材种类相匹配，以保证施工效果的持久性和可靠性。此外，所使用的沥青胶技术指标应与卷材的要求基本一致，并根据地下环境的特点进行优化：耐热度要求不高，适合在较低温度下使用。为了应对腐蚀性环境，推荐采用加填充料的沥青胶，其中填充料需具备良好的耐腐蚀性能。

8.1.1.1 外防外贴法施工

外防外贴法（简称外贴法）是一种常见的防水施工方法，如图 8.1 所示，其施工过程主要包括以下几个步骤：首先，在混凝土垫层及砂浆找平层完工后，在垫层四周砌设保护墙，并在内侧涂抹找平层。接着，在干燥后，刷涂冷底子油 1～2 道，随后铺贴卷材防水层并固定好保护墙部分的卷材接头，确保接头被两块木板或其他材料压紧以防止断裂或损坏。最后，在卷材层上覆盖保护层，并进行后续的钢筋混凝土结构施工。

完成后，再次刷涂 1.5～3 mm 厚的热沥青或加入填充料的沥青胶，以保护卷材并延长其使用寿命。施工过程中，保护墙与防水层之间的空隙需随砌随填，确保密封效果。外防外贴法能够满足屋面防水需求，并在施工过程中确保卷材的完整性和防水性能。

8.1.1.2 外防内贴法施工

外防内贴法（简称内贴法）是一种常见的防水施工方法，如图 8.2 所示，其施工过程主要包括以下几个步骤：首先，在混凝土垫层及找平层完工后，在垫层四周干铺一层卷材，并在此基础上砌设一砖厚的保护墙；随后在内侧涂抹找平层，刷冷底子油 1～2 遍后，铺贴卷材防水层。施工完成后，在表面涂刷 2～4 mm 厚的热沥青或加入填充料的沥青胶以保护卷材。为了确保密封效果，施工过程中还可在卷材与保护墙之间铺撒干净、预热过的绿豆砂等材料。完成这些步骤后，即可进行后续的钢筋混凝土底板及砌外墙等结构施工。

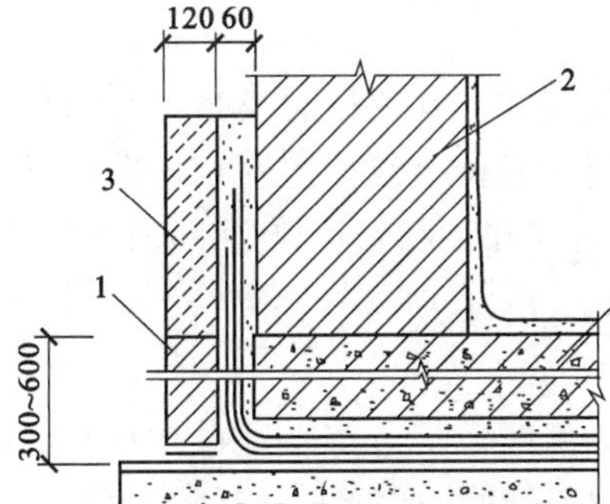

图 8.1 外贴法施工示意图

1—永久保护墙；2—基础外墙；

3—临时保护墙；4—混凝土底板

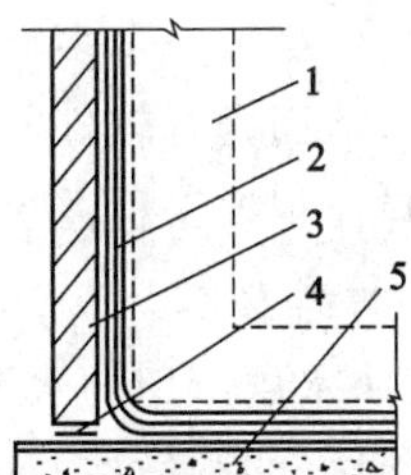

图 8.2 内贴法施工示意图

1—尚未施工的地下室墙；

2—卷材防水层；3—永久保护墙；

4—干铺卷材一层；5—混凝土垫层

8.1.1.3　卷材铺贴要求及结构缝的施工

卷材铺贴时需注意以下要求：保护墙每隔 5～6 m 及转角处必须留缝，在缝内用卷材条或沥青麻丝填塞以防止伸缩损坏防水层。各处接头宽度不小于 100 mm，上下两幅卷材压边应错开 1/3 幅卷宽，各层接头错开 300～500 mm，并特别注意垂直面交角处卷材的交叉搭接。注意阴阳角、穿墙管(图 8.3)及变形缝(图 8.4)部位铺贴困难，需格外谨慎。施工时可在卷材长、短边接头处增贴附加层并设置必要的加强构造措施。

结构缝施工过程中，应先定位确定其位置和数量，并弹设控制线。采用水性密封剂进行灌注，确保材料与卷材结合良好。选用与卷材材料相匹配的密封剂，并保证其耐高温性能，避免因施工温度过低而导致材料老化失效。同时，在温度不低于 5 ℃的情况下完成施工，并控制浇涂厚度不超过 3 mm，以确保防水层的整体效果和结构稳定性。

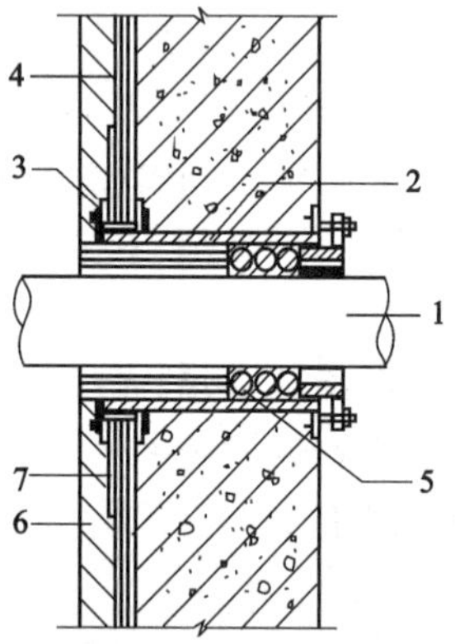

图 8.3　卷材防水层与管道埋设件连接处做法

1—管道；2—套管；3—夹板；4—卷材防水层；5—填缝材料；6—保护墙；7—附加卷材衬层

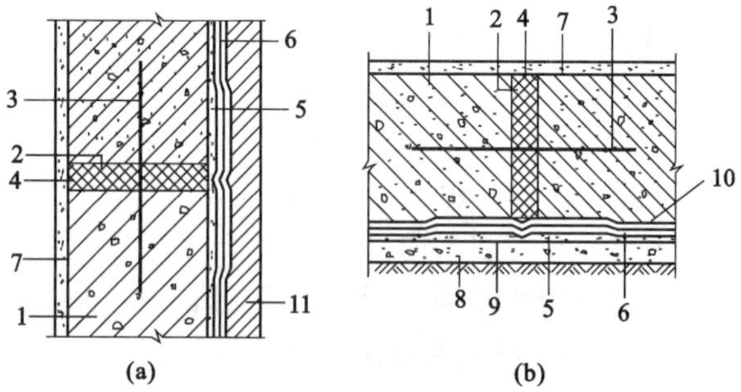

图 8.4　变形缝处防水做法

(a)墙体变形缝；(b)底板变形缝

1—需防水结构；2—浸过沥青的木丝板；3—止水带；4—填缝油膏；5—卷材附加层；6—卷材防水层；7—水泥砂浆面层；8—混凝土垫层；9—水泥砂浆找平层；10—水泥砂浆保护层；11—保护墙

8.1.2　水泥砂浆防水层

水泥砂浆防水层通常由水泥砂浆层和保护层组成。水泥砂浆层是主要的防水层，其防水原理是分层闭合，构成一个多层整体防水层，各层的残留毛细孔道互相堵塞住，使水分不可能透过其毛细孔，从而具有较好的抗渗防水性能。保护层的材料可以是水泥砂浆、块材或细石混凝土，具体选择需根据工程需求和环境条件确定。

8.1.2.1　材料要求

水泥砂浆防水层所用的水泥宜采用强度等级不低于 32.5 级普通硅酸盐水泥或膨胀水泥，这些水泥具有较好的和易性、抗渗性、抗冻性和耐腐蚀性。也可以用矿渣硅酸盐水泥。

砂浆用砂应控制其含泥量和杂质含量。配合比按工程需要确定。水泥净浆的水胶比宜控制在 0.37～0.40 或 0.55～0.60 范围内。水泥砂浆灰砂比宜用 1∶2.5，其水胶比为 0.40～0.50，稠度宜控制在 7～8 cm。如掺外加剂或采用膨胀水泥，其配合比应执行专门的技术规定。

基层必须坚实、平整，无油污、灰尘等杂质。对于裂缝或凹凸不平的部位，需进行修补，确保基层平整度控制在±5 mm/m 以内。阴阳角处应做成圆弧，圆弧半径宜大于 100 mm，以避免应力集中导致防水层开裂。基层含水率需控制在9%以下,以确保防水层黏结牢固。

8.1.2.2 水泥砂浆防水层施工

水泥砂浆防水层施工前,须对基层表面进行严格清理、浇水、凿槽和补平等处理工作,确保表面潮湿、清洁、坚实且大面积平整并具有一定粗糙度,以增强防水层与结构层的黏结力。具体施工分为四层或五层:第一层为素灰抹面 2 mm;第二层水泥砂浆 4～5 mm,在初凝前尽快抹平并加强与第一层的黏结;第三层为素灰抹面 2 mm;第四层水泥砂浆 4～5 mm,操作方式同第二层;若使用四层防水,则此层需表面抹平压光;五层时第五层需刷水泥浆一遍,并随第四层抹平压光。

施工过程中,结构物的阴阳角和转角应做成圆角。施工缝需留斜坡阶梯形接缝,层次清晰,位置可设于地面上或墙面上,距离阴阳角约 200 mm,并按图 8.5 所示方法处理接缝:先涂刷水泥浆均匀覆盖接缝处,然后逐层错缝搭接。终凝后应立即进行浇水养护,养护温度不低于5 ℃,并确保养护时间不少于 14 d。

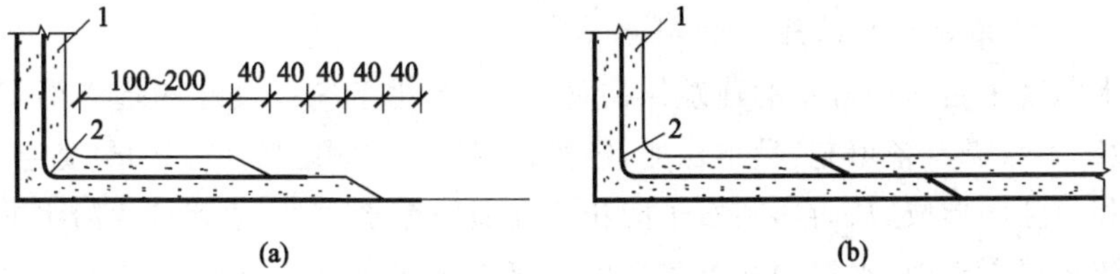

图 8.5 刚性防水层施工缝的处理

(a)留头方法;(b)接头方法

1—砂浆层;2—素灰层

8.1.3 冷胶料防水层

地下防水工程中的冷胶料防水层是一种高效且广泛应用的防水技术,尤其适用于地下工程的外墙和底板等部位,以防止地下水渗透。

JG-2 防水冷胶料是一种新型的水乳型橡胶沥青冷胶料,凭借其优异的性能和方便的施工特性成为建筑防水领域的重要产品。该材料由 A 液(再生胶乳液)和 B 液(乳化沥青)两种溶液混合而成,具有黏结性好、柔韧性强、耐寒、耐热、防水效果佳等特点,并且在潮湿的基层上施工表现优异。

从材料组成来看,JG-2 冷胶料以沥青、橡胶和水为主要原料,同时掺入适量增塑剂和防老化剂,采用乳化工艺制成。其性能优于传统纯沥青或沥青胶,具有质量轻、无毒、耐燃烧、施工简便等优点,且与传统卷材相比可节约造价约 30%。

在施工参数方面,JG-2 冷胶料的施工配合比根据防水层要求不同而有所变化:当混合料中沥青成分较多时,施工配合比为 A 液∶B 液＝1∶2,此时具有良好的黏结性、涂刷性和浸透性;若橡胶成分占比增加,则施工配合比为 A 液∶B 液＝1∶1,具备较高的抗裂性和抗老化能力。施工时应随配随用,当天用完,并要求两层涂料之间间隔时间不少于 12 h,最好 24 h,以利性能达到最佳状态。

JG-2 冷胶料的适宜施工温度为 10～30 ℃,雨天、雾天、大风天以及负温条件下不得施工。施工时可单独使用或衬贴玻璃丝布,并根据地下水位不同采用不同的施工方式:当地下水压不大或需做加强层时，可采用二布三油一砂；当在地下水位以下做防水层或防潮层时，可采用一布二油一砂。

在施工工艺方面，推荐先铺附加层及立面，再铺平面；先铺贴细部构造，后铺贴大面。施工完成后需立即进行浇水养护，养护温度不低于 5 ℃，并确保养护时间不少于 14 d，以促进材料性能达到最佳状态。

JG-2 防水冷胶料适用于屋面、墙体、地面、地下室等多种部位的防水防潮工程，也可用于设备管道的防水防腐工程。其优异的性能和便捷的施工方式使其成为现代建筑防水的理想选择。

8.1.4 防水混凝土

防水混凝土是一种通过调整混凝土的配合比，使其具有较高抗渗性能的特殊混凝土，广泛应用于地下室、地下车库、隧道等地下工程。

8.1.4.1 防水混凝土的性能与配制

普通防水混凝土是一种常用的建筑结构材料，主要用于满足设计的抗渗要求。其配制过程中，水泥砂浆不仅需具备填充、黏结功能，还需通过一定方式形成良好的包裹层，减少混凝土内部毛细管和缝隙的形成，从而切断石子间相互连通的渗水通路，达到抗渗防水的目的。

在普通防水混凝土中，水泥的种类和强度等级是关键参数。通常要求水泥为普通硅酸盐水泥、火山灰质硅酸盐水泥或粉煤灰硅酸盐水泥，并且水泥强度等级不得低于 32.5 级。如果需要掺入外加剂（如减水剂、加气剂等），也可以使用矿渣硅酸盐水泥。

石子的粒径、吸水率和含泥量是影响混凝土性能的重要因素。一般要求石子粒径不大于 40 mm，吸水率不超过 1.5%，含泥量不超过 1%。这些指标有助于确保混凝土的密实性和抗渗能力。

普通防水混凝土的配合比需通过试验确定。配合比的选定需满足设计要求的抗渗等级，并符合以下技术指标：每立方米混凝土中水泥用量不得低于 300 kg，含砂率宜在 35%～40% 之间，胶砂比为 1∶2.5～1∶2，水胶比不大于 0.55，坍落度不超过 50 mm（若掺入外加剂或采用泵送混凝土，可不考虑此限制）。这些指标有助于确保混凝土的和易性、强度和耐久性。

此外，外加剂在防水混凝土中的应用也是重要的一环。通过加入减水剂、加气剂、防水剂、膨胀剂等外加剂，可以改善混凝土的性能和结构组成，提高其密实性和抗渗性，从而实现防水效果。

8.1.4.2 防水混凝土的施工

防水混凝土工程质量的关键在于严格控制施工过程和遵循操作规范。为了确保工程的质量，在混凝土的各个施工环节（如搅拌、运输、浇筑振捣等）均应严格按照施工及验收规范和操作规程进行操作。

（1）施工要点

① 在模板施工方面，要求模板表面平整，拼缝严密不漏浆，并具有足够的强度和刚性。模板的吸水率应尽量小，以降低水分渗入的可能性。此外，模板不宜用螺栓或铁丝贯穿混凝土墙固定，尤其在墙较高时，必须采取有效的止水措施。

② 在钢筋保护层方面，迎水面的防水混凝土的钢筋保护层厚度不应小于 30 mm，并且底

板钢筋均不得接触混凝土垫层。墙体的钢筋不能用铁钉或铁丝固定在模板上，也不能用钢筋作为保护层垫块，以防止水沿钢筋浸入。

③ 在搅拌和振捣方面，应采用机械搅拌、机械振捣的方式进行施工。浇筑时应严格做到分层连续进行，每层厚度不宜超过 300～400 mm，并且两层浇筑时间间隔不应超过 2 h（夏季可根据实际条件适当缩短）。混凝土进入终凝状态后（一般为浇注后的 4～6 h），应立即覆盖并浇水湿润养护，养护时间不少于 14 d。

严格执行以上施工要点，可以确保防水混凝土工程的质量和长期的稳定性。

（2）施工缝

防水混凝土施工缝是工程中的薄弱环节之一，因此在施工过程中需要严格控制其数量和位置。施工中应尽量不留或少留施工缝，尤其是底板的混凝土应连续浇筑，避免出现垂直施工缝；而对于墙体而言，应当避免在剪力与弯矩较大的部位以及与底板交接处留下水平施工缝。具体来说，水平施工缝的位置应满足以下要求：最低水平施工缝到底板面的距离不应小于 200 mm，并且到穿墙孔洞边缘的距离不应小于 300 mm。施工缝的形式有平口缝、凸缝、高低缝、金属止水缝等，如图 8.6 所示。

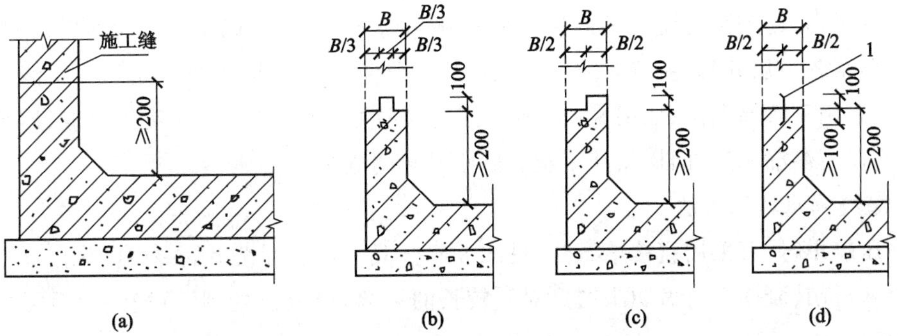

图 8.6　施工缝接缝形式

（a）平口缝；（b）凸缝；（c）高低缝；（d）金属止水缝

1—金属止水片；B—施工缝所在构件的宽度

在施工缝的处理方面，施工缝处可能出现的松散混凝土或浮灰杂物需要及时凿除并清除干净，确保表面湿润。随后，在施工缝上应涂抹 10～20 mm 厚的水泥砂浆作为结合层，并进行适当的压平处理。接着，在结合层的基础上，继续浇筑上层混凝土，以形成完整的防水结构。

严格按照上述要求进行施工，可以有效避免施工缝对防水性能的影响，从而保证防水混凝土工程的整体质量。

8.1.5　堵漏技术

防水混凝土施工中需要注意施工缝的位置和数量，避免在关键部位出现薄弱环节。施工缝应尽量不留或少留，尤其是底板的连续浇筑，而墙体则需避开剪力、弯矩最大处及底板与墙体交接处。堵漏时要先查清漏水原因，确定位置和水压，根据情况选择堵漏材料，遵循大变小、缝变点等原则，确保工程质量和防渗效果。

8.1.5.1　快硬水泥胶浆（简称胶浆）堵漏

这种胶浆直接以水泥和促凝剂（代替水）按 1∶(0.5～1) 拌和而成，其凝结时间很快，以达到迅速堵住渗漏水的目的。促凝剂配合比见表8.1。堵漏前先做试配，一般从开始拌和到使用的时间以1～2 min为宜，如凝固过快或过慢，适当加水或调整配合比。

表8.1　促凝剂配合比表

材料名称	分子式	配合比	色泽
硫酸铜(胆矾)	$CuSO_4 \cdot 5H_2O$	1	水蓝色
重铬酸钾(红矾)	$K_2Cr_2O_7 \cdot 2H_2O$	1	橙红色
硫酸亚铁(绿矾)	$FeSO_4 \cdot 7H_2O$	1	蓝绿色
硫酸铬钾(蓝矾)	$KCr(SO_4)_2 \cdot 12H_2O$	1	紫红色
硫酸铝钾(明矾)	$KAl(SO_4)_2$	1	白色
硅酸钠(水玻璃)	Na_2SiO_3	400	无色
水	H_2O	60	无色

(1) 孔洞漏水堵漏方法

当孔洞和水压较小时，可采用直接堵塞法。具体步骤是将漏点剔成10～30 mm的小洞，并用水清洗干净，待胶浆凝固前迅速将其填入，挤压密实并封闭，确保不再渗漏后，在其表面涂抹素灰和砂浆各一层并扫毛，待其有一定强度后与结构层一起形成防水层。当孔洞和水压较大时，则需采用下管堵漏法，如图8.7所示。即先剔洞并冲洗干净，插入胶管引流，用胶浆将洞口堵住，确保不渗漏水后，同样涂抹素灰和砂浆并封闭处理。

(2) 裂缝漏水堵漏方法

当水压较小时，可采用直接堵塞法(见图8.8)。具体步骤是先剔除裂缝，并在缝中填入胶浆进行堵塞，待其凝固后再做防水层。对于较长的裂缝，可分段处理，每段结束后需接缝成斜槎以确保稳固。

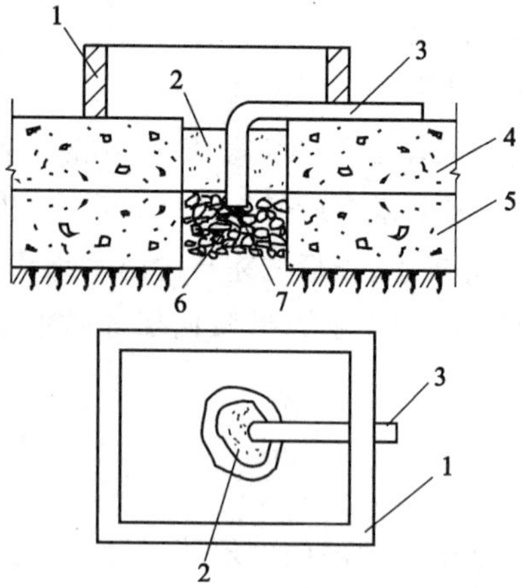

图8.7　下管堵漏法

1—挡水墙；2—填胶浆；3—胶皮管；4—混凝土基层；5—垫层；6—碎石；7—油毡一层

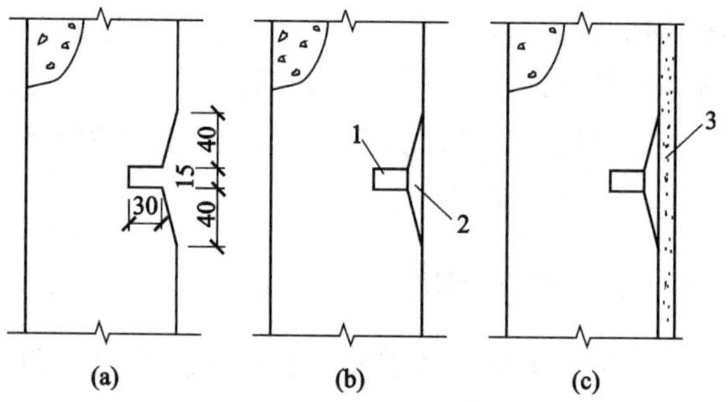

图8.8　裂缝漏水直接堵塞法

(a) 剔槽；(b) 堵漏；(c) 抹防水层

1—胶浆；2—素灰、砂浆；3—防水

当水压较大时，则采用下线堵漏法(见图8.9)。操作步骤包括：先剔除裂缝并用小绳固定在槽内底部，将缝分为多段，每段留 20 mm 的空隙。在胶浆凝固前，用胶浆填满空隙，并在快固结时拔出小绳，使水流通过钉子缩小孔洞。段间空隙使用下钉法缩小孔洞，如图 8.9 所示，用胶丝包裹住钉子并将其塞入空隙，在其快凝固时拔出钉子，钉子拔出后所遗留的孔洞用直接堵塞法堵住。这种方法适用于较大水压的裂缝漏水问题。

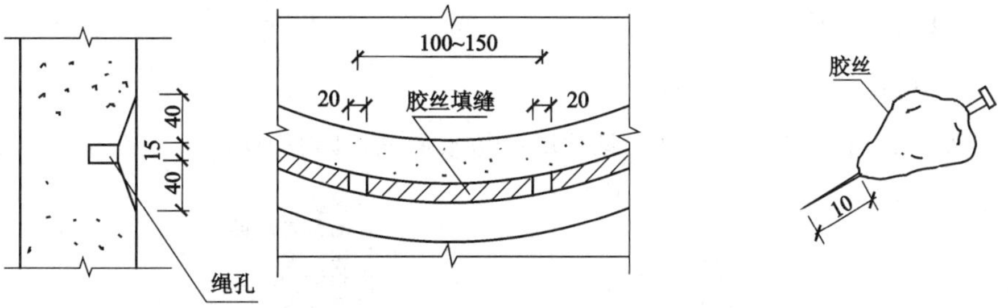

图 8.9　下线堵漏法与下钉法

8.1.5.2　氰凝灌浆堵漏

（1）材料特性

氰凝（聚异氰酸脂）是一种由多种化学原料配制而成的浆液。其特性在于在遇到水之前不会发生反应，保持稳定状态；当与水接触时迅速反应生成不溶、不透水且强度高的凝固物。此外，在与水反应过程中会释放二氧化碳，导致浆液膨胀并渗透扩散，直到反应完全停止。

（2）堵漏工序

① 基层处理：确保基础表面干净、无裂缝或缺陷。

② 布置灌浆孔：根据漏水部位确定孔的位置、数量和间距，确保均匀性和稳定性。

③ 埋设注浆嘴：使用快硬胶浆堵住其他潜在漏水部位，防止浆液泄漏。

④ 封闭漏水孔：除了注浆嘴外，其他漏水位置用快硬胶浆或其他堵漏材料封闭。

⑤ 试灌：初步检查注浆嘴的连接性和密封效果，确保系统正常运行。

⑥ 灌浆：向各个注浆嘴同时或逐步注浆，利用空气压缩机、电动泵或手掀泵提供动力，确保浆液均匀流动并充分反应。

⑦ 封口：在注浆完成后，关闭注浆嘴，并对注浆区域进行覆盖以防止渗漏。

（3）工具与设备

① 动力工具：包括空气压缩机、电动泵和手掀泵，分别适用于不同注浆规模和技术要求。

② 注浆嘴连接系统：确保注浆嘴的正确连接和密封，防止浆液泄漏。

③ 堵漏材料：如快硬胶浆用于封闭非注浆嘴的位置。

（4）注意事项

① 确保注浆嘴安装准确且无泄漏，以提高堵漏效率。

② 根据实际需求选择合适的注浆速度和压力，避免造成浆液浪费或环境污染。

③ 定期检查注浆系统的运行状态，并及时处理可能出现的故障。

（5）优势

利用氰凝浆液堵漏具有高效、快速和经济的优点。其反应特性使得堵漏操作能够迅速封闭漏水位置，同时避免传统堵漏材料因水冲失而造成的泄漏问题。可以有效利用氰凝灌浆技术实现精准堵漏，确保建筑物或基础设施的结构安全。

8.2 屋面防水工程

8.2.1 卷材防水屋面

8.2.1.1 卷材防水屋面的构造

卷材防水屋面（图 8.10）是一种常见的屋面防水形式，其构造层次主要包括以下几个部分：

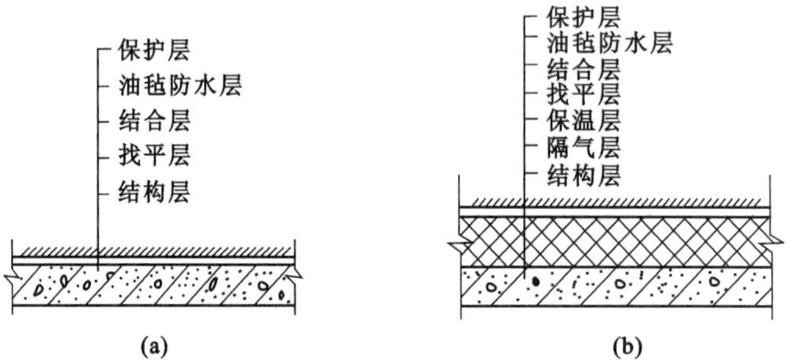

图 8.10 卷材防水屋面构造示意图

(a) 不保温卷材屋面；(b) 保温卷材屋面

（1）结构层

结构层是屋面的承重部分，通常为钢筋混凝土屋面板，要求刚度好、变形小。

（2）找平层

找平层的作用是为卷材防水层提供平整的基层，防止卷材凹陷或断裂。一般采用 20 mm 厚的 1∶3 水泥砂浆或 1∶8 沥青砂浆，厚度取决于基层的平整度。找平层应留设分格缝，缝宽 520 mm，纵横间距不大于 6 m。

（3）结合层

结合层的作用是在卷材与基层间形成一层胶质薄膜，使卷材与基层牢固黏结。常用的结合层材料包括冷底子油、沥青胶或专用配套的改性沥青胶。

（4）防水层

防水层是卷材防水屋面的核心部分，通常采用改性沥青防水卷材或高分子防水卷材。卷材的铺贴方法有冷粘法和热熔法。卷材的厚度选择与材料类型、防水等级和设防道数有关。

（5）保护层

保护层的作用是防止卷材因光照和气候作用而迅速老化，并防止卷材受到暴雨冲刷。不上人的屋面可采用撒小石子或涂刷浅色保护剂的方法；上人的屋面则可采用整体地面或块材地面，并设置分格缝。

（6）辅助层次

根据建筑功能和使用要求，卷材防水屋面还可能包括以下辅助层次：

① 保温层：用于防止室内冬季过冷或夏季过热。

② 隔气层：防止潮气侵入保温层使其保温功能失效。

8.2.1.2　防水材料

（1）卷材

① 石油沥青卷材

石油沥青卷材是以低软化点的石油沥青浸渍油毡原纸，再用高软化点的石油沥青涂布于两面，表面撒布防黏材料制成。按原纸每平方米质量的克数，可分为 200 号、350 号和 500 号三种标号；按表面撒布料是粉状还是片状，可分为粉毡和片毡。石油沥青卷材是一种常见的防水材料，原材料广泛，价格相对较低；施工技术成熟，易于操作，可采用热粘法、冷粘法等多种施工方法；具有一定的防水性能，能满足一般建筑物的防水要求。

② 高聚物改性沥青卷材

高聚物改性沥青卷材是以合成高分子聚合物改性沥青为涂盖层，纤维织物或纤维毡为胎体，粉状、粒状、片状或薄膜材料为覆面材料制成的可卷曲片状防水材料。目前主流的为弹性体改性沥青防水卷材（SBS）、塑性体改性沥青防水卷材（APP）、高聚物改性沥青聚乙烯胎防水卷材、SBR 改性沥青防水卷材、丁苯橡胶改性氧化沥青聚乙烯胎防水卷材。其规格见表 8.2。

表 8.2　高聚物改性沥青防水卷材规格

厚度/mm	宽度/mm	每卷长度/m	厚度/mm	宽度/mm	每卷长度/m
2.0	≥1000	15.0～20.0	4.0	≥1000	7.5
3.0	≥1000	10.0	5.0	≥1000	5.0

③ 合成高分子卷材

合成高分子卷材是以合成橡胶、合成树脂或二者的共混体为基料，加入适量的化学助剂和填充剂等，采用密炼、挤出或压延等橡胶或塑料的加工工艺所制成的可卷曲片状防水材料。其特点是拉伸强度高、断裂伸长率大、抗撕裂强度高、耐热性好、低温柔性好、质量稳定、匀质性好、耐腐蚀性能良好、耐老化性能优异、施工便捷。其规格见表 8.3。

表 8.3　合成高分子防水卷材规格

厚度/mm	宽度/mm	每卷长度/m	厚度/mm	宽度/mm	每卷长度/m
1.0	≥1000	20.0	1.5	≥1000	20.0
1.2	≥1000	20.0	2.0	≥1000	10.0

（2）冷底子油

冷底子油是用稀释剂（如汽油、煤油、柴油等）对沥青进行稀释的产物。它一般由 30%～40% 的石油沥青和 60%～70% 的有机溶剂（如汽油、煤油、轻柴油等）混合而成，也可加入适量的增塑剂、稳定剂等添加剂，以改善其性能。其性能特点如下：

① 良好的渗透性：冷底子油中的有机溶剂具有较低的表面张力，能够快速渗透到基层材料的孔隙和毛细孔中，使沥青微粒均匀地分布在基层内部，形成牢固的黏结。

② 干燥速度快：由于含有大量的有机溶剂，冷底子油在涂刷后能够迅速挥发，在短时间内形成一层干燥的薄膜，为后续的施工提供条件。一般在常温下，涂刷后的冷底子油几个小时内即可干燥，具体干燥时间取决于环境温度、湿度和通风条件等因素。

③ 柔韧性较好:冷底子油中的沥青经过稀释后,具有一定的柔韧性,能够适应基层的轻微变形,在基层发生伸缩或开裂时,冷底子油形成的薄膜不会轻易断裂,仍能保持良好的黏结和防水性能。

(3) 沥青胶

沥青胶又称沥青玛脂,是在沥青中掺入适量粉状或纤维状填充料经均匀混合制成的材料。

沥青是沥青胶的主要成分,通常采用石油沥青或煤沥青。石油沥青具有较好的耐候性、耐水性和黏结性,煤沥青则具有较高的黏结力和抗腐蚀性,但毒性较大,气味较重。根据使用环境和要求的不同,选择不同种类和标号的沥青。

沥青胶常用的填充料有滑石粉、石灰石粉、白云石粉、石棉粉等。填充料的加入可以提高沥青胶的耐热性、黏结性和耐水性,降低沥青的温度敏感性,改善沥青胶的性能。

为了进一步改善沥青胶的性能,有时还会加入一些添加剂,如增塑剂、稳定剂、抗氧化剂等。增塑剂可以提高沥青胶的柔韧性和低温性能;稳定剂有助于提高沥青胶在储存和使用过程中的稳定性;抗氧化剂能延缓沥青的老化过程,延长沥青胶的使用寿命。

熬制沥青胶时,先将沥青破碎之后加入锅中熬制,使其完全脱水至不再起泡沫时,除去杂物,再将预热过的填充料缓慢加入,同时不停地搅拌,直至达到规定的熬制温度(表 8.4),除去浮石杂质即熬制完成。

表 8.4 沥青胶结材料的加热温度和使用温度

单位:℃

类别	加热温度	使用温度
普通石油沥青或掺建筑石油沥青的普通石油沥青胶结材料	不应高于 280	不宜低于 240
建筑石油沥青胶结材料	不应高于 240	不宜低于 190

(4) 胶黏剂

胶黏剂主要分为两类:用于高聚物改性沥青卷材的胶黏剂和用于合成高分子卷材的胶黏剂。前者包括氯丁橡胶改性沥青胶黏剂和 CCTP 抗腐耐水冷胶料。氯丁橡胶改性沥青胶黏剂由氯丁橡胶、沥青、助剂和溶剂等混合而成,呈黑色液体,主要用于卷材基层及卷材间的黏结,具有较高的黏结剪切强度(>5 N/cm^2)和黏结剥离强度(>8 N/cm^2)。CCTP 抗腐耐水冷胶料是一种溶剂型胶黏剂,由煤沥青经氯化聚烯烃改性而成,具备良好的抗腐蚀、耐酸碱、防水及耐低温性能。合成高分子卷材的胶黏剂包括氯丁系胶黏剂(如 404 胶)、丁基胶黏剂、BX-12 胶黏剂、BX12 乙组分和 XY-409 胶等。这些胶黏剂通过改性和合成工艺优化,在抗腐蚀、防水及低温耐受方面表现出色,可满足不同卷材黏结需求。

8.2.1.3 卷材防水屋面的施工

(1) 沥青卷材防水屋面的施工

① 基层处理

基层处理是防水施工的基础,直接影响防水层的黏结效果和整体性能。首先,基层必须彻底清洁,去除灰尘、油污、松散颗粒等杂质。对于裂缝或凹凸不平的部位,应使用聚合物水泥砂浆进行修补,确保基层平整度控制在±2 mm 以内。此外,基层含水率需控制在 9%以下,以避免防水层黏结不牢或起鼓。

② 卷材铺贴

卷材铺贴前需先熬制好沥青胶，并对卷材表面进行撒料处理，以确保材料间的黏合性能。沥青胶的沥青成分应与卷材中的沥青成分相匹配，铺贴层数为 2～3 层，沥青胶铺贴厚度控制在 1～1.5 mm 之间，且最厚不得超过 2 mm，以保证防水效果和材料稳定性。

卷材的铺贴方向需根据屋面坡度及是否受振动荷载等来确定。当屋面坡度小于 3%时，宜平行于屋脊铺贴；屋面坡度大于 15%或屋面受震动时，则应垂直于屋脊铺贴；屋面坡度在 3%～15%之间时，可灵活选择平行或垂直方向。此外，防水屋面的坡度不宜超过 25%，若超出范围，应在短边搭接处用钉子将卷材固定到找平层内，以防止卷材下滑。铺贴过程中应避免上下层卷材互相垂直铺贴，确保黏结稳固。

平行于屋脊铺贴时，由檐口开始，各层卷材的排列如图 8.11(a)所示。各层卷材的长边应与屋面方向一致，长边搭接(压边)应顺流水方向，短边搭接(接头)应顺主导风向。这种铺贴方式效率较高，材料损耗较少，并且卷材的横向抗拉强度远高于纵向抗拉强度，能够有效防止因基层变形而导致的裂缝。

垂直于屋脊铺贴时，则从屋脊开始向檐口延伸，各层卷材的排列如图 8.11(b)所示。各层卷材同样采用长边搭接(压边)和短边搭接(接头)，但压边需顺主导风向，接头则应顺流水方向。值得注意的是，屋脊处不能留设搭接缝，必须通过交错搭接的方式增强屋脊的防水性能和耐久性，确保整体结构的密封效果。

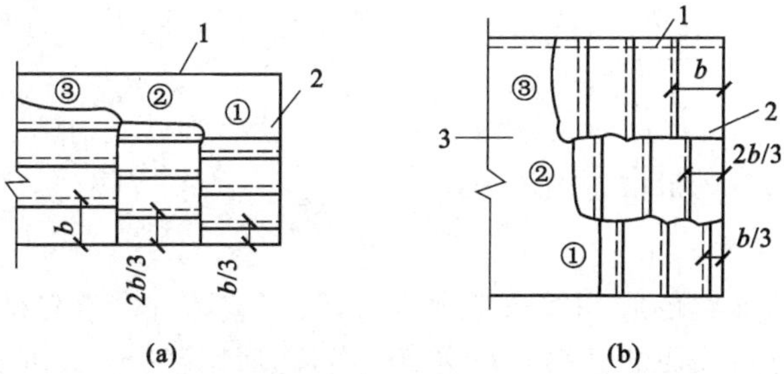

图 8.11 卷材铺贴排列

(a)平行屋脊铺贴；(b)垂直屋脊铺贴

1—屋脊；2—山墙；3—主导风向；

①、②、③—卷材层次；b—卷材幅宽

卷材的铺贴方法主要有浇油法、刷油法、刮油法和撒油法等四种。浇油法(又称赶油法)是将沥青胶浇到基层上，然后推着卷材向前滚动，使卷材与基层黏结紧密；刷油法是用毛刷将沥青胶在基层上刷开，出油边不应大于 50 mm，并在油长度 300～500 mm 内进行，之后快速铺压卷材；刮油法是将沥青胶浇在基层上后，用厚 5～10 mm 的胶皮刮板刮开沥青胶铺贴；撒油法是在铺第一层卷材时，先在卷材周边满涂沥青并均匀撒油，其余各层则仍按浇油、刮油、刷油方法进行铺贴，此法多用于基层不太干燥且需做排气屋面的情况。待各层卷材铺贴完后，在上层表面再浇一层 2～4 mm 厚的沥青胶，并趁热撒上一层粒径为 3～5 mm 的小豆石(如绿豆砂)，并加以压实，使豆石与沥青胶黏结牢固，未黏结的豆石随即清扫干净。

沥青卷材防水层最容易产生的质量问题是防水层起鼓、开裂、沥青流淌、老化、屋面漏水等。

为了防止卷材起鼓，需确保基层干燥，含水率控制在 6%以内，并避免在雨、雾等潮湿天气

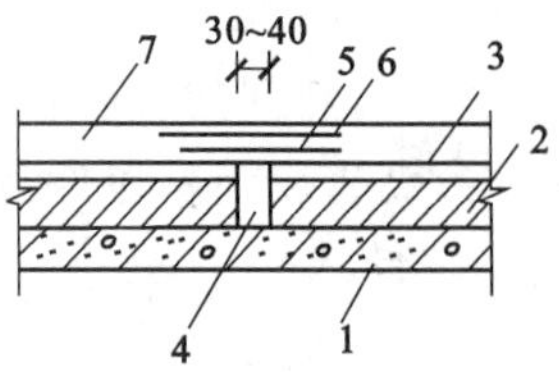

图 8.12　排气屋面
1—屋面板；2—保温层；3—找平层；
4—排气道；5—卷材条点贴；
6—卷材条加固层；7—防水层

施工，同时保证基层隔气层良好以防止潮解。为防止卷材受潮，应保持基层平整并均匀涂油，密封严密，各层卷材粘贴紧密，避免水分蒸发或空气残留形成气囊导致起鼓。在铺贴过程中，如发现气泡或空鼓，应及时割开修补；对于潮湿基层，可通过设置排气道使水分排出，形成排气屋面，从而有效防止卷材起鼓现象。所谓排气屋面，就是在铺贴第一层卷材时，采用条铺、花铺等方法使卷材与基层间留有纵横相互贯通的排气道(图 8.12)。

此外，沥青在热能、阳光、空气等长期作用下，内部成分将逐渐老化，为了延长防水层的使用寿命，通常设置绿豆砂保护层，这是一项重要措施。

(2) 高聚物改性沥青卷材防水屋面的施工

① 基层的处理

高聚物改性沥青卷材防水屋面可采用水泥砂浆、沥青砂浆、细石混凝土找平层作为基层。找平层需抹平压光并符合设计坡度要求，不允许出现起砂、掉灰、凹凸不平等缺陷，并且其含水率一般不应大于 9%。同时，找平层不得有局部积水现象。对于转角部位(如女儿墙转角、排水口转角等)，应做成均匀光滑的小圆角；而对于檐口、排水口、沟脊等阳角，则需抹成光滑一致的圆弧形。在处理转角和阳角时，应特别注意其圆滑均匀性，并进行检查以确保符合质量要求。

② 施工要点

高聚物改性沥青卷材施工可采用冷粘法或热熔法。

a. 冷粘法施工

冷粘法施工的主要材料包括 SBS 改性沥青卷材、APP 改性沥青卷材及铝箔面改性沥青卷材等。施工前需清除基层表面的突起物并吹扫干净，随后用基层处理剂进行处理，该剂由汽油等溶剂稀释胶黏剂制成，涂刷时应均匀一致。待基层处理剂干后方可铺贴卷材。施工时，应根据卷材配置方案，在涂刷胶黏剂的同时向前滚铺卷材，并及时辊压密实以确保黏结效果。

卷材的纵横搭接宽度为 100 mm，接缝处可采用胶黏剂黏合或加热熔接，其中加热熔接效果更佳。对于搭接缝边缘及末端收头部位，应刮抹膏状胶黏剂进行黏合封闭处理，并确保其宽度不小于 10 mm。必要时，可在经过密封处理的末端收头处用掺入水泥质量 20%的 107 胶水泥砂浆进行压缝处理。

施工完成后，在防水层表面可边涂刷冷黏剂边铺撒蛭石粉或均匀涂刷银色或绿色涂料作为保护层。

b. 热熔法施工

热熔法施工的主要适用材料是改性沥青卷材，尤其是 APP 改性沥青卷材。采用热熔法施工可显著减少冷黏剂的使用量，降低防水工程的综合造价，尤其在气温较低或屋面基层存在一定湿度的情况下更具经济性和实用性。施工前需充分处理基层表面，确保涂刷基层处理剂后等待时间达到 8 h 以上，并采取适当的脱水或排水措施以消除水分残留对黏结性能的影响。

在加热操作方面，火焰加热器的喷嘴与卷材表面的距离应控制在 0.5 m 左右，以确保均匀加热且避免局部过热导致卷材熔化过度或烧穿。加热过程中需注意幅宽范围内的均匀性和稳定性，并严格按照设计要求控制加热温度和时间，使卷材表面达到光亮黑色状态并保持稳定，避免出现褶皱或局部冷态区域。

施工时应确保卷材铺贴表面平整且无褶皱，滚压操作中应排出空气并保持表面平直，同时采用热风枪对接缝部位进行加热并粘贴处理。搭接尺寸需精确控制，以确保接缝处的密封性，并通过热风枪均匀加热后粘贴自粘胶材料，及时刮平溢出物并封口。所有接缝口应使用与冷粘法相同的密封材料和做法，确保施工质量达到标准要求。

(3) 合成高分子卷材防水屋面的施工

① 基层处理

合成高分子卷材防水屋面应以水泥砂浆找平层作为基层，配合比为1∶3(体积比)，厚度为15～30 mm，其平整度用2 m长直尺检查，最大空隙不应超过5 mm。当预制构件接头部位高低不齐或凹坑较大时，可用掺107胶(占水泥量的15%)的1∶3～1∶2.5水泥砂浆找平。基层与突出屋面结构相连接的阴角应抹成均匀一致和平整光滑的直角，而基层与檐口、天沟、排水口等相连接的转角则应做成半径为100～200 mm的光滑圆弧。基层必须干燥，其含水率一般不应大于9%。

② 施工要点

待基层表面清理干净后，即可涂布基层处理剂，按聚氨酯涂膜防水材料的甲料、乙料与二甲苯1∶1.5∶3的比例均匀涂布在基层表面上，并干燥4 h后进行铺贴卷材工作。将卷材展开摊铺在平整干净的基层上，用滚刷均匀涂布满氯丁橡胶系胶黏剂(如404胶等)，涂布厚度均匀，不得漏涂(注意沿搭接缝部位100 mm处不得涂胶)。涂胶黏剂后静置10～20 min，待其结膜干燥至不粘手指时，将卷材用纸筒芯卷好，再将胶黏剂均匀涂布在基层处理剂已基本干燥的洁净基层上，干燥10～20 min后即可铺贴卷材。施工时应按先高跨后低跨、先远后近的顺序进行，同一跨屋面则按标高由低向高铺设，卷材应顺长方向配置并使长边与流水坡度垂直，长边搭接沿流水坡度方向。卷材从流水下坡开始，沿基准线铺展，结合面清除干净后采用配套接缝胶黏剂(如氯丁系胶黏剂)涂刷搭接缝黏合面，待干燥不粘手指后辊压粘牢，并在接缝口用密封材料封严，宽度不应小于10 mm。

8.2.2 涂膜防水屋面

涂膜防水屋面的构造如图8.13所示，是将以高分子合成材料为主体的涂料，涂布在经嵌缝处理的屋面板或找平层上，形成具有防水效能的坚韧涂膜。

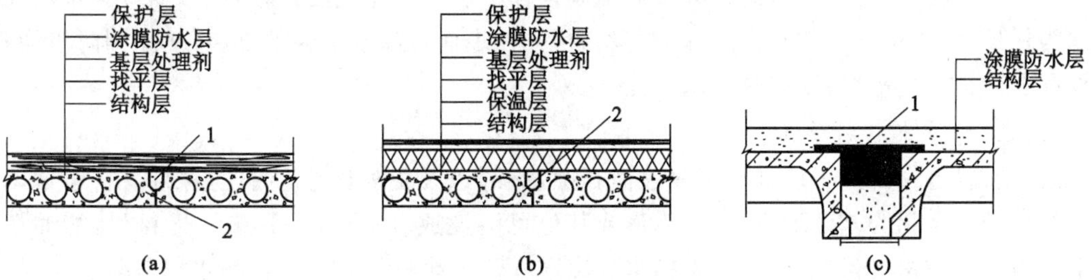

图8.13 涂膜防水屋面构造图

(a)无保温涂膜防水屋面；(b)有保温涂膜防水屋面；(c)槽形板涂膜防水屋面

1—嵌缝油膏；2—细石混凝土

涂膜防水屋面的施工过程为板缝嵌缝施工和防水涂料施工。

8.2.2.1 板缝嵌缝施工

(1) 嵌缝油膏和胶泥

嵌缝油膏和胶泥是屋面防水工程中常用的密封材料，主要用于处理接缝、裂缝等薄弱部位，确保防水层的完整性和耐久性。

油膏主要分为沥青油膏、橡胶沥青油膏和塑料油膏等种类，一般由工厂生产成品后运至施工现场进行冷嵌施工或热灌施工。胶泥则是在现场通过煤焦油和聚氯乙烯树脂等材料按一定比例配制而成，其配制方法是将煤焦油脱水后降温至 40～60 ℃备用，再将各项原材料按表 8.5 规定的配合比准确称量后加入专用搅拌机中加热塑化，边加热边搅拌使温度升至 130～140 ℃并保持在该温度下 5～10 min，以完成塑化过程。

表 8.5 聚氯乙烯胶泥配合比(质量比)表

成分	名称	单位	数量
主剂	煤焦油	份	100
	聚氯乙烯树脂	份	10～15
增塑剂	苯二甲酸二辛酯或苯二甲酸二丁酯	份	8～15
稳定剂	三盐基硫酸铅或硬脂酸钙类，其他硬脂酸盐类	份	0.2～1
填充料	滑石粉、粉煤灰、石英粉	份	10～30

(2) 板缝嵌缝施工

板缝上口宽度为 20～40 mm，板缝下部采用细石混凝土填充，其表面到板面的距离为 20～30 mm。灌缝时应清除板缝两侧的砂浆或浮灰，并确保混凝土表面光滑，避免出现月弯凹面。

在进行油膏嵌缝之前，板缝必须彻底干燥，随后清除两侧的浮灰和杂物，接着对板缝全面涂抹一层冷底子油，并待其完全干燥后再进行油膏或胶泥的嵌缝施工。冷嵌油膏时，通常采用嵌缝枪逐块插入，也可以将油膏切成条状随切随嵌，用力压实以确保嵌缝密实；热灌胶泥时则需自下而上依次进行，并尽量减少接头数量，在垂直于屋脊的板缝先灌注完毕后，再处理平行于屋脊的板缝。在灌注垂直屋脊方向的板缝时，交叉处两侧各应灌注 150 mm，并留有斜槎。

油膏或胶泥嵌缝完成后，需在缝口周围设置保护层。具体做法包括：使用沥青胶粘贴油毡条作为保护层；用稀释后的油膏涂抹玻璃丝布，并在表面再涂刷稀释油膏；直接涂刷防水涂料；铺设绿豆砂、中砂等材料以增强防水性能。

8.2.2.2 防水涂料施工

防水涂料是一种用于填补和修复表面孔隙、裂缝以及提升防水性能的材料。它通常以水泥或高分子聚合物为基础配方，结合乳液或其他可溶性成分，形成一种疏水性材料，能够在基面上形成一层致密的保护层，有效阻挡水分渗透。防水涂料主要有聚合物水泥基防水涂料、发泡水泥基防水涂料、高分子聚合物防水涂料。

防水涂料施工应在嵌缝完毕后进行，通常采用手工抹压、涂刷或喷涂等方式。施工前需刷设一层厚度约为 2 mm 的冷底子油以增强涂料黏结性能。涂刷时，应从一侧开始，自上而下交错涂刷，并将接槎留在板缝处，每层涂刷厚度应均匀一致，涂刷完毕后需等待其干燥结膜后方可进行下一层施工。最后一道涂层可掺入2%的云母粉或铝粉以防止老化。在涂料结膜硬化前不得在其上行走或放置重物，以免破坏涂膜完整性。

为增强涂料对基层开裂、房屋伸缩变形和结构沉陷的抵抗能力，在涂刷防水涂料时可铺贴玻璃丝布等加筋材料。施工过程中需避免雨天或涂层干燥结膜前可能出现的刮风情况，同时应避免在气温高于35 ℃或低于5 ℃时进行施工。

8.2.3 刚性防水屋面

刚性防水屋面根据防水层所用材料的不同，可分为普通细石混凝土防水屋面、补偿收缩混凝土防水屋面及块体刚性防水屋面。在设计时，结构层宜采用整体现浇的钢筋混凝土或装配式钢筋混凝土板。本节重点介绍的是细石混凝土刚性防水屋面：其结构简单且施工工艺成熟，适用于多雨潮湿地区或对变形要求较高的建筑；其材料选择灵活，可满足不同的防水等级需求，并具有良好的耐久性和适应性。

8.2.3.1 *屋面构造*

细石混凝土刚性防水屋面（图8.14）一般是在屋面板上浇筑一层厚度不小于40 mm的细石混凝土作为屋面防水层。其结构要求中，刚性防水屋面的坡度宜为2%～3%，并应采用结构找坡。混凝土强度等级不得低于C20，水胶比不大于0.55，每立方米水泥用量不应小于330 kg，胶砂比为1∶2.5～1∶2。为了确保受力均匀，具有良好的抗裂和抗渗能力，在混凝土中应配置直径为$\phi4$～$\phi6$、间距为100～200 mm的双向钢筋网片，并且在分格缝处需断开，其保护层厚度不小于10 mm。

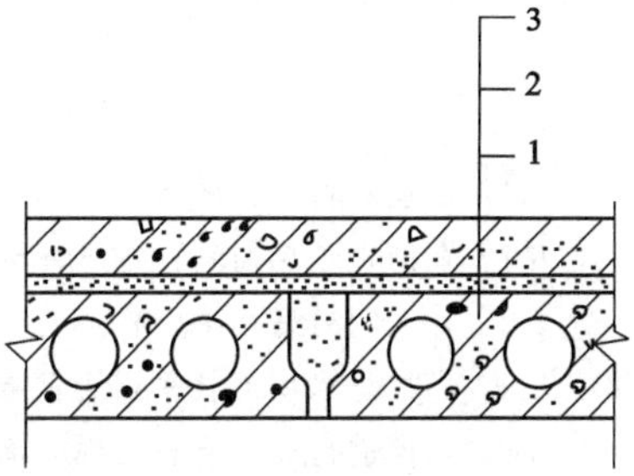

图8.14 细石混凝土刚性防水屋面

1—预制板；2—隔离层；3—细石混凝土防水层

细石混凝土防水层通常采用普通硅酸盐水泥作为基体材料，当使用矿渣硅酸盐水泥时，需采取相应措施以降低泌水性。水泥强度等级不得低于42.5级；同时，细石混凝土和砂浆中粗骨料的最大粒径不宜超过15 mm，含泥量不超过1%；细骨料应选用中砂或粗砂，其含泥量不得大于2%；拌合水必须采用不含有害物质的洁净水。

8.2.3.2 *施工工艺*

（1）分格缝设置

分格缝设置是防止大面积细石混凝土屋面防水层因温度变化或结构应力而产生裂缝的重要措施。其位置通常选择在结构应力集中区域，并优先考虑设置在屋面板的支承端、屋脊及屋面转折处，且应与板缝对齐。分格缝的间距一般不宜超过6 m，具体设置时需根据设计要求和屋面规模确定，一般每个开间的横向缝面积可控制在20 m^2左右，并确保施工过程中避免温度剧烈变化影响其效果。

（2）细石混凝土防水层施工

在浇筑防水层混凝土之前，应先设置隔离层，以减少结构变形对防水层的影响。隔离层可选用纸筋灰、麻刀灰、低强水泥砂浆等材料，完成后，在隔离层上确定分格缝的位置，并用分格木条隔开作为分格缝。浇筑混凝土时，应确保双向钢筋网片设置在混凝土的中部，并采用机械

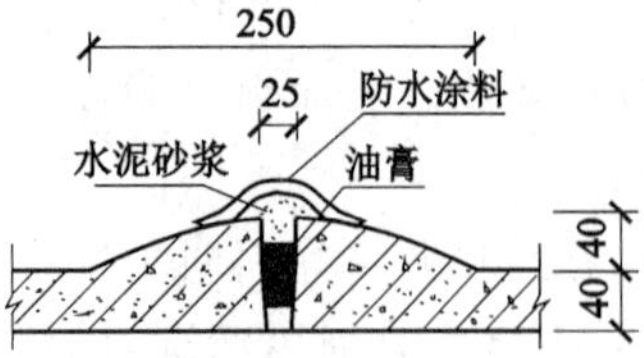

图 8.15 分格缝嵌缝做法

振捣确保密实性。混凝土表面泛浆后需抹平并收水，待初凝后取出分格木条，并对分格缝进行防水处理并在缝口上做覆盖保护层（图 8.15）。

细石混凝土防水层施工时，屋面泛水与屋面防水层应一次做成，泛水高度不应低于 120 mm，以防止雨水倒灌或爬水现象引起渗漏水。

由于细石混凝土的伸缩弹性很小，所以地基不均匀沉降、结构位移和变形、温差和混凝土收缩徐变引起的应力变形等因素对其影响较大，很容易产生裂缝。因此在施工时应注意以下工作：

① 防水层细石混凝土所用的水泥品种、水泥最小用量、水胶比以及粗细骨料规格和级配应符合规范要求；

② 混凝土防水层施工气温宜为 5～35 ℃，不得在负温和烈日暴晒下施工；

③ 防水层混凝土浇筑后应及时养护，养护时间不得少于 14 d。

思考题与习题

8.1 试述卷材屋面的组成及对材料的要求。

8.2 在沥青胶结材料中加入填充料的作用是什么？

8.3 什么叫冷底子油？作用有哪些？如何配制？

8.4 卷材防水屋面找平层为何要留分格缝？如何留设？

8.5 如何进行屋面卷材铺贴？有哪些铺贴方法？

8.6 屋面卷材防水层最容易产生的质量问题有哪些？如何防治？

8.7 试述涂膜防水屋面的组成。这种屋面的施工是怎样进行的？

8.8 细石混凝土防水层的施工有何特点？如何预防裂缝和渗漏？

8.9 试述地下卷材防水层的构造及铺贴方法。各有何特点？

8.10 水泥砂浆防水层的施工特点是什么？

8.11 试述 JG-2 冷胶料防水层的施工工艺。

8.12 试述防水混凝土的防水原理、配制方法及其适用范围。

8.13 试述下管堵漏法和下线堵漏法的原理。

9 装饰工程

【本章提要】

本章包括抹灰工程、饰面工程、幕墙工程、涂饰与裱糊工程四部分，重点介绍了一般抹灰工程、装饰抹灰工程、饰面板(砖)工程、玻璃幕墙工程等的施工方法和质量要求，并介绍了装饰工程的新材料、新技术和新工艺。

【学习要求】

(1) 了解一般抹灰层的组成、作用和做法，掌握抹灰的质量标准及检验方法。

(2) 了解装饰抹灰工程施工工艺及操作要点，掌握装饰抹灰面层的做法。

(3) 了解装饰工程的新材料、新技术及发展方向。

(4) 了解玻璃幕墙的类型及安装工艺。

(5) 了解涂料的种类、性能，掌握涂料和刷浆工程的施工要点。

(6) 掌握一般涂饰以及裱糊施工的要点。

装饰工程是指对建筑物的室内和室外空间进行设计、装修和改造的过程，旨在提升建筑的功能性、美观性和舒适度。其作用包括美化环境、增加建筑价值、改善居住体验以及满足人们对高品质生活的追求。通过合理布局、选择优质材料和应用现代设计理念，装饰工程不仅能够优化空间结构，还能有效增强建筑的实用性和艺术感。此外，装饰工程注重环保与可持续发展，为人们创造更加和谐美好的生活环境。

常用规范：《建筑装饰装修工程质量验收标准》(GB 50210—2018)、《建筑地面工程施工质量验收规范》(GB 50209—2010)、《外墙饰面砖工程施工及验收规程》(JGJ 126—2015)、《玻璃幕墙工程技术规范》(JGJ 102—2003)、《金属与石材幕墙工程技术规范》(JGJ 133—2001)等。

9.1 抹灰工程

抹灰工程是建筑施工中的一项重要工序，其主要作用是增强建筑结构的承载能力和提高表面的平整度与美观性。通过抹灰工程，墙面和天花板的基层得到加固，使后续装饰更加稳固；同时，抹灰还能美化建筑外观，降低墙面开裂或脱落的风险，并在施工完成后为后续装修提供良好的基础。抹灰工程广泛应用于建筑物的外墙、内墙、顶棚等部位。在室外抹灰时，需特别注意防冻和防雨措施，确保抹灰层在恶劣环境下仍能保持良好的性能。

9.1.1 抹灰工程的分类和抹灰层的组成

9.1.1.1 抹灰工程的分类

按所用材料和装饰效果的不同，抹灰工程可分为一般抹灰和装饰抹灰两大类。其主要内容见表 9.1。

表 9.1　抹灰工程的分类

类　　别	内　　容
一般抹灰	石灰砂浆、水泥混合砂浆、水泥砂浆、聚合物水泥砂浆、膨胀珍珠岩水泥砂浆、麻刀灰、纸筋石灰、石膏灰等
装饰抹灰	水刷石、水磨石、斩假石、干粘石、假面砖、拉条灰、拉毛灰、洒毛灰、扒拉石、喷毛灰以及喷涂、滚涂、弹涂等

(1) 一般抹灰

一般抹灰是指一般通用型的砂浆抹灰工程。一般抹灰可分为普通抹灰与高级抹灰，其做法与工序见表 9.2。

表 9.2　一般抹灰的分类

项　　目	做　　法	主要工序
普通抹灰	一底层、一中层、一面层	分层赶平、修整、表面压光
高级抹灰	一底层、数中层、一面层	阴阳角找方，设置标筋，分层赶平、修整和表面压光

① 普通抹灰

普通抹灰是建筑中最常见的抹灰形式，通常使用普通水泥砂浆或混合砂浆。其主要目的是使墙体表面平整、无裂缝，适用于一般建筑的内墙和外墙。普通抹灰对材料要求较低，施工工艺相对简单，成本也较为经济。

② 高级抹灰

高级抹灰使用更高质量的材料，如石膏砂浆或专用抹灰材料，适用于高档建筑的室内墙面。其表面要求光滑、细腻，具有较高的装饰效果。高级抹灰不仅提升了建筑的美观性，还能通过材料的选择增强墙体的耐久性和抗裂性。

(2) 装饰抹灰

装饰抹灰主要用于需要美观效果的墙面和顶棚，常见的材料包括彩色砂浆、水刷石、斩假石等。这类抹灰技术不仅满足功能性需求，还能通过色彩和纹理的处理提升建筑的艺术价值。装饰抹灰底层多为 1∶3 的水泥浆打底，面层如图 9.1 所示。

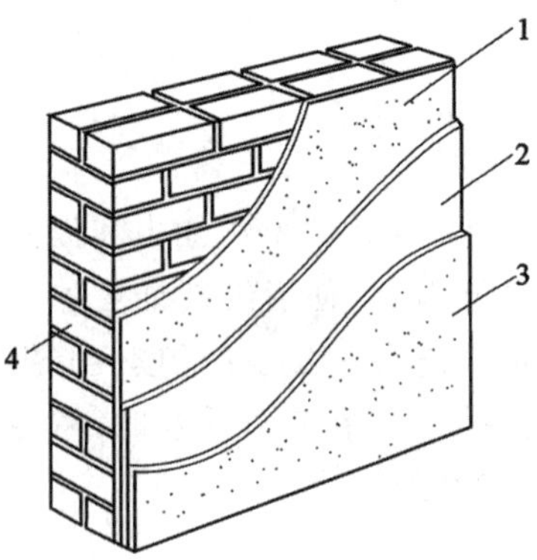

图 9.1　抹灰层组成

1—底层；2—中层；3—面层；4—基体

9.1.1.2　抹灰层的组成

抹灰层的组成主要包括底层、中层和面层，如图 9.1 所示。每层都有其特定的功能和材料要求，共同确保抹灰工程的质量和耐久性。

(1) 底层

底层通常使用水泥砂浆，其主要作用是增强抹灰层与基层的黏结力，确保抹灰层的稳定性。水泥砂浆的配比一般为水泥∶砂=1∶3～1∶2。底层的施工工艺要求较高,其厚度控制在10～12 mm之间,以确保足够的黏结强度。

(2) 中层

中层使用抹灰砂浆,其主要作用是进一步平整基层,并为面层提供一个稳定的基础。抹灰砂浆的配比通常为水泥∶砂=1∶3～1∶2,具体比例需根据施工要求进行调整。中层的施工工艺要求较高,需确保砂浆充分湿润基层,避免空鼓或脱落。中层的厚度一般控制在7～9 mm之间,以确保足够的黏结强度和表面平整度。

(3) 面层

面层使用抹灰砂浆,其主要作用是提供装饰效果和进行保护,确保抹灰层的美观性和耐久性。抹灰砂浆的配比通常为水泥∶砂=1∶3～1∶2,具体比例需根据施工要求进行调整。面层的厚度一般控制在2～5 mm之间,以确保足够的黏结强度和表面平整度。

不同部位的抹灰层平均总厚度如表9.3所示。

表9.3 不同部位抹灰层平均总厚度

部位	平均总厚度(不大于)
顶棚	板条、空心砖、现浇混凝土为15 mm,预制混凝土板为18 mm,金属网为20 mm
内墙	普通抹灰为18～20 mm,高级抹灰为25 mm
外墙	砖墙面20 mm,勒脚及突出墙面部分为25 mm,石材墙面35 mm

9.1.2 抹灰基体的表面处理

抹灰基体的表面处理是确保抹灰工程质量的关键步骤,其核心在于通过科学的处理方法,增强抹灰层与基层的黏结力,同时保证抹灰层的平整度、耐久性和抗裂性。

(1) 基层清理

在抹灰前,必须彻底清理基层表面的灰尘、油污、脱模剂等杂质。对于混凝土或加气混凝土基体,需使用钢丝刷或高压水枪进行清理,确保表面无松散颗粒和污染物。这一步骤不仅提高了抹灰层的黏结力,还能避免因杂质而导致的空鼓或脱落问题。

(2) 表面湿润

对于混凝土或加气混凝土基体,需提前浇水湿润,以防止抹灰材料过快失水,影响质量。湿润程度应控制在表面无明水、含水率适中的状态。对于加气混凝土基体,还需注意避免过度湿润,以免影响材料的强度。

(3) 找平处理

在清理和湿润后,使用1∶3水泥砂浆或1∶2.5水泥砂浆进行找平处理,确保抹灰层厚度均匀,避免过厚或过薄。找平层的厚度一般控制在10 mm以内,以确保抹灰层的整体稳定性和抗裂性。

(4) 接缝处理

对于墙面表面呈光滑状态的情况(即表面处理后达到光滑状态),可采用以下措施进行处理:一是对墙面进行打磨处理,直至达到所需的表面状态;二是可采用掺入10% 108胶的1∶1水泥砂浆进行薄层抹缝处理。对于不同材质(如砖墙与木隔墙)相接处,应在交界处铺设一层金属网条、玻璃丝布或使用宽纸胎固定，如图 9.2 所示，以确保结构的稳定性和防止开裂现象的发生。

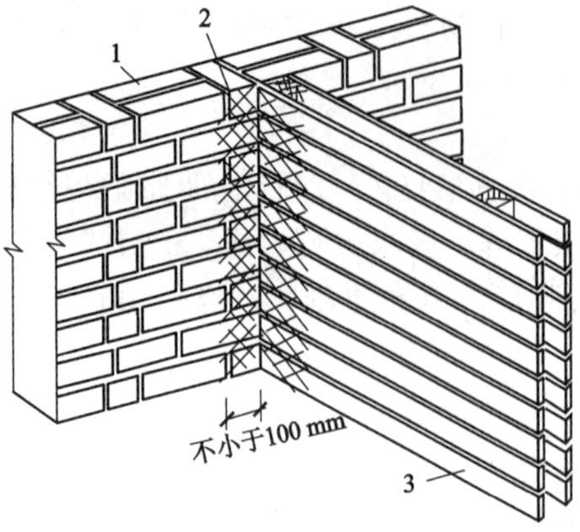

图 9.2 不同基体交接处接缝处理

1—砖墙（基体）；2—钢丝网；3—板条墙

9.1.3 一般抹灰施工

9.1.3.1 施工顺序

一般抹灰施工的顺序通常是“先上后下、先顶棚后墙面、先基层后表层”。抹灰工程需要从上部结构开始，逐步向下进行。在施工时应优先进行天花板或顶棚区域的抹灰，然后依次处理墙面和地面。这种顺序可以避免下面的结构（如墙、梁、柱）在受到外力作用后出现开裂或损坏，同时也能确保抹灰层对上面结构的保护。

抹灰施工分为两个阶段：首先是对基层表面进行处理，如墙面、地面或天花板的基层（砖墙、木板等），然后才是表面装饰层的抹灰。这种顺序可以确保基层得到充分固定和加强，避免后续的抹灰层在基层上出现偏差或开裂。同时，也可以使抹灰层更好地附着在基面上。

9.1.3.2 一般抹灰施工工艺

一般抹灰的工艺流程：基层清理→浇水湿润→吊垂直、套方、找规矩、抹灰饼→抹水泥→踢脚或墙裙→做护角、抹水泥窗台→墙面充筋→抹底灰→修补预留孔洞、配电箱、槽、盒等→抹罩面灰。

(1) 墙面抹灰

为了控制抹灰层的厚度和墙面平直度，在抹灰前还必须先找好规矩，即四角规方，横线找平，竖线吊直，弹出准线和墙裙、踢脚板线，并在墙面做出标志，如图 9.3 所示。

① 底层抹灰

待标筋干燥后，即可以此为基准进行底层抹灰，其厚度控制在 5～9 mm 之间。涂抹底层后，应适当间隔一定时间使其完全干燥后再进行中层或面层抹灰。如果使用水泥砂浆或混合砂浆，应等待前层抹灰凝结之后再进行下一层的抹灰；若使用石灰砂浆，则应等待前层抹灰干至七八成后，进行下一层的抹灰。

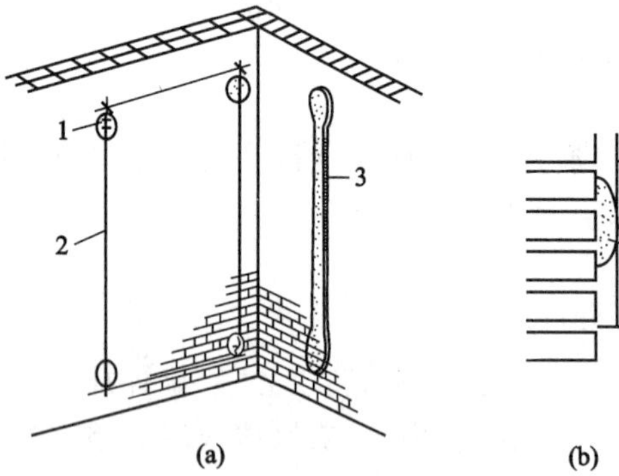

图 9.3 灰饼和标筋示意图

(a)灰饼和标筋的做法；(b)灰饼的剖面

1—灰饼；2—引线；3—标筋（冲筋）

② 中层抹灰

中层厚度控制在 5～12 mm 之间。中层抹灰施工需在底层干燥至 60%～70% 后进行，采用 1∶2.5 水泥砂浆，厚度以垫平标筋为准，局部可稍高于标筋。施工时应确保平整度，检查表面平整度、垂直度和阴阳角方正度，发现缺陷立即处理。

【扫码演示】

③ 面层抹灰

面层又称罩面,厚度为 2～5 mm,面层抹灰应细心操作,保证表面平整、光滑、无裂痕。

(2) 顶棚抹灰

先在墙顶四周弹出水平线,然后沿顶棚四周抹灰并找平。顶棚面要求表面平顺,无抹灰接槎,与墙面交角应成一直线。同时确保天花板表面高度一致,无起泡或裂缝,以保证结构的稳定性和平整度。如有线脚,宜先用准线拉出线脚,再抹顶棚大面,罩面应两遍压光。

9.1.4 装饰抹灰工程施工工艺

装饰抹灰是一种常用的建筑施工技术,用于对建筑物的墙面、天花板等表面进行处理。其主要作用包括:增强建筑结构稳定性;美化空间环境,提升美观度;减少后续装修对基层材料造成的损害,降低施工成本和减少时间。通过抹灰处理,可以使墙面或天花板表面更加平整、均匀,并形成一层致密的保护层,从而提高其抗裂性和耐久性,同时为后续的装饰和家具安装提供更好的基础条件。

装饰抹灰的种类很多,但底层的做法基本相同(均为 1∶3 水泥砂浆打底),仅面层的做法不同。

9.1.4.1 *水磨石*

水磨石是一种常见的建筑装饰材料,通常用于地面或墙裙表面。其制作过程主要包括以下几个步骤:

(1) 基层处理与结合层施工

在 12 mm 厚的水泥砂浆终凝后进行洒水湿润,并刮涂一层水泥素浆作为结合层。

(2) 分格条铺设

按照设计图案和要求,铺设黄铜条、铝条、不锈钢条或玻璃条(宽度约为 8 mm)。分格条的作用包括形成花纹图案以及防止面层过大而开裂。

(3) 填充水泥石子浆并填充小石子

在分格条之间均匀填充一定比例的水泥石子浆[水泥与石子的比例为 1∶(1.5～2.5)]。为了确保表面密实且平整,填入少量小石子进行调整。

(4) 表面处理与养护

待水泥石子浆收水后,用滚筒滚压并浇水养护,使表面更加致密和平整。

(5) 磨制与质量控制

根据气温和材料种类,在 2～5 d 后对地面或墙裙进行磨制。确保石子不松动、不脱落,并且表面不过硬。

通过以上步骤,可以确保水磨石表面的耐磨性、美观性和耐用性,为后续装饰工作提供良好的基础条件。最后需注意水磨石要分三遍进行,采用磨石机洒水磨光。

9.1.4.2 *水刷石*

水刷石是一种用于外墙面的装饰材料,其施工过程主要包括以下几个步骤:

(1) 基层处理与结合层施工

在 12 mm 厚的水泥砂浆终凝后,进行洒水湿润并刮涂一层水泥素浆作为结合层。

(2) 分格条铺设

按照设计图案和要求,在墙面表面铺设 8 mm×10 mm 的梯形木条(黄铜条、铝条、不锈钢条或玻璃条)作为分格条,以形成花纹图案并防止面层过大而开裂。

(3) 水泥浆涂抹与固定

在两侧进行黏结固定,并将底层用水灰比为 0.37～0.5 的水泥浆进行抹涂,增强结合层与基层的连接。

(4) 面层施工

在分格条之间均匀涂抹水泥石子浆[水泥与石子的比例为 1∶(1.25～1.5)],分遍拍平并压实,确保石子密实且分布均匀。待面层凝固前,用棕刷蘸水自上而下刷掉表面水泥浆,使石子完全外露,并注意避免冲坏面层。最后用喷雾器自上而下喷水冲洗,保持表面洁净。

(5) 质量控制

水刷石表面的石粒清晰、分布均匀、色泽一致、平整密实,不得有掉粒或接槎痕迹。

9.1.4.3 干粘石

在水泥砂浆上面直接干粘石子的做法,称为干粘石。干粘石是一种用于外墙面的装饰材料,其施工过程主要包括以下几个步骤:

(1) 基层处理与结合层施工

在 12 mm 厚的水泥砂浆终凝后,进行洒水湿润并刮涂一层水泥素浆作为结合层。

(2) 分格条铺设

按照设计要求在墙面表面弹出分格线,并铺设 8 mm×10 mm 梯形木条(黄铜条、铝条、不锈钢条或玻璃条)作为分格条,以形成花纹图案并防止面层过大而开裂。

(3) 底层水泥砂浆涂抹

将底层用水泥砂浆抹平并湿润后,抹涂一层 6 mm 厚的水泥砂浆,并均匀撒布粒径为 4～6 mm 的不同颜色或同色石子于表面。确保石子嵌入深度不小于石子粒径的一半,并用手动工具轻轻拍平压实。

(4) 养护处理

待干粘石达到一定强度后,进行洒水养护,以确保材料的结构稳定性和表面色泽的一致性。

(5) 质量要求

施工完成后,检查干粘石表面的石粒分布是否均匀,是否无掉石、无漏浆、无漏粘,并且颜色一致。特别注意阳角处不得有明显黑边。

9.1.4.4 斩假石

斩假石是一种模仿石头表面效果的装饰材料,通常用于外墙面。其施工过程主要包括以下几个步骤:

(1) 底层处理

用 12 mm 厚的水泥砂浆(1∶3)打底后,在分格条之间进行抹涂并嵌入分格条,随后洒水湿润。

(2) 中层和面层施工

涂抹一层水灰比为 0.3 的素水泥浆作为中层,迅速抹平并覆盖两层 6 mm 厚、1∶1.25 的水泥石子浆。面层完成后需防晒养护 3～5 d,以确保材料结构稳定。

(3) 试切处理

待面层强度达到要求后,进行试切,确保石子未脱落。证实石子稳固后,可用剁斧将面层切割成毛边。

(4) 成品保护

施工完成后需做好成品保护工作,防止水分渗透影响材料效果。

整个过程中,施工人员需要注意避免分层石子表面的石子外露,并确保整体效果均匀自然。

9.1.4.5 拉毛灰和洒毛灰

拉毛灰是一种表面处理技术,通常用于装饰墙面或地面,通过增强材料的表观效果和质感,使其呈现粗糙的颗粒状或波浪状。在墙面底层涂抹 1∶2(或 1∶1)的水泥砂浆或 1∶1 的石灰砂浆(或素水泥浆),确保底层湿润。等其完全干透后,进行拉毛处理。棕刷拉毛时,用刷蘸砂浆往墙上连续垂直拍拉,拉出毛头。

洒毛灰是一种表面处理技术,通过在墙面上洒射水泥砂浆形成类似云朵或碎石效果的装饰工艺。在墙面底层涂抹 1∶2(或 1∶1)的水泥砂浆或 1∶1 的石灰砂浆,并等其完全干透后进行洒毛灰处理。通常使用竹丝刷蘸取水泥砂浆或石灰砂浆,将材料均匀地洒在墙面上,形成多变而规则的云朵分布。

拉毛灰与洒毛灰的区别见表 9.4。

表 9.4 拉毛灰与洒毛灰的区别表

项目	拉毛灰	洒毛灰
表面效果	块状或波浪状粗糙面	虽然多孔但整体呈现细腻云朵
工艺特点	通过工具拉制颗粒状纹理	通过洒布形成多孔状云朵
施工速度	较快,适合大面积墙面	洒布速度要求较高,适合细节
适用场景	需要增强质感的墙面或地面	增强墙面的装饰性及层次感

9.1.4.6 喷涂、滚涂与弹涂

(1) 喷涂饰面

喷涂饰面是一种利用聚合物水泥砂浆通过挤压式灰浆泵或喷斗进行均匀喷涂的装饰工艺。施工前需将基层墙面处理为 10～13 mm 厚的 1∶3 水泥砂浆,并涂刷一层 108 胶∶水＝1∶3的胶水溶液以增强吸水率和与涂层的结合力。根据涂料的稠度和喷射压力的大小,喷涂效果可呈现为波状或粒状:波状喷涂需连续操作直至全部泛出水泥浆但不致流淌,粒状喷涂则需连续三遍完成。施工完成后,在分格位置用铁皮刮子刮出分格缝,并于凝固后喷甲基硅酸钠疏水剂以提升防水、防潮性能。该工艺确保表面平整、颜色一致、花纹均匀且无接槎,具有优良的耐久性和色彩选择性,施工方便且工期短,已被广泛应用于现代建筑外墙装饰中。

(2) 滚涂饰面

滚涂饰面工艺包括以下几个步骤:首先,在基层表面涂抹一层 3 mm 厚的聚合物水泥砂浆;随后,使用带不同花纹图案的橡胶或塑料滚子进行压花处理;操作时可选择干滚(滚子不蘸水)以

获得较大的花纹和较高的工作效率，或湿滚（滚子反复蘸水）以获得较小但更细腻的花纹。

滚涂砂浆的配合比为水泥：骨料（沙子、石屑或珍珠岩）=1：（0.5～1），再掺入占水泥量20%的108胶和0.25%的木钙减水剂。滚涂工艺一次滚刷完成，适合大面积表面使用，若需局部微调，则可能需要多次滚涂，需要注意避免因过度滚涂而导致的翻砂现象。

（3）弹涂饰面

弹涂饰面是指在基层表面先喷刷或涂刷一遍掺有108胶的聚合物水泥色浆涂层，随后通过弹涂器将不同色彩的聚合物水泥浆分几遍弹至已涂层表面，形成1～3 mm大小的扁圆花点。这些花点通过不同的色彩组合和相互交错排列，可呈现出近似于干粘石的装饰效果，或制作成单色光面、细麻面、小拉毛等不同花色。

其工艺步骤为，在基层表面1：3水泥砂浆打底后，进行润湿并待其干燥至六七成时进行弹涂。操作流程包括：

① 喷刷底色浆一道；

② 弹制分格线，沿分格条方向依次弹头道色点；

③ 待稍干后弹第二道色点；

④ 进行个别修弹处理；

⑤ 最后喷射或涂刷树脂罩面层以增强效果。

此外，弹涂器分为手动和电动两种类型，电动弹涂器具有更高的工作效率，适合大面积施工应用。

9.2 饰面工程

饰面工程是将天然或人造石饰面板、饰面砖等材料安装或镶贴在基层表面的一种装饰方法。常用的饰面板材料包括天然石饰面板（如大理石、花岗岩）、人造石饰面板（如人造大理石、人造花岗岩、预制水磨石）以及金属、塑料、彩色有机玻璃、饰面混凝土墙板等；常见的饰面砖有釉面瓷砖、面砖和陶瓷锦砖。随着建筑工业化的发展，饰面工程逐渐与墙板制作相结合，采用工厂化生产及现场一次成型的装饰墙板也得到广泛应用，进一步丰富了建筑装饰内容，包括大块安装的玻璃幕墙等创新形式。

9.2.1 饰面材料的选用及质量要求

9.2.1.1 天然石饰面板

大理石饰面板常用于门头、柱面、墙面等高级装饰工程，要求其表面无隐伤、风化等缺陷，光洁度高且石质细密，石材表面无任何裂缝或变色等瑕疵。石材表面应光滑平整，确保边缘完全抛光和对齐。

花岗石饰面板适用于台阶、地面、勒脚、柱面和外墙等工程，要求其棱角方正，颜色统一且无裂纹、砂眼或石核等隐伤。当板面颜色略有差异时，应注意颜色的和谐过渡，并按照过渡顺序合理排列装饰面板。施工过程中需轻拿轻放，保护好四角，避免单角码放或堆叠过高，确保摆放稳固后再进行后续存放工作。

9.2.1.2 人造石饰面板

人造石饰面板主要用于室内外墙面、柱面及顶部装饰等。其特点在于表面平整，几何尺寸准确，石粒均匀、洁净、颜色一致，施工完成后能够呈现自然石材的质感和美感。

9.2.1.3　金属饰面板

金属饰面，尤其是铝合金板墙面，因其价格低廉、易于加工成型且具有高强、轻质、经久耐用等特点，成为现代建筑装饰工程中广泛应用的一种材料。经过阳极氧化或喷漆处理后，其表面呈现光亮易反射太阳光的美感，并具备防火、防潮、耐腐蚀等优异性能，达到"蓬荜增辉"的装饰效果。金属饰面以其典雅庄重且质感丰富的特点，在墙面设计中展现出高档次的装饰效果，成为提升建筑外观设计的重要选择。

9.2.1.4　塑料饰面板

塑料饰面板是一种新颖美观、品种繁多的装饰材料，常用的类型包括聚氯乙烯塑料板(PVC)、三聚氰胺塑料板、塑料贴面复合板和有机玻璃饰面板等。其特点是板面光滑，色彩鲜艳，图案丰富多样，具有质轻、耐磨、防水、耐腐蚀、硬度大且吸水性小等特点，广泛应用于室内外墙面、柱面、顶部装饰以及家具装饰等领域。

9.2.1.5　饰面墙板

饰面墙板通常由面板、基层材料和连接构造组成，具有美观、耐用、安装便捷等特点，广泛应用于建筑内外墙装饰、室内空间分隔等场景。饰面墙板通过墙板制作与饰面工艺的有机融合实现一次成型，极大拓展了装饰工程内涵，并显著提升施工效率。

9.2.1.6　饰面砖

① 外墙面砖

外墙面砖由陶土制作而成，采用半干式的成型工艺，并在约 1100 ℃高温下烧制。这类砖比釉面砖坚固但属多炻类物质，常用于外部墙面以防止划擦。其质量标准应涵盖表面光滑、色泽匀称、尺寸统一、无瑕疵。

② 陶瓷锦砖及玻璃锦砖

陶瓷锦砖是采用优质瓷土制成的片状小瓷砖，通过拼接的方式进行表面装饰，广泛适用于室内。玻璃锦砖则是以玻璃烧制而成的小品，附着于纸板上，具备多样花色，还可印图案。两种材料均可用于室内外装饰，在使用时需注意对其质地、边缘整洁度进行检测，且干燥时间不超过 40 min。

9.2.2　饰面板(砖)施工

饰面板(砖)可采用传统法和胶黏法施工，胶黏法施工是今后的发展方向。现分别简介如下：

9.2.2.1　传统法施工

(1) 小规格饰面板施工

小规格的饰面板(边长小于 400 mm)一般采用镶贴法施工，先用 1∶3 水泥砂浆打底划毛，待底子灰凝固后，弹出分格线，按镶贴顺序，将已湿润的板材背面抹上厚度为 2～3 mm 的素水泥浆进行粘贴，再用木槌轻敲，并注意随时用靠尺找平找直。

(2) 大规格饰面板施工

大规格的饰面板(边长大于 400 mm)或安装高度超过 1 m 时，则多采用安装法施工。安装的工艺有湿法工艺、干法工艺和 G·P·C 工艺。

① 湿法工艺

a. 安装前的准备工作

检查饰面板安装区域的基层平整度，如存在凹凸不平现象，需进行必要的平整处理。根据设计要求，在墙面、柱面等位置进行抄平后，按一定规则分块弹出水平线和垂直线，确保接缝分布均匀。在基层预先绑扎好钢筋网，并与结构预埋件固定牢靠，以保证安装时的稳定性。按照设计要求，在饰面板四周侧面预钻圆孔，用于后期固定和连接。

b. 安装过程

使用铜丝或不锈钢丝将饰面板板块与基层表面的钢筋骨架绑扎固定，如图 9.4、图 9.5 所示。从中间位置开始依次拼贴板块，留出墙面左右两边或上下边各 20～50 mm 的空隙。使用 1∶3 水泥砂浆(稠度为 80～120 mm)进行分层灌缝，每层厚度控制在 100～200 mm 之间。待终凝后继续填充下一层水泥砂浆，直到达到距离水平接缝 50～100 mm 的位置。安装完上一行板块后，依次向下操作，持续进行填缝处理，直至所有板块安装完毕。在水平接缝下方或侧面用石膏板或其他临时材料固定，确保板块表面平整。

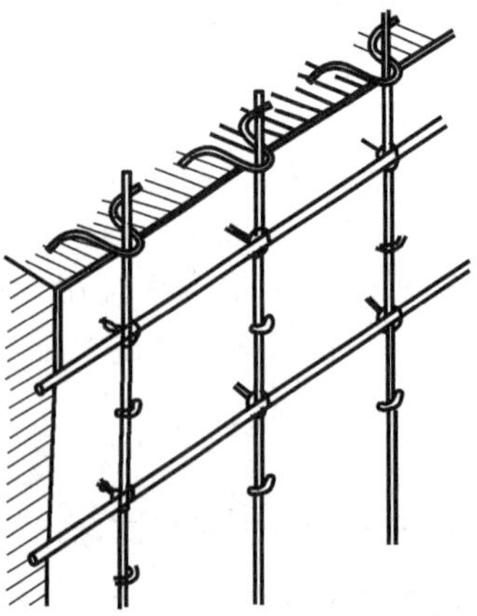

图 9.4　墙面、柱面绑扎钢筋图

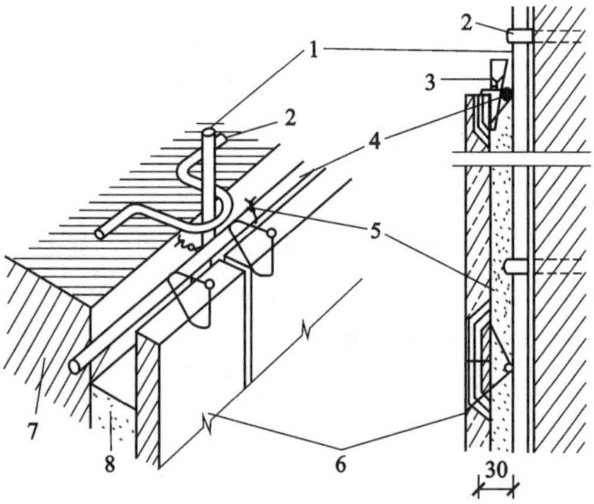

图 9.5　大理石板安装固定示意图

1—立筋；2—铁环；3—定位木楔；4—横筋；
5—铜丝或不锈钢丝绑牢；6—大理石板；7—墙体；8—水泥砂浆

c. 填缝处理

选择与饰面板颜色一致的水泥浆或油脂类填料进行填充。将填缝材料刮平至饰面表面，并在其上刮涂一层憎水腻子，以增强表面的防水性能和美观度。安装完成后，用工具将饰面板及填缝材料清理干净。若发现饰面层因填缝而影响光泽度，可重新打蜡以恢复其出光效果。

湿法(水泥砂浆固定)安装的缺点是：易产生回潮、返碱、返花等现象，从而影响美观。

② 干法工艺

干法工艺(图 9.6)是在饰面板上直接打孔，然后使用不锈钢连接器与埋设在混凝土墙体中的膨胀螺栓相连，从而在板与墙体之间形成 80～90 mm 宽的空气层。这种方法通常用于 30 m以下的钢筋混凝土结构，并且不适用于砖墙或加气混凝土等其他基层类型，因为其对基层有一定的要求。这种工艺能够有效防止饰面板因环境因素而导致的回潮、返碱和返花等问题，因此在实际应用中较为广泛。

③ G・P・C工艺

G・P・C工艺(图9.7)是干法工艺的发展，是以钢筋混凝土做衬板，用不锈钢连接环将饰面板固定后浇注成整体复合板，再通过连接器悬挂到预先固定的钢筋混凝土结构或钢结构上，其连接部位的厚度有所增大以满足抗震要求。这种柔性节点可以增强结构的抗震能力，特别适用于超高层建筑。

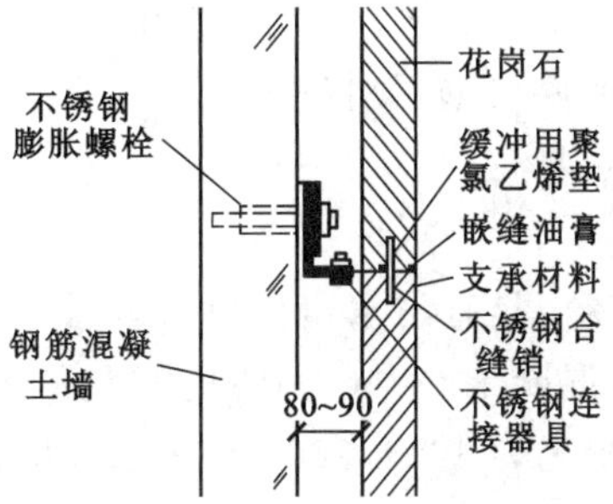

图9.6 干法工艺

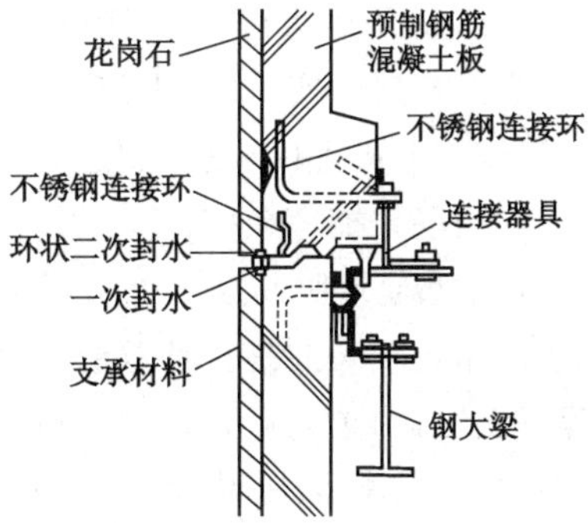

图9.7 G・P・C工艺

9.2.2.2 胶黏法施工

饰面板(砖)的施工已逐步采用胶黏剂固结技术，这种工艺是利用胶黏剂将饰面板(砖)直接粘贴于基层表面，从而实现了快速、稳定的施工过程。这种方法具有工艺简单、操作方便、结合力强、耐久性好以及施工速度快等优点，特别适用于加快装饰工程的干法施工进度。在实际应用中，一些常用的胶黏剂及施工要点已被广泛总结和推广，能够有效提升工程质量和效率。

(1) TAM型通用瓷砖胶黏剂

该胶黏剂是以水泥为基料、经聚合物改性后的粉末状产品，使用时只需加水搅拌即可获得黏稠的胶浆，具有耐水性和耐久性良好等特点，适用于在混凝土墙面、地面、石膏板等表面粘贴瓷砖、陶瓷锦砖、天然大理石、人造大理石等饰面材料。施工前需确保基层表面洁净、平整且无灰尘，胶浆按水与胶粉1∶3.5配比，搅拌均匀后静置10 min再使用。施工时，先用抹子将胶浆涂抹在基层上，随后铺贴饰面板，并要求在30 min内完成粘贴，24 h后方能勾缝。

(2) SG-8407内墙瓷黏结剂

SG-8407是一种适用于在水泥砂浆、混凝土基层上粘贴瓷砖、面砖和陶瓷锦砖的黏结剂。其施工过程主要包括以下步骤：首先，对基层进行处理，确保其洁净、干燥且无油污或灰尘，并通过喷砂、钢丝刷或稀酸溶液等方法进行清洗和干燥；其次，按照1∶2～2∶1的比例将干砂与325号及以上强度等级的普通硅酸盐水泥均匀拌和，加入SG-8407后调整到适宜施工的稠度，并确保不加水使用；最后，在基层表面涂刷黏结剂并敲打瓷砖、陶瓷锦砖至浆料上，待24 h后即可撕下陶瓷锦砖纸面。此外，施工过程中需注意在瓷砖吸水率较大的情况下应提前浸泡以提高黏结效果。

(3) TAS型高强度耐水瓷砖胶黏剂

TAS是一种双组分的高强度耐水瓷砖胶，具有优异的耐水性、耐气候变化以及抗各种化学物质侵蚀的能力。它适用于在混凝土、钢铁、玻璃、木材等基层表面粘贴瓷砖、墙面砖、地面砖，并特别适合长期受到水浸泡或其他化学物侵蚀的部位。其胶料配制和粘贴方法与 TAM 型胶料相似，能够提供长久的结合性能以确保材料的稳定性和安全性。

(4) AH-03 大理石胶黏剂

AH-03 大理石胶黏剂是一种以环氧树脂等高分子合成材料为基础，加入增稠剂、乳化剂、增强剂、防腐剂、交联剂及填料等配制而成的单组分膏状胶料。它具有高强度、耐水以及耐气候变化等特点，适用于大理石、花岗石、陶瓷锦砖、面砖、瓷砖与水泥基层之间的黏结(粘贴)。施工时，需确保基层坚实平整、无浮灰及污物，饰面材料干净、无灰尘。操作步骤包括均匀涂刷胶料至基层或饰面板上(厚度不超过 3 mm)，轻轻推拉去除气泡后对齐水平基准线敲打固定，逐层粘贴，并用湿布擦净余胶。

(5) YJ-Ⅱ型建筑胶黏剂

YJ-Ⅱ型建筑胶黏剂是一种双组分水乳型高分子胶料，具有耐水、耐湿热、耐腐蚀、低毒且低污染等特点，适用于大理石、瓷砖、玻璃锦砖等材料与混凝土、木材、钙塑板等水泥基层之间的黏结(粘贴)。其配方中，甲组分为 100 份，乙组分质量比为 100～160 份，并加入填料配制。施工时，先将甲、乙组分混合均匀后再加入填料并搅拌均匀。对于墙面粘贴玻璃砖，需将胶料均匀涂布于砖板或基层表面(厚度为 1～2 mm)。操作过程中，需控制施工及养护温度不低于 5 ℃且以 15～20 ℃为最佳，施工完成后需进行 7 d 自然养护以确保材料性能和安全性。

(6) YJ-Ⅲ型建筑胶黏剂

YJ-Ⅲ型建筑胶黏剂是一种水乳型高分子胶料，具有耐水、耐湿热、耐腐蚀和低毒、低污染等特点，适用于大理石、花岗石等石材与石膏板、木材、混凝土等水泥基层之间的黏结(粘贴)。其配方中，甲组分为 100 份，乙组分质量比为 240～300 份，并加入 800～1200 目的石英粉或其他填料配制。配制时，需将甲、乙组分胶料称量混合均匀后加入填料并搅拌至均匀。在具体应用中的施工要求如下：

① 基层需处理平整、洁净、干燥，无浮灰和油污。

② 在墙面粘贴大理石或花岗石块材时，需涂刷胶料后铺贴块材，按挤定位、静置待干即可，无须钻孔或挂钩。

③ 在石膏板上进行施工时，需先用抹刀将胶料涂于石膏板表面(厚度为 1～2 mm)，再用梳形刀梳理胶料并粘贴瓷砖。

④ 在墙面粘贴玻璃锦砖时，需先在基层薄涂一层胶料后进行粘贴，并注意擦缝使用素水泥浆。

该胶料的施工要求包括控制温度不低于 5 ℃且以 15～20 ℃为最佳，施工完成后需进行 7 d 自然养护。

YJ-Ⅱ和 YJ-Ⅲ两种胶黏剂的主要性能区别如表 9.5 所示。

表 9.5　YJ-Ⅱ型与 YJ-Ⅲ型建筑胶黏剂的主要性能区别

建筑胶黏剂		YJ-Ⅱ型	YJ-Ⅲ型
黏结强度/MPa	瓷砖	3～4	3～5
	玻璃锦砖	2～3	2～4

续表9.5

建筑胶黏剂	YJ-Ⅱ型	YJ-Ⅲ型
抗压强度/MPa	30～40	15～25
弹性模量/MPa	2.32×10^3	3.2×10^3
收缩率(%)	0.20	1.02

9.2.3 饰面砖镶贴工艺

饰面砖的一般镶贴工艺流程为:基层处理→吊垂直、套方、找规矩→贴灰饼→抹底层砂浆→弹线分格→排砖→浸砖→镶贴饰面砖→面砖勾缝及擦缝。

9.2.3.1 *釉面砖*

釉面砖又称瓷砖或釉面陶土砖,是一种薄片状精陶建筑材料,广泛应用于厨房、厕所和浴室等内墙装修。釉面砖是以瓷土或优质陶土制备而成的表面含有釉质的薄片状物。它们具有光滑外形,易于清洁,色彩多样且耐久性强。不过,作为多孔的材料,遇环境湿度变化后可能会膨胀,导致釉层开裂或脱落,因此这类砖一般应用于室内装饰。其质量要求包括光洁度的一致性和边缘轮廓的准确性。其表面通常经过处理,具有白色、彩色或带花纹图案,形状多为正方形或长方形,并可选用阳角、阴角或压顶条进行装饰。釉面砖的底层约为 15 mm 厚的水泥砂浆,并通过找平和划毛处理使表面平整。施工时需将水泥砂浆均匀涂抹在瓷砖背面,粘贴于底层后轻轻敲击以固定。横竖缝宽控制在 1～1.5 mm 范围内,完成后用同色水泥擦缝并用稀盐酸清洗。

墙砖和地砖是室内瓷砖的两种类型,两者物理特性差异较大。墙砖属于陶制品,吸水率约10%,适合厨房、卫生间等高湿度环境;而地砖通常为瓷制品,吸水率低(仅 1%),适用于其他区域以避免水汽影响。墙砖背面较为粗糙,含水率较高且需充分浸泡;而地砖不适合在墙上贴固,因容易吸水并难以清洁。

9.2.3.2 *面砖*

面砖分为毛面和釉面两种类型,有多种颜色和规格,主要用于装饰外墙。其底层为 7 mm 厚的 1∶3 水泥砂浆,并通过找平和划毛处理后养护 1～2 d,随后进行镶贴。镶贴前需按设计要求弹线分格,排砖时尽量避免切砖,并将 12～15 mm 厚的 1∶0.2∶2(水∶石灰膏∶砂)混合砂浆涂抹于面砖背面,用小铲轻轻敲击使其粘贴牢固。完成后用 1∶1 原色水泥砂浆填缝并用稀盐酸刷洗,最后以清水彻底清洗。

9.3 涂饰与裱糊工程

涂料涂敷于物体表面,能与基体材料很好黏结,并形成完整而坚韧的保护膜。它可保护被涂物免受外界侵蚀,又可起到建筑装饰的效果。

涂饰工程包括油漆涂饰和涂料涂饰。

9.3.1 油漆涂饰

油漆是一种胶结用的胶体溶液,主要由胶黏剂、溶剂(稀释剂)及颜料和其他填充料或辅助材料(如催干剂、增塑剂、固化剂)等组成。其中,胶黏剂常用桐油、梓油、亚麻仁油及树脂等,是硬化后生成漆膜的主要成分。溶剂用于稀释油漆涂料,常用的有松香水、酒精及溶剂油等,但掺入过量的溶剂会降低油漆的光泽和耐久性。颜料不仅赋予涂料色彩,还能起到填充作用,提高漆膜的密实度和稳定性。此外,催干剂等辅助材料在施工中也能发挥作用。

应根据油漆的性能和用途认真挑选,并结合相应的施工工艺进行操作;同时,要注意配套使用原则,即底漆、腻子与面漆之间的附着力不应影响彼此性能,避免出现脱皮或起泡等问题。

9.3.1.1 建筑工程常用的油漆涂料

(1) 清油

清油,也称为透明漆或清漆,是一种不含颜料的透明涂料,主要由天然或合成树脂、溶剂和添加剂组成。它能形成一层透明的保护膜,既能保护木材、金属等基材免受环境因素的侵蚀,又能保持基材的自然纹理和颜色,增强表面的光泽度,提升美观性。清油广泛应用于调配厚漆和红丹防锈漆,也可单独涂刷于金属、木料表面,或用于打底子及调配腻子。其形成的漆膜柔软,易发黏。

(2) 厚漆

厚漆是一种黏度较高、固体含量大的涂料,主要用于底漆,能提供底层材料的封闭性和填充性。其颜色有红、白、淡黄、深绿、灰、黑等。使用时需加清油、松香水等稀释。漂漆后漆膜柔软,但干燥慢,光亮度和坚硬度较差。可用于建筑墙面、木制品、金属结构等,特别是在需要较高附着力和耐久性的场合,也可用来调配色油和腻子。

(3) 调和漆

调和漆分为油性和瓷性两类:

① 油性调和漆:漆膜附着力强,耐大气作用好,不易粉化、龟裂,但干燥时间长,漆膜较软。适用于室内外金属及木材、水泥表面层涂刷。

② 瓷性调和漆:漆膜较硬,光亮平滑,耐水洗,但耐气候性差,易失光、龟裂和粉化。仅适宜于室内面层涂刷。

(4) 红丹油性防锈漆和铁红油性防锈漆

该类漆用于各种金属表面防锈。

(5) 清漆

清漆分为油质清漆和挥发性清漆两类:

① 油质清漆(酯胶清漆、酚醛清漆、醇酸清漆等):漆膜干燥快,光泽透明。适用于木门窗、板壁及金属表面罩光。

② 挥发性清漆(泡立水):漆膜干燥快、坚硬光亮,但耐水、耐热、耐大气作用差,易失光。多用于室内木质面层打底和家具罩面。

(6) 聚乙酸乙烯乳胶漆

该漆是一种性能良好的新型涂料和墙漆,以水为稀释剂,无毒安全,适用于高级建筑室内抹面、木材面和混凝土的面层涂刷,亦可用于室外抹灰面。优点是漆膜坚硬平整,附着力强,干燥快,耐暴晒和水洗,墙面稍干即可涂刷。

此外,尚有以下几种油漆类型:硝基外用、内用清漆,硝基纤维素(即腊克),丙烯酸磁漆,耐腐蚀油漆。

9.3.1.2　油漆涂饰施工

油漆涂饰施工包括基层准备、打底子、抹腻子和涂刷油漆等工序。

(1) 基层准备

① 混凝土及水泥砂浆抹灰基层

需要满刮腻子并用砂纸打光，确保表面平整光滑、线角顺直。这一步骤的目的是消除表面缺陷，为后续涂装提供均匀的基础。

② 纸面石膏板基层

需按设计要求处理板缝和钉眼，然后满刮腻子并用砂纸打光。处理板缝和钉眼可以防止涂料渗透，确保涂装效果一致。处理石膏板的接缝时应使用专用接缝带和腻子，以增强接缝的强度和稳定性。

③ 清漆木质基层

表面应平整光滑，颜色协调一致，且无污染、裂缝、残缺等缺陷。木质基层的含水率应控制在12%以下，以防止涂装后出现变形或开裂。

④ 调和漆木质基层

表面应平整光滑，无严重污染。调和漆用于遮盖木材表面，仍需确保表面平整以提供良好的涂装效果。

⑤ 金属基层

应进行除锈和防锈处理。

⑥ 基底含水率要求

基层为混凝土和抹灰层时，涂刷溶剂型涂料的含水率不得大8%，涂刷水性涂料的含水率不得大于10%；基层为木质时，含水率不得大于12%。控制含水率可以防止涂料因水分过多而起泡或脱落，确保涂层的附着力和耐久性。

(2) 打底子

在处理好的基层表面上均匀涂抹一遍底子油，并使其厚度一致，目的是让基层表面具有良好的吸色能力，从而保证整个油漆面的色泽均匀一致。

(3) 抹腻子

腻子是由涂料、填料和水拌制而成的膏状物，主要用于填补基层表面的凹凸不平，使其平整光滑，为后续涂装提供坚实的基础。施工时，首先需确保基层清洁、干燥，无明显凹凸不平，这是确保腻子附着力的关键。然后，将腻子均匀涂抹在基层表面，厚度通常控制在2 mm以内，以避免局部过厚或过薄。涂抹后，腻子需充分干燥，干燥时间根据腻子类型和环境条件确定，一般为24～48 h。干燥后，使用砂纸进行打磨，直至表面光滑，无明显颗粒和瑕疵。如果表面仍有凹凸不平，需再次涂抹腻子并重复上述步骤，直至实现平整光滑的效果。

(4) 涂刷油漆

木料表面涂刷混色油漆，按照操作工序和质量要求分为普通、中级和高级三级。金属面涂刷分为普通、中级，混凝土和抹灰表面涂刷则分为中级和高级两级。油漆的涂刷方法有喷涂、滚涂、刷涂、擦涂等，具体选择与涂料的适应性以及现有设备有关。

① 喷涂法：使用喷雾器或喷浆机将油漆均匀地喷射到物体表面上。操作时，喷枪与墙面保持垂直，距离约500 mm，并以适当的速度平行移动。一次喷涂不宜过厚，需分次进行。优点是工作效率高、漆膜均匀且平整光滑，但消耗量大，需要设备支持，施工时需注意通风和防火

防爆。

② 滚涂法：将蘸有漆液的毛刷（如羊皮或橡皮）按 W 字形运动覆盖基层，然后用不沾漆的毛刷紧贴墙面来回滚动，使漆液均匀展开。阴角和上下边缘可用排笔刷涂找平。适用于墙面较厚且需要均匀覆盖的情况，尤其是滚花效果。

③ 刷涂法：使用毛刷蘸取油漆直接涂刷在表面上。操作时应先从左到右、上到下，再从右到左、下到上，按一定顺序施工。这种方法设备简单、操作方便且节省材料，但工效较低，适用于快干和扩散性较差的油漆。

④ 擦涂法：用棉花团外包纱布蘸取油漆在表面上擦涂，待漆膜稍干后连续转圈擦抹，直到均匀发亮为止。这种方法漆膜光亮、质量好，但效率较低。

施工时的环境温度一般控制在 10～35 ℃，相对湿度不宜过高（适宜湿度为 60％以下），施工时要注意通风换气和防尘。恶劣天气如大风、雨、雾等不宜进行涂刷操作。

9.3.2 涂料涂饰

9.3.2.1 涂料的分类

涂料的种类繁多，可以根据不同的标准进行分类：

（1）按装饰部位不同分

涂料可分为内墙涂料、外墙涂料、顶棚涂料、地面涂料及屋面防水涂料等。内墙涂料主要用于墙面装饰，而屋面防水涂料则用于屋面防漏。

（2）按成膜物质不同分

涂料可以分为油性涂料（或传统油漆）、有机高分子涂料、无机高分子涂料以及有机无机复合涂料等。油性涂料以有机溶剂为成膜物质，适用于一般装饰；有机高分子涂料和无机高分子涂料则因其环保性和高性能而备受青睐；有机无机复合涂料则结合两种材料的优势，兼具性能与成本效益。

（3）按分散介质的不同分

涂料按分散介质不同可分为溶剂型涂料、水溶性涂料和水乳型涂料。其中，溶剂型涂料（如传统油漆）以有机溶剂为分散介质；水溶性涂料以水为分散介质，具有耐水性差的特点；而水乳型涂料也是以水为介质，但其成膜物质是通过聚合不饱和单体形成的乳液，并配合填料和助剂制成。

（4）按成膜质感分

涂料可分为薄质涂料、厚质涂料和复层建筑涂料。薄质涂料通常用刷涂法施工；厚质涂料则常用滚涂、喷涂或刷涂法施工；而复层建筑涂料一般采用分层喷塑法，包括封底涂料、主层涂料和罩面涂料等，适用于复杂的装饰。

（5）按涂料功能分

涂料可分为装饰涂料、防火涂料、防水涂料、防腐涂料、防霉涂料及防结露涂料等。防火涂料用于防火要求高的区域，而防水涂料则适用于有防水防漏需求的表面处理。

9.3.2.2 新型外墙涂料

（1）JDL-82A 着色砂丙烯酸系建筑涂料

该涂料主要由丙烯酸乳液、人工着色石英砂及各种助剂组成。其特点包括结膜速度快，耐污染和耐褪色性能良好，色彩鲜艳，质感丰富，黏结力强（即附着力强）。这种涂料适用于多种基面材料，如混凝土、水泥砂浆、石棉水泥板、纸面石膏板以及砖墙等。施工时需要注意基层处理均匀，第一遍干后再喷第二遍以确保效果一致。

JDL-82A 涂料的施工采用喷涂法，具体要求如下：

① 喷涂机具选用孔径为 5～7 mm 的喷嘴，距离墙面约 300 mm，并使用空气压缩机进行辅助。

② 喷涂压力控制在 0.5～0.7 MPa 范围内以确保均匀性和附着力。

③ 施工前需将涂料搅拌至均匀，同时注意控制加水量，不得超过涂料质量的 5%，以避免施工时出现分层或结膜不良的问题。

（2）彩砂涂料

彩砂涂料是一种丙烯酸树脂类建筑涂料，具有优异的耐候性、耐水性和耐碱性，并且保色性能优良。它使用着色骨料替代传统颜料和填料，从根本上解决了褪色问题，同时能够做到色彩鲜艳、质感丰富。这种涂料因其优异的耐久性和装饰效果，在中到高档建筑涂料领域具有较大的应用前景，被认为是一种取代一些低劣涂料产品的理想选择。

（3）丙烯酸有光凹凸乳胶漆

该涂料是以苯乙烯、丙烯酸酯乳液等有机高分子材料为主要成分，通过加入不同颜料、填料和骨料制备而成的厚质型和薄质型涂料。其中，厚质型为丙烯酸凹凸乳胶底漆，薄质型为各色丙烯酸有光乳胶漆。丙烯酸凹凸乳胶漆具有良好的耐水性和耐碱性，并且保色性能优良。

施工方法主要有两种：

① 在底层墙面喷一遍丙烯酸凹凸乳胶底漆，经过辗压后喷 1～2 遍各色丙烯酸有光乳胶漆。

② 在底层墙面先喷一遍各色丙烯酸有光乳胶漆，待干后再喷涂丙烯酸凹凸乳胶底漆，经过辗压显出凹凸图案，最后罩一层苯-丙乳液。这种方法可在外墙面形成各种花纹图案和色彩效果，装饰质感显著且美观。施工时要求温度在 5 ℃以上，并注意避免大风和雨天施工以确保效果。

9.3.2.3 新型内墙涂料

（1）双效纳米磁漆

双效纳米磁漆是一种高性能的装饰材料，具有耐水耐污性能好、硬度强、黏结度高、附着力强等特点。它采用荷叶双疏（疏水、疏油）结构，结合纳米材料的亲密无间特性，利用滴水成珠的原理制成，适用于外墙刮底，能够有效解决开裂和脱漆问题。这种绿色建材产品施工简单，只需加清水调和即可使用，广泛应用于室内各种墙体壁面装饰装修。

（2）乳胶漆

乳胶漆是一种传统但实用的内外墙涂料，以合成树脂乳液为主要成分，并加入颜料、填料等辅助材料制成。它具有易于清洁、安全无毒、操作方便的特点，涂膜透气性好，耐碱性强，适用于各种基层表面（如混凝土、水泥砂浆等）。乳胶漆作为内外墙涂料的常用选择，能保持墙面清洁并提供良好的装饰效果。

（3）喷塑涂料

喷塑涂料是一种具有复杂结构的建筑涂料，以丙烯酸酯乳液和无机高分子材料为主要成分，并加入骨料制成。它的结构分为底油、骨架和面油三部分，其中骨架层通过压花技术形成图案花纹，面油则赋予其柔和色彩。喷塑涂料适用于水泥砂浆、混凝土等表面，施工时按喷嘴大小分为小花、中花、大花三种，需预先制作样板，选定后再进行施工。其施工工序包括基层处理、贴分格条、喷刷底油、喷点料(骨架层)、压花、喷面油以及分格缝上色等环节，能有效提升墙面的装饰效果和美观度。

9.3.3 裱糊工程

近年来，随着人们环保意识的增强和材料科学的进步，裱糊工程中使用的可折卷软质面材种类越来越多样。传统普通纸壁纸和 PVC 壁纸用量逐渐减少，绿色材质壁纸和高档材质壁纸成为主流选择。

具体而言，采用丝、羊毛、麻等纤维织造而成的纺织物壁纸，以及以草、麻、木材、树叶等自然植物材料制成的天然植物装饰材料，金属壁纸，无纺贴墙布等不同类型的材料被广泛应用于墙面、柱子及天花板等裱糊工程中。这些材料以其环保性、美观性和耐用性成为现代室内装饰的重要选择。

9.3.3.1 作业条件

裱糊工程属于室内精装修工程，应在除地毯、活动家具及表面饰物以外的所有工程项目全部完成后进行，并确保基体材料已完全干燥。具体要求如下：

① 混凝土和抹灰工程的含水率控制在不大于 8%，木材制品的含水率控制在不大于 12%；

② 环境温度应不低于 10 ℃，施工前及施工过程中避免出现穿堂风影响施工进度；

③ 电路及设备安装已完毕，且与裱糊相关的设备或附件(如插座、开关盒盖等)应临时拆除以确保施工安全和效率。

9.3.3.2 施工步骤与要点

裱糊工程的工艺顺序一般为：基层处理→弹控制线→测量与裁纸→润纸→涂刷胶黏剂→裱糊壁纸→修整。

(1) 基层处理

① 基层表面及接缝处理

墙面上的钉帽应锚固并嵌入基层表面，用腻子填平接缝处。外露的钢筋和铁丝件需清除、打磨并涂刷防锈底漆不少于两遍。油污需用碱水清洗后用水冲洗干净。板块接缝及不同基体材料的对接处应填嵌接缝材料并粘贴接缝带。对混凝土和抹灰面进行抗碱封闭处理，涂刷抗碱封闭底漆。

② 刮腻子

混凝土及抹灰面需全面刮腻子，填平气孔、麻点等不平处，确保表面平整光滑。每层刮涂均匀后需充分干燥并打磨至无浮粉，方可进行下一遍刮涂。对于腻子层厚度较大的部位，需采取防裂加固措施。常用腻子配方为石膏：乳胶：2%缩甲基纤维素溶液=10：0.6：6，也可选用成品耐水腻子。腻子层应保持平整光滑，阴阳角线应通顺无裂纹、崩角，并确保无砂眼和麻点。

③ 涂刷封底涂料

封底涂料的主要作用是封闭基底材料，防止壁纸、墙布因受潮而脱落。常用封底涂料包括封闭乳胶漆、酚醛清漆等，具体调配比例可按 1∶3 的汽油或松节油与酚醛漆混合使用。涂刷时可采用喷枪或镘刀进行均匀涂抹，每层施工后需自然晾干，确保充分干燥后再进行后续工序。封底前要求腻子层干燥且表面无尘土和污垢，并对泛碱区域用 9%稀醋酸清洗。

(2) 弹控制线

为确保裱糊纸幅垂直、图案连贯端正，在底漆干燥后应按下列方法弹出水平和垂直线作为施工依据，如图 9.8 所示。

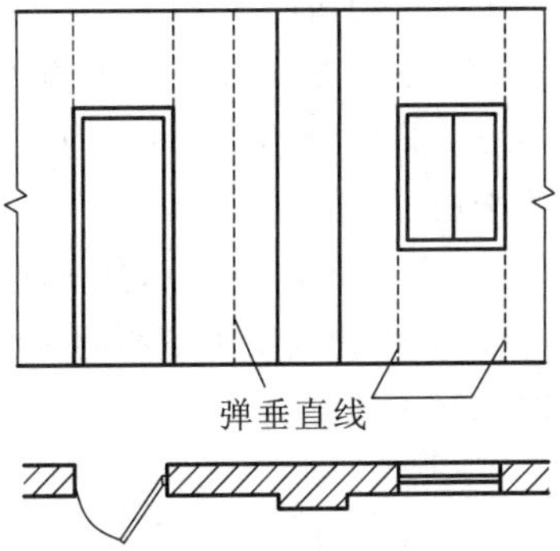

图 9.8　墙面弹线位置示意图

① 弹线应在墙基高度范围内从墙面阴角处开始，按照壁纸的标准宽度进行弹定，确保直线方正。窄幅纸的裁切边应留在阴角处，避免阳角出现接缝。

② 遇门窗洞口时，应以门框或窗框的立边为分划基准，便于折角部分向外侧贴出。

③ 所有弹定的控制线需与墙面基层保持一致的颜色，并确保清晰可见。

(3) 测量与裁纸

对普通壁纸的测量与裁剪步骤如下：

① 量出墙顶(或挂镜线)至墙脚(踢脚线上口)的高度，并根据需求考虑修剪量，在两端各预留 30～50 mm。

② 对有图案的壁纸，则需从墙的上部开始对花，统筹规划裁割位置，小心裁割并编号，以便按顺序粘贴。裁剪后的壁纸应卷起并平铺于操作台面。

上述步骤需确保裁剪准确，避免浪费，并为后续施工提供清晰的操作指引。

(4) 润纸

壁纸在施工过程中容易受水影响发生膨胀或收缩。不同材质的壁纸对其润纸方法要求各异。

① 塑料壁纸：由于其幅宽方向具有显著的自由膨胀率(0.5%～1.2%)和较小的收缩率(0.2%～0.8%)，在施工前需充分润湿。具体操作包括浸泡或刷水至纸张充分吸水，以避免上墙后因吸湿膨胀而产生鼓泡或皱褶。处理方法：可将壁纸浸泡于水中一定时间(如 20 min 以上)或使用排笔在纸背面均匀涂抹清水 10 min，使纸张充分膨胀。

② 复合纸质壁纸：其吸湿强度较低，在施工前需均匀刷胶后折叠操作，以避免因吸水膨胀而导致的接缝问题。具体步骤为：

a. 使用排笔或手糊于壁纸背面均匀涂抹胶水，并等待 10 min 至干；

b. 将折叠后的壁纸轻轻放入操作台，待其自然干燥后再上墙。

③ 纺织纤维壁纸：因其纤维特性，施工前无须浸水或刷水，只需用湿布轻抹纸背面即可实现润纸效果。

④ 金属壁纸：由于其吸水性较低，施工前仅需用湿布轻擦纸背面即可使其充分湿润。

⑤ 对于不完全了解遇水膨胀特性的壁纸，可取一小条进行试贴操作，隔日观察接缝效果及纵向、横向收缩情况，以此判断并调整施工工艺。

润纸步骤需确保材料充分吸水或湿润，以避免因湿胀而影响贴纸效果。

(5) 涂刷胶黏剂

胶黏剂应根据壁纸材料及基层部位选用。目前市场上有多种成品壁纸胶粉，使用较方便。几种壁纸刷胶的方法如下：

① 对于 PVC 壁纸，裱糊墙面时，在墙基面上涂刷一层胶黏剂，宽度比壁纸的实际宽度超出约 30 mm。在基层表面与壁纸背面均涂刷胶黏剂，并确保基层表面的涂胶宽度比壁纸宽约 30 mm。将壁纸铺贴于基面上，通过反复对叠(图 9.9)固定壁纸背面的胶层，避免污染正面和过快干燥。

② 对于较厚的壁纸，如植物纤维壁纸，应对基层和纸背都刷胶。

③ 金属壁纸使用专用的壁纸胶粉。应边在纸背面刷胶边在圆筒上卷绕，以免出现折痕，如图 9.10 所示。

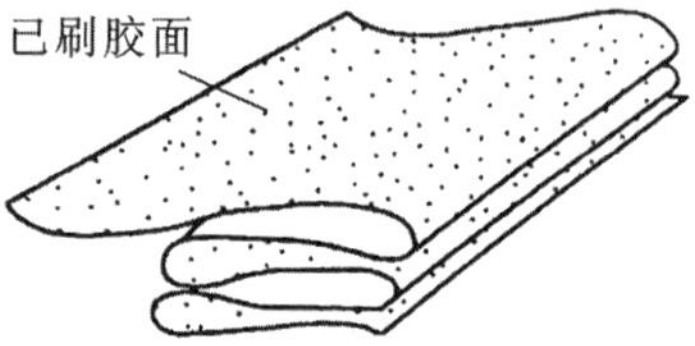

图 9.9 壁纸刷胶后的对叠法

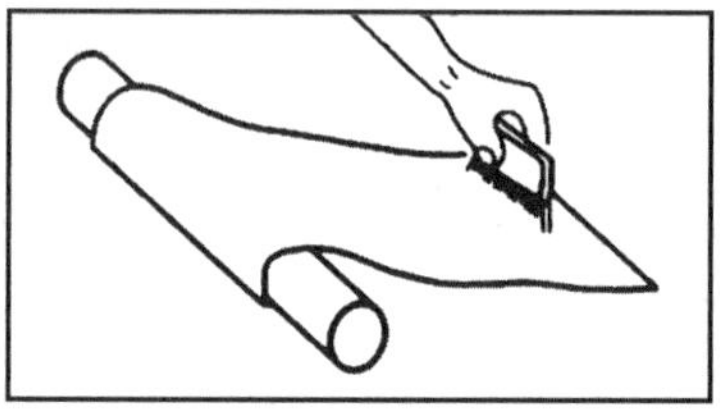

图 9.10 金属壁纸刷胶法

(6) 裱糊壁纸

裱糊壁纸的顺序，原则上应先垂直面后水平面，先细部后大面。贴垂直面时先上后下，贴水平面时先高后低。从墙面所弹垂线开始至阴角处收口。每幅纸首先要挂垂直，后对花纹拼缝，再用刮板用力抹压平整。方法与要求如下：

① 裱贴

a. 上贴：将壁纸的上半部分对位粘贴至墙面基准线，使边缘靠紧垂直基准线并轻轻按压固定。

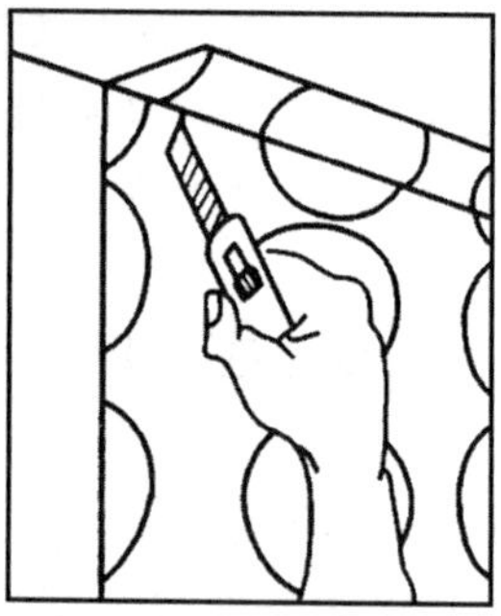

图 9.11 裱贴后裁割多余部分壁纸

b. 中贴：从中间向外用刷子将壁纸上半部分的剩余部分涂抹平整，并用壁纸刀剪裁多余部分，确保边缘整齐(图 9.11)。

c. 下贴：粘贴壁纸的下半部分，修齐踢脚线与墙面的角落，使接缝平滑自然。

② 拼缝

从上至下对准壁纸的图案后，进行拼缝固定。完成后，用刮板斜向轻轻挤压接缝区域，将缝隙挤紧并密封。对发泡材料或复合材料壁纸，不得使用刮板赶压，以免损坏图案或形成死褶；可使用毛巾或板刷轻拍以避免影响。拼缝后，用湿毛巾擦拭接缝处的胶液，保持墙面整洁。

③ 阴阳角处理

a. 阳角：包角处理时，应将壁纸包在基面上，并压实至阴角处。阳角处的接缝距阳角边缘不得小于 20 mm。

b. 阴角：采用搭接方式，搭接宽度不得小于 3 mm。搭接处应从里向外依次排列，最后收口的壁纸不得转角，确保阴角处无毛边且顺光搭接，如图 9.12 所示。

④ 压实

在壁纸裱贴完成后(40～60 min内)，用橡胶滚或有机玻璃刮板从上至下、从左至右依次按压，以确保壁纸与基面牢固结合，并使接缝处更加紧密。

(7) 修整

壁纸裱糊后，应全面检查、修补。表面的胶水、斑污应及时擦净，翘角、翘边应补胶压实；气泡处用注射针头排气，注入胶液后压实。

图 9.12　阴角处裱贴

9.3.3.3　施工要求

壁纸、墙布应粘贴牢固，不得有漏贴、补贴、脱层、空鼓和翘边。各幅拼接应横平竖直，花纹、图案吻合，无离缝和搭接，在距离墙面1.5 m处正视不显拼缝。表面平整，色泽一致，不得有波纹起伏、气泡、裂缝、皱折及斑污，斜视应不见胶痕。

9.4　幕墙工程*

玻璃幕墙、铝合金板玻璃幕墙、石材幕墙等相关内容见二维码。

【拓展内容】

思考题与习题

9.1　装饰工程的作用、特点及将来的发展趋势是什么？

9.2　装饰工程主要包括哪些内容？

9.3　一般抹灰的分类、抹灰层的组成以及各层的作用是什么？

9.4　抹灰前为什么要进行基层处理？怎样处理？

9.5　简述一般抹灰施工的分层做法及施工要点。

9.6　简述机械喷涂抹灰的优点、工艺流程、适用范围及施工要点。

9.7　常见的装饰抹灰有哪几类？如何施工？

9.8　饰面板(砖)的传统做法有哪些？胶黏法施工中主要的胶黏剂有哪些？

9.9　简述饰面砖的镶贴工艺。

9.10　简述幕墙的分类和各自的特点，以及玻璃幕墙主要的施工工序。

9.11　油漆涂饰的常用材料有哪些？油漆涂饰施工包括哪些工序？

9.12　常用的建筑涂料有哪些？怎样施工？

9.13　裱糊及涂饰施工工艺顺序有何异同？其作业条件各有哪些？

10 脚手架工程

【本章提要】

本章介绍了脚手架的基本结构和功能，以及各种支架的构造特点和施工要求等内容。

【学习要求】

(1) 了解脚手架的种类和搭设基本要求。

(2) 掌握各类脚手架的构造组成、搭设要求和适用范围。

(3) 了解脚手架工程的安全要求与措施。

脚手架是建筑施工中用于支撑作业人员和材料的结构体系，主要包括立杆、横杆、斜撑等支撑构件。其设计与使用必须符合相关规范要求，以确保结构稳定性、强度和安全性。在脚手架的使用过程中需正确设置地基和连接件，并遵守操作规程；定期检查维护，确保其长期安全可靠。选择合适的脚手架类型和设计方案，是保障施工安全的关键环节。

常用规范：《建筑施工脚手架安全技术统一标准》(GB 51210—2016)、《建筑施工门式钢管脚手架安全技术标准》(JGJ/T 128—2019)、《建筑施工碗扣式钢管脚手架安全技术规范》(JGJ 166—2016)、《施工脚手架通用规范》(GB 55023—2022)、《液压升降整体脚手架安全技术标准》(JGJ/T 183—2019)、《建筑施工扣件式钢管脚手架安全技术规范》(JGJ 130—2011)等。

10.1 脚手架概述

10.1.1 脚手架的作用和要求

脚手架(又称架子)是建筑施工中常用的临时性结构设施，用于为操作层提供稳定的安全作业平台和材料运输通道。其主要功能包括：为施工人员提供不同高度的操作面，便于进行砌筑、抹灰、安装门窗等工序；通过设置栏杆和防护栏板等安全防护措施，有效防止人员和材料坠落；同时兼具材料运输通道的作用，在多层建筑中可作为垂直运输的辅助设施，提高施工效率。脚手架在保障施工安全的同时，显著提升了工程效率和质量。

对脚手架的基本要求如下：

(1) 有适当的宽度，宽度不应小于 1.5 m(一般为 2 m 左右)，一步架高度及与墙的距离应满足工人操作和材料运输的需求。

(2) 其构造设计应简洁明了，便于搭建、搬运及多次周转使用，并尽量就地取材以减少材料浪费。

(3) 脚手架需具备足够的结构性能(如强度、刚度和稳定性),以确保其在施工期间的安全性和可靠性。

为保证脚手架的使用安全,在脚手架的设置与使用时,应注意以下几点:

(1) 脚手架的构造设计必须符合相关规范规定,普通脚手架需满足基本性能要求。

(2) 特殊工程(如高处、重荷载或偏心荷载等)脚手架需进行专门设计和计算以确保结构可靠性和安全性。

(3) 脚手架的地基处理应充分考虑承载能力,避免整体或局部沉降影响结构稳定性,对于高层或重荷载脚手架,还需进行基础设计以增强其稳定性。

(4) 脚手架应在保证结构刚度的同时,合理设置连墙点,利用建筑结构的整体刚度提高其整体稳定性和抗倾覆能力。

(5) 为了进一步提升安全防护水平,应采取可靠的安全防护措施(如安全网、防电避雷装置等),并严格检查搭设质量,确保脚手架符合规范要求后方可投入使用。

10.1.2 脚手架的分类

(1) 按用途分类

脚手架按其用途可分为砌筑用脚手架、装修用脚手架、承重脚手架、防护脚手架、混凝土工程用脚手架等。

(2) 按材质分类

脚手架按材质可分为竹脚手架、木脚手架、钢管脚手架(扣件式钢管脚手架、碗扣式钢管脚手架、盘扣式钢管脚手架和门式钢管脚手架)、铝合金脚手架等。

(3) 按支固方式分类

脚手架按支固方式可分为落地式脚手架、悬挑脚手架、附墙悬挂脚手架、吊篮式脚手架等。

(4) 按搭设形式分类

脚手架按搭设形式可分为单排脚手架、双排脚手架、满堂脚手架等。

10.2 吊篮式脚手架、悬挑脚手架

10.2.1 吊篮式脚手架

吊篮式脚手架是一种悬吊于房屋结构之上的施工设施。其搭建方式为:通过专门设置的支撑点,借助吊索将吊架或吊篮悬吊起来,从而构成一个可供施工人员进行砌筑或装修工程操作的平台。

吊篮式脚手架主要由以下几部分构成:一是吊架或吊篮,这是直接用于施工操作的部分;二是悬吊结构或支撑设施,承担着悬吊功能;三是吊索,起到连接和承载的作用;四是升降装置,用于实现吊架或吊篮的升降功能。这些组成部分相互配合,共同确保吊篮式脚手架在施工

过程中的稳定性与实用性，为施工操作提供安全、便捷的作业条件。

吊架或吊篮的构造形式应根据脚手架的用途、建筑物结构情况和采用的悬吊方法而定。常用的有桁架式工作台、框式钢管吊架(图 10.1)、小型吊篮(图 10.2)和组合吊篮等。

悬吊结构应根据工程结构情况和脚手架用途而定。一般采用的是在屋顶上设置挑梁(架)，用于高大厂房的内部施工时则可悬吊在屋架或大梁之下。常用的挑梁(架)有单梁式挑梁(图 10.3)、双梁式挑梁、斜撑式挑梁、桁架式挑梁(图 10.4)、自稳式挑梁、移动式挑梁、装拼式挑梁等。

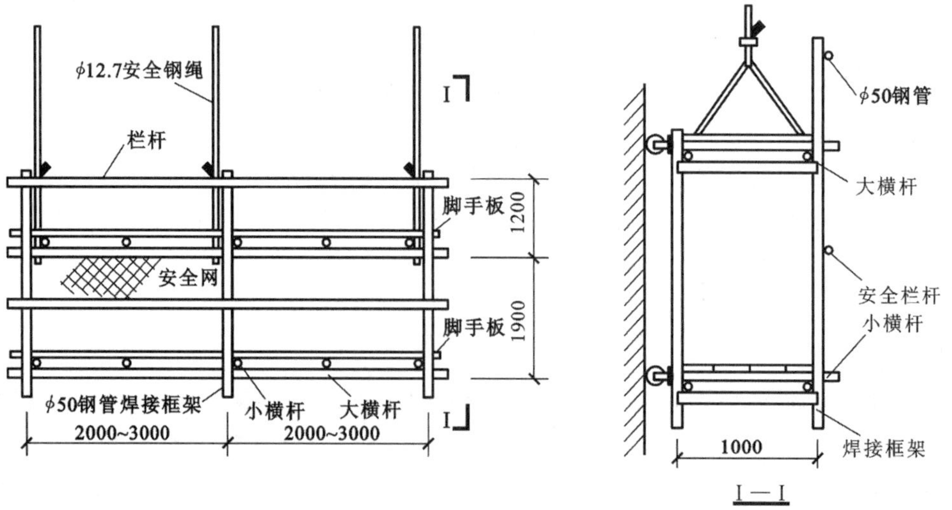

图 10.1 框式钢管吊架

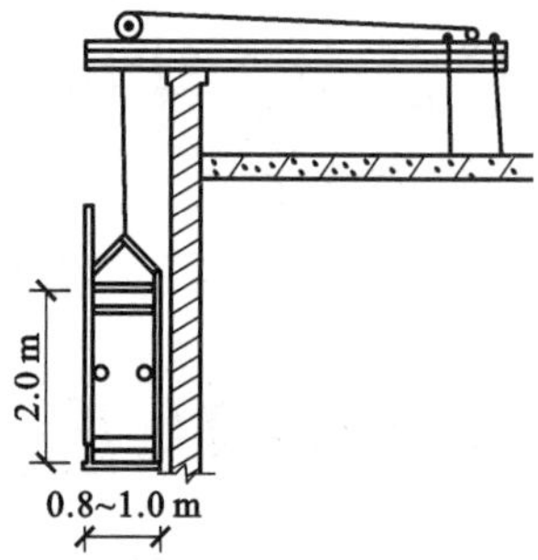

图 10.2 小型吊篮

根据吊索以及升降机械工具的不同，常用的升降方法有手扳葫芦连续升降、电动机械升降、液压提升、手动工具分节提升等，它们所用的吊索及升降机具如表 10.1 所示。

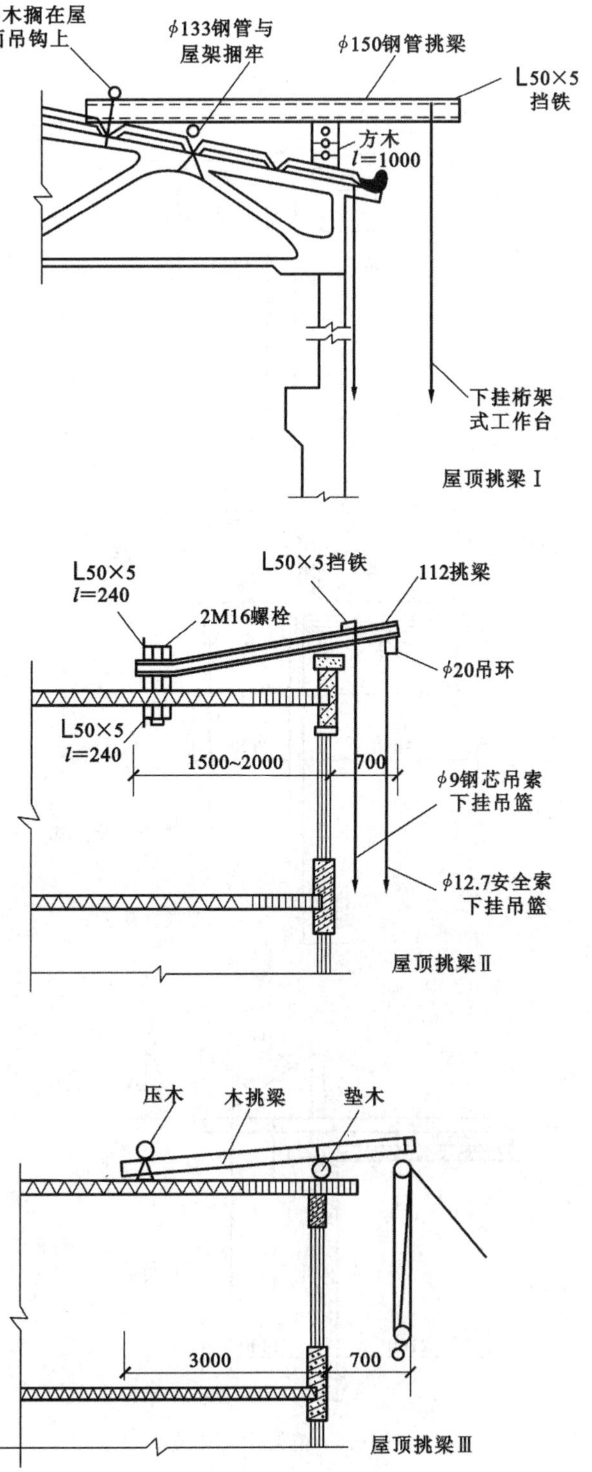

杉木搁在屋
面吊钩上
ϕ133钢管与
屋架捆牢
ϕ150钢管挑梁
L50×5
挡铁
方木
l=1000
下挂桁架
式工作台
屋顶挑梁Ⅰ
L50×5
l=240
L50×5挡铁
112挑梁
2M16螺栓
ϕ20吊环
L50×5
l=240
1500~2000
700
ϕ9钢芯吊索
下挂吊篮
ϕ12.7安全索
下挂吊篮
屋顶挑梁Ⅱ
压木
木挑梁
垫木
3000
700
屋顶挑梁Ⅲ

图 10.3　单梁式挑梁

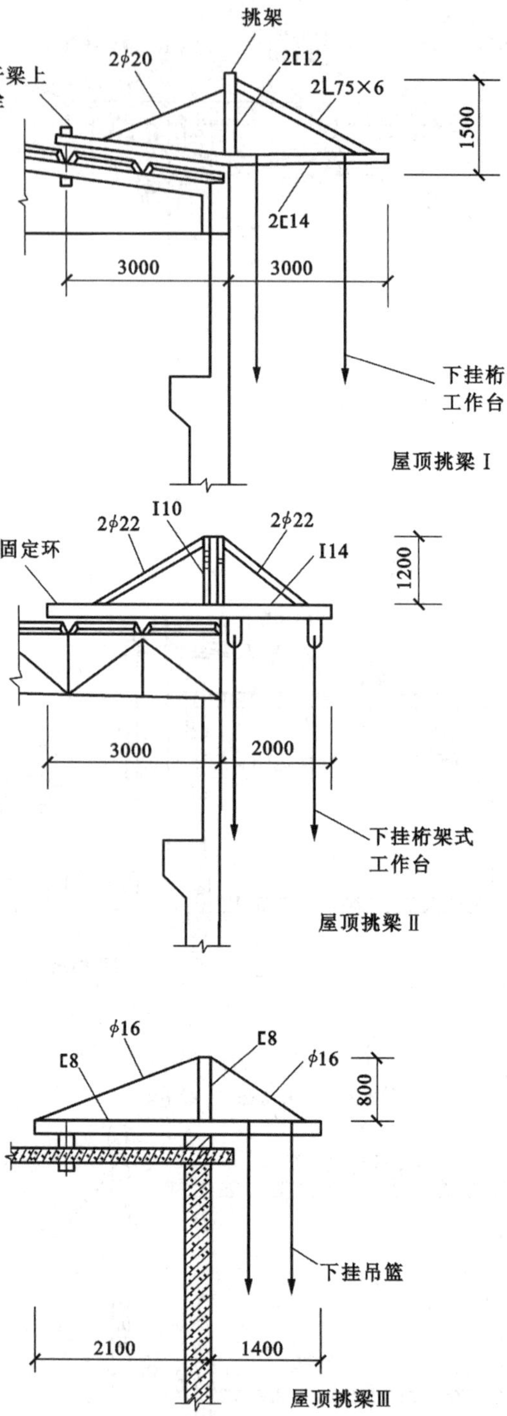
挑架
2φ20
2[12
预埋于梁上
的螺栓
2L75×6
1500
2[14
3000
3000
下挂桁架式
工作台
屋顶挑梁Ⅰ
I10
2φ22
2φ22
U形固定环
I14
1200
3000
2000
下挂桁架式
工作台
屋顶挑梁Ⅱ
φ16
[8
[8
φ16
800
下挂吊篮
2100
1400
屋顶挑梁Ⅲ

图 10.4 桁架式挑梁(架)

表 10.1　吊篮式脚手架升降方法

升 降 方 法	吊　　索	升降用机具
手扳葫芦连续升降	钢丝绳	8～30 kN 手扳葫芦
电动机械升降	钢丝绳	电动卷扬机
液压提升	直径 25 mm 钢筋爬杆	液压千斤顶
手动工具分节提升	钢筋吊钩、铁链	倒链、手摇提升机、滑轮

10.2.2　悬挑脚手架

采用悬挑形式搭设的脚手架称为悬挑脚手架，其基本形式有两种：支撑杆式悬挑脚手架和挑梁式悬挑脚手架。

(1) 支撑杆式悬挑脚手架

支撑杆式悬挑脚手架是一种不依赖悬挑梁(架)，直接用脚手杆进行搭设的施工脚手架形式。其搭设高度通常控制在 6 步以内，并采用倒换向上的方式逐层搭设，同时必须严格控制使用荷载，依据结构形式可划分为单层支撑杆式悬挑脚手架与多层支撑杆式悬挑脚手架。

单层支撑杆式悬挑脚手架一般存在两种搭设方法：

方法一是从窗口挑出横杆，随后将斜撑杆支撑在下一层的窗台上，此种情况下，架子的挑出宽度通常不宜大于 1.2 m，其结构形式如图 10.5(a)所示；

方法二是横杆和斜杆均从同一个窗口挑出，此时架子的挑出宽度不宜大于 1.0 m，对应的结构形式如图 10.5(b)所示。

多层支撑杆式悬挑脚手架则分为单排和双排两种类型。其中，双排脚手架在构造形式上包含下撑上拉式和撑架式。

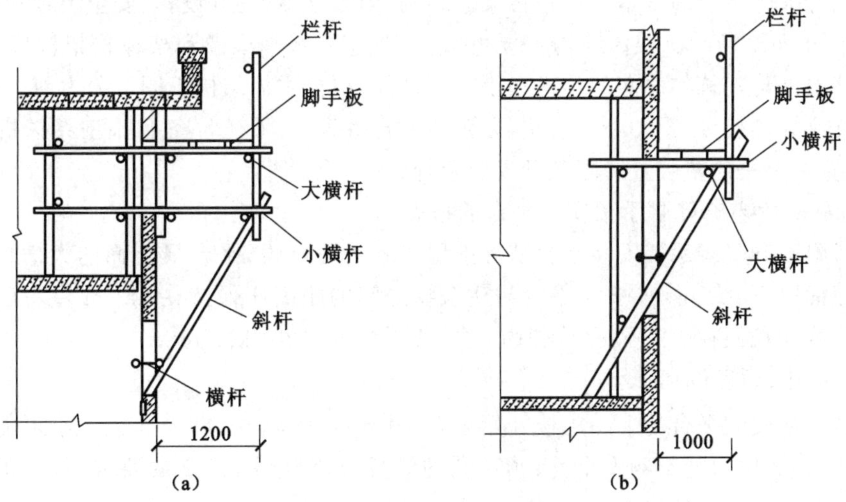

图 10.5　单层支撑杆式悬挑脚手架

(a)斜杆支撑在下一层窗台上；(b)横杆和斜杆均从同一窗台挑出

(2) 挑梁式悬挑脚手架

挑梁式悬挑脚手架是指支座在挑梁(架)之上的脚手架,在挑梁之上可以搭设扣件钢管脚手架、碗扣式钢管脚手架或框式脚手架等。当挑梁的布置间距大于 2.0 m 时,在挑梁上应加设横梁,以支撑位于挑梁之间的脚手架立杆。

挑梁(架)的形式有悬挂式挑梁、下撑式挑梁、桁架式挑梁,如图 10.6 所示。

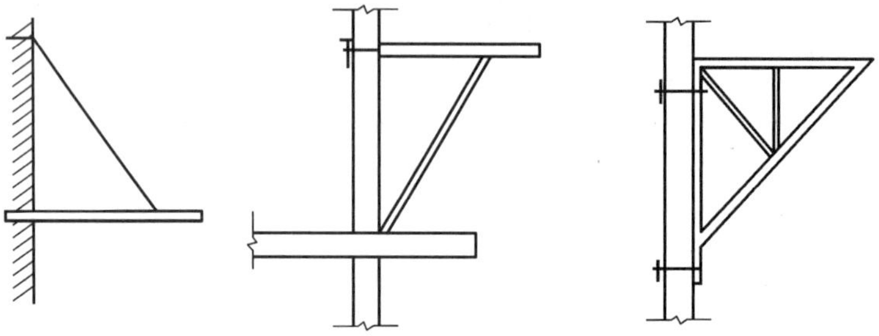

图 10.6 挑梁(架)

(a)悬挂式挑梁;(b)下撑式挑梁;(c)桁架式挑梁

10.3 附着式升降脚手架

附着式升降脚手架是一种可随主体工程施工进度升降的脚手架结构,用于提升施工效率并满足高度需求。其主要类型包括导轨式、导座式、套框式、挑轨式、套轨式、吊套式和吊轨式爬架。根据不同支承方式,分为分体升降、整体升降和互爬升降。按升降设备不同,可分为电动提升爬架、手动提升爬架、液压提升爬架和卷扬提升爬架。这些结构设计各有特点,以适应不同的施工需求。

附着式升降脚手架的基本构造包括架体结构、附着支撑、提升设备、安全装置和控制系统,详细构造如图 10.7 所示。架体结构主要由竖向主框架、水平梁架和架体构架构成;附着支撑主要是连接架体与建筑物之间的传力和承力的构件,根据主体结构不同可分为剪力墙支座、板式支座和支座导向架等(图 10.8);提升设备包括电动葫芦、液压设备和小型卷扬机等(图 10.9);安全装置主要是防坠装置和限载预警装置等(图 10.10)。

(1) 导轨式附着升降脚手架安装平台的搭设

导轨式附着升降脚手架安装平台从标准层以下进行搭设,平台最上面的大横杆上表面应在标准层板面以下 0.2 m 处,安装平台与建筑物之间的距离应保持在 0.3 m 左右(图 10.11),平台的水平度应控制在±20 mm 范围内,平台要求能承载 10 kN/m^2。

(2) 预留孔(预埋件)的设置

预留孔应从安装平台的上一层楼开始设置,其孔径为 $\phi40\sim\phi50$,孔径过小可能导致脚手架升降困难,过大则可能影响安全性;预留孔的设置应符合图 10.12 的要求,每个预留孔的平面位置详见预留孔平面位置图。

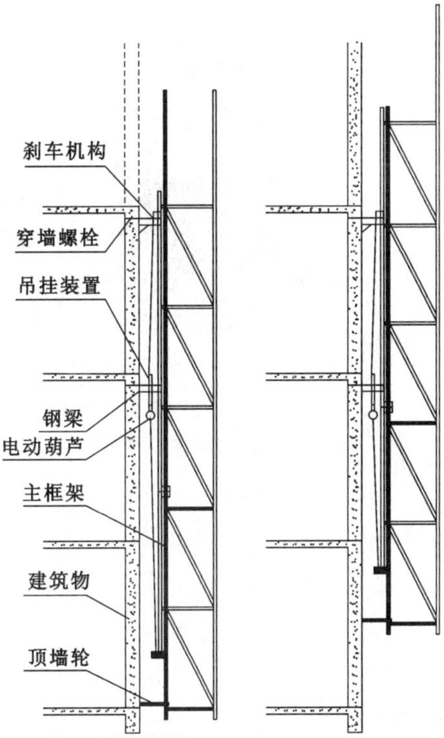

(a) (b)

【扫码演示】

图 10.7 提升架立面示意图

(a)提升前;(b)提升中

(a) (b) (c)

图 10.8 附着支撑

(a)剪力墙支座;(b)板式支座;(c)支座导向架

(a) (b) (c)

图 10.9 提升设备

(a)电动葫芦;(b)液压设备;(c)小型卷扬机

(a)　　　　　　　　　　　　(b)

图 10.10　安全装置

(a)防坠装置;(b)限载预警装置

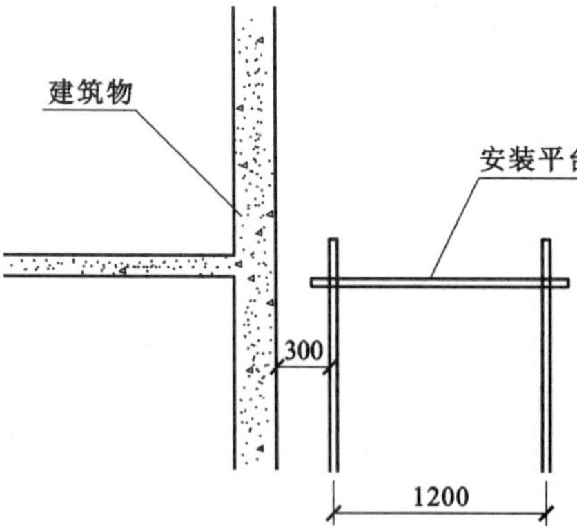

图 10.11　安装平台示意图

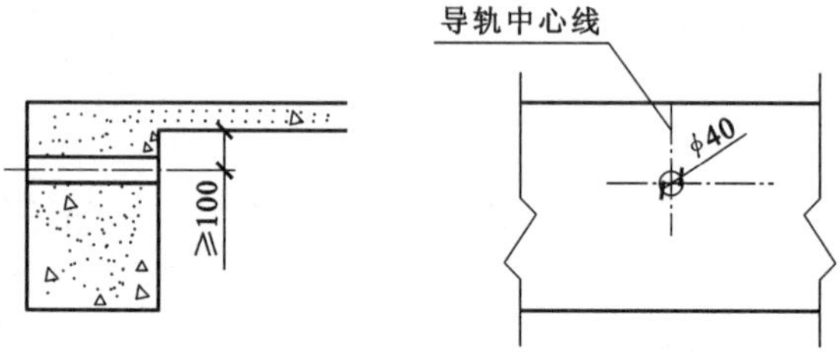

图 10.12　预留孔示意图

注意:① 预埋件应用短钢筋加固并与建筑物的钢筋焊在一起,以此增强结构基础;

② 为避免浇筑混凝土时砂浆流入预留孔内,需将预埋件预先留出的空间用锯末填充,并用胶带密封处理,待混凝土浇筑完毕、预埋件处的模板拆除后再将锯末掏出,露出预留孔;

③ 在浇注混凝土期间,需要设置升降脚手架,每次浇筑完混凝土 3 天内须将预埋件处的内外墙(梁)侧模板拆除,以便及时掏出预留孔来。

【警告】预留孔位置的准确与否,直接影响着提升机构的安装和附着升降脚手架的运行质量,所以,设置预埋件时一定要认真负责,一丝不苟。

(3) 架体的搭设

结合工程的提升架平面布置图和预留孔平面位置图按照图 10.13(a)所示,用扣件将导轨 1 和立杆 1 固定在安装平台上,用 M14 螺栓将导轨 1、立杆 1、小横杆及廊道斜杆连接成框架,调整垂直度、水平度,将螺栓拧紧。

在两片主框架之间,结合图 10.13(b)、图 10.14 和提升架平面布置图用扣件将通用立杆固定在安装平台上,用 M14 螺栓将通用立杆 1、通用立杆 2 及小横杆连接成框架(即桁架),调整垂直度、水平度,将螺栓拧紧。

如图 10.15 所示,通过法兰板用 M20 螺栓将导轨 2 与导轨 1 相连接,用 M14 螺栓将立杆

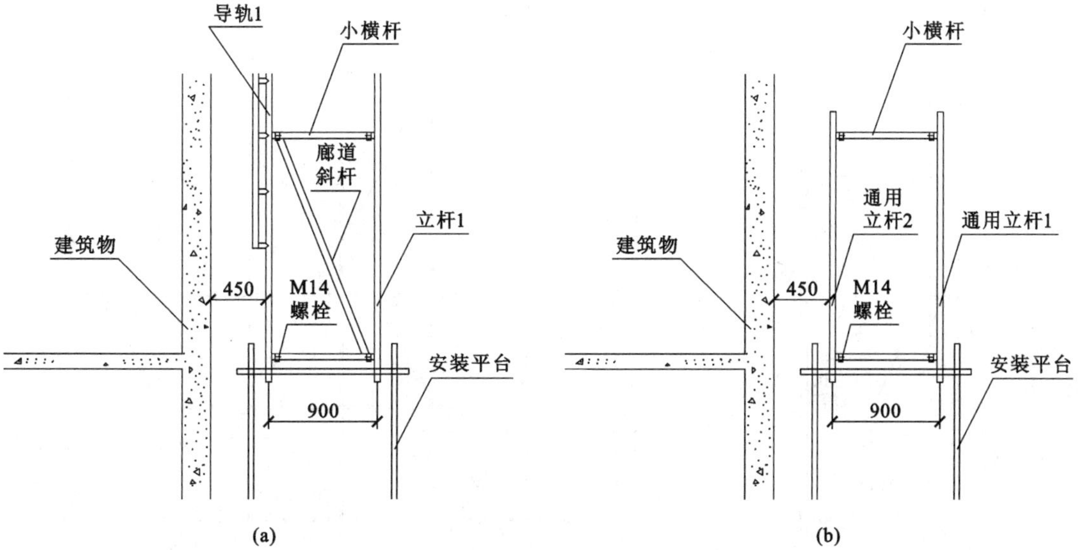

图 10.13　第一节主框架与桁架安装示意图

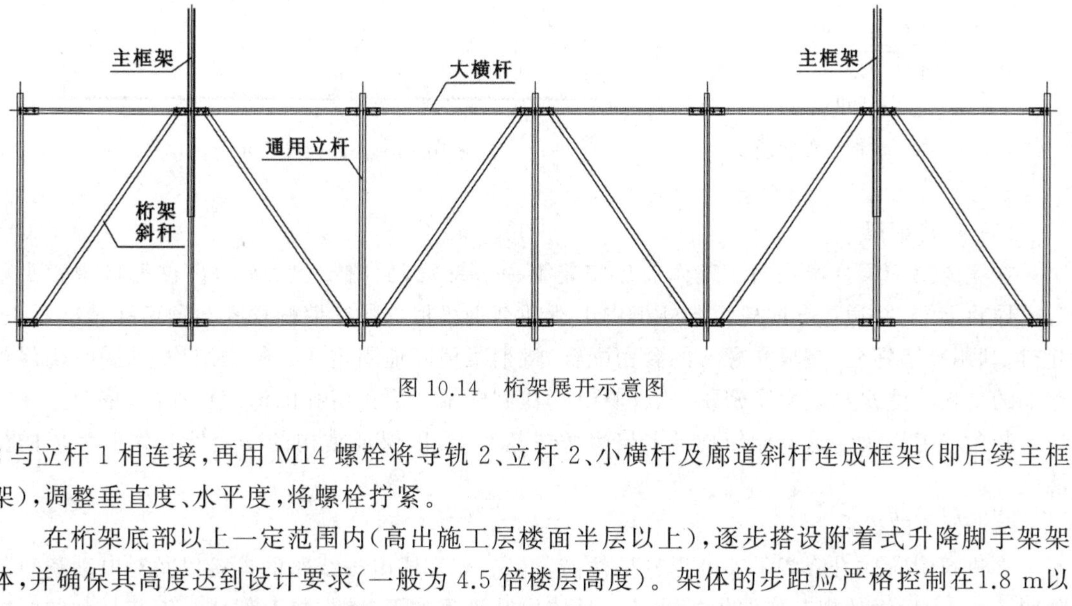

图 10.14　桁架展开示意图

2 与立杆 1 相连接，再用 M14 螺栓将导轨 2、立杆 2、小横杆及廊道斜杆连成框架（即后续主框架），调整垂直度、水平度，将螺栓拧紧。

在桁架底部以上一定范围内（高出施工层楼面半层以上），逐步搭设附着式升降脚手架架体，并确保其高度达到设计要求（一般为 4.5 倍楼层高度）。架体的步距应严格控制在1.8 m以内。提升架外观示意图如图 10.16 所示。当架体搭设完毕后，其外排必须搭设满布的剪刀撑（从架体底部起），以增强结构的整体稳定性。

（4）翻板、扶手、安全网、踢脚板的设置

在附着式升降脚手架的水平支承桁架最底层，应用脚手板铺满铺牢，并与建筑物墙面之间设置可翻转的密封翻板以防止泥浆外泄，如图 10.17 所示。首次提升后，在架子底部设置多层板吊顶，其底面涂刷黄、黑相间的油漆以增强抗腐蚀性能。其他作业层的脚手板设置与普通钢管脚手架相同，要确保结构的安全性。安全网方面，外排设置两层，外层采用 100 cm^2 面积上密目数大于或等于 2000 目的密目式安全立网全封闭，内层采用白色尼龙编织的小孔安全网；内排立杆与建筑物之间设置两道水平兜网，其立面位置分别位于架体顶部和中部。这些设置要求旨在确保脚手架的安全性、耐久性和作业环境的整洁度。

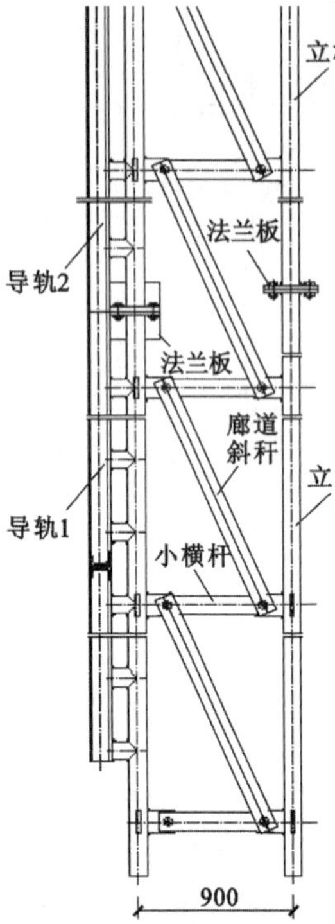

图 10.15　主框架安装图

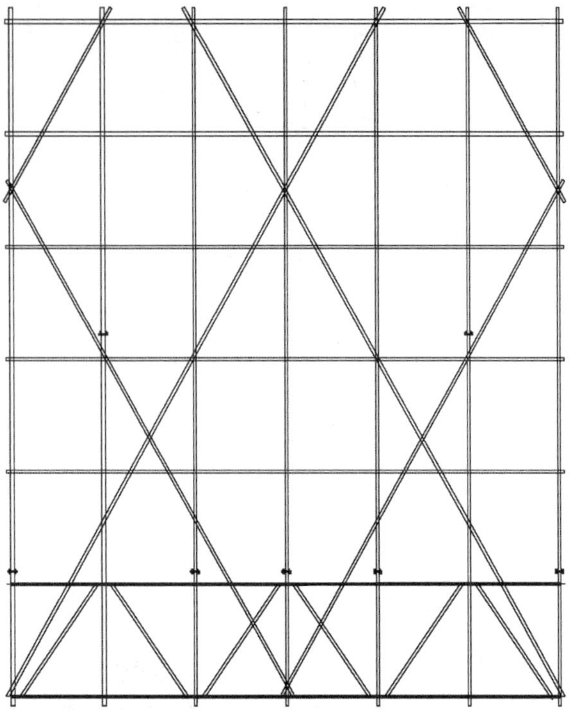

图 10.16　提升架外观示意图

(5) 安装钢梁

在完成第一层预留孔的清理作业后安装第一道钢梁，如图 10.18 所示。首先将钢梁头部套入导轨上端，并通过导向轮沿导轨槽向下滑动至钢梁根部的穿墙螺栓孔与预留孔精准对正。此时，利用穿墙螺栓、垫板和螺母的紧密配合，将钢梁稳固地固定在建筑物结构上，同时确保钢梁上的挂板与建筑物表面紧密贴合。同样地，在完成第二层预留孔的清理作业后，依照上述方法安装第二道钢梁。这些操作均需严格遵循规范要求，以保证结构的安全性和作业环境的整洁度。

(6) 架子的提升

在进行附着式升降脚手架的提升操作前，首先，需完成电气线路的连接以及对电动葫芦的预紧工作，为后续的提升作业做好准备。具体提升流程如下：首先打开架体与安装平台的联结扣件，解除所有约束，确保清除可能影响架体正常运行的障碍物。其次，仔细检查每个机位与电控柜之间的连线联机状态，确认良好，并核对每个机位的控制按钮均处于提升位置。随后，开启电控柜总控电源，使架子上升一层楼的高度。在提升过程中，需密切关注架子的位置状况[图 10.7(b)]。接着，将静态牵引钢丝绳准确挂接至钢梁的挂杆上，并通过可调拉杆将其拉紧，以确保架体的稳定性；当架子提升到位后，应及时按使用状况要求进行附着固定，并使用钢管对架体进行水平拉结，进一步增强架体的稳固性。最后，去掉电动葫芦和吊挂装置，完成此次提升作业。

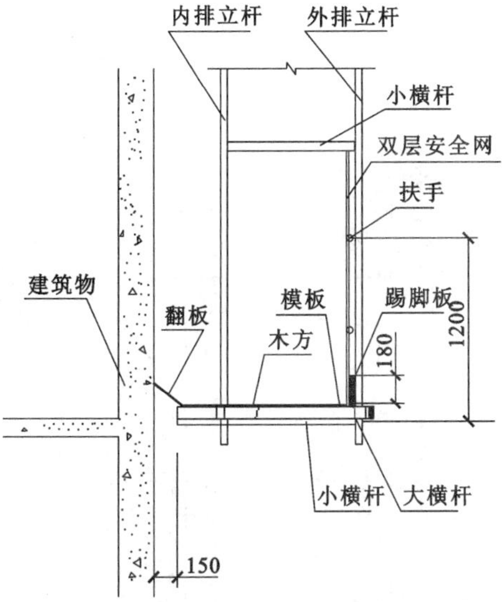

图 10.17　翻板、扶手、安全网、踢脚板的设置示意图

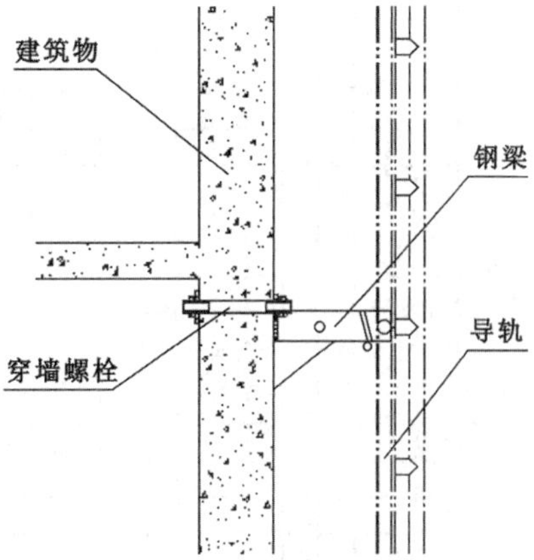

图 10.18　钢梁安装示意图

(7) 架子的下降

在脚手架顶部进行降层作业时，应按照规范要求执行。具体工艺如下：

首先，在操作前对超出导轨范围的附着升降脚手架进行全面检查并拆除，以降低外倾风险；随后确保钢梁已到位并处于上升状态。

接着，按与提升操作相同的程序依次完成电动葫芦悬挂、电源线连接、防坠吊挂装置安装及电控柜的调试工作。详细检查每个机位与其电控柜之间的电气连线是否接通，并确认所有控制按钮均已置于下降位置；完成后开启电控柜总电源，使脚手架按设计要求下降一层楼的高度。

在作业过程中，需准确将静态牵引钢丝绳挂结于钢梁的挂杆上，并通过可调拉杆将其拉紧以确保架体稳定性。使用钢管扣件对架体与建筑物进行拉结固定，拉结点应尽量靠近脚手架顶端以提高可靠性。最后，完成所有安装后拆除电动葫芦和吊挂装置。

对于后续降层操作，首先将上层钢梁拆下并向下周转两层，安装于预先预留的孔位中。随后重新安装吊挂装置、刹车机构，并按照规范对电动葫芦进行详细调试，确保其电气线路连接无误，同时对刹车机构进行调试。最后，按上述工艺流程依次操作，直至脚手架降至所需位置。

此工艺流程严格遵循相关规范要求，确保脚手架安全稳固地完成降层作业。

10.4　多立杆式外脚手架

外脚手架是指在建筑物外侧搭设的一种脚手架结构体系，既可用于外墙砌筑，也可用于外墙装修等工程活动。按其立杆布置方式，多立杆式外脚手架可分为单排式和双排式两种类型。目前，多立杆式外脚手架通常采用扣件式钢管搭设方式。扣件式钢管多立杆式外脚手架主要由立杆、大横杆、小横杆、剪刀撑、连墙杆以及脚手板等组成，如图 10.19 所示。其结构设计合理，安装方便，具有很高的承载能力和稳定性，满足多种建筑环境下不同工程规模的脚手架搭建需求。

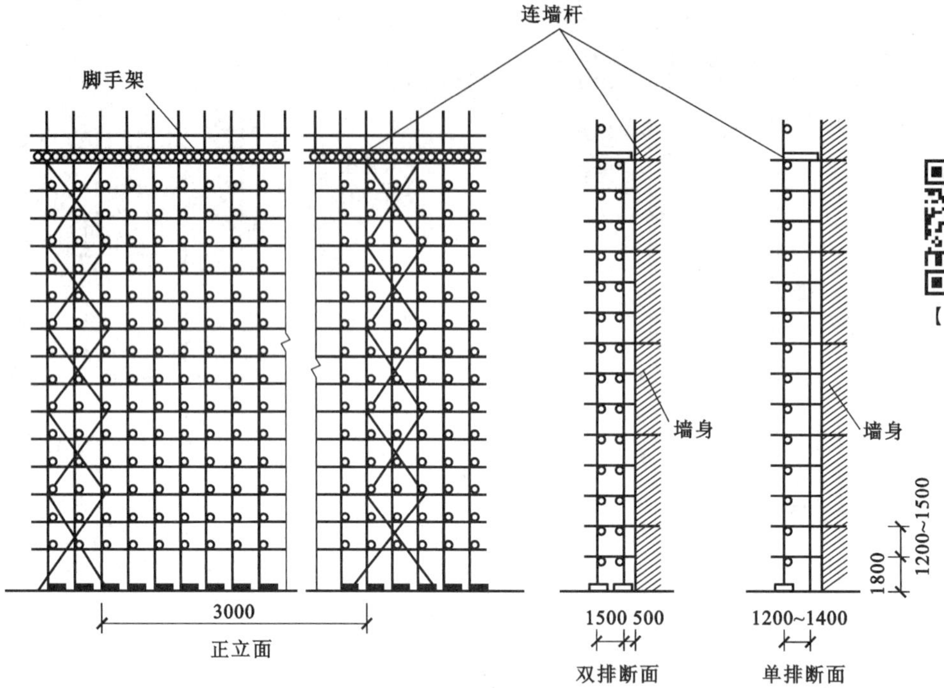

【扫码演示】

图 10.19　扣件式钢管多立杆式外脚手架

扣件式钢管脚手架应优先采用外径为 48 mm、壁厚为 3.5 mm 的焊接钢管，当资源有限时，也可采用同样规格的无缝钢管或外径为 50～51 mm、壁厚为 3～4 mm 的焊接钢管或其他钢管。用于立杆、大横杆和斜撑的钢管长度一般控制在 4～6.5 m 范围内，以确保其重量不超过 250 N，适合人工操作；而小横杆的钢管长度应以 2.1～2.3 m 为宜，以适应脚手架的宽度。

扣件是连接钢管的关键部件，其常用形式包括直角扣件、回转扣件和对接扣件(图 10.20)。直角扣件用于两根垂直交叉钢管的连接，回转扣件用于两根任意角度交叉钢管的连接，对接扣件则用于两根钢管的对接连接。这些扣件的合理选择和使用，确保了脚手架结构的安全性和稳定性。

图 10.20　扣件

(a)直角扣件；(b)回转扣件；(c)对接扣件

底座用于承受脚手架立杆传递下来的荷载，可用厚 8 mm、边长 150 mm 的钢板作底板与外径 60 mm、壁厚 3.5 mm、长 100～120 mm 的钢管作套筒焊接而成，如图 10.21 所示。

单排脚手架仅在脚手架外侧设一排立杆，其小横杆一端与大横杆连接，另一端搁在墙上。单排脚手架节约材料，但稳定性较差，且在墙上留有脚手眼，其搭设高度及使用范围也受到一定的影响。设置单排脚手架时，下列部位不得留设脚手眼：

(1) 120 mm 厚的墙、料石清水墙和独立柱。

(2) 过梁上与过梁成 60°角的三角形范围内及过梁净跨度 1/2 的高度范围内。

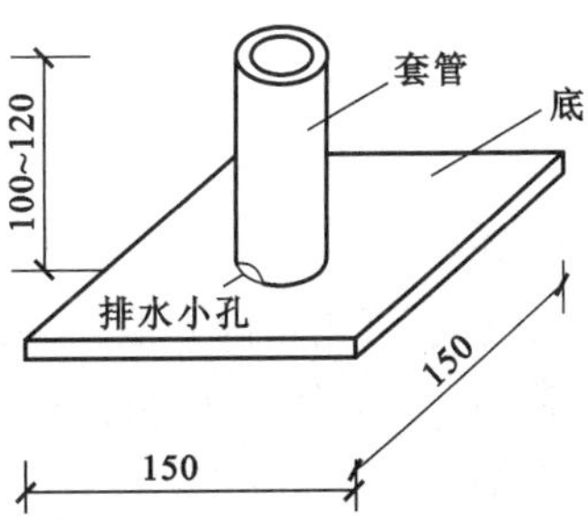

图 10.21 底座

(3) 宽度小于 1 m 的窗间墙。

(4) 砌体门窗洞两侧 200 mm(石砌体为 300 mm)和转角处 450 mm(石砌体为 600 mm)范围内。

(5) 梁或梁垫下及其两侧各 500 mm 的范围内。

(6) 设计不允许设置脚手眼的部位。

脚手架立杆的横距(单排脚手架为立杆至墙面距离)为 1.0～1.5 m(高层架子不大于 1.2 m)，纵距为 1.0～2.0 m(当用单立杆时，30 m 以下的架子用 1.8～2.0 m，30～40 m 的架子用 1.4～1.8 m，40 m 以上的架子用 1.2～1.6 m；当用双立杆时为 1.5～2.0 m)。50 m 以上的脚手架宜下部采用双立杆，上部采用单立杆，上部单立杆的高度应小于 40 m。相邻立杆的接头位置应错开在不同的步距内，与相近大横杆的距离不宜大于步距的 1/3。立杆与大横杆必须用直角扣件扣紧(大横杆对立杆起约束作用，对确保立杆承载能力起到很大的作用)，不得隔步设置或遗漏。当采用双立杆时，必须都用扣件与同一根大横杆扣紧，不得只扣紧 1 根，以避免其计算长度成倍增加。

大横杆的步距应控制在 1.2～1.8 m(砌筑脚手架不宜超过 1.5 m)，相邻步距的大横杆应错开布置在立杆的里侧和外侧，以减少立杆偏心受载的情况。这一参数的设定考虑了施工的便利性和脚手架的整体受力分布。在实际施工中，步距的合理设置可以确保施工人员在作业时的舒适性和安全性，同时避免因步距过大而导致的脚手架局部受力集中。

小横杆应贴近立杆垂直搭设(对于双立杆脚手架，则设于双立杆之间)，必须用直角扣件扣紧。在相邻立杆之间的跨度范围内，应根据需要加设 1 根或 2 根小横杆，并不得拆除贴近立杆的小横杆。

对于 30 m 以下脚手架，剪刀撑应在两端设置，并在中间每隔 12～15 m 处设一道；对于 30 m以上脚手架，则需从两端或转角处起，每隔 7～9 根立杆设一道，且每片架子不得少于 3 道。剪刀撑的斜杆与地面夹角应控制在 45°～60°之间，并要求剪刀撑沿架高连续布置，相邻两排剪刀撑之间每隔 10～15 m 设置一组长剪刀撑。此外，剪刀撑的斜杆两端需用旋转扣件固定连接至脚手架立杆或大横杆，中间位置应增加 2～4 个扣结点以增强结构稳定性。

根据现有规范，脚手架每层均应设置连墙杆，垂直间距不大于 4 m，一般设置在框架梁或楼板附近等具有较好抗水平力作用的结构部位，其水平距离为 4.5～6.0 m(即每 3～4 根立杆设一连墙杆)。在连墙杆布设平面内，应同时设置水平斜拉杆，以增大脚手架的横向刚度。

在脚手架操作层上必须设置护栏和挡脚板。栏杆高度应控制在 0.8～1.0 m 之间。挡脚板可采用加设一道低栏杆(距脚手板面高度为 0.2～0.4 m)来代替。同时，在脚手架全高或高层脚手架的每个高度段内，铺设脚手板不应超过 6 层，且作业层数不应超过 3 层；或根据设计计算确定具体的铺板数量和范围。

10.5 里脚手架

里脚手架搭设于建筑物内部，每砌完一层墙后，即将其转移到上一层楼面，进行新的一层砌体砌筑，它可用于内外墙的砌筑和室内装饰施工。里脚手架用料少，但装、拆频繁，故要求轻便灵活，装、拆方便。在实际施工中，常用工具式里脚手架，按构造形式分为折叠式、支柱式和门架式等。

10.5.1 折叠式里脚手架

折叠式里脚手架主要由折叠式支架和脚手板组成，该脚手架适用于民用建筑的内墙砌筑和内装修。根据支架材料的不同，可分为角钢折叠式、钢管折叠式和钢筋折叠式三种。

角钢折叠式里脚手架如图 10.22 所示，其搭设间距为：砌墙时不超过 2 m，装修时不超过 2.5 m。其搭设可分为两步，第一步高 1 m，第二步高 1.65 m。

钢管折叠式里脚手架和钢筋折叠式里脚手架的搭设间距相对较小，砌墙时不超过1.8 m，装修时不超过 2.2 m。

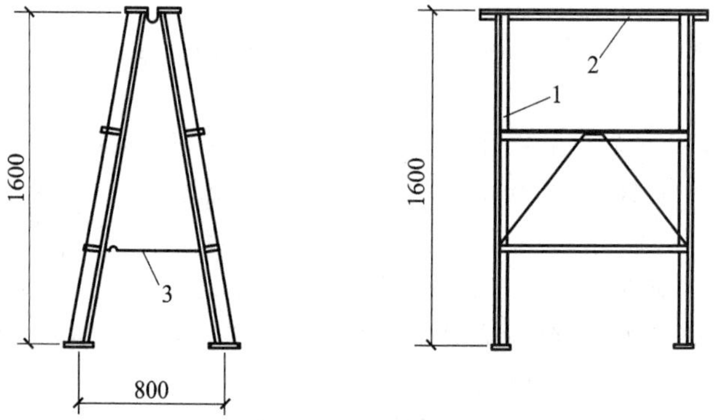

图 10.22 角钢折叠式里脚手架

1—立柱；2—角钢；3—挂钩

10.5.2 支柱式里脚手架

支柱式里脚手架由支柱、横杆和脚手板组成，其搭设间距根据施工用途有所不同：砌墙时不超过 2 m，装修时不超过 2.5 m。这种设计既保证了施工效率，又确保了脚手架的稳定性。根据支柱的不同，支柱式里脚手架分为套管式和承插式两种类型。

套管式支柱由立管和插管组成，如图 10.23 所示，插管插入立管中并通过销孔间距调节脚手架高度，架设高度范围为 1.5～2.2 m。这种设计通过插管顶端的凹形支托搁置方木横杆，横杆上铺设脚手板，适用于需要灵活调节高度的施工场景。承插式支柱则包括钢管、角钢、钢筋支柱，钢管支柱与横杆如图 10.24 所示。通过将横杆的销头插入支柱的承插管内调节高度，架设高度有 1.2 m、1.6 m、1.9 m，其中架设高度为 1.9 m 时需加销钉固定，以确保稳定性。承插式设计特别适用于需要较高架设高度的施工场景，如高层建筑的装修作业。

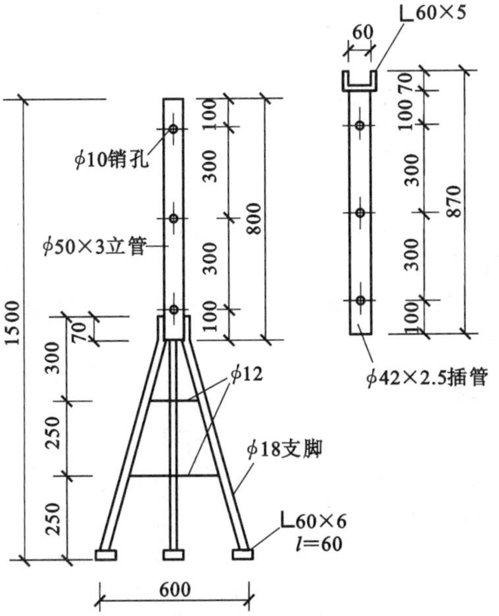

图 10.23　套管式支柱里脚手架

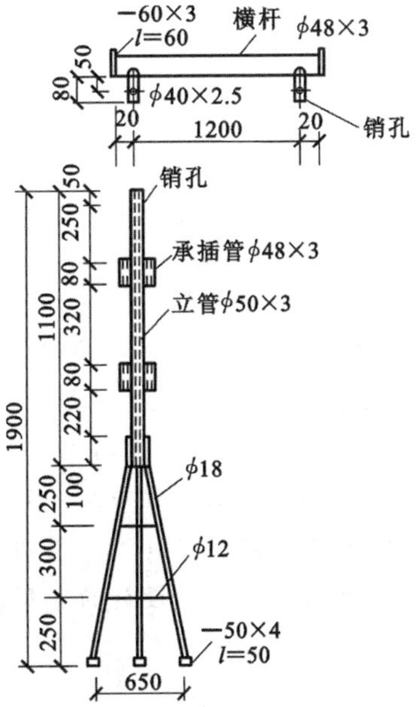

图 10.24　承插式支柱里脚手架

这两种类型的支柱式里脚手架在施工中各有优势。套管式支柱适合需要频繁调节高度的场景，而承插式支柱则更适合需要较高稳定性和承载力的场景。

10.5.3　门架式里脚手架

门架式里脚手架主要由 A 型支架、门架和脚手板组成，其搭设间距和高度要求根据施工用途和结合方式有所不同。在砌墙时，支架搭设间距不应超过 2.2 m；而在装修时，间距可放宽至 2.5 m。这种设计既保证了施工效率，又确保了脚手架的稳定性。A 型支架由立管和支脚组成，立管通常采用 $\phi 50\times 3$ 钢管，支脚则可选用钢管、钢筋或角钢焊接而成，确保结构强度和耐用性。

门架式里脚手架的结合方式分为套管式和承插式两种。套管式支架的立管较长，通过立管与门架上的销孔调节高度，操作简便；而承插式支架的立管较短，改变高度时需采用双承插管，以避免支架移动，进一步提高稳定性。门架通常由钢管或角钢与钢管焊接而成，承插式门架在架设第二步时需将销孔插入销钉，防止 A 型支架被撞后发生转动。

门架式里脚手架的架设高度根据结合方式有所不同。套管式门架的架设高度分别为 1.44 m、1.7 m 和 1.9 m，而承插式门架的高度为 1.3 m 和 2.4 m。在实际施工中，需根据具体条件灵活调整搭设间距和高度，以兼顾施工效率与安全性。

思考题与习题

10.1　脚手架有哪些分类？

10.2　试述对脚手架的基本要求和搭设的一般要求。

10.3　扣件式钢管脚手架的构造要求有哪些？

10.4　悬挑脚手架的搭设要求有哪些？

10.5　吊篮式脚手架的搭设和使用有哪些要求？

10.6　附着式升降脚手架的搭设要求有哪些？

11　施工组织概论

【本章提要】

本章论述了工程建设程序、项目及土木工程产品，施工准备的主要内容，施工组织设计的分类、作用及组织施工的原则。

【学习要求】

(1) 了解土木工工程产品及其生产。

(2) 熟悉组织项目施工的原则，掌握施工准备工作的内容。

(3) 掌握施工组织设计的类型、作用及主要内容。

科学合理的施工组织是保障土木工程高效施工的关键。施工组织概论作为施工领域的基础理论知识，对工程项目顺利实施具有重要的指导作用。它涉及土木工程产品及其生产特点的分析、施工准备工作、施工组织设计的各个环节、组织施工应遵循的原则等内容。深入理解施工组织概论，有助于在后续施工过程中优化资源配置、精准把控进度、严格保障质量。

在实际施工中，常用的规范包括《建筑施工组织设计规范》(GB/T 50502—2009)、《建设工程项目管理规范》(GB/T 50326—2017)等。

11.1　概　　述

11.1.1　工程建设程序

建设程序是指在建设项目实施过程中，各项工作必须遵循的先后顺序。一个建设项目从立项决策到最终实施，一般会经历 6 个主要阶段，包含 15 个关键步骤，其具体顺序如图 11.1 所示。只有严格按照建设程序进行操作，才能确保工程顺利推进。

11.1.2　工程建设项目划分

按照项目的规模、功能、施工条件和技术管理要求等因素来分，工程建设项目可划分为建设项目、单位工程、分部工程、子分部工程、分项工程。

11.1.2.1　建设项目

建设项目是指具有一个设计任务书和总体设计，经济上实行独立核算，行政上具有独立组织形式的基本建设单位。它是工程建设项目划分的最高层次，涵盖了整个项目的整体规划和实施。

11.1.2.2　单位工程

单位工程是指具有独立施工条件并能形成独立使用功能的建筑物或构筑物。它是单项工程的组成部分，例如，一个建筑物的主体结构、装饰装修等可以分别作为单位工程进行管理和验收。

11.1.2.3　分部工程

分部工程是单位工程的组成部分，按专业性质、建筑部位等进行划分。例如，地基与基础、主体结构、建筑装饰装修、建筑屋面、建筑给排水及采暖、建筑电气、智能建筑、通风与空调、电梯等。

11.1.2.4　子分部工程

子分部工程是对较大或复杂的分部工程，按材料种类、施工特点、施工程序、专业系统及类别等进一步划分的工程。如地基与基础划分为土方、桩基、地下防水、混凝土基础等子分部工程，主体结构划分为混凝土结构、砌体结构、钢结构、木结构等子分部工程。

11.1.2.5　分项工程

分项工程是分部工程的组成部分，按主要工种、材料、施工工艺、设备类别等进行划分。例如，混凝土工程、砌筑工程、防水工程等都可以作为分项工程进行管理。

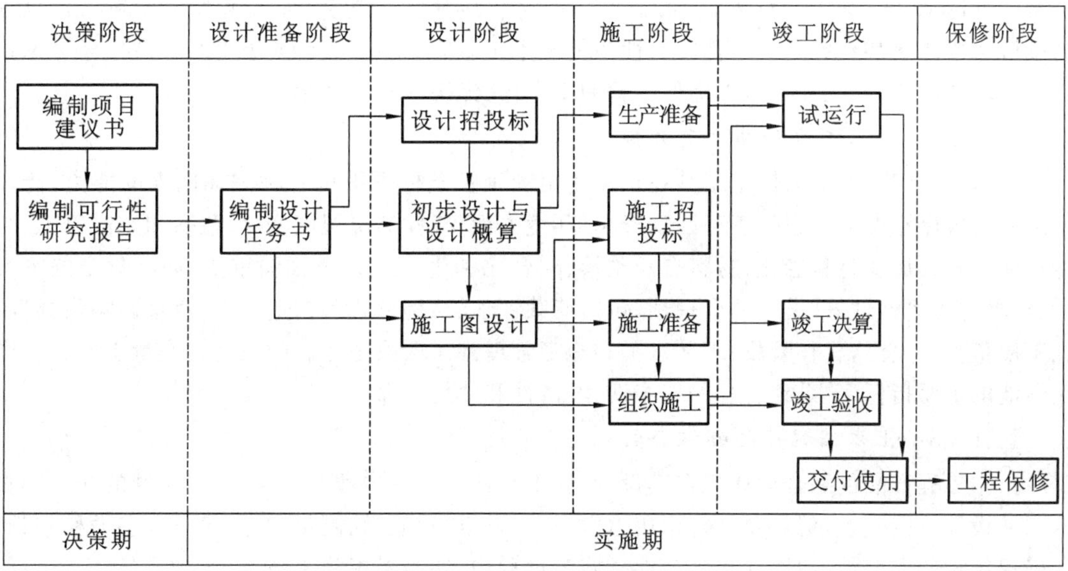

图 11.1　工程建设程序

11.1.3　土木工程产品的特点

由于土木工程产品需要满足特定的功能需求、适应复杂的自然环境，并且在施工过程中受到多种因素的制约，所以它们具有特殊性。首先，房屋、桥梁、道路等土木工程产品，功能各异，需满足居住、交通、生产等多样化需求，这决定了其形式和结构的多样性。其次，由于土木工程产品固定于特定地点，施工必须在露天现场完成，受地质条件、气候环境等自然因素的显著影响，因此需要具备耐久性和适应性。此外，土木工程规模庞大，涉及大量材料和复杂工艺，建设周期长，投资大，还需综合运用多学科知识和技术，确保安全、经济和环保。这些因素共同作用，使得土木工程产品呈现出固定性、多样性、庞大性、耐久性和综合性等特点。

11.1.3.1 土木工程产品的固定性

土木工程产品的固定性是指其一旦建成便固定于特定地点，无法移动。这种特点决定了施工必须在露天现场完成，受场地地质、气候等条件限制。同时，其设计和规划需充分考虑长期功能、环境影响及与周边的协调性，因为一旦建成，将对社会和环境产生持久影响。

11.1.3.2 土木工程产品的多样性

土木工程产品的多样性主要体现在其种类丰富、功能各异以及应用广泛。从工程类型来看，涵盖房屋建筑、道路、桥梁、隧道、水利水电、港口、矿山等多个领域。从材料类型来看，包括钢材、混凝土、木材、石材、玻璃、复合材料等，每种材料又有多种具体形式。从功能上讲，既有结构承载功能，也有防水、保温、装饰、防护等多种用途。这种多样性使得土木工程产品能够满足不同地域、环境和使用需求，适应各种复杂的工程场景。

11.1.3.3 土木工程产品的庞大性

土木工程产品的庞大性主要体现在其规模大、投资高、施工周期长以及涉及范围广。例如，大型房屋建筑工程的单体建筑面积可达 $3\times10^4\ m^2$，建筑高度超过 100 m；大型桥梁工程单跨跨度可达 100 m 以上。此外，土木工程项目通常涉及巨额投资，如大型基础设施项目投资规模可达数亿元甚至更高。这种庞大性使得土木工程在设计、施工和管理中需要综合考虑技术、经济、环境等多方面因素，以确保工程的安全性、经济性和可持续性。

11.1.3.4 土木工程产品的耐久性

土木工程产品的耐久性是指其在正常使用和维护条件下抵抗各种破坏因素的能力，能在规定时间内保持性能。它受多种因素影响：环境方面，气候的温湿度变化、酸碱和海水侵蚀、微生物作用等会加速材料老化；材料自身质量、配合比和生产工艺也至关重要，如混凝土的密实度、钢材的耐腐蚀性等；设计的合理性，包括荷载评估、结构形式和构造细节，直接影响耐久性；施工质量更是关键，材料验收、工艺水平和施工管理都需严格把控。耐久性是衡量土木工程产品性能的重要指标，关系到工程的安全性、经济性和使用寿命。

11.1.3.5 土木工程产品的综合性

土木工程产品的综合性体现在其设计、施工和使用过程中涉及多学科、多领域的知识和技术。从设计阶段开始，就需要综合运用力学、材料科学、地质学、测量学、建筑学等多学科知识，以确保结构的安全性、适用性和耐久性。施工过程中，还需考虑施工技术、机械设备、人员组织以及环境保护等多方面因素。同时，土木工程产品在使用阶段还需与社会、经济、环境等因素相结合，如交通工程需考虑交通流量，水利工程需考虑水资源调配等。这种综合性要求从业者具备跨学科的知识和协调能力，以实现工程项目的整体目标。

11.1.4 土木工程产品生产的特点

土木工程产品生产具有众多特点，这主要是因为其生产过程受到多方面因素的综合影响。首先，土木工程产品固定在特定地点，施工必须在露天现场完成，受自然条件(如地质、气候)和场地限制，导致生产具有固定性和露天作业性。其次，每个工程因功能、场地条件和设计要求不同，生产过程具有单件性和不可复制性。此外，工程规模庞大、施工周期长，涉及多学科知识和技术，需要协调多方资源，提高了生产过程的复杂性和综合性。同时，施工环境复杂、技术难度高，使得生产过程面临较高的安全和质量风险。这些因素共同作用，使得土木工程产品生产呈现出多样化的特点。

11.1.4.1　土木工程产品生产的流动性

由于土木工程产品的固定性，施工队伍及施工设备需要在不同的工程项目地点之间流动。例如，一个建筑施工团队在完成一个住宅小区的建设任务后，可能会转移到另一个城市进行新的项目施工。这种流动性要求施工人员和设备能够快速适应不同的施工环境。

11.1.4.2　土木工程产品生产的单件性

每个土木工程产品都有其独特的设计和施工要求，很少会出现完全相同的两个项目。即使是同一类型的建筑，由于建设地点、地质条件等因素不同，在施工过程中也会存在差异。这就决定了土木工程产品生产具有单件性的特点，要求在施工过程中必须根据每个项目的具体情况进行个性化的组织和管理。

11.1.4.3　土木工程产品生产的露天作业多

大部分土木工程施工是在露天环境下进行的，受自然气候条件的影响较大。例如，在雨季进行土方开挖施工，可能会遇到基坑积水、边坡坍塌等问题；在冬季进行混凝土浇筑施工，需要采取特殊的保温措施以确保混凝土的质量。因此，在施工过程中必须充分考虑自然因素，并制定相应的应对措施。

11.1.4.4　土木工程产品的生产周期长

土木工程产品的庞大性和复杂性决定了其生产周期较长。从项目的规划设计、施工准备到正式施工，再到最后的竣工验收，往往需要数年甚至更长时间。例如，大型桥梁工程的建设，可能需要经历数年，其间涉及多个施工阶段和复杂的施工工艺。

11.2　施工准备工作

施工准备工作是为拟建工程的施工创造必要的技术、物资条件，统筹安排施工力量和部署施工现场，确保工程施工顺利进行。

11.2.1　施工前的技术准备

11.2.1.1　熟悉和审查施工图纸

组织施工技术人员认真熟悉施工图纸，了解设计意图和工程要求，审查图纸中存在的问题，并及时与设计单位沟通解决。例如，在建筑施工中，施工技术人员要仔细审查建筑图、结构图、设备图等图纸之间的一致性，以及图纸中的尺寸标注、节点做法等是否存在问题。

11.2.1.2　编制施工组织设计

根据工程特点和施工条件，编制详细的施工组织设计，作为指导施工的技术文件。施工组织设计应包括施工方案、施工进度计划、施工资源配置计划、施工现场平面布置等内容。

11.2.1.3　技术交底

在施工前，由技术负责人向施工人员进行技术交底，明确施工任务、施工方法、质量标准、安全注意事项等内容。技术交底要确保施工人员清楚了解施工要求，避免施工过程中出现错误。

11.2.1.4　制订施工质量检验计划

根据工程质量要求，制订详细的施工质量检验计划，明确检验项目、检验标准、检验方法和检验时间等内容。通过质量检验计划的实施，确保工程质量符合设计要求。

11.2.2　施工前的现场准备

11.2.2.1　施工现场“三通一平”

“三通一平”即通路、通水、通电和平整场地。通路要确保施工车辆能够顺利进出施工现场；通水要保证施工生产和生活用水的供应；通电要满足施工机械设备和照明的用电需求；平整场地要将施工现场的障碍物清除，使场地达到施工要求的平整度。

11.2.2.2　搭建临时设施

根据施工需要，搭建临时办公区、生活区、仓库、加工棚等临时设施。临时设施的搭建要符合安全、卫生和环保要求，为施工人员提供良好的工作和生活环境。

11.2.2.3　测量放线

根据设计图纸和现场控制点，进行测量放线工作，确定建筑物的位置、尺寸和标高。测量放线工作要准确无误，为后续施工提供可靠的依据。

11.2.2.4　组织施工机械和材料进场

根据施工进度计划，组织施工机械和材料按时进场。施工机械要进行调试和维护，确保其性能良好；材料要进行检验和试验，合格后方可使用。

11.2.3　施工前的资源准备

11.2.3.1　劳动力准备

根据施工进度计划和施工方案，确定各工种劳动力的需求量，并组织劳动力进场。在劳动力进场前，要对其进行安全教育培训和技术交底，确保施工人员具备相应的技能和安全意识。

11.2.3.2　材料准备

根据施工图纸和施工进度计划，编制材料采购计划，明确材料的品种、规格、数量、质量要求等内容。按照采购计划，组织材料的采购、运输和储存，确保材料的供应满足施工需求。

11.2.3.3　施工机械设备准备

根据施工方案和施工进度计划，选择合适的施工机械设备，并组织机械设备进场。在机械设备进场前，要进行调试和维护，确保其性能良好，安全可靠。

11.2.3.4　资金准备

根据工程预算和施工进度计划，编制资金使用计划，合理安排资金的投入和使用。施工单位要确保资金及时到位，避免因资金短缺而影响施工进度。同时，要加强对资金的管理，提高资金的使用效率。例如，施工单位可以通过与建设单位协商，争取合理的工程预付款和工程进度款支付方式，确保资金正常周转。

11.3　施工组织设计

施工组织设计是一个总的概念，根据工程项目的类别、工程规模、编制阶段、编制对象和范围的不同，其在编制的深度和广度上也有所不同。

11.3.1 施工组织设计的分类

11.3.1.1 按施工组织设计阶段的不同分类

施工组织设计可以根据编制阶段的不同分为两种类型：一种是在投标阶段编制的施工组织纲要，另一种是在中标并签订工程承包合同之后编制的施工组织设计。两类施工组织设计的区别见表 11.1。

表 11.1 两类施工组织设计的区别

种类	服务范围	编制时间	编制者	主要特性	追求的主要目标
施工组织纲要	投标与签约	经济标书编制前	经营管理层	规划性	中标和经济效益
施工组织设计	施工准备至验收	签约后开工前	项目管理层	作业性	施工效率和效益

施工组织纲要是投标文件中的关键部分，旨在通过技术、组织和管理手段，论证投标书中关于投标报价、施工工期和施工质量三大目标的合理性与可行性。它对招标文件的要求做出明确且具体的回应，并提出工程承包过程中需要业主提供的条件。

施工组织设计则是在中标并签订合同之后，承包商依据合同文件要求和实际施工条件，对施工组织纲要进行修改、补充和完善，并在监理工程师审核同意后形成的文件。

11.3.1.2 按编制对象与作用的不同分类

按照编制的对象与作用不同，施工组织设计可分为施工组织总设计、单位工程施工组织设计和分部分项工程施工组织设计等三类。

(1) 施工组织总设计

施工组织总设计是以整个建设项目为对象编制的，对整个项目的施工过程进行总体部署和规划。它主要包括项目的工程概况、施工部署、施工总进度计划、施工资源总体需求计划、施工总平面布置等内容。施工组织总设计通常由总承包单位负责编制，用于指导整个建设项目的施工活动。例如，对于一个大型工业园区的建设，需要编制施工组织总设计，对园区内多处建筑物、道路、管网等工程的施工进行统一规划和协调。

(2) 单位工程施工组织设计

单位工程施工组织设计是对工程施工过程进行详细规划和指导的文件。它包括单位工程的工程概况、施工方案、施工进度计划、施工资源需求计划、施工平面布置等内容。单位工程施工组织设计一般由施工单位的工程项目部负责编制，用于指导单位工程的施工。例如，对于一栋高层建筑，需要编制单位工程施工组织设计，对该栋楼的基础工程、主体结构工程、装饰装修工程等施工过程进行详细规划。

(3) 分部分项工程施工组织设计

分部分项工程施工组织设计是以某些技术复杂、施工难度大或对工程质量、安全起关键作用的分部分项工程为对象编制的。它主要针对分部分项工程的施工特点，编制详细的施工方法、施工工艺、质量控制措施、安全保障措施等内容。例如，深基坑支护工程、大体积混凝土浇筑工程、预应力混凝土施工工程等，都需要编制分部分项工程施工组织设计。分部分项工程施工组织设计通常由施工单位的专业技术人员负责编制，用于指导特定分部分项工程的施工。

11.3.2 施工组织设计的作用

施工组织设计是土木工程施工管理的核心文件，具有多方面的重要作用。首先，它作为施工全过程的纲领性文件，从施工准备到竣工验收，为施工活动提供明确指导，确保施工有序进行。其次，施工组织设计通过合理安排劳动力、材料、机械设备等资源，优化资源配置，提高资源利用效率，从而有效降低成本。同时，它明确了各参与方的职责和工作流程，协调各方关系，减少矛盾和冲突，保障施工顺利推进。

施工组织设计还包含质量控制和安全管理的内容，通过制定详细的质量标准和安全措施，确保施工质量和安全。此外，它通过科学的进度计划和控制措施，有效控制施工进度，避免工期延误。施工组织设计充分考虑施工现场的自然和社会条件，制定应对措施，减少外部环境对施工的影响。总之，施工组织设计是施工管理的重要依据，贯穿施工全过程，对保障工程质量、控制进度、优化资源、降低成本和保障安全等方面起着关键作用。

11.3.3 组织施工的原则

11.3.3.1 严格遵守国家和合同规范的工程竣工及交付使用期限

对总工期较长的大型建设项目，应根据生产或使用的需要，安排分期分批建设、投产或交付使用，以期早日发挥建设投资的经济效益。在确定分期分批施工的项目时，必须预期交工的项目可以独立地发挥效用，即主要项目同有关的辅助项目应同时完工，可以立即交付使用。

11.3.3.2 合理安排施工顺序

根据土木工程产品的特点和施工工艺要求，合理确定施工顺序。一般遵循“先地下、后地上，先主体、后围护，先结构、后装饰”的原则。例如，在建筑施工中，先进行基础工程的施工，待基础工程验收合格后，再进行主体结构的施工。主体结构施工完成后，进行围护结构的施工。最后进行装饰装修工程的施工。合理的施工顺序可以避免施工过程中的相互干扰，提高施工效率。

11.3.3.3 采用先进的施工技术和设备

积极推广应用先进的施工技术和设备，提高施工的机械化、自动化水平，降低劳动强度，提高施工质量和施工效率。例如，在混凝土浇筑施工中，采用泵送混凝土技术，可以大大提高混凝土的浇筑速度和施工质量；在高层建筑施工中，采用附着式升降脚手架，既安全又方便施工。

11.3.3.4 确保工程质量和安全

质量和安全是工程建设的生命线。在施工过程中，要建立健全质量管理体系和安全管理体系，加强对施工人员的质量和安全教育培训，严格执行质量和安全标准，确保工程质量和施工安全。例如，施工单位要制定质量管理制度，明确质量责任，加强对原材料、构配件和施工过程的质量检验；同时，要制定安全管理制度，加强对施工现场的安全管理，设置安全警示标志，配备必要的安全防护设施。

11.3.3.5 节约资源，降低成本

在施工过程中，要合理利用人力、物力和财力资源，避免资源的浪费。通过优化施工方案、加强成本控制等措施，降低工程成本，提高经济效益。例如，在材料采购过程中，要进行市场调研，选择质量好、价格合理的材料；在施工过程中，要加强对材料的管理，避免材料的浪费和

丢失。

11.3.3.6 保护环境，文明施工

施工过程中会产生噪声、粉尘、废水、废渣等污染物，对周边环境造成一定的影响。因此，要采取有效的环境保护措施，减少施工对环境的污染。同时，要加强施工现场的文明施工管理，做到施工现场整洁有序，材料堆放整齐，施工道路畅通，减少对周边居民的影响。例如，在施工现场设置围挡，减少施工噪声和粉尘对周边环境的影响；对施工废水进行处理后再排放，避免对水体造成污染。

思考题与习题

11.1 土木工程产品及其生产的特点有哪些？

11.2 施工程序分为哪几个步骤？

11.3 施工准备工作包括哪些内容？

11.4 施工组织设计分为哪些种类？各有何区别？

11.5 哪些工程需编制施工组织总设计？

11.6 试述组织施工应遵循的原则。

12 流水施工原理

【本章提要】

本章主要介绍了流水施工的概念，流水指示图表，流水施工的分类；重点论证了流水施工的参数及其相互关系；阐述了流水施工的组织方法及在工程实践中的应用。

【学习要求】

(1) 了解流水施工的概念及特点，掌握流水施工的主要参数及其确定方法。

(2) 了解流水施工的分类，熟悉流水指示图表的绘制方法。

(3) 了解流水施工的组织形式，重点掌握等节奏流水、异节奏流水和非节奏流水施工的组织方法。

流水作业是一种由固定工人团队在多个工作性质相似的环境中依次连续开展工作的组织方式。它能够使生产过程保持连续性、均衡性，并且有节奏地推进，是一种高效且科学的生产组织模式，广泛应用于国民经济的各个生产领域。在土木工程领域，采用流水施工方式能够合理利用资源，充分挖掘时间和空间方面的潜力，减少浪费，实现专业化生产，提高作业效率，从而显著缩短工期、降低工程造价、提升工程质量。

土木工程由于存在大量可利用的工作空间，为流水施工提供了良好的基础条件。然而，由于施工内容复杂多样，各施工过程之间相互干扰较大，这就对流水施工的组织水平提出了较高要求。本章将重点探讨流水施工的基本概念、基本参数以及组织方法，为在实际施工中灵活运用这些知识提供基础支持。

12.1 流水施工的基本概念

12.1.1 施工任务的组织方式

在组织多项同类型单项工程或将一项单项工程分解成若干个施工区段及过程进行施工时，需要考虑施工过程中的人力、物力以及工期的合理安排，可以采用依次施工、平行施工、流水施工三种组织方式。

图 12.1 中描述了某小区拟建的三幢结构相同的建筑物按不同的施工组织方式施工的完成情况。

这三幢建筑物的工程编号分别为Ⅰ、Ⅱ、Ⅲ，它们的基础工程量都相等，而且都是由挖土方、砌基础和回填土三个施工过程组成，每个施工过程的施工周期均为 5 周。其中，挖土方的专业队人数为 12 人；砌基础的专业队人数为 16 人；回填土的专业队人数为 10 人。

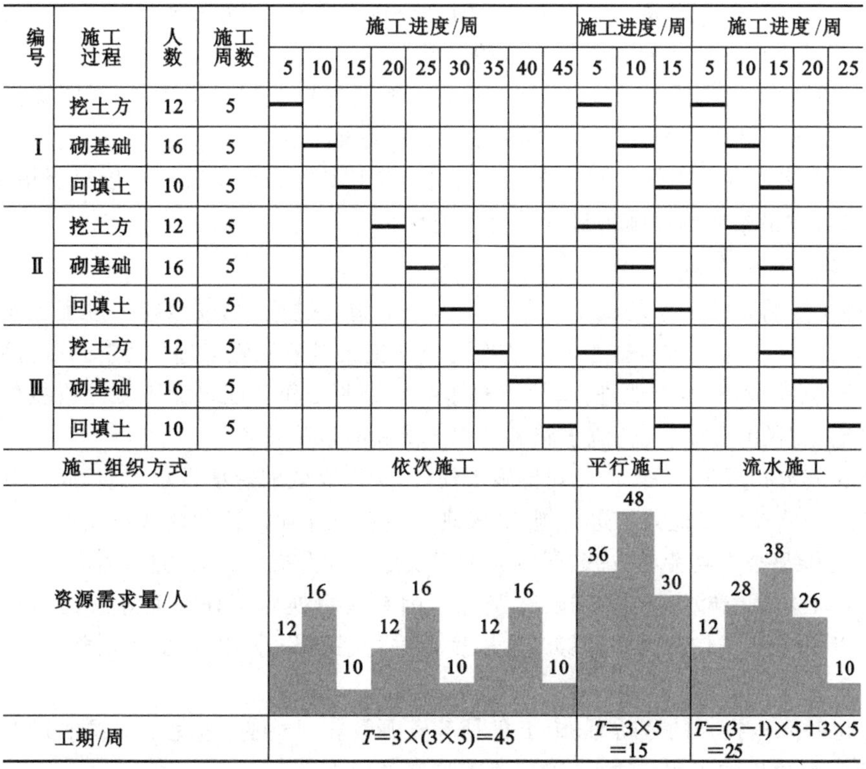

图 12.1 施工组织方式比较

12.1.1.1 依次施工

依次施工也叫顺序施工，是一种最基本、最原始的施工组织方式。从图 12.1“依次施工”栏中可以看出，依次施工组织方式具有以下特点：

① 未能充分拓展工作面以开展施工活动，导致整体工期相对较长。

② 若按照专业划分组建工作队，那么各专业工作队在施工过程中无法实现连续作业，施工进程存在间歇，进而使得劳动力以及施工机具等资源的使用无法达到均衡状态。

③ 假如由单一工作队承担全部施工任务，那么无法实现专业化施工，这对于劳动生产率的提升以及工程质量的保障均是不利的。

④ 在单位时间内，投入施工现场的劳动力数量、施工机具等资源量相对较少，这在一定程度上有利于资源供应的组织与协调。

⑤ 由于仅有一个工作队参与施工作业，施工现场的组织管理工作相对较为简单。

12.1.1.2 平行施工

平行施工是指组织多个同类型专业工作队，在同一时间、不同工作面上按照施工工艺要求，同时完成各施工对象的施工。从图 12.1“平行施工”栏中可以看出，平行施工组织方式具有以下特点：

① 能够高效利用工作面开展施工活动，有效缩短项目总工期。

② 若针对每个施工对象均按专业组建工作队，则各专业工作队在施工过程中难以实现连续作业，作业存在间歇，导致劳动力和施工机具等资源无法实现均衡配置与高效利用。

③ 若由单一工作队完成一个施工对象的全部施工任务，则无法充分发挥专业化施工的优势，不利于劳动生产率的提升和工程质量的保障。

④ 单位时间内投入施工现场的劳动力、施工机具等资源量成倍增长，对资源供应的组织与协调提出了较高要求，提高了资源供应的难度和复杂性。

⑤ 由于有多个专业工作队同时在现场施工，施工现场的组织管理难度显著增大，需要更加精细化的管理措施来确保施工过程的有序进行。

12.1.1.3　流水施工

流水施工是将拟建工程的施工对象分解为若干施工过程，并按照施工过程组建相应的专业工作队，各专业工作队按照施工顺序依次完成各施工对象的施工过程，同时保证施工在时间和空间上连续、均衡、有节奏地进行，并使相邻两个专业工作队能最大限度地搭接作业。从图12.1“流水施工”栏中可以看出，流水施工组织方式具有以下特点：

① 能够充分拓展工作面，合理安排施工任务，从而有效缩短项目总工期，提高施工效率。

② 各工作队按照专业分工进行施工，实现了专业化作业。这种模式不仅有利于提升施工技术水平，还能显著提高劳动效率，同时为工程质量的提升提供了有力保障。

③ 专业工作队能够保持连续施工，避免了因频繁更换施工任务而导致的间歇和资源浪费。同时，相邻专业工作队之间能够最大限度地进行搭接作业，进一步优化施工流程，减少施工等待时间。

④ 单位时间内投入的劳动力、施工机具等资源量相对均衡，避免了资源的过度集中或分散，有利于资源供应的组织与协调，确保施工过程平稳进行。

⑤ 这种组织方式为施工现场的文明施工和科学管理创造了有利条件。合理的施工安排和专业分工使得施工现场更加有序，便于管理，同时也为安全生产和环境保护提供了有力支持。

12.1.2　三种施工组织方式的比较

由以上分析可知，依次施工、平行施工和流水施工是组织施工的三种基本方式，其特点及适用的范围不尽相同，三者的比较见表12.1。

表12.1　三种施工组织方式比较

方　式	工　期	资源投入	评　价	适用范围
依次施工	最长	投入强度低	劳动力投入少，资源投入不集中，有利于组织工作。现场管理工作相对简单，可能产生窝工现象	规模较小，工作面有限的工程适用
平行施工	最短	投入强度大	资源投入集中，现场管理复杂，不能实现专业化生产	工程工期紧迫，资源有充分的保障及工作面允许情况下可采用
流水施工	较短，介于依次施工与平行施工之间	投入连续均衡	结合了依次施工与平行施工的优点，作业队伍连续，充分利用工作面，是较理想的施工组织方式	一般项目均适用

12.1.3 流水施工的表达方式

流水施工用网络图表达时，需要编制流水网络计划。除此之外，流水施工通常用横道图和垂直图表示。

12.1.3.1 流水施工横道图表示法

某基础工程流水施工横道图如图 12.2 所示。图中左半部分表示施工过程，右半部分横坐标表示流水施工时间安排及施工过程或专业工作队的施工进度安排。其中，编号①，②，…表示不同的施工段。

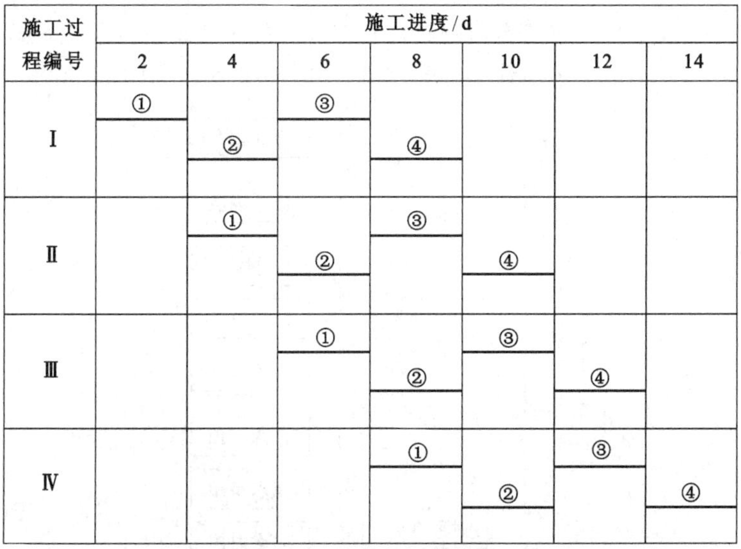

图 12.2 流水施工横道图

采用横道图表达流水施工的优点是：绘图简单，施工过程及其先后顺序表达清楚，时间和空间状况形象直观，使用方便，因而被广泛用于工程实践中。

12.1.3.2 流水施工垂直图表示法

斜线图也叫垂直图表，如图 12.3 所示。左边纵向由下向上列出施工段，右边用斜线在时间坐标下画出施工进度。

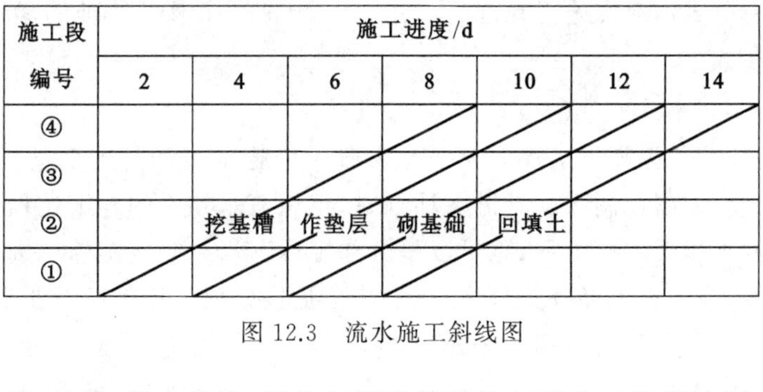

图 12.3 流水施工斜线图

对于铁路、公路、地铁、输电线路、天然气管道等线性工程施工进度计划，更适合采用垂直图表达方式。采用垂直图表达流水施工的优点是：施工过程及其先后顺序表达清楚，时间和空间状况形象直观，斜向进度线的斜率可直观反映各施工过程的进展速度。

12.1.3.3　网络图

网络图由箭线和节点组成，是用来表达各项工作先后顺序和逻辑关系的网状图形。其具体形式见本教材第 13 章。

12.2　流水施工的基本参数

流水施工参数是衡量流水施工组织节奏与效果的关键要素，其能够精准反映流水施工在工艺流程、时间安排以及空间布局方面的具体状态。在施工组织设计领域，通常将流水施工参数细分为三大类别，分别是工艺参数、空间参数以及时间参数，如图 12.4 所示。

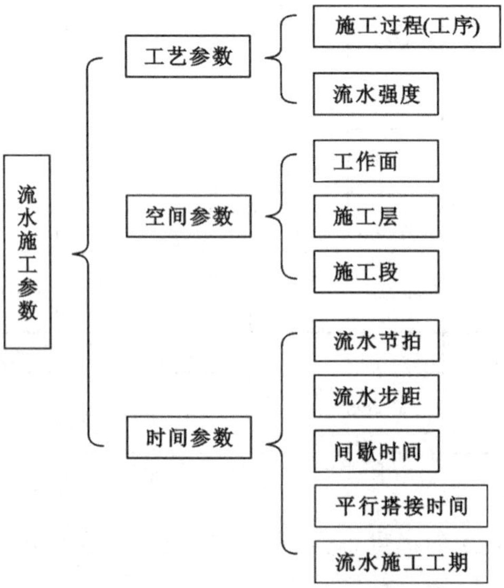

图 12.4　流水施工参数分类

12.2.1　工艺参数

工艺参数是用以表达流水施工在施工工艺上的开展顺序及其特征的参数，包括施工过程和流水强度两个参数。

12.2.1.1　施工过程

组织流水施工时，首先需将工程对象划分为若干个施工过程。施工过程划分的精细程度由实际需要而定。当编制控制性施工进度计划时，组织流水施工的施工过程可分得粗一些，施工过程可以是单位工程或单项工程，也可以是分部工程。当编制实施施工进度计划时，施工过程可划分得细一些，施工过程可以是分项工程，甚至是将分项工程按照专业工种不同分解而成的施工工序。施工过程数目通常用 n 表示。

12.2.1.2　流水强度

流水强度是指每一施工过程在单位时间内所完成的工程量（如浇捣混凝土施工过程，每个工作班能浇筑多少立方米混凝土)，又称流水能力或生产能力。流水强度与施工资源投入相关，投入机械的能力及数量越多，投入的工人人数越多，流水强度就越大。流水强度越大，则该施工过程的工期就越短。流水强度一般用字母 V 表示。

(1) 机械施工过程的流水强度

$$V_i = \sum_{i=1}^{x} R_i S_i \tag{12-1}$$

式中 V_i——某施工过程 i 的机械操作流水强度；

R_i——投入施工过程 i 的某种主要施工机械台数(台)；

S_i——投入施工过程 i 的某种主要施工机械产量定额；

x——投入施工过程 i 的主要机械种类(种)。

(2) 人工施工过程的流水强度

$$V = RS \tag{12-2}$$

式中 R——每一施工过程投入的工人人数(R 应小于工作面上允许容纳的最多人数)；

S——每一工人每班产量。

12.2.2 空间参数

空间参数是指在组织流水施工时，用以表达流水施工在空间布置上开展状态的参数。空间参数通常包括工作面、施工层和施工段。

12.2.2.1 工作面

工作面是指施工人员或施工机械在施工过程中所必须具备的活动空间。不同的施工过程对工作面的要求不同。例如，在混凝土浇筑施工中，需要有足够的空间放置混凝土浇筑设备、运输车辆以及施工人员的操作空间；在墙面抹灰施工中，每个工人需要有一定的操作宽度和高度范围来进行抹灰作业。合理确定工作面的大小，既能保证施工人员和机械的正常作业，又能避免空间的浪费，提高施工效率。

12.2.2.2 施工层

施工层是指在垂直方向上，将施工对象划分为若干个劳动量大致相等的施工区段。其主要目的是组织流水施工，充分利用空间和时间资源，提高施工效率。

(1) 施工层划分需综合考虑的因素

施工层划分时，应与建筑物结构层一致，便于施工管理和质量控制。同时，部分施工工序(如砌墙、抹灰、浇灌混凝土等)受施工高度、深度或厚度限制，需分层进行。每个施工层工作量应大致相等，避免工作量过大或过小，确保施工队伍可连续作业。在砌体结构中，施工层高度一般根据施工工序需求确定，通常在 1.2～1.8 m 之间；层高过高的现浇钢筋混凝土框架或排架，其施工层高度一般不超过 4 m。

(2) 施工层在流水施工中的作用

划分施工层可以组织垂直方向的平行作业，充分利用空间，缩短工期，同时使施工队伍在完成一层任务后迅速转移到下一层继续作业，避免停工待料，还能让施工过程更加有序，减少等待时间，从而提高整体施工效率。

(3) 施工层划分的注意事项

在施工过程中，需通过水准仪和钢尺等工具准确传递施工层的标高，确保施工精度。施工层的划分应便于施工管理和质量控制，每个施工层应有明确的界限和标识。合理划分施工层可使流水施工实现施工过程的连续性、均衡性和高效性，是现代土木工程施工中常用的一种科学组织方式。

12.2.2.3　施工段

施工段也称为流水段，是指在组织流水施工时，将拟建工程在平面上划分成若干个劳动量相等或大致相等的施工区段。划分施工段的目的是充分利用工作面组织流水施工。施工段数目通常用 m 表示。

(1) 施工段划分原则

由于施工段内的施工任务是由专业工作队依次完成，因而在两个施工段之间容易形成一个施工缝。同时，施工段数量多少，将直接影响流水施工效果。为合理划分施工段，应遵循下列原则：

各施工段的劳动量应大致相等，相差幅度不宜超过 15%，以保证施工在连续均衡的条件下进行；每个施工段要有足够的工作面，以保证相应数量的工人、主导施工机械的生产效率；施工段的界限应尽可能与结构界限(如沉降缝、伸缩缝等)相吻合，或设在对建筑结构整体性影响小的部位，以保证建筑结构的整体性；施工段数目要满足合理组织流水施工的要求，施工段数目过多会降低施工速度、延长工期，过少则不利于充分利用工作面，可能造成窝工；对于多层建筑物、构筑物或需要分层施工的工程，应既分施工段又分施工层，各专业工作队依次完成第一施工层中各施工段任务后，再转入第二施工层的施工段上作业，以此类推，以确保相应专业队在施工段与施工层之间组织连续、均衡、有节奏的流水施工。

(2) 施工段数(m)与施工过程数(n)的关系

当有层间关系或有施工层时，施工段与施工层应符合一定的关系才能保证专业队连续施工，且工人无窝工现象。当无层间关系或无施工层时，则施工段与施工过程没有特定的关系。当有层间关系或有施工层时，m 和 n 的关系如下：

① 当 $m>n$ 时，各专业队能连续施工，但施工段有空闲，如图 12.5 所示。

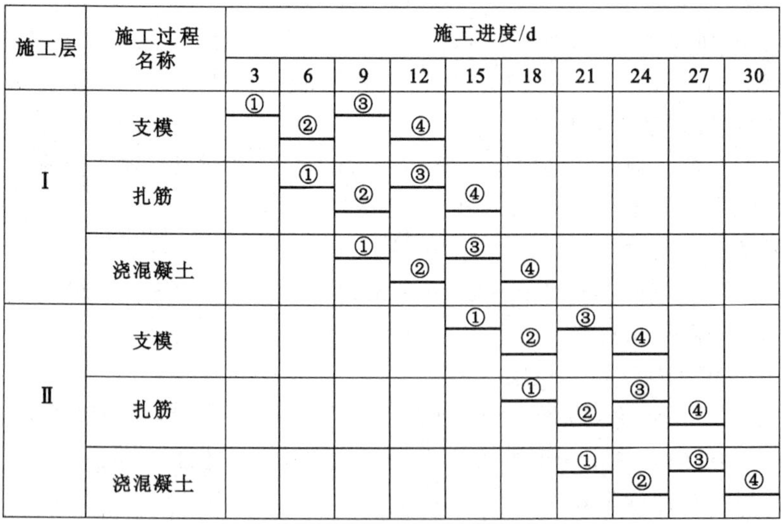

图 12.5　$m>n$ 时流水施工展开状况

② 当 $m=n$ 时，各专业队能连续施工，施工段也没有空闲，这是理想化的流水施工方案，如图 12.6 所示。

施工层	施工过程名称	施工进度/d							
		3	6	9	12	15	18	21	24
Ⅰ	支模	①	②	③					
	扎筋		①	②	③				
	浇混凝土			①	②	③			
Ⅱ	支模				①	②	③		
	扎筋					①	②	③	
	浇混凝土						①	②	③

图 12.6　$m=n$ 时流水施工展开状况

③ 当 $m<n$ 时，专业施工队不能连续施工，出现了窝工现象，如图 12.7 所示。

施工层	施工过程名称	施工进度/d						
		3	6	9	12	15	18	21
Ⅰ	支模	①	②					
	扎筋		①	②				
	浇混凝土			①	②			
Ⅱ	支模				①	②		
	扎筋					①	②	
	浇混凝土						①	②

图 12.7　$m<n$ 时流水施工展开状况

因此，施工段数与施工过程数的关系应满足 $m>n$。

12.2.3　时间参数

时间参数是指在组织流水施工时，用以表达流水施工在时间安排上所处状态的参数，主要包括流水节拍、流水步距、流水施工中的间歇时间和流水施工工期等。

12.2.3.1　流水节拍

流水节拍是指某一个专业工作队在一个施工段上的施工时间，通常用 t 表示。流水节拍表明流水施工的速度和节奏性。流水节拍小，其流水速度快，节奏感强；反之则相反。流水节拍决定着单位时间的资源供应量，同时也是区别流水施工组织方式的特征参数。

同一施工过程的流水节拍，主要由所采用的施工方法、施工机械以及在工作面允许的前提下投入施工的工人数量、机械台数和采用的工作班次等因素确定。有时，为了均衡施工和减少转移施工段时消耗的工时，可以适当调整流水节拍，其数值最好为半个工作班的整数倍。

流水节拍的确定方法有定额计算法、三时估算法和工期计算法。

(1) 定额计算法

$$t_i=\frac{Q_i}{P_iR_i}=\frac{W_i}{R_i} \tag{12-3}$$

式中 t_i——某专业工作队在第 i 施工段的流水节拍；

Q_i——某专业工作队在第 i 施工段要完成的工作量；

P_i——某专业工作队的计划产量定额；

R_i——某专业工作队投入的工作人数(或机械台数)；

W_i——某专业工作队在第 i 施工段所需要的劳动量(或机械台班量)

(2) 三时估算法

$$t=\frac{A+B+4x}{6} \tag{12-4}$$

式中 t——某施工过程在某施工段上的流水节拍；

A——最乐观(最短)估算时间；

B——最不乐观(最长)估算时间；

x——最正常(最可能)估算时间。

(3) 工期计算法

首先，根据工期按经验估算出各分部工程的施工时间；其次，根据各分部工程估算出的时间确定各施工过程所需时间；最后，按式(12-3)求出各施工过程所需的人数或机械台数。

工期计算法也叫上倒排进度法，适用于某些施工任务在规定日期内必须完成的工程。

12.2.3.2 流水步距

流水步距是指两个相邻的施工过程(或专业施工班组)相继开始施工的最小时间间隔。流水步距的数目取决于参加流水的施工过程数。如果施工过程数为 n 个，则流水步距总数为 $n-1$个。流水步距的大小取决于相邻两个专业工作队在各施工段上的流水节拍及流水施工的组织方式。确定流水步距时，一般应满足以下基本要求：

① 各施工过程按各自流水速度施工，始终保持工艺先后顺序；

② 各施工过程的专业工作队投入施工后尽可能保持连续作业；

③ 相邻两个专业工作队在满足连续施工的条件下，能最大限度地实现合理搭接。

根据以上基本要求，在不同的流水施工组织方式中，可采用不同的方法确定流水步距。

如图 12.8 所示，某施工工程流水施工中的流水步距有三个，即图中标示的 $B_{1,2}$、$B_{2,3}$、$B_{3,4}$。每个流水步距均为 2 d。

12.2.3.3 流水施工中的间歇时间

(1) 平行搭接时间

在组织流水施工时，为缩短工期且在工作面允许的条件下，前一个专业工作队完成部分施

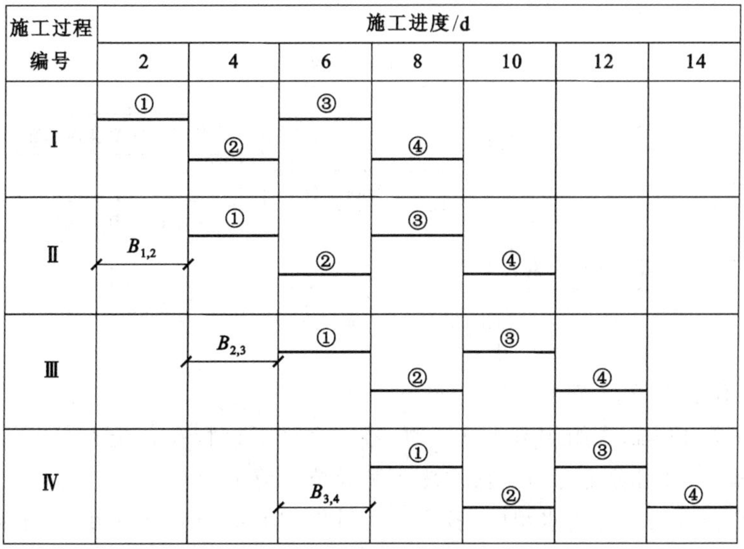

图 12.8　某施工工程流水施工中流水步距示例

工任务后(仍在该工作面上),可提前为后一个专业工作队提供工作面。此时,后一工作队提前进入前一施工段,两者在同一施工段上实现平行搭接施工。这种搭接的时间称为平行搭接时间或提前插入时间,通常用 $C_{j,j+1}$ 表示。

(2) 技术间歇时间

工艺技术上的间歇是指在同一个施工段的相邻两个施工过程之间,根据建筑材料或现浇构件等的工艺性质,必须留有的工艺等待间歇时间,称为工艺技术间歇时间。例如,混凝土浇筑后的养护时间、抹灰工程及油漆工程中的干燥停歇时间等。通常以 $Z_{j,j+1}$ 表示。

(3) 组织间歇时间

在组织流水施工时,组织间歇时间是指因施工组织需要而增加的必要间歇时间。例如,前一个施工过程完成后,为进行质量检查、验收、施工机械的转移、墙身位置弹线等准备工作,后续施工过程需等待一段时间才能开始。若将这些工作纳入相应施工过程,则可省略组织间歇时间。通常以 $G_{j,j+1}$ 表示。

12.2.3.4　流水施工工期

流水施工工期是指从第一个专业工作队投入流水施工开始,到最后一个专业工作队完成流水施工为止的整个持续时间。由于一项建设工程往往包含许多流水组,故流水施工工期一般不是整个工程的总工期。

12.3　流水施工的分类

12.3.1　按流水节拍的特征分类

在流水施工中,流水节拍的规律不同,决定了流水步距、流水施工工期的计算方法等也不同,甚至影响各施工过程的专业工作队数目。按照流水节拍特征将流水施工分类,如图 12.9

所示。

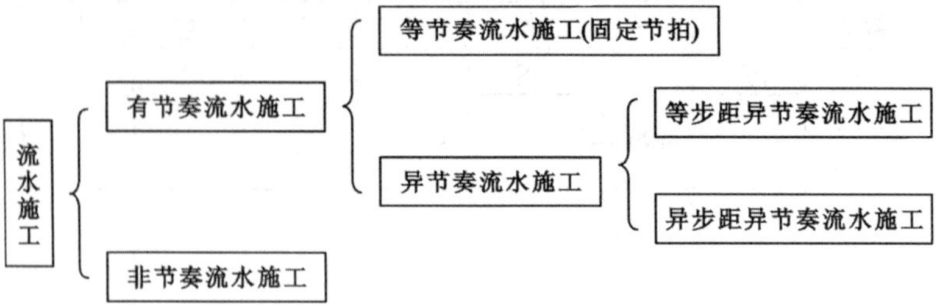

图 12.9　流水施工的分类

12.3.1.1　有节奏流水施工

有节奏流水施工是指在组织流水施工时，每一个施工过程在各施工段上的流水节拍都各自相等的流水施工，又可分为等节奏流水施工和异节奏流水施工。

等节奏流水施工是指在流水组中，各个施工过程的流水节拍全部相同，而流水步距也与流水节拍相等，规律性非常强的流水施工。

异节奏流水施工是指在流水组中，同一个施工过程的流水节拍相同，但各施工过程之间的流水节拍不尽相等的流水施工。根据这种流水线组织的施工队组数多于施工过程数或等于施工过程数，异节奏流水施工又可分为等步距异节奏流水施工和异步距异节奏流水施工两种形式。

12.3.1.2　非节奏流水施工

非节奏流水施工是指各施工过程在各施工段上的流水节拍不完全相同，也无规律可循。这种情况在实际施工中较为常见，尤其是在一些复杂的工程项目或受外界因素影响较大的施工项目中。例如，在古建筑修复工程中，由于建筑结构的复杂性和文物保护的特殊要求，各施工过程的流水节拍难以保持一致，只能采用非节奏流水施工方式。

12.3.2　按组织流水的范围分类

12.3.2.1　分项工程流水施工

分项工程流水施工也称为细部流水施工，即在一个专业工种内部组织的流水施工。在项目施工进度计划表上，它是一条标有施工段或工作队编号的水平进度指示线段或斜向进度指示线段。

12.3.2.2　分部工程流水施工

分部工程流水施工也称为专业流水施工，是在一个分部工程内部，各分项工程之间组织的流水施工。在项目施工进度计划表上，它由一组标有施工段或工作队编号的水平进度指示线段或斜向进度指示线段来表示。

12.3.2.3　单位工程流水施工

单位工程流水施工也称为综合流水施工，是在一个单位工程内部，各分部工程之间组织的流水施工。在项目施工进度计划表上，它由若干个分部工程的进度指示线段表示，并由此构成一张单位工程施工进度计划表。

12.3.2.4　群体工程流水施工

群体工程流水施工亦称为大流水施工。它是在若干单位工程之间组织的流水施工，反映在项目施工进度计划上，是一个项目施工总进度计划。

12.3.3　按流水的空间特点分类

按组织流水的空间特点，流水施工可分为流水段法和流水线法。流水段法常用于建筑、桥梁等体型宽大、构造较复杂的工程；流水线法常用于管线、道路等体型狭长的工程。

12.4　流水施工的组织方法

12.4.1　有节奏流水施工

有节奏流水施工可分为等节奏流水施工和异节奏流水施工。

12.4.1.1　等节奏流水施工

等节奏流水施工也称为固定节拍流水施工或全等节拍流水施工。

全等节拍流水施工是一种最理想的流水施工方式，具有以下特点：

① 所有施工过程在各个施工段上的流水节拍均相等；

② 相邻施工过程的流水步距相等，且等于流水节拍；

③ 专业工作队数等于施工过程数，即每一个施工过程组建一个专业工作队；

④ 各专业工作队在各施工段上能够连续作业，施工段之间没有空闲时间。

流水施工工期的计算公式为：

$$T=(m+n-1)K \tag{12-5}$$

式中　T——流水施工工期；

m——施工段数；

n——施工过程数；

K——流水步距。

在考虑技术间歇时间和提前插入时间的情形下，流水施工工期计算公式为：

$$T=(m+n-1)K+\sum Z-\sum C \tag{12-6}$$

式中　$\sum Z$——技术间歇时间之和；

$\sum C$——提前插入时间之和；

其他符号同前。

【例 12.1】　某工程分为Ⅰ、Ⅱ、Ⅲ、Ⅳ四个施工过程，各施工过程的流水节拍均为 4 d。其中，施工过程Ⅰ与Ⅱ之间有 2 d 提前插入时间，Ⅲ与Ⅳ之间有 1 段技术间歇时间，试编制流水施工进度计划并确定流水施工工期。

【解】　由于各施工过程的流水节拍均为 4 d，故该工程可组织全等节拍流水施工。编制全等节拍流水施工进度计划如图 12.10 所示，流水施工工期计算如下：

$$T=(m+n-1)K+\sum Z-\sum C=(4+4-1)\times 4+1-2=27(\mathrm{d}) \tag{12-7}$$

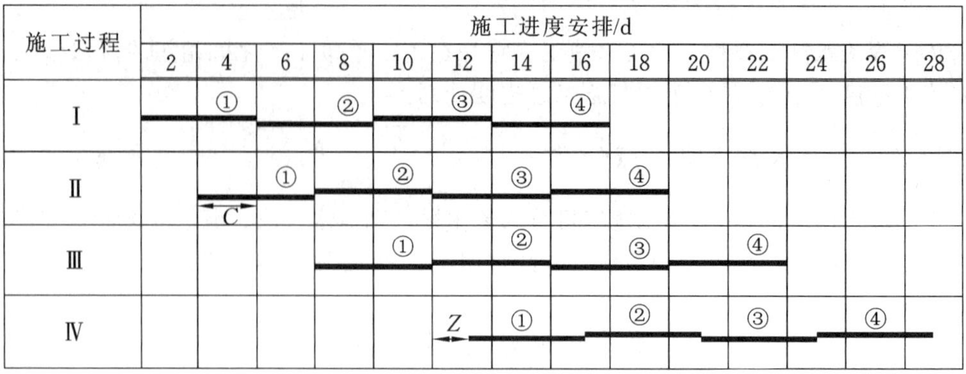

图 12.10　全等节拍流水施工进度计划

12.4.1.2　异节奏流水施工

在常规施工情境下，实现全等节拍流水施工面临诸多挑战。鉴于不同施工段的流水节拍受多种因素制约，要使各施工过程的流水节拍完全一致几乎是不可能的。不过，通过科学合理的施工段划分，确保同一施工过程在不同施工段的流水节拍保持一致是完全可行的。在此基础上，可有效组织异节奏流水施工。异节奏流水施工是指在有节奏流水施工中，各施工过程在其自身各施工段的流水节拍保持一致，但不同施工过程之间的流水节拍则不完全相同的一种流水施工方式。

在组织异节奏流水施工时，可采用等步距和异步距两种方式。

① 等步距异节奏流水施工。等步距异节奏流水施工是指在组织异节奏流水施工时，按每个施工过程流水节拍之间的比例关系，成立相应数量的专业工作队而进行的流水施工，也称为成倍节拍流水施工。为加快施工进度，对流水节拍长的施工过程可相应增加专业工作队，按全等节拍方式组织施工。因此，它有时也称为加快的成倍节拍流水施工。

② 异步距异节奏流水施工。异步距异节奏流水施工是指在组织异节奏流水施工时，每个施工过程成立一个专业工作队，由其完成各施工段任务的流水施工。

加快的成倍节拍流水施工具有以下特点：

① 同一施工过程在各个施工段上的流水节拍均相等，不同施工过程的流水节拍为倍数关系。

② 相邻施工过程的流水步距相等，且等于流水节拍的最大公约数。

③ 专业工作队数大于施工过程数。对于流水节拍大的施工过程，可按其倍数增加相应专业工作队数目。

④ 各专业工作队在施工段上能够连续作业，施工段之间没有空闲时间。

流水施工工期的计算公式为：

$$T=(m+N-1)K+\sum Z-\sum C \tag{12-8}$$

式中　K——流水步距，取施工过程流水节拍的最大公约数；

N——参加流水作业的专业工作队数；

其他符号同前。

【例 12.2】 某工程由四幢相同的装配式单体建筑组成，每幢建筑可视为一个施工段，施工过程划分为基础工程、结构安装、室内装修和室外工程，编制的异步距异节奏流水施工进度计划如图 12.11 所示，求流水施工工期。

【解】 由图 12.11 可知，如果按 4 个施工过程组建 4 个专业工作队组织异步距异节奏流水施工，流水施工工期为：$T=(5+10+25)+5\times4=60$(周)

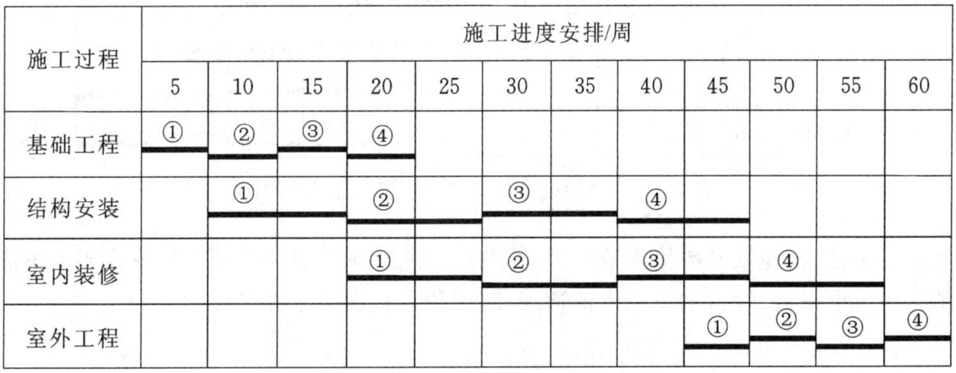

图 12.11　异步距异节奏流水施工进度计划图

为缩短工期，可增加专业工作队，组织加快的成倍节拍流水施工。

① 计算流水步距。流水步距等于流水节拍的最大公约数，即：

$$K=\min[5,10,10,5]=5(\text{周})$$

② 确定专业工作队数目。每个施工过程组建的专业工作队数目可按下式计算：

$$b_j=t_j/K \tag{12-9}$$

式中　b_j——第 j 个施工过程的专业工作队数；

t_j——第 j 个施工过程的流水节拍；

K——流水步距。

在本例中，各施工过程的专业工作队数分别为：

基础工程：$b=6/K=5/5=1$

结构安装：$b=6/K=10/5=2$

室内装修：$b=6/K=10/5=2$

室外工程：$b=t/K=5/5=1$

于是，参与该工程流水施工的专业工作队总数为：$1+2+2+1=6$。据此，编制的加快的成倍节拍流水施工进度计划如图 12.12 所示。

由图 12.12 可知，由于没有技术间歇时间及提前插入时间，故该工程流水施工工期为：

$$T=(m+N-1)K=(4+6-1)\times5=45(\text{周})$$

与图 12.11 所示的异步距异节奏流水施工进度计划相比，该工程组织加快的成倍节拍流水施工可使总工期缩短 15 周。

12.4.2　非节奏流水施工

在工程实践中，通常每个施工过程在各施工段上的工程量彼此不相等，或各专业工作队的

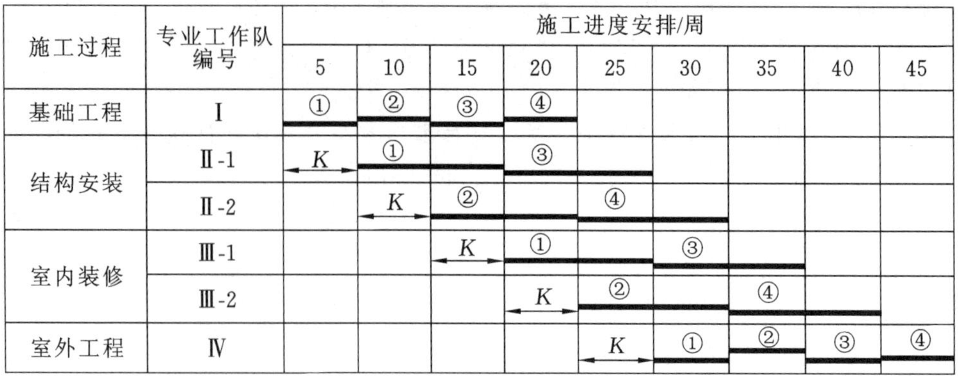

图 12.12　加快的成倍节拍流水施工进度计划图

生产效率相差较大，导致多数流水节拍彼此不相等，从而难以组织全等节拍或成倍节拍流水施工。在这些情形下，虽然流水节拍无任何规律，但仍可组织流水施工。

12.4.2.1　非节奏流水施工的特点

① 各施工过程在各施工段上的流水节拍不全相等；

② 相邻施工过程的流水步距不尽相等；

③ 专业工作队数等于施工过程数；

④ 各专业工作队能够在施工段上连续作业，但有的施工段之间可能有空闲时间。

12.4.2.2　流水步距的确定

组织非节奏流水施工的关键是确定相邻专业工作队之间的流水步距，使其在开始时间上能够最大限度地进行搭接。通常采用累加数列错位相减取大差法计算流水步距。这种方法简捷、准确，便于掌握。

累加数列错位相减取大差法的基本步骤如下：

① 依次累加每一施工过程在各施工段上的流水节拍，求得各施工过程流水节拍的累加数列；

② 将相邻施工过程流水节拍累加数列中的后者错后一位，相减后求得一个差数列；

③ 在差数列中取最大值，即为相邻两个施工过程的流水步距。

12.4.2.3　流水施工工期的计算

计算公式为：

$$T = \sum K + \sum t_n + \sum Z - \sum C \tag{12-10}$$

式中　$\sum K$—— 各施工过程（或专业工作队）流水步距之和；

$\sum t_n$—— 最后一个施工过程（或专业工作队）在各施工段上的流水节拍之和；

其他符号同前。

【例 12.3】　某工程由 3 个施工过程组成，分为 4 个施工段进行流水施工，其流水节拍如表 12.2 所示，试确定流水步距。

表 12.2 某工程流水节拍表

施工过程	施工段节拍			
	①	②	③	④
Ⅰ	2	3	2	1
Ⅱ	3	2	4	2
Ⅲ	3	4	2	2

【解】 (1) 求各施工过程流水节拍的累加数列

施工过程Ⅰ：2,5,7,8

施工过程Ⅱ：3,5,9,11

施工过程Ⅲ：3,7,9,11

(2) 错位相减求得一个差数列

Ⅰ与Ⅱ：

$$\begin{array}{rrrrrr} & 2, & 5, & 7, & 8 & \\ -) & & 3, & 5, & 9, & 11 \\ \hline & 2, & 2, & 2, & -1, & -11 \end{array}$$

Ⅱ与Ⅲ：

$$\begin{array}{rrrrrr} & 3, & 5, & 9, & 11 & \\ -) & & 3, & 7, & 9, & 11 \\ \hline & 3, & 2, & 2, & 2, & -11 \end{array}$$

(3) 在差数列中取最大值求流水步距

$$B_{1,2}=\max\{2,2,2,-1,-11\}=2(\mathrm{d})$$

$$B_{2,3}=\max\{3,2,2,2,-11\}=3(\mathrm{d})$$

即Ⅰ、Ⅱ两施工过程间的流水步距为 2 d，Ⅱ、Ⅲ两施工过程间的流水步距为 3 d。

12.4.2.4 流水施工工期的确定

流水施工工期可按下式计算：

$$T=\sum B_{i,i+1}+\sum t^{zh}+\sum Z_{j,j+1}+\sum G_{j,j+1}-\sum C_{j,j+1} \tag{12-11}$$

式中 $\sum t^{zh}$——最后一个施工过程(或专业工作队)在各施工段流水节拍之和。

思考题与习题

12.1 施工组织的三种基本方式及其特点是什么？

12.2 流水施工的实质是什么？其主要优点有哪些？

12.3 组织流水施工的步骤有哪些？

12.4 流水施工的关键参数有哪些？其基本概念是什么？

12.5　流水施工的分类有哪些？其基本概念是什么？

12.6　流水节拍的定义是什么？如何确定流水节拍？

12.7　流水步距的定义是什么？确定流水步距时需满足哪些要求？

12.8　流水段划分应遵循哪些原则？如何确定流水段数？

12.9　根据流水节拍特点及流水节奏特征，流水施工的组织形式有哪些？

12.10　简述等节奏流水施工的特点。

12.11　简述加快的成倍节拍流水施工的特点。

12.12　简述非节奏流水施工的特点。

12.13　某分部工程由甲、乙、丙三个分项工程组成，在竖向上划分为两个施工层组织流水施工。流水节拍均为2 d。为缩短计划工期，允许分项工程甲与乙搭接1 d，分项工程乙完成后，它的相应施工段至少有技术间歇2 d，层间组织间歇为1 d。要求各工作队连续作业。试确定每层施工段数，计算工期，并绘制流水施工横道图。

13　网络计划技术

【本章提要】

本章从网络计划编制、时间参数计算及计划优化调整三个方面，结合施工计划管理的实际需要，系统讲述了网络计划技术的基本原理、方法。

【学习要求】

(1) 了解网络计划技术的内容组成。

(2) 掌握双代号网络图的绘制方法。

(3) 掌握双代号网络计划时间参数的计算方法。

(4) 掌握双代号时标网络计划的编制方法，掌握从时标网络计划中判读时间参数的方法。

(5) 掌握网络计划优化的原理及方法。

网络计划技术是人们在管理实践中创造的、用于计划管理以保证实现预定目标的管理技术，也是一种科学有效的管理方法。其最大特点是能为项目管理提供多种计划信息，从而帮助管理人员合理地组织任务实施，做到统筹规划、明确重点、优化资源配置，实现项目目标。目前，网络计划方法已广泛地应用于各个部门、各个领域，特别是对于工程建设部门，无论是在项目的招投标阶段，还是在项目的规划、实施与控制等各个阶段，都发挥着重要作用，逐渐成为项目管理的核心技术及重要组成部分。

常用标准、规程：《网络计划技术　第1部分：常用术语》(GB/T 13400.1—2012)、《网络计划技术　第2部分：网络图画法的一般规定》(GB/T 13400.2—2009)、《网络计划技术　第3部分：在项目管理中应用的一般程序》(GB/T 13400.3—2009)、《工程网络计划技术规程》(JGJ/T 121—2015)。

13.1　网络计划的基本概念

土木工程施工网络计划是一种基于网络图的施工进度计划方法，用于系统地表示施工过程中的各项任务(工作)、任务之间的逻辑关系以及任务的持续时间。它是现代项目管理中广泛应用的一种科学方法，能够有效优化施工进度、资源分配和成本控制。

13.1.1　横道图和网络图的比较

13.1.1.1　横道图

横道图又叫甘特图，以横向线条结合时间坐标，直观地展示各施工工序的开始时间、持续时间以及进度安排。这是最早对建设工程进度计划安排的科学表达方式。

(1) 优点

① 结合时间坐标,各项工作的起止时间、作业延续时间、工作进度、总工期都能一目了然。

② 流水作业排列整齐有序,表达清楚。

③ 绘图较简便,表达形象、直观、明了,便于统计资源需要量。

(2) 缺点

① 不能反映出各项工作之间错综复杂、相互联系、相互制约的生产和协作关系。

② 不能明确指出哪些工作是关键的,哪些工作不是关键的,换言之,就是不能明确反映关键线路;看不出可以灵活机动使用的时间,因而也就抓不住工作的重点;看不到潜力所在,无法进行最合理的组织安排和指挥生产,不知道如何去缩短工期、降低成本及调整劳动力。

③ 不能应用微机计算各种时间参数,更不能对计划进行科学的调整与优化。

13.1.1.2　网络图(Network Diagram)

把一项计划(或工程)的所有工作,根据其开展的先后顺序并考虑其相互的制约关系,全部用箭线或圆圈表示,从左向右排列起来,形成一个网状的图形,称之为网络图,如图 13.1 所示。因为这种方法是建立在网络模型的基础上,且主要用来进行计划与控制的,因此国外称其为网络计划技术。

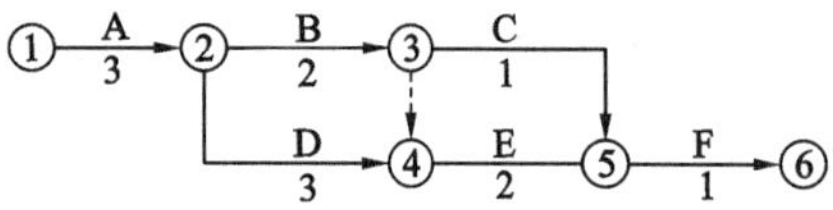

图 13.1　某施工项目网络计划图

与横道图相比,网络图具有如下优缺点:

(1) 优点

① 网络图将施工过程中的各项相关工作有机地整合为一个整体,能够全面且明确地表达各项工作开展的先后顺序,同时清晰地反映出各项工作之间的相互制约和依赖关系,为施工管理提供系统的视角。

② 网络图能够进行各种时间参数的计算,便于在复杂且繁多的计划中快速识别出决定工程进度的关键工作。这有助于计划管理者集中精力抓住主要矛盾,确保工期目标的实现,避免盲目施工。

③ 利用网络图计算得出的某些工作的机动时间,可以更好地进行人力、物力的利用和调配,从而达到降低成本的目的,实现资源的优化配置。

④ 在计划实施过程中,网络图能够进行有效的控制和调整,确保以最小的资源消耗取得最大的经济效果,为施工过程的动态管理提供有力支持。

⑤ 网络图可以借助计算机技术对复杂的网络计划进行调整与优化,实现计划管理的科学化,提高管理效率和决策的科学性。

(2) 缺点

① 网络图在表达流水作业的逻辑关系时不够直观,难以清晰地反映流水作业的连续性和搭接关系。

② 绘制网络图相对较为复杂,需要专业的知识和技能,且表达形式不如横道图直观,对使用者的专业要求较高。

③ 网络图不易直观显示资源的平衡情况,难以直接反映各阶段资源的需求和分配情况,不利于资源的精细化管理。

以上不足之处可以采用时间坐标网络来弥补。

13.1.2 网络计划的类型

土木工程施工中的网络计划类型多样，按不同的角度可以分为不同的类型，如表13.1所示。

表13.1 网络计划类型的分类

分类标准	分类名称	描述
按工作持续时间的性质	肯定型网络计划	工作持续时间确定，如关键线路法(CPM)
	非肯定型网络计划	工作持续时间不确定，如计划评审技术(PERT)
	随机型网络计划	工作持续时间随机变化，如图示评审技术(GERT)、风险评审技术(VERT)
按表达形式	双代号网络计划	使用两个节点表示一项工作，箭线表示工作
	单代号网络计划	使用一个节点表示一项工作，箭线表示工作关系
按计划目标	单目标网络计划	针对单一目标进行优化和管理
	多目标网络计划	针对多个目标进行综合优化和管理
按有无时间坐标	时标网络计划	网络图带有时间坐标，直观显示工作时间安排
	非时标网络计划	网络图不带时间坐标，仅表示工作逻辑关系
按网络计划层级	单级网络计划	整个工程的网络计划为一个层级
	多级网络计划	工程被分解为多个层级的子网络计划
按工作搭接关系	普通网络计划	工作之间无特殊搭接关系
	搭接网络计划	工作之间存在搭接关系，如开始到开始(SS)、完成到完成(FF)等
	流水网络计划	工作之间按流水施工方式组织

13.1.3 双代号网络图的组成

由于网络图的形式多种多样，在工程实际中大多使用双代号网络图，本章主要研究双代号网络图。双代号网络图由工作、节点、线路三个基本要素组成。

13.1.3.1 工作

在双代号网络图中，工作(Activity)是指为了完成工程项目而需要进行的具体施工任务或活动。它是一个逻辑上独立的施工环节，可以是一个简单的操作(如“绑扎钢筋”)，也可以是一个复杂的施工阶段(如“基础施工”)。

在双代号网络图中，工作通常用箭线表示，箭线的方向表示工作的执行顺序。箭线的起点和终点分别对应两个节点(事件)，节点用圆圈或方框表示。圆圈中的两个号码代表这项工作的名称，由于是两个号表示一项工作，故称为双代号表示法，如图13.2所示。由双代号表示法构成的网络图称为双代号网络计划图，如图 13.3 所示。

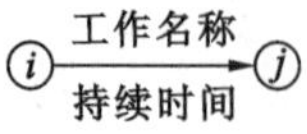

图 13.2 双代号表示法

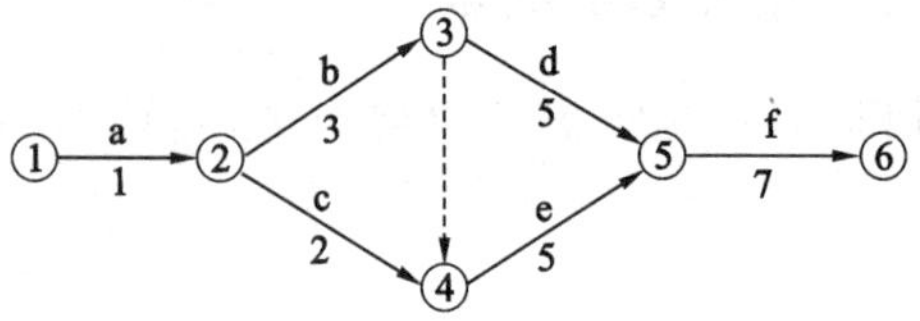

图 13.3 双代号网络计划图

13.1.3.2 节点

节点是箭线之间的连接点，分为起点节点、中间节点和终点节点。起点节点表示一项任务或一个网络计划的开始，终点节点表示结束，中间节点则连接前后的工作。节点编号从小到大，不能重复，且箭尾节点编号要小于箭头节点编号。例如在一个桥梁施工网络计划中，第一个节点即为起点节点，标志着桥梁施工项目的开始，而最后一个节点则是终点节点，代表项目完成。

13.1.3.3 线路

线路是从起点节点沿着箭线方向连续通过一系列节点和箭线，最终到达终点节点的通路。例如在一个建筑工程的双代号网络图中，从基础施工开始，经过主体结构施工、屋面施工，最后到装饰装修施工的一条通路就是一条线路。不同线路上的工作持续时间之和可能不同，其中持续时间最长的线路称为关键线路，它决定了整个项目的工期。

13.2 双代号网络图的绘制

为了正确地绘制网络图，需要先搞清楚工程计划中各工序之间的逻辑关系有哪些，如何正确地表达各种逻辑关系，以及绘制双代号网络图应遵守的规则等，然后通过实例掌握网络图的绘制方法。

13.2.1 工序之间的逻辑关系

在双代号网络图中，工序（工作）之间的逻辑关系是通过箭线和节点表示的，用于描述各工序之间的先后顺序和依赖关系。这些逻辑关系是网络计划的基础，确保施工过程的合理性和科学性。

13.2.1.1 工艺逻辑关系

工艺逻辑关系是由施工工艺决定的各工序之间的先后顺序。例如在混凝土浇筑施工中，必须先完成模板安装和钢筋绑扎，才能进行混凝土浇筑，这种先后顺序是基于施工工艺的要求，不能随意颠倒。它是客观存在的，取决于工程项目的性质和施工方法。

13.2.1.2 组织逻辑关系

组织逻辑关系是在施工过程中，根据施工组织和资源调配的需要，人为确定的各工序之间的先后顺序。例如在一个建筑群的施工中，不同建筑物的施工顺序可以根据施工单位的人员安排、机械设备调配等因素来确定。这种逻辑关系具有一定的灵活性，可根据实际情况进行调整。

13.2.2 双代号网络图各种逻辑关系的正确表示方法

网络计划图中工序之间的逻辑关系，可以归纳为五种基本形式。五种基本形式的描述及其在双代号网络图中的表达方式列于表 13.2 中。

表 13.2 工序基本逻辑关系的描述及其表达方式

序号	描　　述	表达方式	逻辑关系	
			工序名称	紧前工序
1	A 工序完成后，B 工序才能开始	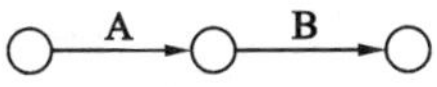	B	A
2	A 工序完成后，B、C 工序才能开始	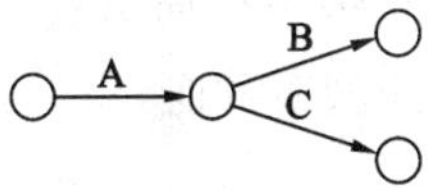	B	A
			C	A
3	A、B 工序完成后，C 工序才能开始	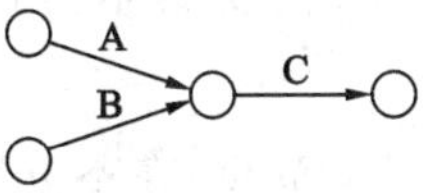	C	A、B
4	A、B 工序完成后，C、D 工序才能开始	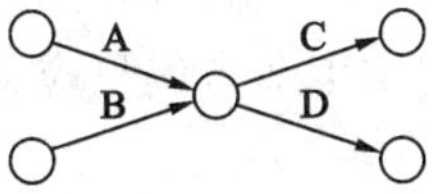	C	A、B
			D	A、B
5	A、B 工序完成后，C 工序才能开始，且 B 工序完成后，D 工序才能开始	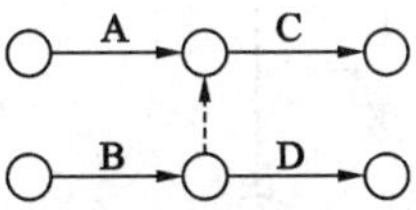	C	A、B
			D	B

在表 13.2 中，前四种基本形式的共同特点是：当一个或两个工序共享一个紧前工序时，以该紧前工序的结束节点作为它们的开始节点；若两个工序有两个不同的紧前工序，则需将这两个紧前工序的结束节点合并为一个共同的结束节点，并以此作为后续工序的开始节点。

对于第五种形式，需要引入一个虚工序。虚工序连接工序 A 和 B 的结束节点，箭头指向工序 A 的结束节点。由于本工序的时间为零，因此在工序 A 的结束节点处，工序 A 和 B 均视为完成。这意味着，以此节点为开始节点的工序 C 有两个紧前工序（A 和 B），而以工序 B 的结束节点为开始节点的工序 D，则只有一个紧前工序 B。

在绘制网络图时，不论工序有多少，其逻辑关系都是由这五种基本形式组合而成的。另外，对于较复杂的逻辑关系，必须注意正确使用虚工序。

13.2.3 绘制双代号网络图的基本规则

绘制双代号网络图有一系列基本规则，具体如下：

① 双代号网络图必须正确表达已定的逻辑关系，如图 13.4 所示。

② 两个节点之间只允许有一根箭线。

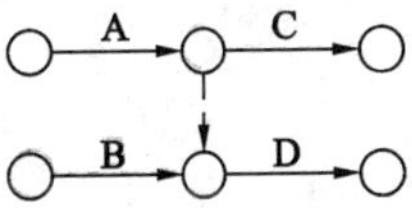

图 13.4 双代号网络图

③ 双代号网络图中，严禁出现循环回路，如图 13.5 所示。

④ 双代号网络图中，在节点之间严禁出现带双向箭头或无箭头的连线。

⑤ 双代号网络图中，严禁出现没有箭头节点或没有箭尾节点的箭线，如图 13.6 所示。

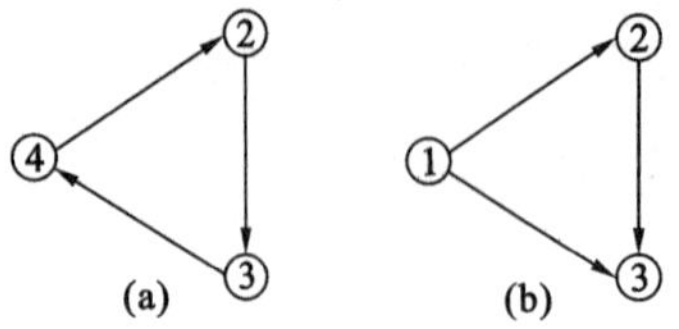

图 13.5　闭合回路示意图

(a)错误；(b)正确

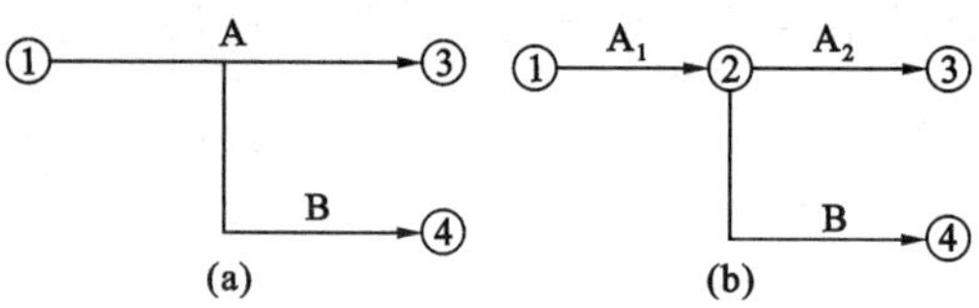

图 13.6　无开始节点工作示意图

(a)错误；(b)正确

⑥ 当双代号网络图的某些节点有多条外向箭线或多条内向箭线时，在不违反第②条的前提下，可使用母线法绘图。当箭线线型不同时，可在从母线上引出的支线上标出，如图 13.7 所示。

⑦ 绘制网络图时，箭线不宜交叉；当交叉不可避免时，可用过桥法或指向法表示，如图 13.8 所示。

⑧ 双代号网络图中应只有一个起点节点；在不分期完成任务的网络图中，应只有一个终点节点；而其他所有节点均应是中间节点，如图 13.9(a)所示。

⑨ 从起点节点编号，每项工作的结束节点编号应大于开始节点编号，编号不能重复，如图 13.9(b)所示。

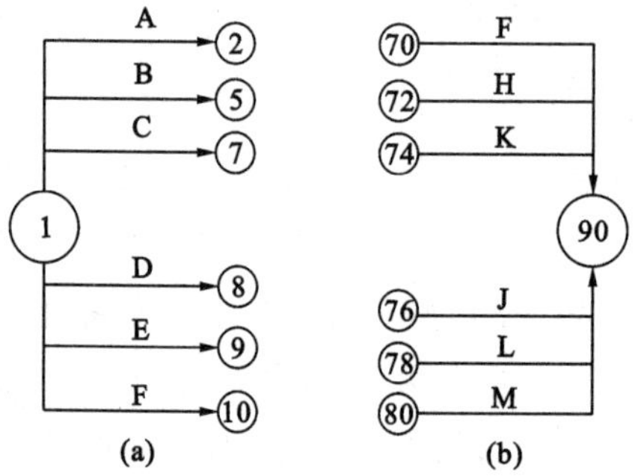

图 13.7　母线法绘图

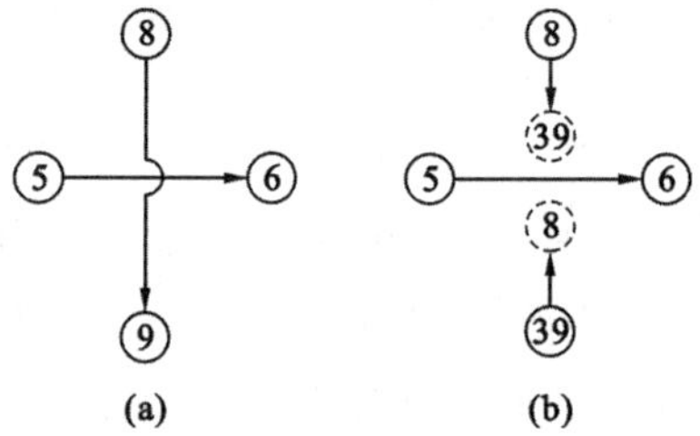

图 13.8　箭线交叉的表示方法

(a)过桥法；(b)指向法

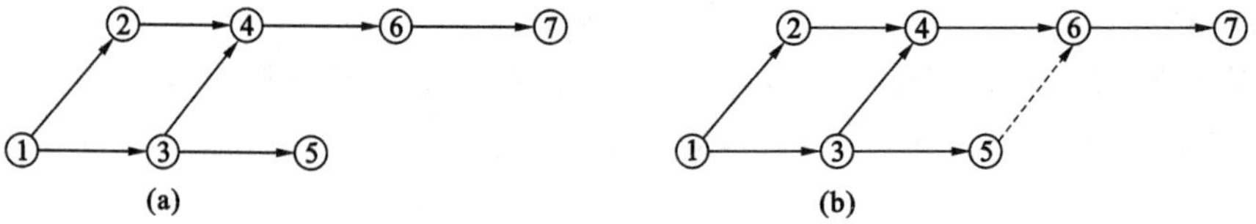

图 13.9　终点、节点示意图

13.2.4 虚工序的作用

虚工序是指在双代号网络图中，只表示工作之间的逻辑关系，不占用时间，也不消耗资源的虚拟工作。它通常用虚箭线来表示，起联系、区分、断路的作用。

13.2.4.1 联系作用

当两个工作之间存在逻辑上的联系，但又不存在实际的工作内容时，需要引入虚工序。如图 13.10(a)所示，C 工作的紧前工作是 A 工作，D 工作的紧前工作是 B 工作。若 D 工作的紧前工作不仅有 B 工作，而且有 A 工作，那么 A、D 两项工作就要用虚箭线连接，如图 13.10(b)所示。

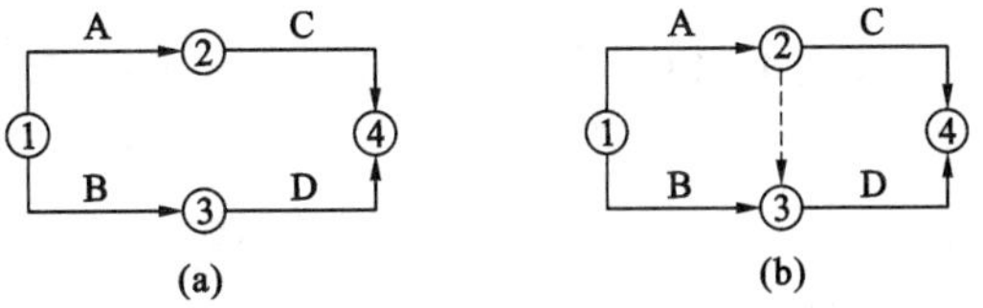

图 13.10 虚箭线的应用之一

13.2.4.2 区分作用

在某些情况下，为了区分不同的工作路径和逻辑关系，也需要使用虚工序。如图 13.11(a)所示，A、B 工作的紧后工作是 C、D 工作，如果 A 不是 D 的紧前工作，那么就要增加虚箭线切断 A 工作与 D 工作的联系，此时要增加节点，如图 13.11(b)所示。

13.2.4.3 断路作用

当需要切断某些不正确的逻辑关系时，虚工序可以起到断路作用。例如图 13.12(a)中用虚箭线将节点①到节点④的三项工作从开始节点区分开来，图 13.12(b)中用虚箭线将节点①到节点④的三项工作从结束节点区分开来，以避免同时开始或同时结束的工作出现相同编号的情况。

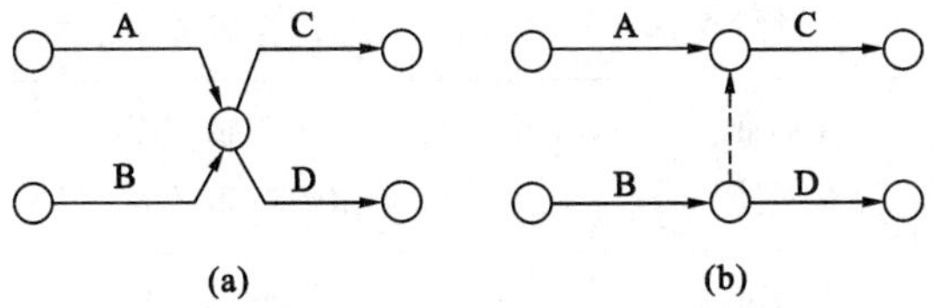

图 13.11 虚箭线的应用之二

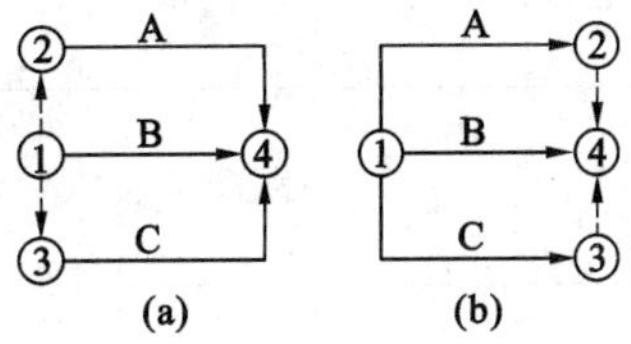

图 13.12 虚箭线的应用之三

13.2.5 双代号网络图的绘制步骤

绘制双代号网络图，一般需要进行以下步骤：

① 详细收集工程项目的施工工艺流程、施工组织方案、各工序的持续时间、资源需求等相关资料，为绘制网络图提供准确依据。

② 根据施工工艺和组织要求，确定各工序之间的先后顺序，明确工艺逻辑关系和组织逻辑关系。例如在建筑施工中，按照“先地下、后地上，先主体、后装饰”的原则确定施工顺序。

③ 将各工作及其相互关系以表格形式列出，包括工作名称、紧前工作、紧后工作等内容，便于后续绘制网络图时参考。

④ 根据工作关系表，从起点节点开始，按照工作顺序逐步绘制网络图的草图，初步确定各

工作的箭线和节点位置，检查逻辑关系是否正确，如有错误及时调整。

⑤ 对草图进行整理和优化，调整箭线的长度和位置，使网络图布局合理、清晰美观，标注节点编号和工作名称等信息，形成正式的双代号网络图。

13.2.6 双代号网络图绘制实例

【例 13.1】 某大型钢筋混凝土基础工程分三段施工，包括支模板、绑扎钢筋、浇筑混凝土三道工序，每道工序安排一个施工队进行施工，且各工序在一个施工段上的作业时间分别为 3 d、2 d、1 d。试绘制双代号网络图。

【解】(1) 分析各工序之间的逻辑关系，绘制工序逻辑关系表。

由条件可知，三道工序的工艺逻辑关系为：支模板→绑扎钢筋→浇筑混凝土。

组织逻辑关系为：每道工序的施工队从第Ⅰ段→第Ⅱ段→第Ⅲ段。

归纳两类逻辑关系，即可得出该工程的工序逻辑关系表，如表 13.3 所示。

表 13.3 工序逻辑关系表

序号	工序名称	紧前工序	说明
1	支模Ⅰ	—	开始工序
2	扎筋Ⅰ	支模Ⅰ	工艺逻辑关系
3	浇混凝土Ⅰ	扎筋Ⅰ	工艺逻辑关系
4	支模Ⅱ	支模Ⅰ	组织逻辑关系
5	扎筋Ⅱ	支模Ⅱ 扎筋Ⅰ	工艺逻辑关系 组织逻辑关系
6	浇混凝土Ⅱ	扎筋Ⅱ 浇混凝土Ⅰ	工艺逻辑关系 组织逻辑关系
7	支模Ⅲ	支模Ⅱ	组织逻辑关系
8	扎筋Ⅲ	支模Ⅲ 扎筋Ⅱ	工艺逻辑关系 组织逻辑关系
9	浇混凝土Ⅲ	扎筋Ⅲ 浇混凝土Ⅱ	工艺逻辑关系 组织逻辑关系

(2) 根据工序逻辑关系表，绘制组合逻辑关系图。

(3) 按绘图步骤绘制网络图。

(4) 进行检查与修正。

(5) 去掉多余虚工序，完成最终网络图。最终网络图如图 13.13 所示。

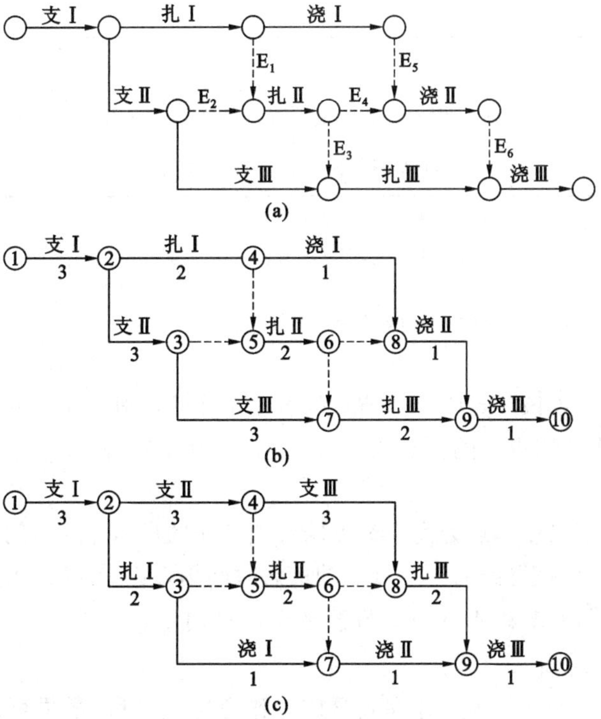

图 13.13　混凝土基础工程网络图

(a)有多余虚工序；(b)以施工段为主线排列的最终网络图；(c)以工序为主线排列的最终网络图

13.3　双代号网络计划时间参数的计算

工程网络计划中的时间参数是指网络计划中的工作、节点、相邻两项工作之间的时间值，以及整个网络计划的工期。

13.3.1　时间参数表示代号

13.3.1.1　工作持续时间

工作持续时间表示一项工作从开始到完成所需要的时间，在双代号网络计划中，工作 i—j 的持续时间用 D_{i-j} 表示。在单代号网络计划中，工作 i 的持续时间用 D_i 表示。它的大小取决于工作的工程量、施工人员数量、施工机械效率等因素。

13.3.1.2　工期

工期是指完成一项工作所需要的全部时间。在网络计划中通常有三种工期，如表 13.4 所示。

表 13.4　三种工期的含义及符号

工期	含义	符号
计算工期	指根据网络计划时间参数计算而得到的工期	T_c

续表13.4

工期	含义	符号
计划工期	指根据要求工期和计算工期所确定的作为实施目标的工期	T_p
要求工期	指任务委托人所提出的指令性工期(合同工期)	T_r

注:①当要求工期已知时,计划工期应不大于要求工期,即 $T_p \leqslant T_r$。

②当要求工期未知时,可令计划工期等于计算工期,即 $T_p = T_c$。

13.3.1.3　节点最早时间和节点最迟时间

① 节点最早时间

节点最早时间是指以该节点为开始节点的各项工作的最早开始时间。它是从起点节点开始,顺着箭线方向依次计算得到的。节点 i 的最早时间用 ET_i 表示。

② 节点最迟时间

节点最迟时间是指以该节点为完成节点的各项工作的最迟完成时间。它是从终点节点开始,逆着箭线方向依次计算得到的。节点 j 的最迟时间用 LT_j 表示。

13.3.1.4　工作最早开始时间和工作最早完成时间

① 工作最早开始时间

工作最早开始时间是指一项工作在其紧前工作全部完成后,最早可以开始的时间。它等于其紧前工作最早完成时间的最大值。工作 $i—j$ 的最早开始时间通常用 ES_{i-j} 表示。

② 工作最早完成时间

工作最早完成时间是指一项工作按最早开始时间开始,所能达到的最早完成时间。它等于工作最早开始时间加上工作持续时间。工作 $i—j$ 的最早完成时间通常用 EF_{i-j} 表示。

13.3.1.5　工作最迟开始时间和工作最迟完成时间

① 工作最迟开始时间

工作最迟开始时间是指在不影响整个项目工期的前提下,一项工作最迟必须开始的时间。它等于其最后工作最迟开始时间的最小值减去本工作的持续时间。工作 $i—j$ 的最迟开始时间通常用 LS_{i-j} 表示。

② 工作最迟完成时间

工作最迟完成时间是指在不影响整个项目工期的前提下,一项工作最迟必须完成的时间。它等于其今后工作最迟开始时间的最小值。工作 $i—j$ 的最迟完成时间通常用 LF_{i-j} 表示。

13.3.1.6　工作总时差和工作自由时差

① 工作总时差

工作总时差是指在不影响总工期的前提下,一项工作可以利用的机动时间。它等于工作最迟开始时间减去工作最早开始时间,或者工作最迟完成时间减去工作最早完成时间。工作 $i—j$ 的最迟完成时间通常用 TF_{i-j} 表示。

② 工作自由时差

工作自由时差是指在不影响其紧后工作最早开始时间的前提下,一项工作可以利用的机动时间。它等于今后工作最早开始时间减去本工作最早完成时间的最小值。工作 $i—j$ 的最迟完成时间通常用 FF_{i-j} 表示。

13.3.2 节点最早时间的计算

节点最早时间是指双代号网络计划中，各紧前工作全部完成后，本工作有可能开始的最早时刻。节点 i 的最早时间 ET_i 应从网络计划的起点节点开始，顺着箭线方向依次逐项计算，并应符合下列规定：

① 起点节点 i 未规定最早时间 ET_i 时，其值应等于零，即：$ET_i=0(i=1)$。

② 当节点 j 只有一条内向箭线时，其最早时间为：$ET_j=ET_i+D_{i-j}$。

③ 当节点 j 有多条内向箭线时，其最早时间 ET_j 应为：$ET_j=\max\{ET_i+D_{i-j}\}$。

13.3.3 网络计划工期的计算

① 计算工期(T_c)

计算工期 $T_c=ET_n$，其中 ET_n 为终点节点的最早时间。例如在一个网络计划中，终点节点的最早时间计算得出为 20 d，那么该网络计划的计算工期就是 20 d。

② 要求工期(T_r)

要求工期是由建设单位或合同规定的工期。例如在一个工程项目合同中，规定项目必须在 25 d 内完成，那么 25 d 就是要求工期。

③ 计划工期(T_p)

当未规定要求工期时，计划工期等于计算工期，即 $T_p=T_c$；当规定了要求工期时，计划工期应小于或等于要求工期，即 $T_p\leqslant T_r$。例如在一个项目中，计算工期为 22 d，要求工期为 24 d，那么计划工期可以设定为 22 d 或 23 d 或 24 d(需根据实际情况综合考虑确定)。

13.3.4 节点最迟时间的计算

节点最迟时间是指双代号网络计划中，以该节点为完成节点的各项工作的最迟完成时间。其计算应符合下述规定：

① 节点 i 的最迟时间 LT_i 应从网络计划的终点节点开始，逆着箭线方向依次逐项计算。当部分工作分期完成时，有关节点的最迟时间必须从分期完成节点开始逆向逐项计算。

② 终点节点 n 的最迟时间 LT_n 应按网络计划的计划工期 T_p 确定，即 $LT_n=T_p$。分期完成节点的最迟时间应等于该节点规定的分期完成时间。

③其他节点 i 的最迟时间 LT_i 应为：$LT_i=\min\{LT_i-D_{i-j}\}$。式中 LT_i 为工作 $i—j$ 的箭头节点 j 的最迟时间。

13.3.5 工作时间参数的计算

13.3.5.1 工作最早开始时间

① 起始节点工作最早开始时间为 0。

② 其余节点工作最早开始时间等于其紧前工作最早完成时间的最大值，即 $ES_{i-j}=\max\{EF_{h-i}\}=\max\{ES_{h-i}+D_{h-i}\}$，其中 EF_{h-i} 为该工作的紧前工作的最早完成时间。例如在一个工作序列中，工作 E 的紧前工作是 A、B、C，A 的最早完成时间是 4 d，B 的最早完成时间是 5 d，C 的最早完成时间是 6 d，那么工作 E 的最早开始时间就是 6 d。

13.3.5.2 工作最早完成时间

① 节点的工作最早完成时间等于最早开始时间加上该工作的持续时间，即 $EF_{i-j}=ES_{i-j}+D_{i-j}$。

② 有紧前工作的情况：如果某工作有多个紧前工作，则该工作的最早开始时间(ES)等于所有紧前工作的最早完成时间中的最大值。最早完成时间(EF)仍为最早开始时间(ES)加上该工作的持续时间(D)，即 $ES_{i-j}=\max\{EF_{h-i}\}=\max\{ES_{h-i}+D_{h-i}\}$。

13.3.5.3 工作最迟完成时间

网络计划终点节点工作的最迟完成时间等于网络的计划工期；其余工作最迟完成时间等于其紧后工作最迟开始时间的最小值，即 $LF_{i-j}=\min\{LS_{j-k}\}=\min\{LF_{i-j}-D_{i-j}\}$。其中 LS_{j-k} 为该工作紧后工作的最迟开始时间。

13.3.5.4 工作最迟开始时间

工作最迟开始时间等于工作最迟完成时间减去工作持续时间，即 $LS_{i-j}=LF_{i-j}-D_{i-j}$。

13.3.6 工作总时差的计算

工作总时差是指在不影响总工期的前提下，本工作可以利用的机动时间。工作总时差应等于本工作最迟完成时间与最早完成时间之差，或该工作最迟开始时间与最早开始时间之差，即 $TF_{i-j}=LF_{i-j}-EF_{i-j}=LS_{i-j}-ES_{i-j}$。

13.3.7 工作自由时差的计算

① 网络计划终点节点 n 所代表的工作的自由时差等于计划工期与本工作的最早完成时间之差，即 $FF_{i-n}=T_p-EF_{i-n}=T_P-ES_{i-n}-D_{i-n}$。

② 其他工作的自由时差等于本工作与其紧后工作之间时间间隔的最小值，即 $FF_{i-j}=\min\{ES_{j-k}-EF_{i-j}\}=\min\{ES_{j-k}-ES_{i-j}-D_{i-j}\}$。

13.3.8 关键工作和关键线路的确定

网络图中从起点节点开始，沿箭头方向顺序通过一系列箭线与节点，最后到达终点节点的通路称为线路。线路既可依次用该线路的节点编号来表示，也可依次用该线路上的工作名称来表示。

在关键线路法(CPM)中，线路上所有工作的持续时间总和称为该线路的总持续时间。总持续时间最长的线路称为关键线路，关键线路的长度就是网络计划的总工期。工程网络计划中的关键线路可能不止一条。在工程网络计划实施过程中，关键线路还会发生转移。

关键线路上的工作称为关键工作。在工程网络计划实施过程中，关键工作的实际进度提前或延后，均会对总工期产生影响。因此，关键工作的实际进度是建设工程进度控制的工作重点。

13.3.8.1 双代号网络计划中关键工作及关键线路的确定

① 利用总时差进行判定

在工程网络计划中，总时差最小的工作为关键工作。特别地，当计划工期等于计算工期时，总时差为零的工作就是关键工作。找出关键工作之后，将这些关键工作首尾相连，便构成从起点节点到终点节点的通路，位于该通路上各项工作的持续时间总和最大，这条通路就是关键线路。在关键线路上可能有虚工作存在。

关键线路一般用粗箭线或双线箭线标出，也可用彩色箭线标出。关键线路上各项工作持续时间总和应等于网络计划的计算工期，这一特点也是判别关键线路是否正确的准则。

② 采用标号法进行判定

标号法是一种快速寻求网络计划计算工期和关键线路的方法。所谓标号法，是指利用节点计算法的基本原理，对网络计划中的每一个节点按顺序进行标号，然后利用标号值确定网络计划的计算工期和关键线路。

首先对网络计划的起点节点进行标号，标注其标号值为 0。然后按照节点编号从小到大的顺序，依次对其他节点进行标号。对于每个节点，计算其标号值，计算公式为 $b_j = \max\{b_i + D_{i-j}\}$，其中 b_j 是节点 j 的标号值，b_i 是节点 j 的紧前节点 i 的标号值，D_{i-j} 是工作 $i—j$ 的持续时间。最后，终点节点的标号值就是网络计划的计算工期。从终点节点开始，逆着箭线方向按源节点确定关键线路，即从终点节点开始，找出标号值等于终点节点标号值减去本工作持续时间的节点，依此类推，直到起点节点，所经过的线路就是关键线路。

在双代号网络计划中，关键线路上的节点称为关键节点。关键工作两端的节点必为关键节点，但两端为关键节点的工作不一定是关键工作。关键节点的最迟时间与最早时间的差值最小。特别地，当计划工期等于计算工期时，关键节点的最早时间与最迟时间必然相等。

当计划工期与计算工期相等时，双代号网络计划中的关键节点具有以下特性：开始节点和完成节点均为关键节点的工作，不一定是关键工作；以关键节点为完成节点的工作，其总时差和自由时差必然相等。

③ 基于时标网络计划进行判定

时标网络计划中的关键线路可从网络计划的终点节点开始，逆着箭线方向进行判定。凡自始至终不出现波形线的线路即为关键线路。因为不出现波形线，就说明在这条线路上相邻两项工作之间的时间间隔全部为零，也就是在计算工期等于计划工期的前提下，这些工作的总时差和自由时差全部为零。

13.3.8.2　单代号网络计划中关键工作及关键线路的确定

① 利用工作总时差进行判定

在单代号网络中总时差最小的工作为关键工作。将这些关键工作相连，并保证相邻两项关键工作之间的时间间隔为零而构成的线路就是关键线路。

② 利用相邻两项工作之间的时间间隔进行判定

从网络计划的终点节点开始，逆着箭线方向依次找出相邻两项工作之间时间间隔全部为零的线路即为关键线路。

【例 13.2】 某网络计划如图 13.14(a)所示，试计算时间参数，确定关键线路及工期。

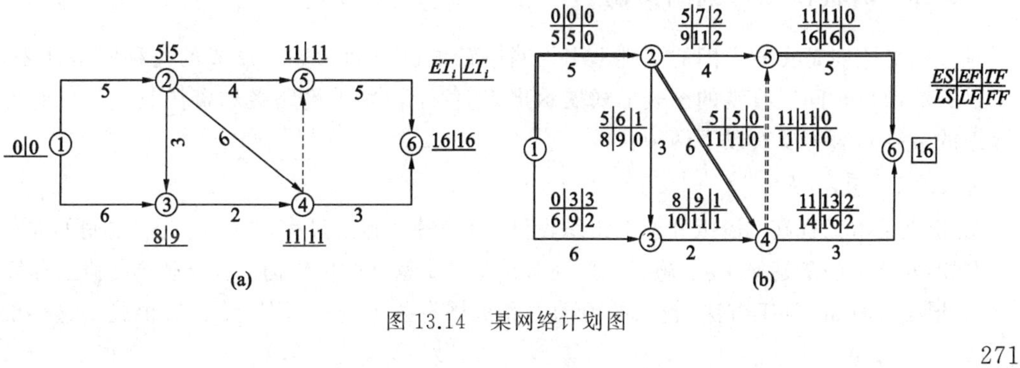

图 13.14　某网络计划图

【解】 (1) 节点时间参数计算如表 13.5 所示。

表 13.5 节点时间参数计算

节点	计算 ET_i	ET_i	计算 LT_i	LT_i
①	0	0	$\min\begin{cases}5-5=0\\9-6=3\end{cases}$	0
②	$0+5=5$	5	$\min\begin{cases}11-4=7\\11-6=5\\9-3=6\end{cases}$	5
③	$\max\begin{cases}5+3=8\\0+6=6\end{cases}$	8	$11-2=9$	9
④	$\max\begin{cases}5+6=11\\8+2=10\end{cases}$	11	$\min\begin{cases}11-0=11\\16-3=13\end{cases}$	11
⑤	$\max\begin{cases}5+4=9\\11+0=11\end{cases}$	11	$16-5=11$	11
⑥	$\max\begin{cases}11+5=16\\11+3=14\end{cases}$	16	16	16

节点时间参数如图 13.14(a)所示。

(2) 工作基本时间参数及时差如图 13.14(b)所示。

13.4 双代号时标网络计划

13.4.1 一般规定

① 双代号时标网络计划必须以水平时间坐标为尺度表示工作时间。时间坐标的单位应根据需要在编制网络计划之前确定,可以是小时、天、周、月等。

② 时标网络计划中所有符号在时间坐标上的水平投影位置,都必须与其时间参数相对应。节点中心必须对准相应的时标位置,时间线的水平投影长度代表该工作的持续时间。

③ 以实箭线表示工作,以虚箭线表示虚工作,以波形线表示工作的自由时差。波形线的水平投影长度即为该工作的自由时差。

13.4.2 时标网络计划的编制

时标网络计划是在横道图的基础上引入网络计划的时间参数而形成的一种网络计划,它将项目的活动与时间以直观的图表形式展示出来,便于识别关键路径和资源分配等。时标网络计划的编制方法主要有以下两种:

13.4.2.1 直接法

① 根据土木工程施工图纸和施工组织设计,明确各个施工过程,并确定它们之间的先后顺序。例如,对于一般的建筑工程,施工顺序通常是基础工程→主体结构工程→装饰装修工程等。

② 根据工程量、施工方法、投入的劳动力和机械设备等资源情况,计算每个施工过程的工

作持续时间。例如,已知某段混凝土浇筑工程的工程量为 100 m^3,混凝土浇筑速度为每天 20 m^3,则该工作的持续时间为 5 d。

③ 根据施工顺序和工作持续时间,从起始节点开始,按照时间顺序依次绘制各个工作的箭线。箭线的长度应根据工作持续时间按比例绘制,且要注意箭线之间的逻辑关系。例如,若工作 A 完成后才能开始工作 B,则工作 A 的箭线终点与工作 B 的箭线起点相连。

④ 绘制完成后,检查时标网络计划图是否符合逻辑关系,是否存在循环回路等问题。如有问题,及时进行调整。

适用场景:适用于小型、简单的工程项目,或对网络计划的编制精度要求不是特别高的情况,能够快速直观地呈现施工过程和时间的关系。

13.4.2.2 间接法

① 按照双代号网络计划的编制方法,确定工作之间的逻辑关系,绘制出双代号网络计划图。在图中,用箭线表示工作,节点表示工作的开始或结束,通过箭线和节点的连接来体现工作之间的先后顺序。

② 计算各工作的最早开始时间(ES)、最早完成时间(EF)、最迟开始时间(LS)、最迟完成时间(LF)、总时差(TF)和自由时差(FF)等时间参数。例如,通过公式 $EF=ES+D$(D 为工作持续时间)计算最早完成时间,通过公式 $LS=LF-D$ 计算最迟开始时间等。

③ 根据总时差为零的工作确定关键线路。关键线路上的工作是对整个工程工期起控制作用的工作,一旦关键工作延误,将直接导致工程总工期的延长。

④ 以时间坐标为尺度,根据各工作的最早开始时间和持续时间,将双代号网络计划图中的工作箭线绘制在时标坐标上。对于有自由时差的工作,用波形线表示其自由时差。例如,若工作 A 的最早开始时间为第 3 天,持续时间为 4 d,且有 2 d 的自由时差,则在时标网络计划图中,工作 A 的箭线从第 3 天开始,长度为 4 个时间单位,箭线末端用波形线表示 2 d 的自由时差。

适用场景:适用于大型、复杂的工程项目,能够准确地反映工作之间的逻辑关系和时间参数,便于进行工期优化、资源优化等工作。

13.4.3 关键线路和时间参数的确定

13.4.3.1 关键线路的确定

双代号时标网络图中自始至终不出现波形线的线路即为关键线路。因为波形线代表自由时差,无波形线意味着该线路上所有工作的自由时差均为 0,也就表明这些工作的总时差为 0(当计划工期等于计算工期时),符合关键线路的定义。例如,在一个时标网络计划图中,通过观察可以发现某条线路上所有工作之间均无波形线连接,那么这条线路就是关键线路。

13.4.3.2 时间参数的确定

① 工作最早开始时间和最早完成时间

工作箭线左端节点中心所对应的时标值为该工作的最早开始时间,工作箭线实线部分右端所对应的时标值为该工作的最早完成时间。例如,某工作箭线左端节点在时标表上对应第 5 天,实线部分右端对应第 9 天,那么该工作最早开始时间为第 5 天,最早完成时间为第 9 天。

② 工作自由时差

工作的自由时差就是该工作箭线中波形线部分在坐标轴上的水平投影长度。例如,某工作箭线中波形线部分在坐标轴上从第 7 天延伸到第 8 天，那么该工作的自由时差为 1 d。

③ 工作总时差

自右向左进行计算，等于其紧后工作总时差的最小值与本工作自由时差之和。但如果是以终点节点($j=n$)为箭头节点的工作的总时差 TF_{i-n} 应按网络计划的计划工期 T_p 计算确定，即 $TF_{i-n}=T_p-EF_{i-n}$，例如工作 X 为中间工作，其紧后工作 Y 和 Z 的总时差分别为 2 d 和 3 d，工作 X 的自由时差为 1 d，那么工作 X 的总时差为 3 d。

④ 工作最迟开始时间和最迟完成时间

工作最迟开始时间等于工作最早开始时间加上工作总时差，工作最迟完成时间等于工作最早完成时间加上工作总时差。以下为计算公式：

$$LS_{i-j}=ES_{i-j}+TF_{i-j}$$

$$LF_{i-j}=EF_{i-j}+TF_{i-j}$$

例如，工作 W 最早开始时间为第 6 天，总时差为 3 d，那么最迟开始时间为 9 d；最早完成时间为第 10 天，那么最迟完成时间为 13 d。

【例 13.3】 将下列一般网络图(图 13.15)转化为时标网络图。

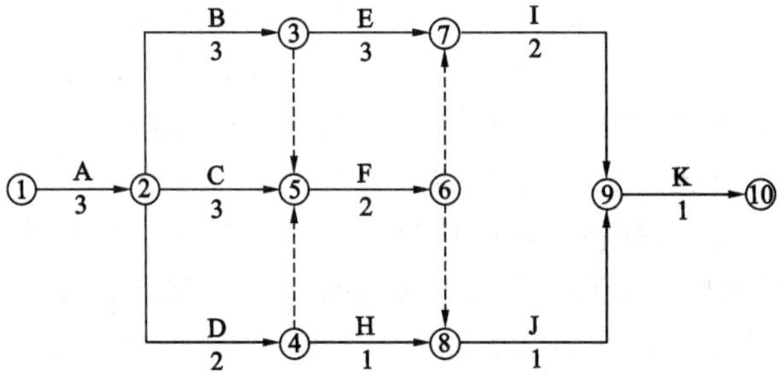

图 13.15 某施工项目网络计划图

【解】 转化后的时标网络图如图 13.16 所示。

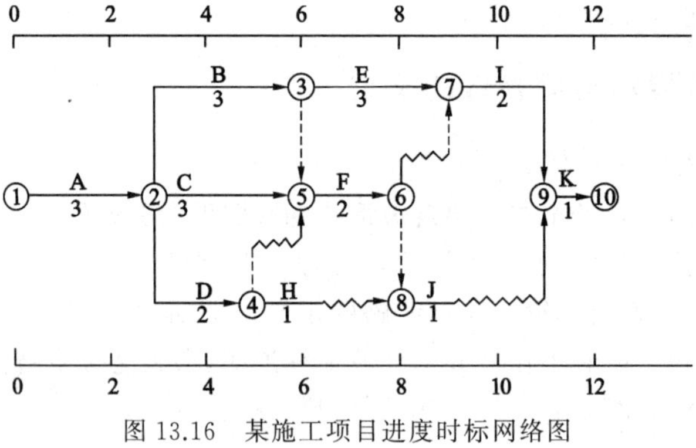

图 13.16 某施工项目进度时标网络图

13.5 网络计划的优化

网络计划的优化是指在既定约束条件下，按某一目标通过不断改善网络计划的最初方案，得到相对最佳的网络计划。

网络计划的优化内容包括工期优化、工期-费用优化、工期-资源优化等。网络计划的优化需要进行大量烦琐的计算，必须借助计算机来完成。本节简单介绍几种常用的优化原理和方法。

13.5.1 工期优化

工期优化是指在一定约束条件下，按合同工期目标，通过延长或缩短计算工期以实现合同工期的目标。工期优化仅由两种情况组成：

① 计算工期小于合同工期时，延长关键线路上关键工序作业时间，使其达到合同工期；

② 计算工期大于合同工期时，缩短关键线路上关键工序作业时间，使其达到合同工期。

在压缩过程中要特别注意，当缩短关键线路时，会使一些时差小的非关键线路变为关键线路。这时要继续缩短关键线路上关键工序的作业时间，反复进行，逐次逼近，直到满足要求的合同工期为止。

在土木工程施工中，工期优化选择关键工序进行压缩时，应从以下五个方面进行考虑：

① 对质量和安全的影响

选择对质量和安全影响不大的关键工序进行压缩。如果某个关键工序的压缩可能会导致工程质量下降或安全隐患增加，则应优先考虑其他工序。

② 资源可用性

优先选择有充足备用资源的关键工序进行压缩。这些工序在缩短持续时间时，可以利用现有的备用资源，而不需要额外增加资源投入。

③ 费用增加情况

选择缩短持续时间所需增加的费用最少的关键工序进行压缩。从经济角度出发，优化方案应尽量减少额外成本。

④ 工作面和施工条件

考虑关键工序的工作面和施工条件。如果某个关键工序有充足的工作面和良好的施工条件，那么压缩其持续时间会相对容易，且对其他工序的影响较小。

⑤ 工序的可压缩性

考虑关键工序的可压缩性，即该工序的持续时间是否能够被有效缩短。有些工序可能由于技术限制或施工规范要求，无法在短时间内完成，因此需要综合评估其可压缩性。

【例 13.4】 某网络计划如图 13.17 所示，图中箭线上面括号外数字为工作正常持续时间，括号内数字为该工序最短持续时间，假定上级指令性工期为 100 d，则工期应如何调整优化从而满足要求？

【解】 第一步，计算并找出网络计划的关键工作及关键线路。用工作正常持续时间计算节点的最早时间和最迟时间，如图 13.18 所示。

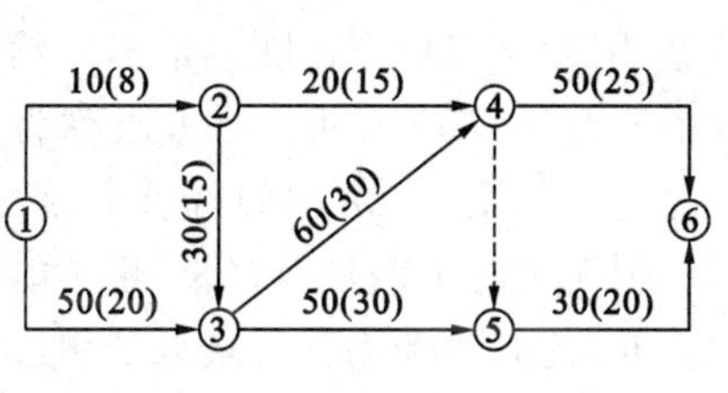

图 13.17　某网络计划

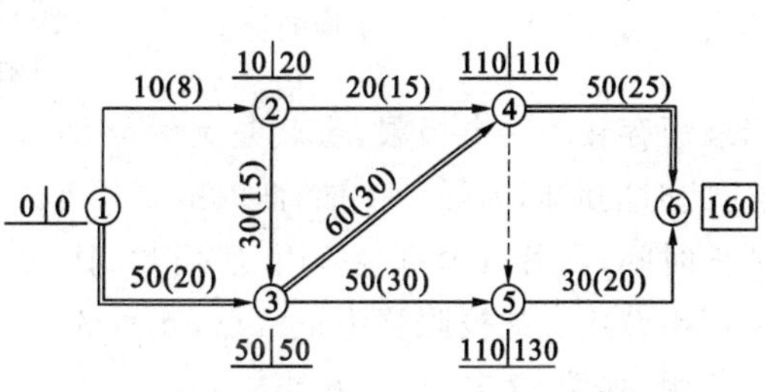

图 13.18　第一步：找出关键工作和关键线路

其中关键线路用双箭线表示,为 1—3—4—6,关键工作为 1—3、3—4、4—6。

第二步,计算需缩短工期。根据图 13.18 所计算的工期可知需要缩短 60 d,根据图 13.17 中数据,关键工作 1—3 可缩短 30 d,3—4 可缩短 30 d,4—6 可缩短 25 d,共计可缩短 85 d。考虑缩短持续时间的因素,缩短工作 4—6 增加劳动力较多,故仅缩短工作 1—3 和 3—4,用最短持续时间代替正常时间,重新计算网络计划工期,如图 13.19 所示。

此时关键线路为 1—2—3—5—6 及 1—2—3—4—6,关键工序为 1—2、2—3、3—5、5—6、3—4、4—6。

此时与上级下达指令性工期比尚需压缩 20 d。考虑缩短持续时间的因素,选择工作 4—6、3—5 较宜,用最短工作持续时间换算,如图 13.20 所示。

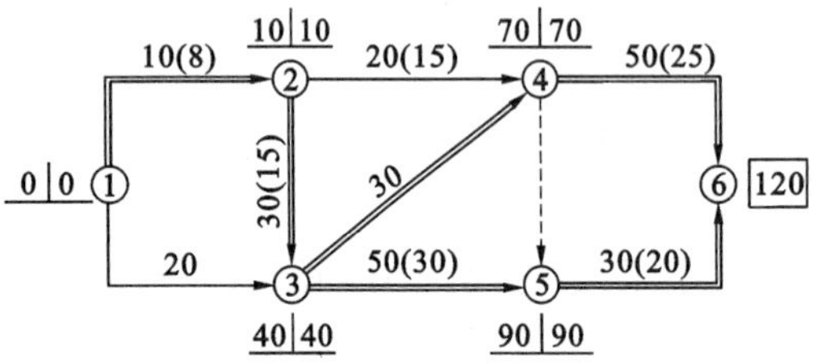

图 13.19　第二步:缩短工期至 120 d

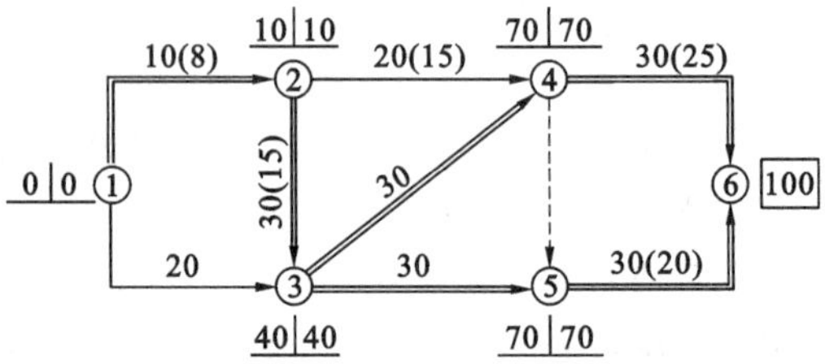

图 13.20　第三步:缩短工期至 100 d

13.5.2　工期-费用优化

工期-费用优化是指通过不同工期及其相应工程费用的比较,寻求与工程费用最低相对应的最优工期。

(1) 工程费用包括直接费用和间接费用两部分

直接费用是指直接用于建筑工程上的人工费、材料费、建筑机械使用费等费用,它主要由建筑工程的各工序的直接费用构成。

间接费用主要指组织和管理建筑工程施工的各项经营管理费,如机关工作人员工资、行政办公费、职工工程总费、用工福利、教育经费、银行贷款利息等。

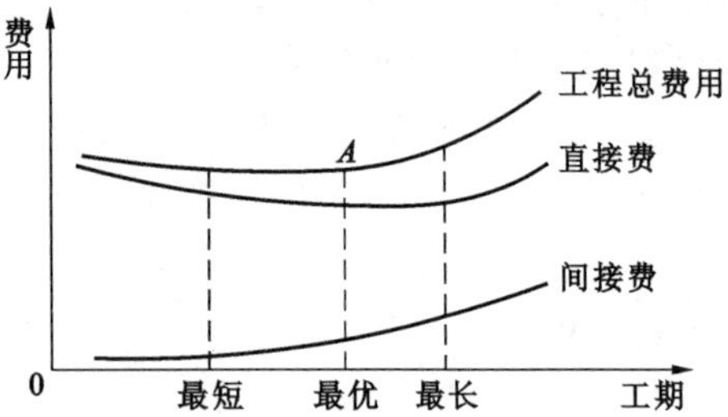

图 13.21　费用与工期的关系

(2) 工程费用与工期的关系

在一定范围内,直接费用随着时间的延长而减少,而间接费用则随着时间的延长而增加,如图 13.21 所示。

由图 13.21 可知,直接费用在一定范围内和时间成反比。因施工时要缩短时间,须采取加班加点多班制作业,增加许多非熟练工人,并且增加机械设备、材料和照明费用等,因此直接费用也随之增加。然而工期缩短存在着一个极限,也就是无论增加多少直接费,也不能再缩短工期。此极限称为临界点,此时的时间为最短工期,此时的费用叫作最短时间直接费,如图 13.22 中的 A 点。反之,若延长时间,则可减少直接费用,然而时间延长至某一极限,则无论将工期延至多长,也不能再减少直接费用。此极限称为正常点,此时的工期称为正常工期,此时的费用称为最低费用或称正常费用,如图 13.22 中的 B 点。

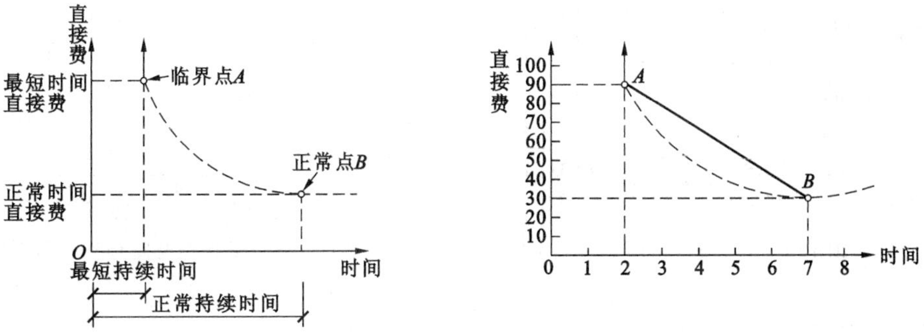

图 13.22　直接费用与时间的关系

(3) 工期-费用优化的计算步骤

① 按工作正常持续时间找出关键工作及关键线路。

② 按下列公式计算各项工作的费用率：

$$\Delta C_{i-j}=\frac{CC_{i-j}-CN_{i-j}}{DN_{i-j}-DC_{i-j}} \tag{13-1}$$

式中　ΔC_{i-j}——工作的费用率；

CC_{i-j}——将工作持续时间缩短为最短持续时间后，完成该工作所需的直接费用；

CN_{i-j}——在正常条件下完成工作 i—j 所需的直接费用；

DN_{i-j}——工作 i 的正常持续时间；

DC_{i-j}——工作 j 的最短持续时间。

③ 在网络计划中找出费用率最低的一项关键工作或一组关键工作，作为缩短持续时间的对象。

④ 缩短找出的一项关键工作或一组关键工作的持续时间，其缩短值必须符合不能压缩成非关键工作和缩短后持续时间不少于最短持续时间的原则。

⑤ 计算相应增加的直接费用。

⑥ 考虑工期变化带来的间接费用及其他损益，在此基础上计算总费用。

重复步骤③～⑥，一直计算到总费用最低为止。

【例 13.5】　已知网络计划如图 13.23 所示，试求出费用最少的工期。图中箭线上方为工作的正常费用和最短时间费用(以千元为单位)，箭线下方为工作的正常持续时间和最短的持续时间。已知间接费率为 120 元/d。

【解】　第一步，简化网络图。

简化网络图的目的是在缩短工期过程中，删去那些不能变成关键工作的非关键工作，减少计算工作量。

首先，按持续时间计算，找出关键线路及关键工作，如图 13.24 所示。

其次，从图 13.24 中可以看出，关键线路为 1—3—4—6，关键工作为 1—3、3—4、4—6。用最短的持续时间置换那些关键工作的正常持续时间，重新计算，找出关键线路及关键工作。重复本步骤，直至不能增加新的关键线路为止。

经计算，图 13.24 中的工作 2—4 不能转变为关键工作，故删去它，重新整理成新的网络计划，如图 13.25 所示。

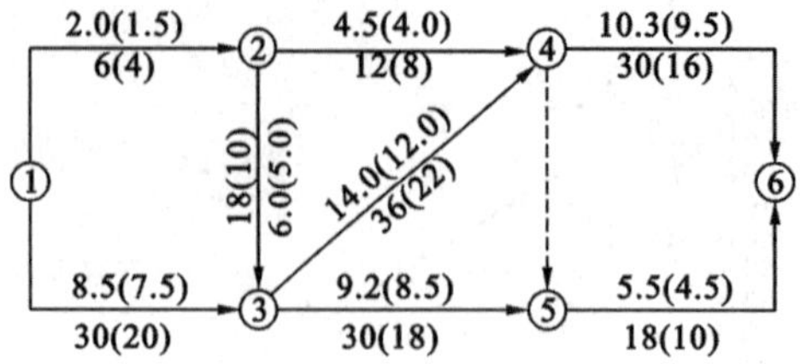

图 13.23　已知网络图

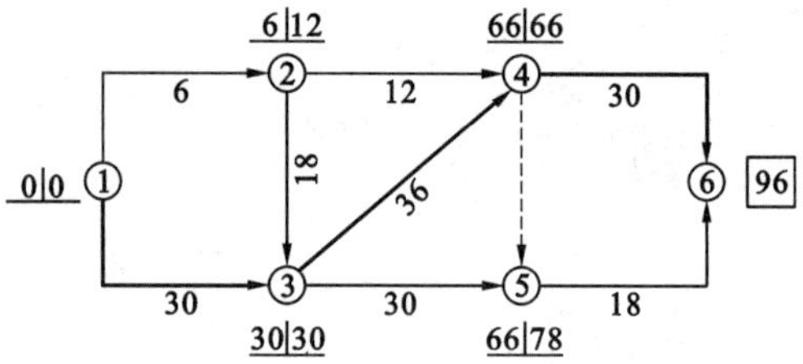

图 13.24　按正常持续时间计算的网络计划

第二步，计算各工作费用率。

按式(13-1)计算工作 1—2 的费用率 ΔC_{1-2} 为：

$$\Delta C_{1-2}=\frac{CC_{1-2}-CN_{1-2}}{DN_{1-2}-DC_{1-2}}=\frac{2000-1500}{6-4}=250(\text{元}/\text{d})$$

其他工作费用率均按式(13-1)计算，将它们标注在图 13.25 中的箭线上方。

第三步，找出关键线路上工作费率最低的关键工作。

在图 13.26 中，关键线路为 1—3—4—6，工作费用率最低的关键工作是 4—6。

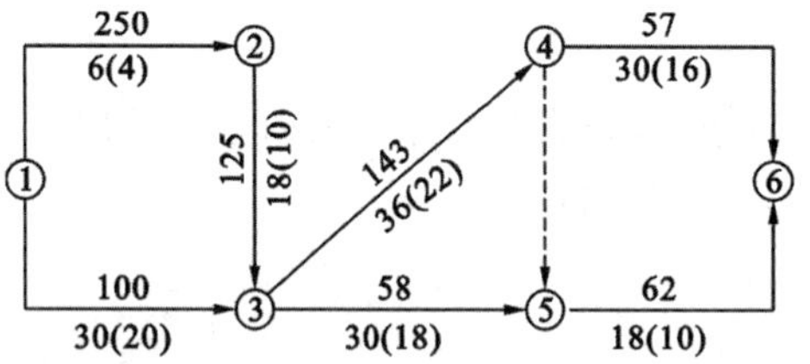

图 13.25　新的网络计划

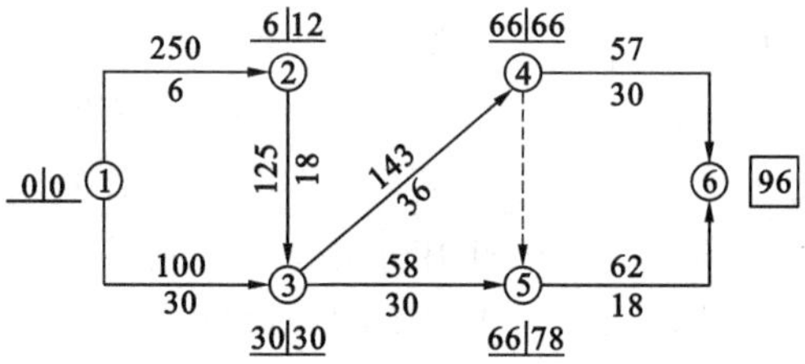

图 13.26　按新的网络计划确定关键线路

第四步，确定缩短时间大小的原则是原关键线路不能变为非关键线路。

第一次缩短：

已知关键工作 4—6 的持续时间可缩短 14 d，由于工作 5—6 的总时差只有 12 d(96－18－66＝12)，因此，第一次缩短只能是 12 d，工作 4—6 的持续时间应改为 18 d，如图 12.27 所示。计算第一次缩短工期后增加的费用 C_1 为：

$$C_1=57\times 12=684(\text{元})$$

第二次缩短：

通过第一次缩短后，在图 13.27 中关键线路变成两条，即 1—3—4—6 和 1—3—4—5—6。如果使图 13.27 的工期再缩短，必须同时缩短两条关键线路上的时间。为了减少计算次数，关键工作 1—3、4—6 及 5—6 都缩短时间：工作 5—6 持续时间只能允许再缩短 2 d，故该工作的持续时间缩短 2 d；工作 1—3 持续时间可允许缩短 10 d，但考虑工作 1—2 和 2—3 的总时差有 6 d(12－0－6＝6 或 30－18－6＝6)，因此工作 1—3 持续时间缩短 6 d，共计缩短 8 d。计算第二次缩短工期后增加的费用 C_2 为：

$C_2=C_1+100\times 6+(57+62)\times 2=684+600+238=1522$ 元

第三次缩短：

从图 13.28 可以看出，工作 4—6 不能再缩短，工作费用率用∞表示，关键工作 3—4 的持续时间缩短 6 d，因工作 3—5 的总时差为 6 d(60－30－24＝6)，计算第三次缩短工期后，增加

的费用 C_3 为：

$$C_3=C_2+143\times6=1522+858=2380(\text{元})$$

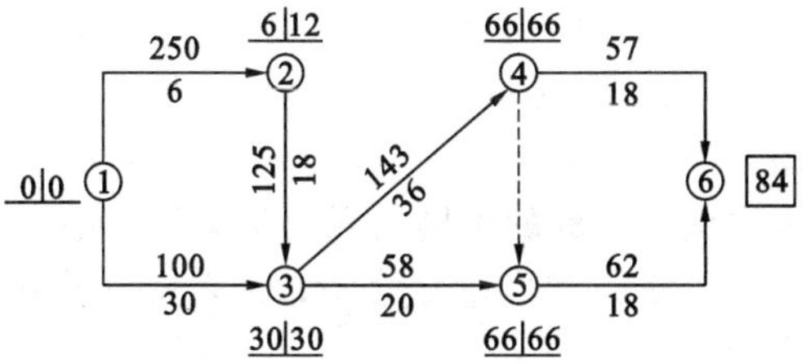

图 13.27　第一次工期缩短的网络计划

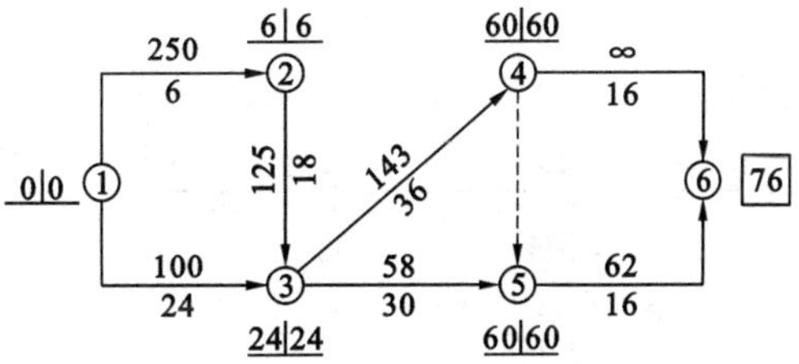

图 13.28　第二次工期缩短的网络计划

第四次缩短：

从图 13.29 可以看出，缩短工作 3—4 和 3—5 持续时间 8 d，因为工作 3—4 最短的持续时间为 22 d，第四次缩短工期后增加的费用 C_4 为：

$$C_4=C_3+(143+58)\times8=2380+201\times8=3988(\text{元})$$

第五次缩短：

从图 13.30 可以看出，关键线路有 4 条，故只能在关键工作 1—2、1—3、2—3 中选择，只有缩短工作 1—3 和 2—3(工作费用率为 125+100)持续时间 4 d。工作 1—3 的持续时间，经过五次缩短工期，不能再减少了，不同工期增加直接费用计算结束。第五次缩短工期后总共增加费用 C_5 为：

$$C_5=C_4+(125+100)\times4=3988+900=4888(\text{元})$$

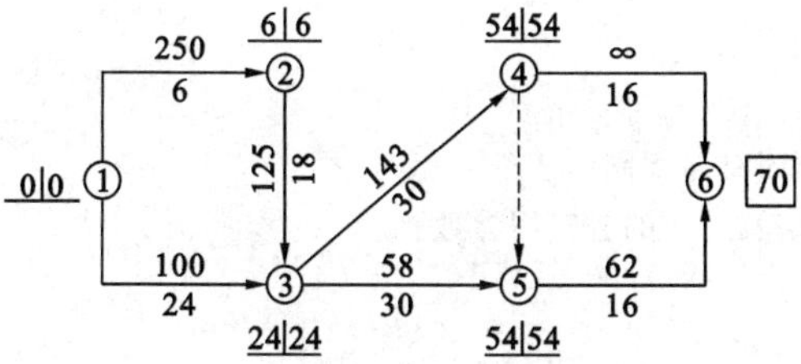

图 13.29　第三次工期缩短的网络计划

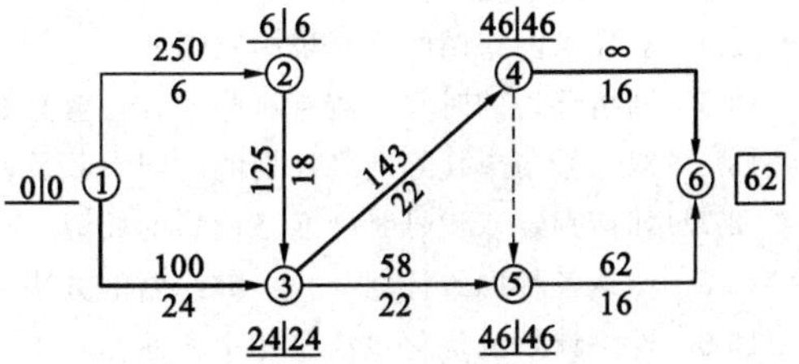

图 13.30　第四次工期缩短的网络计划

考虑不同工期增加费用及间接费用影响，选择其中组合费用最低的工期作为最佳方案，如表 13.6 所示。

表 13.6　不同工期组合费用表

不同工期/d	96	84	76	70	62	58
增加直接费用/元	0	684	1522	2380	3988	4888
间接费用/元	11520	10080	9120	8400	7440	6960
合计费用/元	11520	10764	10642	10780	11428	11748

从表 13.6 中可以看出，工期 76 d 时，所增加费用最少，即费用最低的方案如图 13.31 所示。

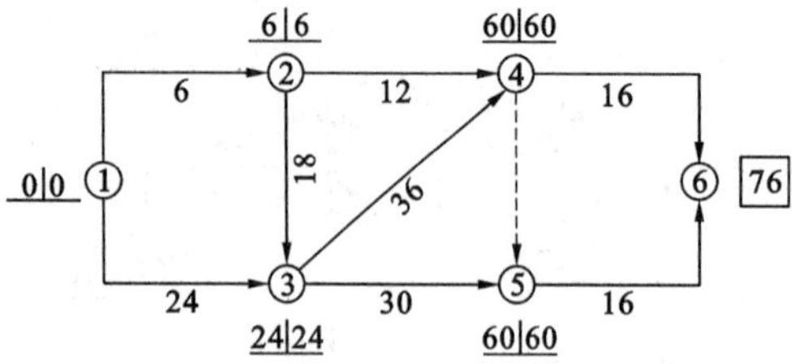

图 13.31　费用最低网络计划

13.5.3　资源优化

资源优化是指调整网络计划初始方案的日资源需要量，使其不超过日资源限量，或者使之尽可能均衡。

根据优化目标的不同资源优化又分为：

① 在工期不变的情况下，使日资源的需要量尽可能均衡；

② 当日资源受限时，使日资源需要量不超过日资源限量，工期延长值尽可能最小；

③ 工期不变，资源使用均衡的优化。

工程施工中的资源包括该工程施工需要的人、财、物等，如劳动力、材料、半成品、构配件、施工机械与设备及资金等。它是保证工程计划实施的物质基础。资源使用均衡是指尽可能使施工进度计划中描述资源使用的各种动态曲线（如劳动力动态曲线，各种材料、机械需要量的动态曲线等），不出现短时期的高峰或低谷，力求日资源需要量接近平均值。

资源均衡优化主要是利用工序的时差，调整工序的开始和结束日期，以达到减少高峰期的资源需要量，增加低谷期的资源需要量，使日资源需要量趋于均衡。

思考题与习题

13.1　什么是网络计划？试述它的优缺点。

13.2　工作和虚工作有什么区别？在双代号网络图中，虚工作有何作用？

13.3　什么是关键工作和关键线路？

13.4　双代号网络图的绘制规则有哪些？

13.5　网络计划的时间参数有哪些？各自意义如何？

13.6　双代号与单代号网络计划的时间参数及计算顺序有何不同？

13.7　如何判定双代号时标网络计划的关键线路、工期及工作的各时间参数？

13.8　归纳各种网络计划寻找关键线路的方法。

13.9　网络计划的优化包括哪几个方面？

13.10　网络计划的工期优化包括哪几个步骤？

13.11　当网络计划的计算工期超过规定工期时，应压缩哪些工作？

13.12　在费用优化时，如何判断是否已经得到优化方案？

13.13　怎样计算“资源有限-工期最短”优化中的工期增量？当工期增量小于0时，工期能否缩短？

13.14　找出如下网络图（图 13.32）中的错误，并写出错误的部位及名称。

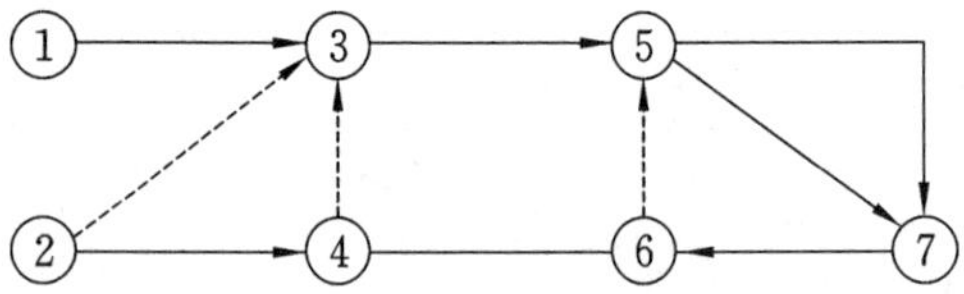

图 13.32　网络图

13.15　根据如下逻辑关系绘制网络图，并进行节点编号。

(1) A 和 B 同时开始，B 完做 C 和 F，D 和 E 在 A 完之后做，E 在 C 完之后做，F 完后做 G，H 在 E 和 G 均完之后做，H 和 D 同时结束。

(2) A 在 C 前完，B 在 D 前完，E 完才做 A 和 B，C 和 D 完才能做 F。

14 施工组织总设计

【本章提要】

本章概述了施工组织总设计编制的程序及依据，施工部署的主要内容，施工总进度计划编制的原则、方法，暂设工程的组织，施工总平面图设计的原则、步骤和方法。

【学习要求】

(1) 正确理解施工组织总设计与单位工程施工组织设计间的关系，并能正确地分析和处理其主要矛盾。

(2) 了解施工组织总设计编制的程序及依据，能合理地进行施工部署。

(3) 了解施工总进度计划编制的原则，掌握其编制步骤及方法。

(4) 了解施工总平面图设计的依据和原则，能合理地布置新设工程，掌握其设计步骤及方法。

施工组织总设计是以特大型项目或群体工程为编制对象，根据初步设计或扩大初步设计图纸及其他资料和现场施工条件而编制，对整个建设项目进行全面规划和统筹安排，是指导全场性施工准备工作和施工全局的纲要性技术经济文件。一般由总承包单位或大型项目经理主持、项目总工程师负责编制。

相关规范：《建筑施工组织设计规范》(GB/T 50502—2009)、《建设工程项目管理规范》(GB/T 50326—2017)、《建设工程施工现场消防安全技术规范》(GB 50720—2011)、《建设工程施工现场供用电安全规范》(GB 50194—2014)等。

14.1 施工组织总设计编制程序及依据

施工组织总设计是以整个建设项目为编制对象，它是指导全局及施工全过程的作战方案。它对整个建设项目实现科学管理、文明施工、取得良好的综合经济效益，具有决定性的影响。

14.1.1 施工组织总设计编制程序

施工组织总设计的编制程序，如图 14.1 所示。从编制程序可知：

(1) 施工组织总设计

施工组织总设计是一项系统性、战略性的工程管理活动。它从宏观视角出发，全面分析建设地区的自然条件(地形、地质、气候、水文等)和技术经济条件(劳动力、材料供应、机械设备、交通运输等)，同时结合工程的结构特点(建筑类型、规模、复杂程度)和施工要求(质量标准、安全规范、环保要求)。通过综合分析，识别施工中的主要矛盾和薄弱环节，如资源分配不均、技术难题、自然环境限制等，并制定针对性的对策，确保施工顺利进行，避免资源浪费、工期延误

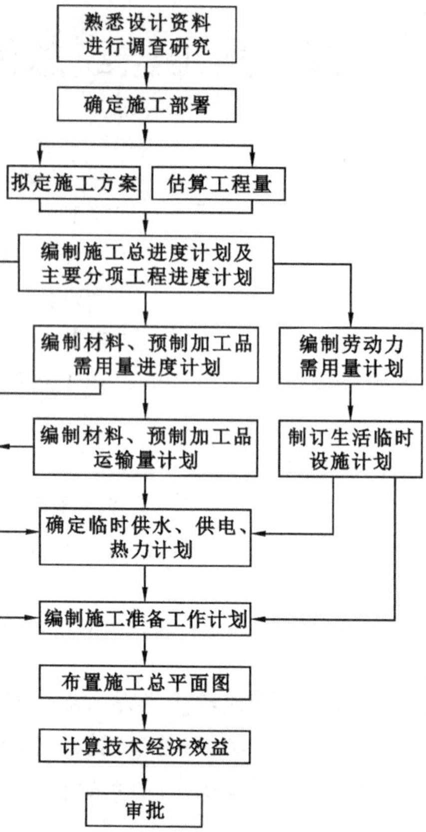

图 14.1　施工组织总设计编制程序

和经济损失。

(2) 施工总进度安排

施工总进度的合理安排是工程顺利进行的关键。首先,深入分析工程的结构特点、规模、复杂程度和生产工艺流程,制订科学合理的施工总进度计划。该计划要确保施工活动均衡、连续进行,各阶段协调衔接,避免资源浪费和工期延误。分期分批投产使用也是重要环节,可逐步实现工程功能,提前发挥投资效益,提升项目经济效益和社会效益。同时,根据施工总进度计划,制订资金、材料、设备、劳力等资源的分年度供需计划。

(3) 资源供需计划

施工总进度计划是资源供需计划的基础。通过分析施工总进度计划,明确各阶段对资金、材料、设备和劳动力的需求。资金计划要确保各阶段的资金需求,避免因资金短缺而导致工期延误;材料和设备供应计划需提前安排,确保物资及时供应,避免停工待料;劳动力计划则要根据施工进度和工程量合理安排,满足施工要求。科学的资源供需计划可提高资源利用效率,降低施工成本,确保工程顺利进行。

(4) 施工准备工作

施工准备工作是施工组织总设计的重要组成部分,其规划和布置直接关系到工程的顺利进行。附属企业和加工厂站的规划需结合工程需求,确保材料和构件的生产和供应能力;生活和办公临时设施的布置应满足施工人员的生活和办公需求,提供舒适的工作和生活环境;交通运输和仓库堆场的规划要确保材料和设备的运输和存储高效有序，避免影响施工进度；供水、供电、排水和防洪系统的规划要确保施工现场的基本条件，避免因基础设施不足而导致施工中断；通信系统的规划要确保施工现场的通信畅通，便于施工管理和协调。通过科学合理的施工准备工作，为工程顺利施工提供坚实的物质基础。

(5) 技术措施与施工方案

施工组织总设计需制定一系列技术措施和施工方案，以确保施工总进度计划顺利实现。机械化和工厂化施工是提高施工效率的重要手段，引入先进设备和预制构件可缩短施工周期、提高质量；冬雨期施工技术措施针对特殊气候条件，制定防护和施工方案，确保施工正常进行；主要工程项目的施工方案需详细规划工艺、资源配置和质量控制；主要工种工程施工的流水方案通过合理安排施工顺序和搭接关系，实现施工过程的连续性和均衡性，提高施工效率。

(6) 施工组织总设计的作用

施工组织总设计是工程项目管理的核心文件，为单位工程施工组织设计提供纲领性和指导性依据。它为制订详细作业计划提供基础，有助于实现科学管理，有效控制工程质量、进度和投资，确保工程目标实现。通过提前规划准备工作，保障施工物资供应，避免停工待料。同时，根据当地气候条件，制定季节性技术组织措施，确保施工活动全年不间断，提高施工效率和经济效益。

14.1.2 施工组织总设计编制依据

编制施工组织总设计的依据主要有：

① 工程项目的可行性研究报告、项目建议书、设计任务书、年度基本建设计划等。这些文件明确了工程项目的建设目的、规模、投资、工期等要求，是编制施工组织总设计的重要依据。例如，设计任务书中规定了建筑的功能、层数、面积等，施工组织总设计要以此为基础进行规划。

② 施工图纸、设计说明书、工程地质勘察报告、水文地质勘察报告等设计文件详细描述了工程项目的结构特点、技术要求和施工条件。施工组织总设计需根据这些文件确定施工方法、施工顺序和技术措施。例如，地质勘察报告中的土壤性质决定了基础工程的施工方法和施工机械的选择。

③ 与建设单位签订的工程承包合同，明确了工程范围、质量标准、工期要求、工程造价、材料供应等内容。施工组织总设计要按照合同要求制订施工方案和进度计划，确保满足合同约定。例如，合同规定的工期是编制施工总进度计划的重要约束条件。

④ 建设地区的自然条件，如气象、地形、地貌、工程地质、水文地质等；社会经济条件，如当地的建筑材料供应情况、交通运输条件、劳动力资源、生活设施等。这些资料对施工组织设计中的资源配置、施工方法选择和暂设工程布置有重要影响。例如，当地冬季寒冷，在施工组织设计中就要考虑冬季施工措施和保暖设施的设置。

⑤ 有关的标准、规范和规程。国家和地方颁发的建筑工程施工及验收规范、工程质量检验评定标准、施工操作规程、安全生产规程等，是施工组织设计必须遵循的技术准则。例如，混凝土施工要按照混凝土施工及验收规范进行施工组织和质量控制。

⑥ 类似工程的施工组织设计和成功经验。这些经验能够避免走弯路，提高施工组织设计的科学性和合理性。例如，在建设大型商业综合体时，可以借鉴其他类似项目在施工组织、资

源调配等方面的经验。

14.2 施工部署

施工部署是对整个建设工程进行全面安排，并对工程施工中的重大问题进行战略决策，其内容主要包括以下几个方面：

(1) 建立组织机构，明确任务分工

根据工程的规模和特点，建立有效的组织机构和管理模式，明确各施工单位的工程任务，提出质量、工期、成本等控制目标及要求。确定分期分批施工交付投产使用的主攻项目和穿插施工的项目，正确处理土建工程、设备安装及其他专业工程之间相互配合协调的关系。具体措施包括：

① 组建项目管理团队，明确项目经理、技术负责人、施工员、质量员、安全员等岗位职责。

② 根据工程特点，将工程任务分解到各施工单位，明确各施工单位的施工范围和责任。

③ 制定质量、工期、成本等控制目标，确保各施工单位明确目标要求。

④ 确定分期分批施工的主攻项目和穿插施工的项目，合理安排施工顺序，确保施工过程的连续性和协调性。

⑤ 正确处理土建工程、设备安装及其他专业工程之间的相互配合协调关系，避免施工过程中的矛盾和冲突。

(2) 重点工程的施工方案

对于重点的单位工程、分部工程或特种结构工程，应在施工组织总设计中拟定其施工方案，以便事先进行技术和资源的准备，为工程施工的顺利开展和施工现场的合理布局提供依据。具体措施包括：

① 制定桩基施工、人工降水、支护结构等方案，确保深基础施工的安全和质量。

② 制定大体积混凝土浇筑方案，包括混凝土配合比设计、温度控制、裂缝控制等措施。

③ 选择合适的浇筑方案，如滑模、爬模等，确保高层建筑主体结构的施工效率和质量。

④ 制定组运、吊装方案，确保重型构件和大跨度结构的吊装安全和高效。

(3) 主要工种工程施工方法

重点应拟定工程量大、施工技术复杂的工种工程，如土方工程、打桩工程、混凝土结构工程、结构安装工程等工厂化、机械化施工方法，以扩大预制装配程度、提高机械化施工水平，并确保主导工种工程和机械设备能连续施工，充分发挥机械效能，减少机械台班费。

(4) 施工准备工作规划

施工准备工作规划是对施工前各项准备工作进行全面安排，确保施工顺利进行。具体措施包括：

① 完成施工图纸会审、技术交底、施工方案编制等工作，确保施工人员熟悉施工图纸和技术要求。

② 完成材料、设备、构件的采购和供应计划，确保施工所需物资的及时供应。

③ 根据施工进度计划，合理安排劳动力，确保施工人员的数量和技能满足施工要求。

④ 完成施工现场的清理、布置和临时设施的搭建，确保施工现场具备开工条件。

⑤ 制订资金使用计划，确保施工过程中资金及时到位，避免因资金短缺而导致工期延误。

通过以上施工部署，可以确保整个建设工程的施工过程有序进行，有效解决施工中的重大问题，提高施工效率，确保工程质量、工期和成本控制目标的实现。

14.3 施工总进度计划

施工总进度计划是工程项目管理中用于全面安排和控制施工活动时间进程的重要文件。它以工程项目为对象，综合考虑工程的规模、结构特点、施工条件、资源供应情况以及合同要求等因素，对整个施工过程从开工到竣工的各个阶段进行系统的规划和安排，明确各施工阶段的起止时间、持续时间、先后顺序以及相互之间的逻辑关系，以确保工程项目能够按照预定的时间目标顺利完成。

施工总进度计划通常以横道图或网络图的形式呈现，横道图直观地展示了各施工活动的起止时间和持续时间，而网络图则更侧重于表达施工活动之间的逻辑关系和关键线路。它不仅是施工组织设计的重要组成部分，也是施工管理过程中进行进度控制、资源调配和协调各方工作的核心依据。

14.3.1 施工总进度计划编制的原则

14.3.1.1 保证施工的连续性和均衡性

合理安排各施工项目的施工顺序和时间，使施工过程连续不断地进行，避免出现施工中断和窝工现象。同时，要使各施工阶段和各施工项目的资源投入相对均衡，避免资源的过度集中和闲置，提高资源利用效率。例如，在建筑施工中，合理安排基础工程、主体结构工程、装饰装修工程等的施工时间，确保劳动力、材料和机械设备的均衡使用。

14.3.1.2 满足合同工期要求

施工总进度计划要严格按照合同规定的工期进行编制，确保工程项目按时竣工交付。在编制过程中，要充分考虑各种可能影响工期的因素，如天气变化、材料供应、施工技术难度等，并制定相应的应对措施，确保工期目标的实现。

14.3.1.3 合理安排施工顺序

根据施工工艺和施工组织的要求，合理确定各施工项目的先后顺序，确保施工过程顺利进行。例如，在管道安装工程中，要先进行地下管道的铺设，再进行地上管道的安装；在电气安装工程中，要先进行电线管的敷设，再进行电线的穿线和灯具的安装。

14.3.1.4 优先安排关键工作和关键线路

确定工程项目的关键工作和关键线路，优先安排关键工作的施工，确保关键线路的施工进度。关键工作的延误将直接影响整个项目的工期，因此要对关键工作进行重点管理和控制。例如，在桥梁工程中，桥梁基础和桥墩的施工通常是关键工作，要优先安排施工资源，确保其按时完成。

14.3.2 施工总进度计划编制方法

施工总进度计划的编制方法如下：

(1) 确定施工顺序和工期

在确定施工顺序和工期时，首先要仔细分析合同中对总工期和各阶段工期的具体要求。

施工顺序的确定需要遵循施工工艺的内在逻辑，例如，基础工程应在主体工程之前完成，结构施工应在装修工程之前进行。同时，还要考虑组织关系，如先地下后地上、先深后浅等，以确保施工的便利性和效率。此外，资源调配也是一个重要因素，合理的施工顺序可以使资源得到充分利用，避免资源浪费和冲突。安全与环保也是不可忽视的因素，施工顺序应确保施工安全并减少对环境的影响，例如，先进行场地清理和防护设施的搭建。工期的确定则需要参考合同要求、相关施工定额和经验数据，同时考虑施工资源的供应能力和限制，以及工程的技术难度和复杂程度，适当调整工期以确保计划的可行性。

（2）编制初步施工总进度计划

编制初步施工总进度计划时，应以工程量大、工期长的单位工程作为主导，这些工程通常是整个项目的关键路径，对总工期有决定性影响。例如，在高层建筑施工中，主体结构的施工往往是主导工程。安排全工地性流水作业是提高施工效率的重要方法，通过合理安排各施工过程的先后顺序和搭接关系，可以实现施工的连续性和均衡性。初步进度计划图的绘制是将各单项工程和单位工程的计划开竣工日期、工期及搭接关系直观地表示出来，通常采用横道图或网络图的形式。横道图以其简单、直观的特点，适合小型项目或初步规划阶段；而网络图则因其能够清晰表达各工作之间的逻辑关系和关键路径，被广泛应用于大型复杂项目的进度管理中。

（3）优化和调整计划

在优化和调整施工总进度计划时，首先要检查初步计划的总工期是否符合合同要求，分析是否存在偏差。如果总工期超出合同要求，需要采取措施进行调整，如增加资源投入、优化施工方案或调整施工顺序。资源均衡分析是确保施工过程中资源供应连续性和均衡性的重要步骤，检查是否存在资源过度集中或闲置的情况，并通过合理调配资源来避免这些问题。调整方法包括工期调整、资源调整和成本调整。工期调整可以通过缩短关键线路的工期来实现，例如，增加施工班组或采用更高效的施工技术。资源调整则涉及优化资源配置，避免资源冲突和浪费。成本调整是在保证工期和质量的前提下，通过优化资源配置和施工方案来降低成本。

（4）编制正式施工总进度计划

在优化和调整后，绘制正式的施工总进度计划图是确保计划准确性和可行性的最后一步。正式进度计划图应按照规定的格式和要求绘制，通常采用网络图的形式，因为它能够清晰地表达各工作之间的逻辑关系和关键路径。计划的审核与审批是确保计划合理性和可行性的关键步骤，由相关管理部门和人员对正式进度计划进行审核和审批，确保其符合合同要求和实际施工条件。计划的交底与实施是将计划传达给施工人员的重要环节，通过详细的计划交底，使施工人员明确各阶段的施工任务和时间要求，确保计划的有效实施。在实施过程中，还需要根据实际情况进行动态调整，以应对可能出现的变更和风险。

图 14.2 所示为某汽车制造厂施工总进度计划的示例。从图中可知，该厂分为三期建设，第一期工程包括可供施工服务的修理车间、车库和部分仓库；能够单独生产零件和产品的轮胎车间、弹簧车间和锻压车间的一部分；为配套投产和为施工服务的部分动力构筑物及管网。第二期工程包括其余的制品车间（铸工车间、锻工车间），其产品还需进一步加工；为前一类车间产品再进行加工的机械车间。第三期工程，包括其他车间及建筑物、道路、上下水管道、电力网以及全场性工程。第三期工程均应配合各期主要工程进行施工，为主要工程顺利运行创造条件，并保证各车间竣工后能配套投入生产。

序号	工程名称	工程数量 /m³	造价 /万元
1	准备工程		12
2	平整场地		7
3	1号锻压车间	860	30
4	轮胎车间	350	35
5	弹簧车间	60	7
6	机械车间	560	28
7	锻工车间	250	20
8	生铁铸间	220	22
9	灰生铁铸间	120	12
10	有色金属铸间	150	15
11	2号锻压车间	380	38
12	机械装配车间	540	43
13	工具模压车间	350	35
14	木工车间	40	4
15	修理车间	50	5
16	仓库	100	5
17	成品汽车仓库	40	2
18	热电站	90	18
19	降压变电站	—	1
20	筑路工程	—	13
21	汽车仓库	50	4
22	地下管网	—	20
23	办公主楼	30	4
24	福利设施	—	15

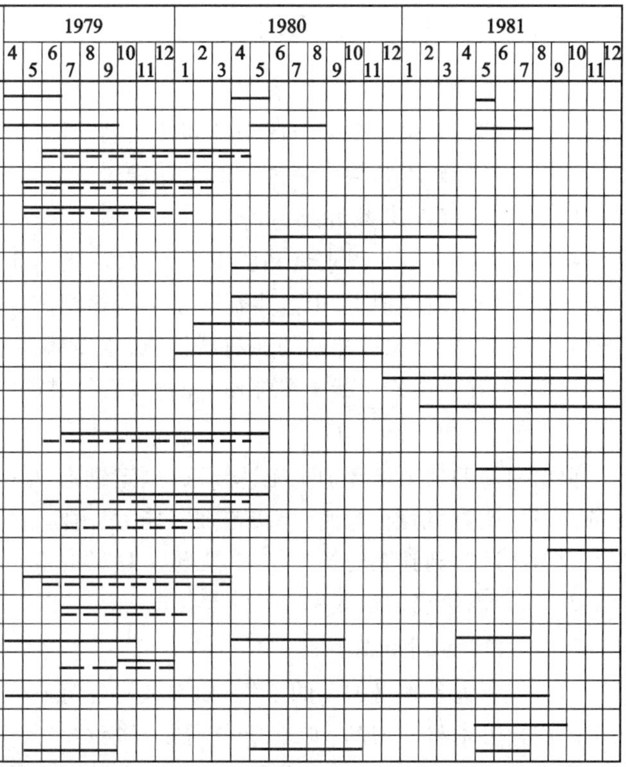

图 14.2　某汽车制造厂施工总进度计划

为了使主要工种工程量及劳动力均衡，已将第一期的进度进行了调整，把原进度（图中的虚线）改为实际采用的进度（图中实线）。这样使土方工程、混凝土工程和吊装工程的工程量都很均衡，因而也就保证了第一期工程施工的均衡性。

根据当地的气候条件，土方、基础及道路工程均应在 4 月初开工，才能避开季节性影响。此外，在安排进度时，还应考虑有两个月的时间作为竣工投产的试运转。

总进度计划编制定案后，即可据以编制材料、预制构件、加工品、劳动力、施工机具设备等需要量计划；制订生产、生活临时设施计划；从而确定生产企业的规模，所需临时房屋、仓库、堆场的面积，以及供水、供电的数量等。

14.4　暂设工程

暂设工程，也称为临时设施，是指为保证土木工程施工和管理的正常进行，在施工现场搭建的各种临时性建筑物、构筑物和其他设施。暂设工程按建设规模可分为 3 类。

① 大型暂设工程：如混凝土中心搅拌站、钢筋加工厂、金属结构厂、构件预制厂、机械化供应站、试验站、中心仓库等。

② 中型暂设工程：包括混凝土搅拌站、钢筋作业场、木工作业场、各类仓库、机械库等。

③ 小型暂设工程：如班组工具库、休息棚、自行车棚、机棚、茶炉棚、淋灰池等。

本节介绍的是施工现场常见的暂设工程。

14.4.1 加工厂(站)组织

工地上常设的加工厂(站)有混凝土搅拌站、砂浆搅拌站、钢筋加工厂、木材加工厂、金属结构厂等。其结构类型应根据地区条件和使用期限而定,使用期短的则采用简易的竹木结构,使用期长的可采用砖木结构或装拆式的活动房屋。

14.4.1.1 混凝土搅拌站

根据工程的混凝土需求量和施工进度要求,确定混凝土搅拌站的规模和位置。搅拌站应尽量靠近混凝土浇筑地点,以减少混凝土的运输距离和时间,防止混凝土在运输过程中出现离析现象。同时,要考虑搅拌站的原材料供应、水电供应和场地条件等因素。例如,在大型建筑施工现场,设置集中式混凝土搅拌站,配备多台搅拌机,以满足工程对混凝土的大量需求。

14.4.1.2 钢筋加工厂

根据钢筋的加工量和加工工艺要求,确定钢筋加工厂的规模和设备配置。钢筋加工厂应具备钢筋的调直、切断、弯曲、焊接等加工能力。加工厂的位置应便于钢筋原材料的进场和加工后的钢筋运输到施工现场。例如,在施工现场的空旷区域设置钢筋加工厂,配备先进的钢筋加工设备,提高钢筋加工效率。

14.4.1.3 木材加工厂

对于需要大量木材加工的工程,如木结构建筑或模板制作工程,要设置木材加工厂。木材加工厂应具备木材的锯割、刨光、开榫等加工能力。加工厂的位置要考虑木材的堆放场地和防火要求。例如,将木材加工厂设置在远离火源的地方,并配备必要的消防设施。

具体各类加工厂所需要的建筑面积,可参照《建筑施工手册》中有关指标进行计算。

14.4.2 建筑工地运输业务组织

14.4.2.1 运输方式选择

根据工程的规模、材料和设备的运输量、运输距离以及施工现场的道路条件等因素,选择合适的运输方式。常见的运输方式有汽车运输、铁路运输、水路运输、塔吊运输等。例如,在城市中心的建筑工地,由于道路狭窄,且周边交通繁忙,通常采用汽车运输材料和设备;而在靠近河流的建筑工地,对于大宗建筑材料,如砂石、水泥等,可以考虑采用水路运输。

14.4.2.2 运输路线规划

合理规划运输路线,确保运输过程的安全和顺畅。运输路线应尽量避开交通拥堵路段和居民区,减少对周边环境的影响。同时,要考虑运输路线的承载能力,确保运输车辆能够安全通行。例如,在施工现场设置专门的运输通道,保证材料和设备的运输不受其他施工活动的干扰。

14.4.2.3 运输设备配置

根据运输方式和运输量,配置相应的运输设备。如汽车运输需要配备足够数量的货车,塔吊运输需要配备合适型号的塔吊。同时,要对运输设备进行定期维护和保养,确保其性能良好,安全可靠。例如,为货车定期进行检修和保养,确保其在运输过程中不会出现故障。

14.4.3 建筑工地仓库业务组织

14.4.3.1 仓库类型和规模确定

根据工程所需材料和设备的种类、数量以及储存要求，确定仓库的类型和规模。仓库可分为材料仓库、设备仓库、易燃易爆物品仓库等。例如，对于钢材、水泥等建筑材料，要设置专门的材料仓库，并根据材料的存储量确定仓库的面积；对于易燃易爆物品，如油漆、氧气、乙炔等，要设置独立的易燃易爆物品仓库，并采取严格的防火、防爆措施。

14.4.3.2 仓库位置选择

仓库的位置应便于材料和设备的进出库，且要靠近使用地点，减少二次搬运。同时，要考虑仓库的安全和防火要求。例如，将材料仓库设置在施工现场的中心位置，便于各施工区域的材料领取；将易燃易爆物品仓库设置在远离其他建筑物和人员密集区的地方。

14.4.3.3 仓库管理

建立健全仓库管理制度，对材料和设备的入库、出库、存储等环节进行严格管理。要做好材料和设备的验收、登记、保管、盘点等工作，确保材料和设备的质量和数量准确无误。例如，对入库的材料进行严格的质量检验，对出库的材料进行详细的登记，定期对仓库内的材料和设备进行盘点。

14.4.4 行政管理用房、生活福利房屋的组织

14.4.4.1 行政管理用房

根据施工组织管理机构的设置和人员配备情况，确定行政管理用房的面积和布局。行政管理用房应包括项目经理办公室、各部门办公室、会议室等。行政管理用房的位置应便于与施工现场的联系，且要保证办公环境的安静和整洁。例如，在施工现场设置独立的办公区域，将行政管理用房集中布置，方便各部门之间的沟通和协作。

14.4.4.2 生活福利房屋

为施工人员提供必要的生活福利设施，如宿舍、食堂、浴室、厕所等。宿舍应保证通风良好、采光充足，人均居住面积符合规定要求；食堂应符合卫生标准，提供营养丰富、卫生、可口的饭菜；浴室和厕所应保持清洁卫生，定期进行消毒。生活福利房屋的位置应与施工区域保持一定的距离，减少施工对施工人员生活的影响。例如，在施工现场的边缘设置生活区，将宿舍、食堂、浴室、厕所等生活福利房屋集中布置，为施工人员创造良好的生活环境。

14.4.5 建筑工地临时供水

建筑工地为满足生产、生活及消防用水需求，需规划临时供水系统。在设计时，应优先结合永久性供水设施，以实现施工期间的高效利用。施工现场各种用水量的确定如下。

14.4.5.1 一般生产用水

$$q_1 = 1.1 \times \frac{\sum Q_1 N_1 K_1}{t \times 8 \times 3600} \tag{14-1}$$

式中 q_1——生产用水量(L/s)；

Q_1——年(季、月)度工程量，可从总进度计划及主要工种工程量中求得；

N_1——各工种工程施工用水定额；

K_1——每班用水不均衡系数(取 1.25～1.5)；

t——与 Q_1 相应的工作日(d)，按每天一班计；

1.1——未预见用水量的修正系数。

14.4.5.2 施工机械用水

$$q_2 = 1.1 \times \frac{\sum Q_2 N_2 K_2}{8 \times 3600} \tag{14-2}$$

式中 q_2——施工机械用水量(L/s)；

Q_2——同一种机械台班数；

N_2——该种机械台班的用水定额；

K_2——施工机械用水不均衡系数(取 1.1～2)；

1.1——未预见用水量的修正系数。

14.4.5.3 生活用水

$$q_3 = 1.1 \times \frac{P N_3 K_3}{24 \times 3600} \tag{14-3}$$

式中 q_3——生活用水量(L/s)；

P——建筑工地最高峰工人数；

N_3——每人每日生活用水定额；

K_3——每日用水不均衡系数(取 1.5～2.5)；

1.1——未预见用水量的修正系数。

14.4.5.4 消防用水

消防用水量 q_4，应根据建筑场地大小及居住人数确定，可参考表 14.1 取值。

表 14.1 消防用水量

序号	用水名称	火灾同时发生次数	单位	用水量
1	居民区消防用水			
	5000 人以内	1 次	L/s	10
	10000 人以内	2 次	L/s	10～15
	25000 人以内	3 次	L/s	15～20
2	施工现场消防用水			
	施工现场在 $25 \times 10^5\ m^2$ 以内	1 次	L/s	10～15
	每增加 $25 \times 10^5\ m^2$ 递增			5

14.4.5.5 总用水量 Q

① 当 $q_1 + q_2 + q_3 \leqslant q_4$ 时，则

$$Q = q_4 + \frac{1}{2}(q_1 + q_2 + q_3) \tag{14-4}$$

② 当 $q_1 + q_2 + q_3 > q_4$ 时，则

$$Q = q_1 + q_2 + q_3 \tag{14-5}$$

③ 当工地面积小于 5 hm^2，且 $q_1+q_2+q_3<q_4$ 时，则

$$Q=q_4 \tag{14-6}$$

至于供水管径的大小，则根据工地总的需水量经计算确定，即

$$D=\sqrt{\frac{4Q\times 1000}{\pi V}} \tag{14-7}$$

式中 D——供水管直径(mm)；

Q——总用水量(L/s)；

V——管网中的水流速度(m/s)，考虑消防供水时取 2.5～3。

14.4.6 建筑工地临时供电

建筑工地临时供电组织有用电量计算、电源选择、配电线路和导线截面选择等。

14.4.6.1 用电量计算

计算施工现场的动力用电和照明用电的总量。动力用电包括施工机械设备、电焊机、塔吊等设备的用电；照明用电包括施工现场的照明、办公区和生活区的照明等。根据设备的功率和使用时间，计算出各设备的用电量，再汇总得出施工现场的总用电量。具体计算见下：

$$P=(1.05\sim 1.1)\left(K_1\frac{\sum P_1}{\cos\varphi}+K_2\sum P_2+K_3\sum P_3+K_4\sum P_4\right) \tag{14-8}$$

式中 P——供电设备总需要容量(kV·A)；

P_1——电动机额定功率(kW)；

P_2——电焊机额定容量(kV·A)；

P_3——室内照明容量(kW)；

P_4——室外照明容量(kW)；

$\cos\varphi$——电动机的平均功率因素(一般为 0.65～0.75，最高为 0.75～0.78)；

K_1，K_2，K_3，K_4——需要系数(表 14.2)。

表 14.2 需要系数(K 值)

用电名称	数量	需要系数				备注
		K_1	K_2	K_3	K_4	
电动机	3～10 台 11～30 台 30 台以上	0.7 0.6 0.5				施工需要电热时，将其用电量计算进去。式中各动力照明用电应根据不同工作性质分类计算
加工厂动力设备		0.5				
电焊机	3～10 台 10 台以上		0.6 0.5			
室内照明				0.8		
主要道路照明 警卫照明 场地照明					1.0 1.0 1.0	

施工现场的照明用电量所占的比重较动力用电量要少得多，所以在估算总用电量时可以不考虑照明用电量，只要在动力用电量之外再加上10%作为照明用电量即可。

14.4.6.2 电源选择

电源可以选择城市电网供电、自备发电机供电或两者结合的方式。如果施工现场靠近城市电网，且电网容量能够满足施工用电需求，优先选择城市电网供电；在偏远地区或电网供电不稳定的情况下，可考虑自备发电机供电。例如，在城市建筑工地，通过变压器将城市电网的电压转换为施工所需的电压，为施工现场供电；在一些偏远的山区工地，配备发电机作为备用电源，以应对电网停电的情况。

14.4.6.3 配电线路和导线截面的选择

配电线路布置有三种常见方案：枝状、环状和混合式。选择哪种方案主要依据用户分布、需求及永久性供电线路布局。通常，3～10 kV高压线路推荐采用环状布置，而380/220 V低压线路则适合枝状布置。至于线路中的导线截面，需满足机械强度、允许电流及允许电压降的要求。一般流程是先依负荷电流选导线截面，再按机械强度与允许电压损失校核。

注：本节所用各种定额，可查《建筑施工手册》及有关资料。

14.5 施工总平面图

施工总平面图是根据工程的施工方案、施工进度计划、施工场地条件以及相关规范要求，对施工现场的各类设施、设备、材料、道路、水电线路等进行综合布置的图纸。它反映了施工现场在施工期间的空间布局和动态变化，是施工管理的重要依据。

14.5.1 施工总平面图的内容

施工总平面图是对整个施工现场的总体布置规划，主要包括以下内容。

14.5.1.1 工程建筑相关

(1) 标注出施工现场内已有的永久性建筑物、构筑物，如周边的居民楼、厂房、学校等，包括其位置、轮廓、层数等信息，这些是施工时需要考虑的周边环境因素。

(2) 明确工程规划中拟建的所有建筑物、构筑物的位置、平面形状、尺寸及层数等，这是施工总平面图的核心内容，是其他一切布置的基础。

(3) 标注出地下的各类管线，如给水管线、排水管线、燃气管线、电缆等的位置、走向和埋深，以及地下人防工程、地下停车场等地下设施的范围和位置。

(4) 绘制建筑坐标网，用于确定各建筑物、构筑物及其他设施的准确位置，同时标注出地形等高线，反映场地的地形起伏和坡度变化。

14.5.1.2 施工场地与道路

(1) 划分出材料堆放场地，如钢材、木材、砂石等材料的堆放区域；构配件加工场地，如钢筋加工区、模板加工区等；机械设备停放场地等。标注出各场地的范围和位置。

(2) 规划施工现场的临时道路，包括主干道、次干道和支道等，标注道路的宽度、走向及与场外道路的连接点，保证道路畅通，满足材料运输和机械设备通行的要求。

14.5.1.3 临时设施

(1) 混凝土搅拌站、砂浆搅拌站、木材加工厂、钢筋加工厂等临时加工厂(站),以及材料仓库、工具仓库等的位置和面积。

(2) 标注办公室、宿舍、食堂、浴室、厕所等临时生活设施的位置和规模,要考虑施工人员的生活需求和管理方便,尽量设置在相对独立且便于到达的区域。

(3) 绘出临时变压器、配电箱、水泵房、给水管网、排水管网等水电设施的位置和线路走向,同时注明管径、电压等级等参数。

14.5.1.4 垂直运输设备

(1) 标注塔吊的位置、起重半径和高度范围等参数,要根据建筑物的布局、施工工艺和吊运需求合理确定其位置,确保能够覆盖建筑物的施工范围,满足材料和设备的垂直运输需求。

(2) 确定施工电梯的位置和数量,考虑与建筑物的连接方式和人员、材料的进出方便,一般设置在建筑物的出入口附近或便于人员和材料运输的位置。

14.5.1.5 安全与环保设施

(1) 在图中标识出安全防护棚、围墙、防护栏杆等安全设施的位置和范围,以及安全帽、安全带等个人防护用品的存放点。

(2) 标注消防栓、灭火器、消防通道等消防设施的位置和范围,确保在发生火灾时能够及时进行扑救。

(3) 对于沉淀池、化粪池、垃圾堆放点等环保设施的位置和规模,要考虑对环境的影响,合理布置,确保施工过程中的废水、垃圾等得到有效处理和排放。

除此之外,施工总平面图还应包含图例、指北针及比例尺等。

图 14.3 为某开发小区施工平面图。

14.5.2 设计施工总平面图的资料

设计土木工程施工总平面图需要多方面的资料,主要包括工程设计文件、自然条件资料、技术经济条件资料、施工组织设计资料等。

14.5.2.1 工程设计文件

(1) 建筑总平面图提供了拟建建筑物、构筑物的具体位置、轮廓、尺寸、标高及与周边已有建筑的相对关系等信息,是确定施工总平面图中建筑物定位的基础资料。

(2) 建筑施工图包含各楼层的平面布置图、剖面图、立面图等,详细展示了建筑物的内部结构、功能分区、门窗位置等,有助于规划材料堆放场地、垂直运输设备位置及施工通道等。

(3) 结构施工图展示了建筑物的基础形式、结构构件的尺寸与配筋等,对于确定基础施工时的土方开挖范围、基础材料堆放区域以及施工机械的选型和布置有重要指导作用。

(4) 给排水、电气等专业施工图明确了给排水管道、电气线路等的走向、位置和连接方式等,为临时水电设施的布置以及与永久性水电系统的衔接提供依据。

14.5.2.2 自然条件资料

(1) 地形地貌资料中的地形图、等高线图等,能反映施工现场的地形起伏、坡度、高差等情况,可用于确定场地平整方案、土方调配计划、临时道路和排水设施的布局。

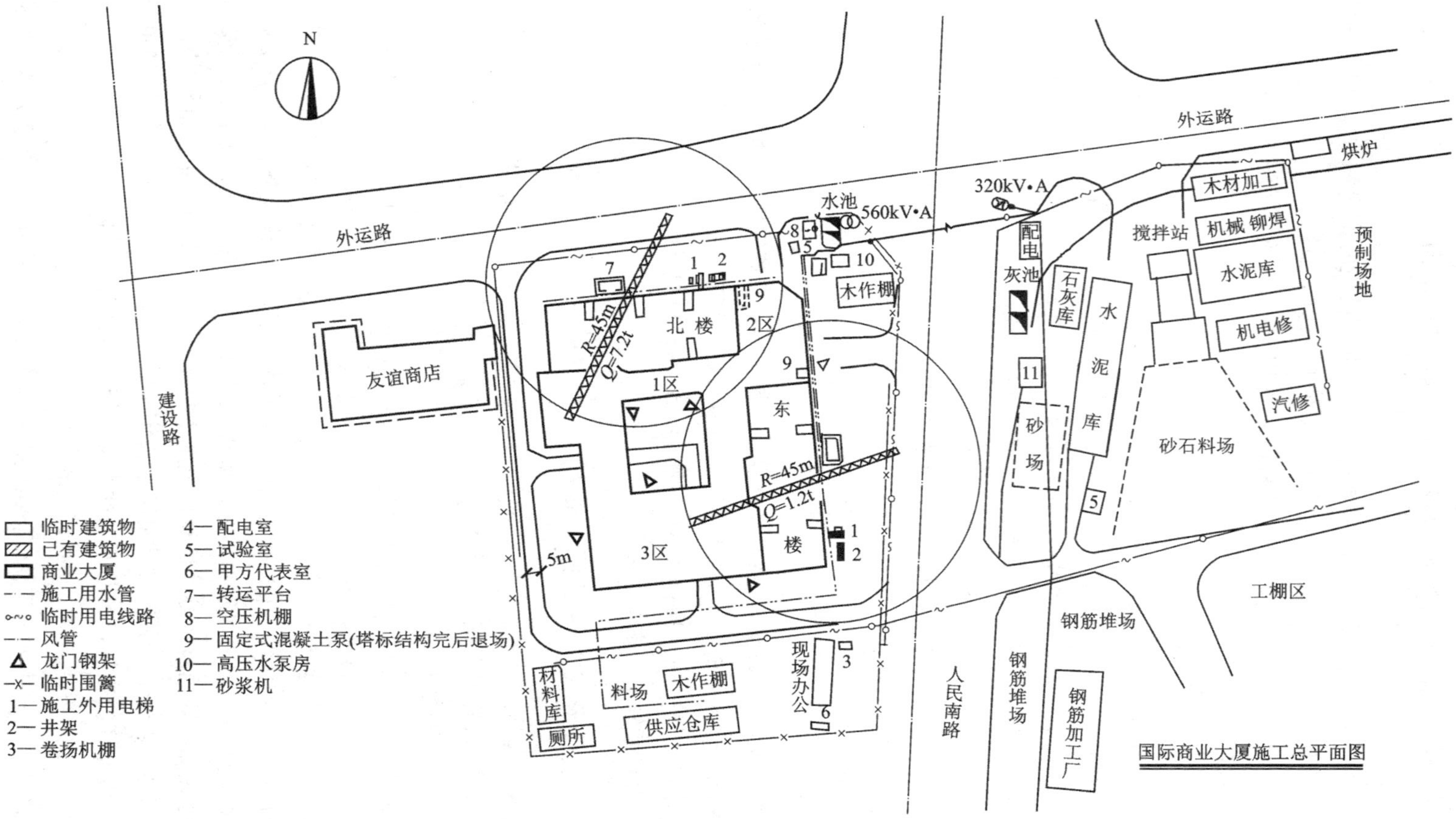

图14.3　某开发小区施工平面图

(2) 工程地质资料中的地质勘察报告，提供了地层结构、土壤性质、承载能力、地下水位等信息，对基础施工方案的制定、临时建筑和设施的基础选型与布置有重要影响。

(3) 气象资料提供了当地的气温、降水、风向、风速等气象数据，可用于确定临时设施的保温、隔热、防雨措施，以及考虑大风等恶劣天气对施工设备和材料堆放的影响。

14.5.2.3　技术经济条件资料

(1) 了解当地砂、石、水泥、钢材等主要建筑材料的供应厂家、供应能力、运输距离等，以便合理规划材料堆放场地和运输路线。

(2) 施工现场周边的道路状况、交通流量、可利用的运输方式（如公路、铁路、水路等）及交通管制情况等，对于确定施工材料和设备的运输方案、临时道路与场外交通的连接方式至关重要。

(3) 了解施工现场附近的水源、电源位置，供水、供电能力及接入条件等，为临时水电设施的设计和布置提供依据。

(4) 掌握当地可利用的劳动力数量、技术水平、工资水平等，有助于合理安排施工人员的住宿、生活设施等。

14.5.2.4　施工组织设计资料

(1) 施工方案：明确了施工顺序、施工方法、施工进度计划等，如基础工程是采用机械开挖还是人工开挖，主体结构是采用现浇还是预制装配等，这些都影响着施工总平面图中施工场地和机械的布置。

(2) 资源需求计划：包括材料、构配件、机械设备、劳动力等资源的需求数量和进场时间计划，据此可以确定材料堆放场地的大小、机械设备停放区域的规模以及临时生活设施的容量等。

(3) 施工进度计划：根据各施工阶段的时间安排，可合理规划不同阶段施工总平面图的布置，如基础施工阶段和主体施工阶段的材料堆放和机械布置可能会有所不同。

14.5.2.5　其他资料

(1) 施工现场周边环境资料：包括周边的居民区、商业区、学校、医院等的位置和分布情况，以便在施工总平面图设计中考虑施工噪声、粉尘等对周边环境的影响，合理设置围墙、降噪防尘设施等。

(2) 相关法律法规和规范标准：如建筑施工安全检查标准、施工现场临时建筑物技术规范等，为施工总平面图的设计提供合规性依据，确保各项布置符合安全、环保等要求。

14.5.3　设计施工总平面图的原则

(1) 紧凑合理，节约用地。在满足施工需求的前提下，尽量减小施工场地的占用面积。

(2) 方便施工，减少二次搬运。使材料堆放场地、加工厂等尽量靠近使用地点，减少材料和构配件的二次搬运。

(3) 规划合理的施工道路和运输路线，确保施工车辆和人员能够安全、快捷地通行。施工道路应形成环形或有多个出入口，避免交通堵塞。同时，道路的承载能力要满足施工车辆的要求，道路宽度和转弯半径要满足车辆行驶需求，保障施工材料和设备的顺利运输。

(4) 符合安全、防火、环保要求。设置必要的安全防护设施和消防设施，确保施工人员的生命安全和施工过程的消防安全。

(5) 考虑施工过程的动态变化。施工过程是一个动态的过程，不同施工阶段对场地的需求不同。因此，施工总平面图设计要具有一定的灵活性，能够适应施工过程的变化。例如，在基础施工阶段，场地主要用于土方开挖、基础材料堆放等；在主体施工阶段，垂直运输设备的位置和材料堆放场地可能需要调整，总平面图设计要为这些变化预留空间。

14.5.4 施工总平面图设计的步骤和方法

设计施工总平面图时，应按以下步骤进行：

(1) 确定图幅和比例

根据施工现场的大小和复杂程度，选择合适的图幅(如A2、A1等)和比例(如1∶200、1∶500等)，确保施工总平面图能够清晰地展示施工现场的各项内容，比例要能准确反映各设施间的尺寸关系与位置关系。

(2) 绘制建筑轮廓及地形地貌

依据工程设计图纸，将已建和拟建的建筑物、构筑物的轮廓绘制在图纸上，同时标注其定位坐标、尺寸等信息。再根据现场勘查资料，绘制施工现场的地形地貌，如等高线、河流、道路等，为后续临时设施布置提供地理背景。

(3) 布置垂直运输设备

根据建筑物的高度、平面布局及施工需求，确定塔吊、施工电梯等垂直运输设备的位置。计算塔吊的工作半径和覆盖范围，确保能覆盖主要施工区域及材料堆放场地。例如，对于高层建筑，将塔吊布置在建筑物周边，使其起重臂能覆盖建筑物的各个楼层及大部分材料堆放区域；施工电梯则设置在人员上下频繁且便于与建筑物连接的位置。

(4) 布置材料堆放场地和加工厂

根据施工组织设计中的资源需求计划和施工顺序，将材料堆放场地布置在垂直运输设备的工作范围内且靠近使用地点。例如，将钢材堆放场地靠近钢筋加工厂和塔吊，方便钢材的加工与吊运。加工厂的布置要考虑原材料的来源和加工后产品的运输方向，如混凝土搅拌站设置在靠近砂、石料堆放场地且运输道路顺畅的位置。

(5) 规划施工道路

根据运输设备的类型和运输量，规划施工道路的走向和宽度。施工道路应与场外交通道路顺畅连接，形成环形或有多个出入口，确保车辆能双向行驶。计算道路的承载能力，根据施工车辆的重量确定道路的结构和厚度。例如，主要施工道路宽度一般不小于4 m，以满足两辆大型货车错车的需求；道路基层采用压实的土石基层，面层采用混凝土或沥青铺设。

(6) 布置临时设施

按照施工组织管理机构的设置和施工人员的生活需求，布置行政管理用房、生活福利房屋等临时设施。行政管理用房应靠近施工现场，便于管理人员对施工过程进行监督和管理；生活区与施工区保持一定距离，设置隔离设施，减少施工对施工人员生活的影响。同时，在生活区设置食堂、浴室、厕所等生活设施，满足施工人员的基本生活需求。

(7) 布置临时水电管网

根据施工和生活的用水、用电需求，计算用水量和用电量，选择合适的水源和电源。布置临时供水管道和供电线路，供水管道应保证各施工区域和生活区域的用水压力和流量，供电线路要满足各施工设备和照明的用电需求。例如，供水管道采用环状布置，确保供水的可靠性；供电线路采用架空或埋地敷设，避免与施工活动相互干扰，同时设置配电箱和开关箱，便于电力分配和控制。

(8) 标注图例和说明

在施工总平面图上标注各种图例，如建筑物、临时设施、道路、水电管网等的图形符号，以便于阅读和理解。同时，编写必要的文字说明，包括施工总平面图的设计依据、比例、主要设施的功能和布局原则等，对图纸内容进行补充解释。

14.5.5 施工总平面图的管理

加强施工总平面图的管理，对合理使用场地，科学地组织文明施工，保证现场交通道路、给排水系统的畅通，避免安全事故，以及美化环境、防灾、抗灾等均具有重大意义。为此，必须重视施工总平面图的管理。

14.5.5.1 施工总平面图管理的目的与要求

(1) 施工总平面图管理的目的。使场容美观、整洁，道路畅通，材料放置有序，施工有条不紊，安全文明相关方都满意，管理方便、有序。

(2) 施工总平面图管理的总体要求。满足施工需求，现场文明、安全有序、整洁卫生，不扰民、不损害公众利益，绿色环保。

14.5.5.2 施工现场围挡

施工现场应实行封闭管理，并应采用硬质围挡。市区主要路段的施工现场围挡高度不应低于 2.5 m，一般路段围挡高度不应低于 1.8 m。围挡应牢固、稳定、整洁、美观。距离交通路口 20 m 范围内占据道路施工设置的围挡，其 0.8 m 以上部分应采用通透性围挡，并应采取交通疏导和警示措施。

14.5.5.3 出入口管理

现场出入口应设大门和保安值班室，在施工现场出入口还应标有企业名称或企业标识。主要出入口明显处应设置“五牌一图”：工程概况牌、安全生产牌、文明施工牌、消防保卫牌、管理人员名单及监督电话牌、施工现场总平面图。车辆出入口处还应设置车辆冲洗设施和实名制管理设施。

14.5.5.4 场容管理要求

(1) 施工平面图设计应科学、合理，临时建筑、物料堆放与机械设备定位应准确，施工现场场容达到绿色环保标准。

(2) 在施工现场周边按相关规范要求设置临时围护设施。

(3) 现场内沿临时道路设置畅通的排水系统。

(4) 施工现场的主要道路及材料加工地面应进行硬化处理，如采取铺设混凝土、钢板、碎石等方法。裸露的场地和堆放的土方应采取覆盖、固化或绿化等措施。

(5) 施工现场作业应有防止扬尘措施，主要道路应根据气候条件进行洒水降尘并定期清扫。

(6) 建筑垃圾应划定固定区域实行封闭管理，并及时清运。

14.5.5.5 安全警示牌布置

(1) 施工现场安全警示牌的类型

安全标志分为禁止标志、警告标志、指令标志和提示标志四大类型。

(2) 安全警示牌的基本形式和设置原则

① 禁止标志的基本形式是红色带斜杠的圆边框，图形是黑色，背景为白色。

② 警告标志的基本形式是黑色正三角形边框，图形是黑色，背景为黄色。

③ 指令标志的基本形式是黑色圆形边框，图形是白色，背景为蓝色。

④ 提示标志的基本形式是矩形边框，图形文字是白色，背景为绿色(消防设施提示标志用红色)。

⑤ 施工现场安全警示牌的设置应遵循标准、安全、醒目、便利、协调、合理的原则。

14.5.5.6 施工现场使用安全警示牌的基本要求

(1) 现场出入口、施工起重机械、临时用电设施、脚手架、通道口、楼梯口、电梯井口、孔洞、基坑边沿、爆炸物及有毒有害物质存放处等存在安全风险的重要部位应当设置明显的安全警示牌。

(2) 安全警示牌应设置在所涉及的危险地点或设备附近最容易被观察到的地方。

(3) 安全警示牌应设置在明亮的、光线充分的环境中，否则应考虑增加辅助光源。

(4) 安全警示牌应牢固地固定在依托物上，不能产生倾斜、卷翘、摆动等现象，高度应尽量与人眼的视线高度相一致。

(5) 安全警示牌不得设置在门、窗、架体等可移动的物体上，警示牌的正面或其邻近不得有妨碍人们视读的固定障碍物，并尽量避免经常被其他临时性物体所遮挡。

(6) 多个安全警示牌在一起布置时，应按警告、禁止、指令、提示类型的顺序，先左后右、先上后下进行排列。各标志牌之间的距离至少应为标志牌尺寸的 1/5。

(7) 有触电危险的场所，应选用由绝缘材料制成的安全警示牌。

(8) 室外露天场所设置的消防安全标志宜选用由反光材料或自发光材料制成的警示牌。

(9) 有防火要求的场所，应选用由不燃材料制成的安全警示牌。

思考题与习题

14.1 施工组织总设计的内容一般包括哪些？

14.2 施工组织总设计中，施工部署、总进度计划、总平面图三者的编制顺序如何？

14.3 试述在确定项目展开程序时应优先安排哪些项目，以确保项目按期交付使用。

14.4 施工部署的内容有哪些？

14.5 在确定各项目展开程序时，一般应遵循的原则有哪些？

14.6 施工组织总设计中，主要项目施工方案的内容包括哪些？

14.7 施工总进度计划的编制步骤有哪些？

14.8 确定各单位工程的开竣工时间和相互搭接关系时，应考虑的主要因素包括哪些？

14.9 施工组织总设计中的资源配置计划，主要包括哪些方面？

14.10 在计算施工现场临时用水量时，可将消防用水量作为总用水量的条件是什么？

14.11 试述施工总平面图设计的原则与步骤。

14.12 在规划临时道路时，如何节约费用？

14.13 为了满足防火要求，现场平面布置应注意哪些问题？

14.14 施工组织总设计中，应制订哪些方面的目标管理计划？

15　单位工程施工组织设计

【本章提要】

本章内容包括单位工程施工组织设计编制的程序、依据和内容。重点阐述了施工方案的选择、施工进度计划和资源需要量计划的编制、施工平面图的设计原则和步骤，

【学习要求】

(1) 了解单位工程施工组织设计编制的程序和内容。

(2) 能合理地选择施工方案。

(3) 掌握施工进度计划编制的方法和施工平面图的设计。

单位工程施工组织设计是以一个单位工程为编制对象，用来指导其实施全过程中的生产技术、经济活动，以及控制质量、安全等各项目标的综合性管理文件。它是在工程中标、签订承包合同后，由项目经理组织，在项目技术负责人领导下进行编制，施工前进行的一项重要准备工作。在开工前，应将其呈报企业批准，并报送总监理工程师审查确认。

常用规范：《建筑施工组织设计规范》(GB/T 50502—2009)、《建设工程施工现场消防安全技术规范》(GB 50720—2011)、《建设工程施工现场供用电安全规范》(GB 50194—2014)、《建筑工程绿色施工规范》(GB/T 50905—2014)等。

15.1　概　　述

15.1.1　单位工程施工组织设计的作用和编制依据

15.1.1.1　单位工程施工组织设计的作用

(1) 单位工程施工组织设计可以指导施工

单位工程施工组织设计为单位工程施工提供全面、系统的指导，明确施工流程、技术要求、资源调配等关键内容，确保施工活动有序开展。例如在复杂的高层建筑施工中，施工组织设计详细规划各楼层施工顺序，使施工人员清楚地知道每个阶段的工作任务。

(2) 单位工程施工组织设计可以帮助优化资源配置

依据工程需求，单位工程施工组织设计合理安排人力、物力和财力资源。精准计算各阶段所需劳动力数量、材料规格与用量以及机械设备的类型和进场时间，避免资源浪费与短缺，提高资源利用效率。在混凝土浇筑阶段，根据施工进度和工程量确定搅拌机、运输车辆及振捣设备的数量。

(3) 单位工程施工组织设计可以帮助协调各方关系

单位工程施工组织设计作为建设单位、设计单位、施工单位和监理单位之间沟通的重要依

据，明确各方在施工过程中的责任与义务，促进各方协同合作。例如，施工单位依据施工组织设计向建设单位申请材料供应时间节点，确保施工顺利进行。

(4) 单位工程施工组织设计可以保障工程质量与安全

制定详细的质量控制措施和安全保障方案，从施工工艺到现场管理，全方位保障工程质量和施工安全。如在深基坑施工中，明确支护结构的施工工艺和安全监测要求，预防坍塌事故发生。

15.1.1.2 单位工程施工组织设计编制的依据

在编制单位工程施工组织设计时，应依据以下内容：

(1) 涵盖建筑、结构、给排水、电气等全套施工图纸，以及设计变更文件。这些文件详细呈现工程的设计意图、构造细节与技术要求，是施工组织设计的核心依据。如建筑图纸确定了建筑物的外形尺寸、内部布局，结构图纸明确了梁、板、柱的配筋与连接方式。

(2) 合同中对工程范围、工期、质量标准、造价、支付方式等的规定，直接影响施工组织设计的编制。例如合同约定的工期决定了施工进度计划的编排，质量标准决定了施工质量控制的严格程度。

(3) 施工现场的地质、水文、气象等勘察报告，为基础施工、降水排水、季节性施工等提供关键信息。如地质报告中的土壤承载力是基础形式选择的重要依据之一，地下水位情况影响基础施工时的降水措施。

(4) 各类施工及验收规范、质量检验评定标准、安全操作规程等，是施工组织设计必须遵循的准则。如混凝土结构工程施工质量验收规范对混凝土的浇筑、养护等环节做出明确规定。

(5) 参考类似工程在施工组织、技术应用、资源管理等方面的成功经验，避免在本工程中出现类似问题，提高施工组织设计的科学性。例如在同类型建筑的施工中，借鉴其外脚手架搭建和垂直运输设备选型的经验。

15.1.2 单位工程施工组织设计的编制原则和程序

15.1.2.1 单位工程施工组织设计的编制原则

单位工程施工组织设计的编制应遵循以下原则：

(1) 确保施工组织设计中的工期、质量、安全等目标与合同约定一致，全面履行合同义务。

(2) 遵循施工工艺规律，结合工程实际情况，合理确定施工顺序，如先地下后地上、先主体后围护、先结构后装饰等，以提高施工效率，减少施工干扰。

(3) 积极引入先进的施工技术和机械设备，提高施工的机械化、自动化水平，降低劳动强度，提升工程质量和施工速度。如采用预制装配式建筑技术，缩短现场施工周期。

(4) 建立健全质量保证体系和安全管理体系，采取有效措施确保工程质量和施工安全，杜绝质量事故和安全事故的发生。

(5) 优化施工方案，合理利用资源，降低工程成本，提高经济效益。

15.1.2.2 编制程序

单位工程施工组织设计应在调查研究，明确工程特点与环境特点的基础上，制定施工部署、编制施工方案、编制各种计划、布置施工现场、拟定管理措施、计算各项指标，经过反复讨论、修改后，报请上级部门和监理机构批准。具体编制程序如图 15.1 所示。

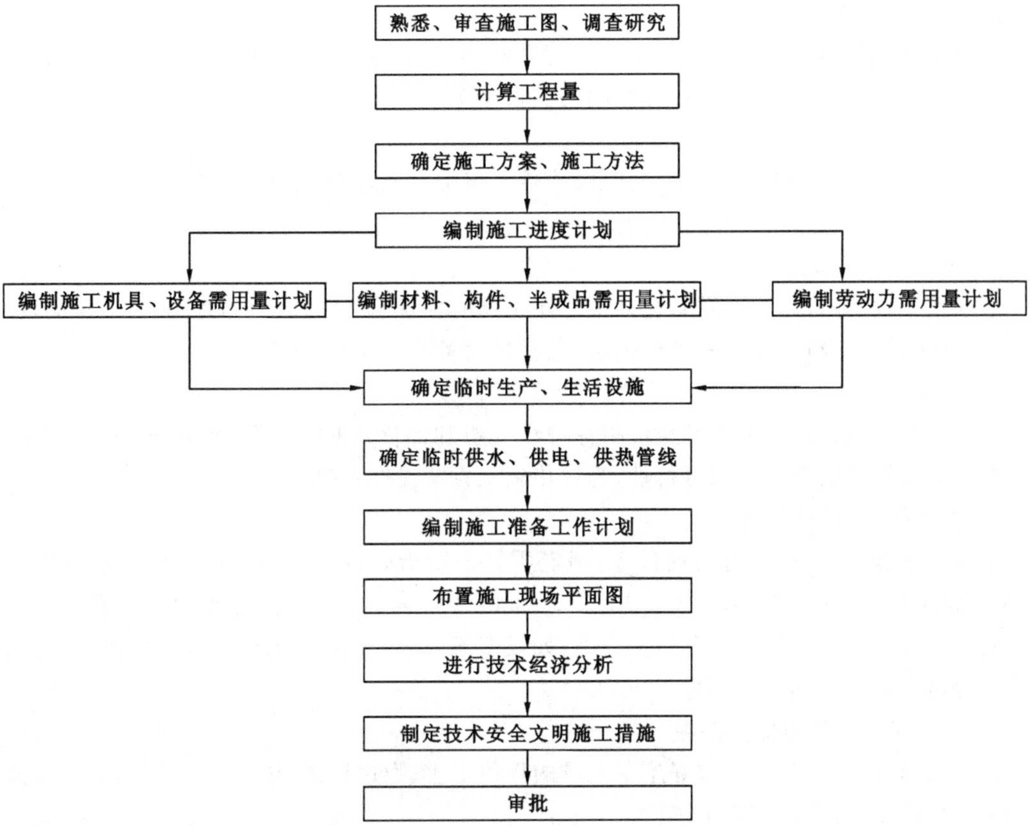

图 15.1　单位工程施工组织设计编制程序

15.1.3　单位工程施工组织设计的内容

在施工之前,对拟建单位工程从人力、施工方法、材料、机械和资金 5 个方面在时间、空间上做科学合理的安排,安全生产、文明施工,实现优质、低耗、高速地完成土木工程产品,这种指导施工的文件称为施工组织设计。

单位工程施工组织设计较完整的内容一般包括:

① 工程概况

介绍工程的基本信息,包括工程名称、建设地点、建设单位、设计单位、监理单位、工程性质、规模、结构类型、层数、高度等,以及工程的建筑、结构、装饰装修等设计特点。

② 施工条件及分析

分析施工现场的场地条件、周边环境、交通状况、水电供应、材料供应等情况,以及可能对施工产生影响的因素,如季节性气候、地下障碍物等,并提出相应的应对措施。

③ 施工方案

包括施工流向、施工顺序、施工方法、施工机械选择等内容。施工流向确定施工的起点和流向,如高层建筑的施工可以从下往上进行;施工顺序明确各分部分项工程的先后顺序,如基础工程完成后进行主体结构工程施工;施工方法选择具体的施工工艺,如混凝土浇筑采用泵送还是溜槽；施工机械选择合适的机械设备，如塔吊用于垂直运输。

④ 施工进度计划

以横道图或网络图的形式展示施工进度安排，明确各施工阶段的开始时间、结束时间、持续时间和关键线路，以及各施工过程之间的逻辑关系。

⑤ 资源需求计划

包括劳动力需求计划、材料需求计划、构件和半成品需求计划、施工机械需求计划等。明确各类资源的种类、数量、进场时间和供应方式。

⑥ 施工现场平面图

绘制施工现场的平面布局图，包括拟建建筑物的位置、临时设施的布置、施工道路的规划、水电管网的敷设、材料和构配件的堆放位置、机械设备的停放位置等。

⑦ 技术经济分析

对施工组织设计的各项技术经济指标进行分析和评价，如工期、质量、成本、资源利用等，评估施工组织设计的合理性和可行性，为优化施工方案提供依据。

⑧ 质量和安全保证措施

建立质量保证体系，明确质量目标，制定质量控制措施，如原材料检验、施工过程质量检验、成品保护等，确保工程质量符合设计要求和相关标准。制定安全管理制度和安全操作规程，加强安全教育培训，落实安全防护措施，如设置安全警示标志、佩戴个人防护用品、进行安全检查等，预防安全事故的发生。

⑨ 文明施工与环境保护措施

制定文明施工管理制度，做好施工现场的环境卫生、噪声控制、扬尘治理等工作，减少施工对周边环境的影响，实现绿色施工。

⑩ 季节性施工措施

针对不同季节的施工特点，如冬季、雨季、夏季高温等，制定相应的施工措施，确保施工质量和安全。例如冬季施工时对混凝土采取保温养护措施。

单位工程施工组织设计的各部分内容相互关联、相互影响。工程概况和施工条件分析为施工方案的制定提供了基础信息，施工方案是施工进度计划和资源需求计划的核心依据，施工现场平面图是施工方案的具体体现，技术经济分析为施工方案的优化提供依据，质量和安全保证措施、文明施工与环境保护措施以及季节性施工措施则是施工方案顺利实施的重要保障。这些内容共同构成了一个完整的施工管理框架，确保施工活动的顺利进行。

15.2 工程概况及施工条件

15.2.1 工程概况

15.2.1.1 基本概况

单位工程施工组织设计一开始就应对工程的最基本情况，如建设单位、设计单位、监理单位、建筑面积、结构形式、装饰特点、造价等作简单介绍，使人一目了然。可以将这些基本情况做成工程概况表的形式，如表 15.1 所示。

表 15.1 ××工程概况

<table>
<tr><td colspan="2">建设单位</td><td></td><td colspan="2">工程名称</td><td></td></tr>
<tr><td colspan="2">设计单位</td><td></td><td colspan="2">开工日期</td><td></td></tr>
<tr><td colspan="2">监理单位</td><td></td><td colspan="2">竣工日期</td><td></td></tr>
<tr><td colspan="2">施工单位</td><td></td><td colspan="2">造价</td><td></td></tr>
<tr><td rowspan="5">工程概况</td><td>建筑面积</td><td></td><td colspan="2">工程投资额</td><td></td></tr>
<tr><td>建筑高度</td><td></td><td rowspan="4">现场概况</td><td>施工用水</td><td></td></tr>
<tr><td>建筑层数</td><td></td><td>施工用电</td><td></td></tr>
<tr><td>结构形式</td><td></td><td>施工道路</td><td></td></tr>
<tr><td>基础类型及深度</td><td></td><td>地下水位</td><td></td></tr>
</table>

15.2.1.2 建筑结构设计特点

在土木工程施工中，对拟建工程的建筑与结构特点进行详细阐述是施工前期的关键环节。在建筑方面，应明确介绍拟建工程的建筑面积、建筑层数、建筑高度、平面形状以及室内外装修的具体要求等情况。在结构方面，则需着重介绍基础类型、埋置深度、结构类型、抗震设防烈度等关键信息，并明确指出工程是否采用了新结构、新技术、新工艺和新材料等。对于采用的新技术、新工艺和新材料，应进一步分析由此带来的施工重点与难点问题，并提出相应的解决方案。此外，可附上项目的建筑平面图、立面图、剖面图及结构布置图等图纸资料，以便相关技术人员通过阅读图纸对工程特点有更直观的了解。

通过对项目的建筑、结构及水电安装等各专业特点进行深入分析，为制定科学合理的施工方案及采取相应的技术措施提供充分依据，从而确保施工过程顺利进行，有效规避施工风险，保障工程质量与安全。

15.2.2 施工条件及分析

15.2.2.1 自然条件

① 施工现场的地形是否平坦，是否存在高差或复杂地形(如山地、丘陵、平原等)。复杂地形可能增大施工难度，影响工程进度。

② 包括土层性质、地下水位、地基承载力等。例如，地下水位较高可能需要采取降水措施，不良地质条件可能导致地基沉降。

③ 施工地区四季气候特征、气温变化、降雨量、风速等。例如，夏季高温需采取防暑降温措施，冬季需考虑防寒保暖。

15.2.2.2 现场条件

① 施工现场是否具备“三通一平”(通水、通电、通路，场地平整)条件。良好的场地条件有助于施工顺利进行。

② 施工现场是否临近既有建筑物、交通要道或居民区。例如，临近交通要道需做好交通组织，临近居民区需考虑噪声和粉尘控制。

③ 施工现场排水设施是否完善，能否有效防止积水和洪水。

15.2.2.3　技术与资源条件

① 施工工艺的复杂性、新技术的应用以及施工企业的技术水平。例如，高支模结构施工需解决质量和安全问题。

② 施工人员的数量、技能水平和资质。例如，劳动力资源丰富但素质参差不齐时，需加强技术培训。

③ 施工现场是否配备足够的机械设备，设备性能是否良好。

④ 施工所需材料的供应能力、质量保证以及运输条件。例如，材料供应需满足工程进度要求。

15.2.2.4　基础设施条件

①施工现场的供水、供电是否稳定，通信设施是否完善。基础设施不足可能影响施工进度。

②施工现场的临时道路、仓库、办公和生活设施是否完备。

15.2.2.5　施工组织与管理条件

① 是否根据工程特点和施工条件制定了合理的施工组织设计，明确施工顺序、方法和质量标准。

② 施工进度计划是否详细、合理，是否考虑了施工高峰期的资源需求。

③ 是否建立了完善的质量管理体系和安全管理体系，确保施工质量和安全。

15.2.2.6　环境与社会条件

① 施工现场是否采取了有效的环保措施，如扬尘控制、污水排放处理等。

② 施工对周边居民和环境的影响是否最小化，是否需要进行拆迁或移民安置。

15.2.2.7　动态管理条件

① 施工过程中是否预留了应对设计变更的灵活性。

② 是否根据施工进度和实际情况动态调整劳动力、设备和材料资源。

通过对以上施工条件的详细分析，可以为单位工程施工组织设计提供科学依据，确保施工顺利进行，同时提高施工效率和质量。

15.3　施工方案的设计

施工方案的设计是单位工程施工组织设计的核心内容，其作用在于明确施工过程中的技术路线、施工顺序、资源配置以及质量、安全和进度控制措施。通过科学合理的施工方案，能够有效指导施工活动顺利开展，确保工程质量，缩短工期，降低成本，并为施工过程中的动态管理提供依据，从而实现工程项目的整体目标。

15.3.1　施工流向的确定

施工流向的确定是施工组织设计中的重要环节，它主要解决施工项目在平面和空间上的施工顺序问题，直接影响施工效率、质量和安全。以下是确定施工流向时需要考虑的关键因素和常见原则：

(1) 满足施工方法和施工机械的要求：施工流向应与所选用的施工方法和施工机械相适

应，确保施工过程的顺畅和高效。

(2) 考虑工程的繁简程度和工期要求：技术复杂、施工进度较慢、工期较长的工段或部位应优先施工，以避免对后续施工造成影响。

(3) 结合生产工艺流程：对于有生产工艺要求的工程，施工流向应与生产工艺顺序一致，以确保工程的使用功能和经济效益。

(4) 避免与材料运输方向冲突：施工流向应与材料、构件的运输方向协调一致，避免交叉干扰，提高施工效率。

(5) 满足质量和安全要求：施工流线应确保施工过程中的质量和安全，避免因施工顺序不合理而导致的安全隐患。

(6) 优先施工关键部位：对于多层或高层建筑，竖向施工流向一般自下而上，基础工程应优先施工，主体结构完成后，装饰装修工程可从上而下或从下而上进行。

(7) 考虑施工区段划分：施工流向应与施工区段划分相结合，合理安排各施工段的顺序，确保施工过程的连续性和均衡性。

(8) 适应主导工程的合理施工顺序：施工流向应以主导工程(如主体结构施工)为核心，合理安排其他分部分项工程的施工顺序。

常见施工流向：①基础工程：通常按先深后浅的顺序施工。②主体结构：竖向上一般自下而上施工。③装饰装修：可根据工程特点采用自上而下(图 15.2)、自下而上(图 15.3)或自中而下再自上而中的流向。

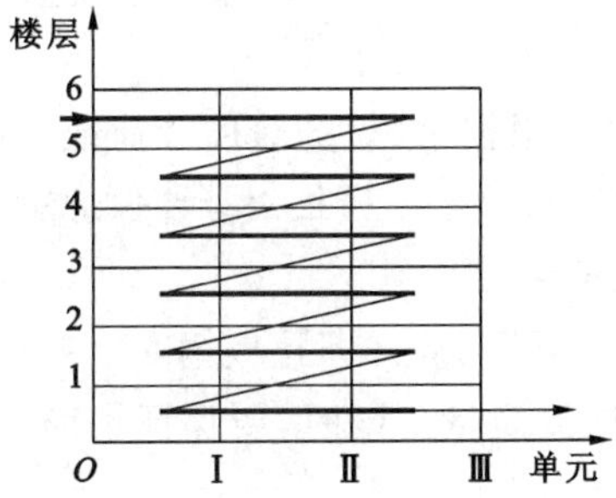

图 15.2　室内装饰自上而下的流向

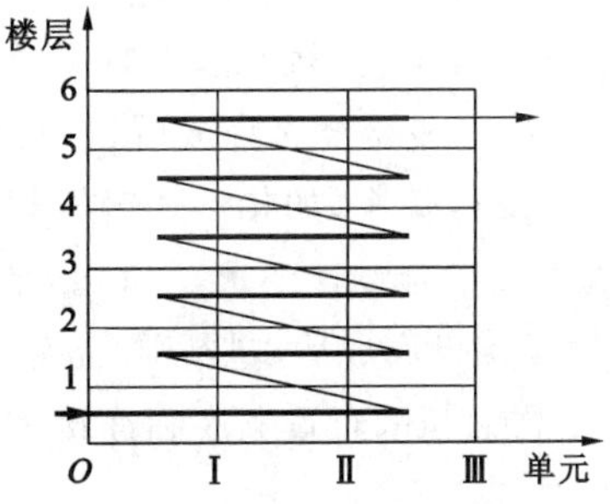

图 15.3　室内装饰自下而上的流向

通过综合考虑以上因素，可以科学合理地确定施工流向，优化施工流程，提高施工效率，确保工程按时、按质完成。

15.3.2　施工顺序的选择

15.3.2.1　基础工程施工顺序

① 测量放线：根据设计图纸和现场控制点，使用全站仪等测量仪器进行测量放线，确定建筑物的基础位置和标高，为后续施工提供准确的基准。

② 土方开挖：采用机械开挖为主、人工配合的方式进行土方开挖。根据基础的深度和地质条件，确定合理的开挖坡度，防止边坡坍塌。在开挖过程中，注意控制开挖深度，避免超挖或欠挖。同时，做好排水措施，防止基坑积水。

③ 桩基础施工：根据设计要求，采用灌注桩施工工艺。先进行桩位放线，然后使用旋挖钻

机进行钻孔，达到设计深度后，进行清孔、钢筋笼下放和混凝土浇筑等工作。在桩基础施工过程中，严格控制桩的垂直度、孔径和混凝土的浇筑质量，确保桩基础的承载能力。

④ 桩头处理：桩基础施工完成后，对桩头进行处理，将桩头多余的混凝土凿除，使桩顶标高符合设计要求。同时，对桩头钢筋进行整理和焊接，确保桩与基础的连接牢固。

⑤ 筏板基础施工：在桩头处理完成后，进行筏板基础的施工。先进行筏板基础的钢筋绑扎，按照设计要求布置钢筋的间距和数量，确保钢筋的连接质量。然后支设筏板基础的模板，模板要具有足够的强度、刚度和稳定性，防止在混凝土浇筑过程中出现变形和漏浆。最后进行筏板基础的混凝土浇筑，采用分层浇筑、分层振捣的方式，确保混凝土的密实性。

15.3.2.2　主体结构工程施工顺序

① 在每层施工时，首先进行柱、墙钢筋的绑扎。根据设计图纸，确定钢筋的规格、数量和间距，按照要求对钢筋进行绑扎固定。在钢筋绑扎过程中，注意钢筋的接头位置和连接方式，确保钢筋的连接质量。同时，设置足够的保护层垫块，保证钢筋的保护层厚度符合要求。

② 钢筋绑扎完成后，进行柱、墙模板的支设。采用定型钢模板或木模板，根据柱、墙的尺寸进行模板的拼装。模板设计要牢固可靠，拼缝严密，防止在混凝土浇筑过程中出现漏浆。同时，要保证模板的垂直度和平整度，确保混凝土结构的外观质量。

③ 模板支设完成后，进行柱、墙混凝土的浇筑。在浇筑前，先对模板进行浇水湿润，然后根据混凝土的配合比，进行混凝土的搅拌和运输。采用分层浇筑、分层振捣的方式，每层浇筑厚度不宜超过 500 mm，振捣要密实，防止出现蜂窝、麻面等质量缺陷。在混凝土浇筑过程中，要注意观察模板的变形情况，如有异常及时处理。

④ 柱、墙混凝土浇筑完成后，进行梁、板模板的支设。根据梁、板的跨度和荷载情况，选择合适的模板支撑体系，如扣件式钢管脚手架或碗扣式钢管脚手架。模板设计要保证梁、板的平整度和起拱度符合设计要求，同时要保证支撑体系的稳定性。

⑤ 模板支设完成后，进行梁、板钢筋的绑扎。先绑扎梁钢筋，再绑扎板钢筋。在钢筋绑扎过程中，注意钢筋的布置顺序和连接方式，确保钢筋的连接质量。同时，要保证钢筋的保护层厚度符合要求。

⑥ 钢筋绑扎完成后，进行梁、板混凝土的浇筑。采用从一端向另一端、分层浇筑、分层振捣的方式，确保混凝土的密实性。在浇筑过程中，要注意控制梁、板的标高和平整度，防止出现高低不平的情况。

15.3.2.3　装饰装修工程施工顺序

① 在主体结构验收合格后，进行墙面抹灰施工。先对墙面进行基层处理，清除墙面的灰尘、油污等杂物，然后进行甩浆拉毛，增强墙面与抹灰层的黏结力。按照设计要求，进行分层抹灰，每层抹灰厚度不宜超过 10 mm，总厚度不宜超过 25 mm。在抹灰过程中，要注意控制墙面的平整度和垂直度，防止出现空鼓、开裂等质量缺陷。

② 墙面抹灰完成后，进行地面铺装施工。先对地面进行基层处理，然后根据设计要求，铺设地面砖或木地板。在铺装过程中，要注意控制地面的平整度和坡度，防止出现积水现象。同时，要保证地面砖或木地板的拼接质量，使缝隙均匀一致。

③ 地面铺装完成后，进行门窗安装施工。根据设计要求，选择合适的门窗类型和规格，然后进行门窗的安装。在安装过程中，要注意控制门窗的水平度、垂直度和对角线长度，确保门

窗的安装质量。同时,要保证门窗的密封性能和开启灵活性。

④ 门窗安装完成后,进行顶棚吊顶施工。根据设计要求,选择合适的吊顶材料和龙骨体系,然后进行吊顶的安装。在安装过程中,要注意控制吊顶的平整度和起拱度,防止出现下垂现象。同时,要保证吊顶的固定牢固,防止出现脱落。

⑤ 顶棚吊顶完成后,进行油漆涂料施工。先对墙面、顶棚等部位进行基层处理,然后根据设计要求,选择合适的油漆涂料进行涂刷。在涂刷过程中,要注意控制油漆涂料的厚度和均匀度,防止出现流坠、漏刷等质量缺陷。同时,要保证油漆涂料的色泽一致,美观。

⑥ 在装饰装修工程施工顺序中,不同分项工程的先后安排十分关键。完成油漆涂料施工后,会进行细部装饰施工。例如安装各类装饰线条,在墙面与顶棚交接处安装木质或石膏线条,增强空间的层次感与美观度。对于卫生间和厨房区域,会先进行卫生洁具与厨房设备的安装调试,确保水路、电路连接正确且使用正常。接着进行开关插座、灯具等电气设备的安装,安装过程严格遵循电气安装规范,保证位置准确、接线牢固。

15.3.2.4　室外工程方面

先进行建筑物周边散水、明沟的施工,为建筑物提供良好的排水条件。之后进行室外景观工程施工,包括绿化种植、景观小品设置等。在进行绿化种植时,根据植物的生长习性选择合适的种植时间和养护方法,确保植物的成活率。

15.3.3　施工方法的确定

15.3.3.1　施工方法确定的原则

(1) 针对性与具体化

分部分项工程施工方法的确立需紧密结合该分项工程的实际情况,避免笼统阐述。以模板工程为例,应依据其工程特性,详细规划模板的组合方式、支撑体系以及加固方案,并绘制精准的模板安装图,而非仅依据施工规范简单罗列安装要求,确保施工方法具有明确的指向性与实操性。

(2) 多维度考量

施工方法(工艺)的选择需综合考量安全性、先进性、适用性与经济性。安全性为首要准则,务必确保施工过程稳定可控,工程质量达标。在此基础上,评估施工方法是否具备先进技术理念、契合工程实际条件。最后,对不同施工方法进行全面的经济分析,权衡成本与效益。

(3) 保障性措施完备

拟定施工方法时,不仅要明确施工项目的操作流程与技术手段,还需制定严格的质量标准,同时配套针对性的质量保证措施、施工安全保障方案,以及针对可能出现的各类异常情况的预防预案,为施工全过程提供坚实可靠的保障。

15.3.3.2　施工方法选择

在选择主要的分部或分项工程施工时,应包括以下的内容:

(1) 土石方工程

① 计算土石方工程量,确定开挖或爆破方法,选择相应的施工机械。当采用人工开挖时应按工期要求确定劳动力数量,并确定如何分区分段施工。当采用机械开挖时,应选择机械挖土的方式,确定挖掘机型号、数量和行走线路,以充分利用机械能力,从而达到最高的挖土

效率。

② 对地形复杂的地区进行场地平整时，要确定土石方调配方案。

③ 基坑深度低于地下水位时，应选择降低地下水位的方法，确定降低地下水所需设备。

④ 当基坑较深时，应根据土壤类别确定边坡坡率和土壁支护方法，确保安全施工。

（2）基础工程

① 基础需设施工缝时，应明确留设位置及技术要求。

② 确定浅基础的垫层、混凝土和钢筋混凝土基础施工的技术要求。若基础下设有地下室，还需明确防水施工的技术要求。

③ 确定桩基础的施工方法和施工机械。

（3）砌筑工程

① 应明确砖墙的砌筑方法和质量要求。

② 明确砌筑施工中的流水分段和劳动力组合形式等。

③ 确定脚手架搭设方法和技术要求。

④ 当基坑较深时，应根据土壤类别确定边坡坡率和土壁支护方法，确保安全施工。

（4）混凝土及钢筋混凝土工程

① 确定混凝土工程施工方案，如滑模施工法、爬升法或其他方法。

② 确定模板类型和支模方法。重点应考虑提高模板周转利用次数、节约人力和降低成本，对于复杂工程还需进行模板设计和绘制模板放样图或排列图。

③ 钢筋工程应选择恰当的加工、绑扎和焊接方法。如钢筋做现场预应力张拉时，应详细制订预应力钢筋的加工、运输、安装和检测方法。

④ 选择混凝土的制备方案，如采用商品混凝土，还是现场制备混凝土；确定搅拌、运输及浇筑顺序和方法；选择泵送混凝土和普通垂直运输混凝土。

⑤ 选择混凝土搅拌、振捣设备的类型和规格，确定施工缝的留设位置。

⑥ 如采用预应力混凝土，应确定其施工方法、控制应力和张拉设备。

（5）结构吊装工程

① 根据选用的机械设备，确定结构吊装方法，安排吊装顺序、机械位置、开行路线及构件的制作、拼装场地。

② 确定构件的运输、装卸、堆放方法，所需的机具、设备的型号、数量和对运输道路的要求。

（6）装饰工程

① 围绕室内外装修，确定采用工厂化、机械化施工方法。

② 确定工艺流程和劳动组织，组织流水施工。

③ 确定所需机械设备，确定材料堆放、平面布置和储存要求。

（7）现场垂直、水平运输

① 确定垂直运输量（有标准层的要确定标准层的运输量），选择垂直运输方式，以及脚手架的类型及搭设方式。

② 明确水平运输方式，确定设备的型号、数量，以及配套使用的专用工具、设备（如混凝土车、灰浆车料斗、砖车、砖笼等），确定地面和楼层上水平运输的行驶路线。

③ 合理布置垂直运输设施的位置，综合安排各种垂直运输设施的任务和服务范围以及混

凝土后台上料方式。

15.3.4 施工机械的选择

选择施工机械时应注意以下几点：

(1) 主导工程机械优先确定

施工机械选型时，需将主导工程的施工机械作为首要选择对象。在地下工程中，土方挖掘与运输机械属于主导设备；在主体结构施工阶段，垂直与水平运输机械发挥关键作用；在结构吊装工程里，起重机械则为核心装备。精准选定主导工程机械，对保障施工流程顺畅、工期可控意义重大。

(2) 辅助机械适配主导机械

选定主导施工机械后，在配置辅助施工机械过程中，务必确保充分发挥主导机械的生产效能。要使主导机械与辅助机械的台班生产能力相互匹配、协同作业，据此明确辅助施工机械的类别、规格型号及投入数量。以土方工程为例，自卸汽车的载重量应与挖掘机斗容量呈整数倍关系，同时合理调配汽车数量，确保挖掘机能够持续高效作业，避免出现停工待料等资源浪费现象。

(3) 机械型号优化管理

为实现施工机械化的高效管理，同一施工现场所采用的机械型号应尽量精简。当工程项目的工程量大且施工区域集中时，选用专业化施工机械能够大幅提升作业效率与质量；若工程量较小且分布较为零散，多用途施工机械则凭借其灵活适配性，更契合工程实际需求，有助于降低设备调配成本，提高整体施工效益。

(4) 既有资源优先利用

施工机械选择过程中，应优先考量施工单位现有的机械设备资源，以此减少工程建设初期的资金投入，充分盘活既有资产，提高现有机械的利用率，进而有效压缩施工成本。当现有施工机械无法满足工程建设的技术、数量等要求时，可通过购置新设备或租赁专业机械的方式，补充所需的新型机械装备，保障工程顺利推进。

15.3.5 施工方案的评价

施工方案评价的作用在于通过系统分析技术可行性、经济合理性、质量安全保障及环境适应性等多维度指标，为决策提供科学依据，确保所选方案在满足工程目标的前提下，最大限度地优化资源配置、降低风险、提升综合效益，并有效协调工期、成本与质量之间的平衡关系，为项目顺利实施奠定基础。

15.3.5.1 评价方法

(1) 多指标综合评价法

① 成分分析

将复杂的施工方案评价问题分解为多个层次，建立层次结构模型，通过构造判断矩阵，计算各指标的权重，然后对各方案进行综合评价。

② 模糊综合评价法

对于一些难以精确量化的评价指标，如施工方案的安全性、美观性等，采用模糊数学的方法进行评价。通过建立模糊评价矩阵，确定评价因素的权重，进行模糊运算，得出综合评价结果。

(2) 技术经济评价法

① 价值工程法

通过对施工方案的功能分析和成本分析,计算功能价值系数,以确定方案的技术经济性。功能价值系数越高,说明方案的技术经济性越好。

② 费用效益分析法

对施工方案的费用和效益进行分析和比较,计算净现值、内部收益率等经济评价指标,以评价方案的经济可行性。

(3) 对比分析法

① 与类似工程对比

将待评价的施工方案与已完成的类似工程的施工方案进行对比,分析其在技术、经济、质量等方面的优缺点,从而对方案进行评价。

② 多方案对比

当有多个施工方案可供选择时,对各方案的技术经济指标、施工进度、质量保证措施等进行详细对比,选择最优方案。

15.3.5.2 施工方案的评价指标

(1) 技术指标

① 施工工艺的先进性

评价施工方案所采用的施工工艺是否先进、合理,是否符合工程的特点和要求,能否提高施工效率和质量。

② 施工技术的可靠性

考察施工方案所依据的技术原理是否成熟,施工过程中是否存在技术风险,能否保证施工安全和质量。

③ 施工机械的适用性

评估施工方案选用的施工机械是否与工程规模、施工条件等相适应,能否充分发挥机械的性能,以提高施工效率。

(2) 经济指标

① 施工成本

施工成本包括直接成本和间接成本,如人工费、材料费、机械费、管理费等。施工成本是评价施工方案经济性的重要指标,成本越低,方案的经济性越好。

② 投资回收期

对于一些需要较大投资的施工项目,计算投资回收期,以评价施工方案的投资回收能力。投资回收期越短,说明方案的经济效益越好。

③ 资金周转率

资金周转率反映施工方案中资金的周转速度,资金周转率越高,说明资金的使用效率越高,方案的经济性越好。

(3) 质量指标

① 工程质量标准

明确施工方案所要求达到的工程质量标准,如国家规范、行业标准、设计要求等。工程质量标准是评价施工方案质量的基本依据。

② 质量保证措施

考察施工方案中制定的质量保证措施(包括质量管理体系、质量检验制度、质量控制方法等)是否完善、有效,能否确保工程质量达到预期标准。

③ 质量通病防治

评价施工方案对常见质量通病的防治措施是否得当,能否有效预防和解决如混凝土裂缝、渗漏等质量问题。

(4) 进度指标

① 总工期

施工方案所确定的总工期是否满足合同要求和项目的整体进度计划,总工期越短,说明方案的进度优势越明显。

② 关键线路

分析施工方案中的关键线路,考察关键工作的持续时间和逻辑关系是否合理,是否存在影响工期的关键风险因素。

③ 进度保证措施

检查施工方案中制定的进度保证措施(如资源供应计划、进度监控方法、赶工措施等)是否可行,能否确保工程按时完成。

(5) 安全与环境指标

① 安全保障措施

评价施工方案中制定的安全保障措施(包括安全管理制度、安全防护设施、安全操作规程等)是否完善,能否有效预防安全事故的发生。

② 安全风险评估

对施工过程中可能存在的安全风险进行评估,分析风险的类型、等级和发生概率,评价施工方案对安全风险的控制能力。

③ 环境保护措施

考察施工方案中制定的环境保护措施是否符合国家和地方的环保要求,如噪声控制、粉尘治理、废水处理、固体废弃物处置等措施是否有效,能否减少施工对环境的影响。

15.4 单位工程施工进度计划安排

15.4.1 施工进度计划概述

15.4.1.1 施工进度计划的作用与分类

(1) 施工进度计划的作用

在土木工程施工中,编制单位工程施工进度计划起着至关重要的作用。它不仅是施工方案在时间维度上的具体体现,更是指导单位工程施工的核心文件之一。其依据施工方案,合理安排各施工过程的顺序与时间,确保单位工程在规定时间内有序、高质量地完成施工任务。该计划为编制企业季度、月度生产计划提供坚实依据,助力企业资源的合理调配与供应,同时为施工现场临时设施的数量确定和动力配备等提供有力支持。此外,施工进度计划与其他诸多因素紧密相连，如施工方法的合理性、工期的满足程度等，这些因素相互影响、相互制约。因此，编制施工进度计划时，需细致、周密地考量这些因素，以保障施工过程的顺利推进。

(2) 施工进度计划的类别

① 根据进度计划的表达形式不同分类

根据进度计划的表达形式不同，可以分为横道图计划、网络计划和时标网络计划。横道图计划形象直观，能清晰地展示工作的开始和结束日期，能按天统计资源消耗，但不能抓住工作间的主次关系，逻辑关系不明确；网络计划能反映各工作间的逻辑关系，利于重点控制，但工作的开始与结束时间不直观，也不能按天统计资源；时标网络计划结合了横道图计划和网络计划的优点，是实践中应用较普遍的一种进度计划表达形式。

② 根据其对施工的指导作用不同分类

根据其对施工的指导作用的不同，可分为控制性施工进度计划和实施性(详细)施工进度计划两类。

控制性施工进度计划一般适用于工程施工工期较长、结构较复杂、资源供应暂时无法全部落实，或工程工作内容可能发生变化、某些构件(结构)的施工方法暂时不能全部确定的情况。此时，编制以分部工程项目为划分对象的施工进度计划，用以控制各分部工程的施工进度。在进行分部工程施工前，再按分项工程编制详细的施工进度计划，以具体指导分部工程的现场施工。

实施性施工进度计划是控制性施工进度计划的补充，是各分部工程施工时施工顺序和施工时间的具体依据。该类施工进度计划的项目划分必须详细，各分项工程彼此间的衔接关系必须明确。其编制可与编制控制性施工进度计划同时进行，也可待条件成熟时再编制。对于较简单的单位工程，一般可直接编制单位工程施工进度计划。

这两种计划形式是相互联系、互为依据的。在实践中可以结合具体情况来编制。若工程规模大，而且复杂，可以先编制控制性施工进度计划，接着针对每个分部工程来编制详细的实施性施工进度计划。

15.4.1.2 施工进度计划编制依据

编制施工进度计划的主要依据有：

① 工程相关资料

单位工程施工进度计划的编制需依据工程承包合同及招标投标书，明确工程的交付期限和相关要求。施工图纸、工程项目概预算资料等技术文件是编制进度计划的重要基础，确保各项施工任务的安排符合设计要求。同时，还需参考建筑总平面图、地质地形图等，了解施工现场的总体布局和地质条件。此外，工程已列入年度固定资产投资计划的批准文件、国土管理单位批准的土地征购通知单、拆迁情况、资金来源、材料设备供应程度以及协作配套情况等，都是编制进度计划时必须考虑的因素。施工许可证(执照)也是重要的依据之一，确保施工活动的合法性。

② 自然条件资料

建设地区的地形、地质、水文气象资料对施工进度计划的编制至关重要。这些资料有助于了解施工现场的自然条件和环境，为施工方案的选择和施工进度的安排提供科学依据。同时，还需考虑施工现场的气候条件、环境条件等，以便合理安排施工时间和施工顺序，避免因自然条件的不利影响而导致工期延误。

③ 建设地区的技术经济条件

建设地区的建材工业及其产品、资源、能源及其保障程度是编制施工进度计划的重要参考依据。了解当地的交通运输、生活、生产和福利设施等情况，有助于合理安排施工资源的调配和供应。此外，工程项目所在地资源的可利用情况也应纳入考虑范围，确保施工过程中资源的稳定供应，为施工进度计划的顺利实施提供保障。

④ 主管部门及企业相关情况

主管部门有关指导文件，包括建设项目交付期限，施工中要求采用的新结构、新技术及技术经济指导等，是编制施工进度计划的重要依据。施工企业及相关协作单位可配备的人力、机械设备和技术状况，直接影响施工进度的安排和实施。企业要求的施工进度目标以及项目部可能投入的施工力量及资源情况，也是编制进度计划时必须考虑的因素，以确保施工进度计划的可行性和合理性。

⑤ 施工相关资料

施工进度计划的编制还需参考施工组织总设计对本单位工程的有关规定，确保施工进度安排与整体施工组织设计相协调。主要分部(项)工程的施工方案是编制进度计划的重要依据，明确各施工过程的施工顺序和技术要求。施工条件，劳动力、材料、构件及机械供应条件，分包单位情况等，也是编制施工进度计划时必须考虑的因素，确保施工过程中各项资源的供应和施工条件满足要求。

⑥ 定额、规范等资料

国家及地方有关的现行定额、规程、规范和规定是编制施工进度计划的重要依据。这些定额和规范为施工进度计划的编制提供了标准化的参考，确保施工进度安排的科学性和合理性。劳动定额或机械台班定额是计算劳动量和机械台班数的基础，为施工进度计划的编制提供准确的数据支持，确保施工进度计划的实施具有可操作性。

⑦ 其他资料

已建成的同类工程实际进度及经济指标是编制施工进度计划的重要参考依据。通过分析同类工程的施工进度和经济指标，可以吸取经验和教训，为本工程的施工进度计划编制提供有益的参考，提高施工进度计划的科学性和合理性。

15.4.2 单位工程施工进度计划编制程序与步骤

15.4.2.1 单位工程施工进度计划编制程序

单位工程施工进度计划编制的一般程序如图 15.4 所示。

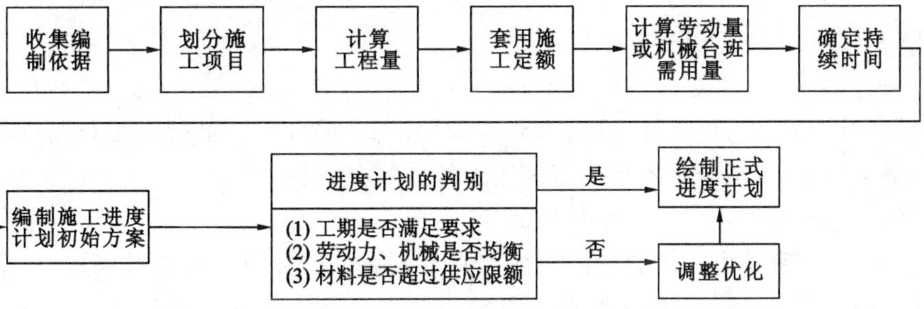

图 15.4 单位工程施工进度计划编制程序

15.4.2.2　单位工程施工进度计划编制步骤

(1) 划分施工过程

① 明确施工过程。施工过程是进度计划的基本组成单元，主要包括直接在建筑物(或构筑物)上进行施工的所有分部分项工程，不包括加工厂的预制加工及运输过程。

② 合理划分施工过程。根据施工方案和施工图纸，结合工程特点，合理划分施工过程。施工过程划分的粗细程度应根据进度计划的类型(控制性或实施性)确定。控制性施工进度计划的施工过程划分较粗，通常只列出分部工程名称；实施性施工进度计划的施工过程划分较细，特别是主导工程和主要分部工程，应尽量详细且不漏项。

③ 优化施工过程。适当简化施工进度计划内容，避免工程项目划分过细、重点不突出。可考虑将某些穿插性分项工程合并到主要分项工程中，对于在同一时间内由同一工程队施工的过程可以合并为一个施工过程，次要的零星分项工程可合并至“其他工程”一项。

(2) 计算工程量

工程量计算应严格按照施工图纸和工程量计算规范进行。当编制施工进度计划时如已经有预算文件，则可直接利用预算文件中有关的工程量。若某些项目的工程量有出入且相对出入较大，可结合工程项目的实际情况做一些调整或补充。计算工程量时应注意以下几个问题：

① 严格按照施工图纸和工程量计算规范进行工程量计算。如果已有预算文件，可直接利用其中的工程量，但需注意核对准确性。

② 各分部分项工程量计算单位必须与现行施工定额的计量单位一致，以便计算劳动量和材料、机械台班消耗量时直接套用。

③ 计算工程量时，应结合分部分项工程的施工方法和技术安全要求，考虑实际施工条件，如土方开挖要考虑土的类别、挖土方法、边坡护坡处理和地下水情况。

④ 结合施工组织要求，分层、分段计算工程量，以便更准确地反映施工过程的实际需求。

⑤ 计算工程量时，尽量考虑在编制其他计划时使用工程量数据的方便性，做到一次计算，多次使用。

(3) 计算劳动量和机械台班数

计算完每个施工段各施工过程的工程量后，可以根据现行的劳动定额，计算相应的劳动量和机械台班数，可按下式计算：

$$P_i = \frac{Q_i}{S_i} = Q_i Z_i \tag{15-1}$$

式中　P_i——第 i 个施工过程的劳动量(台班)数量；

Q_i——第 i 个施工过程的工程量；

S_i——第 i 个施工过程的产量定额；

Z_i——第 i 个施工过程的时间定额。

对于“其他工程”项目的劳动量或机械台班量，可根据合并项目的实际情况进行计算。实践中常根据工程特点，结合工地和施工单位的具体情况，以总劳动量的一定比例估算，一般占总劳动量的10%～20%。

当某一分项工程是由若干具有同一性质而不同类型的分项工程合并而成时，应根据各个不同分项工程的劳动定额和工程量，按合并前后总劳动量不变的原则计算合并后的综合劳动定额。计算公式如下：

$$\overline{S}=\frac{\sum_{i=1}^{n}Q_i}{\frac{Q_1}{S_1}+\frac{Q_2}{S_2}+\cdots+\frac{Q_n}{S_n}} \quad \text{或} \quad \overline{Z}=\frac{Q_1Z_1+Q_2Z_2+\cdots+Q_3Z_3}{\sum_{i=1}^{n}Q_i} \tag{15-2}$$

式中　$\overline{S}$——综合产量定额；

$\overline{Z}$——综合时间定额；

$Q_1,Q_2,\cdots,Q_n$——合并前各分项工程的工程量；

$S_1,S_2,\cdots,S_n$——合并前各分项工程的产量定额；

$Z_1,Z_2,\cdots,Z_n$——合并前各分项工程的时间定额。

实际应用时，应特别注意合并前各分项工程工作内容和工程量的单位。当合并前各分项工程的工作内容和工程量单位完全一致时，公式中$\sum_{i=1}^{n}Q_i$应等于各分项工程工程量之和，反之应取与综合劳动定额单位一致且工作内容基本一致的各分项工程的工程量之和。综合劳动定额单位与合并前各分项工程之一的劳动定额单位一致，最终取哪一个单位为好，应视使用方便而定。

对于有些新技术或特殊的施工方法无定额可遵循时，此时可将类似项目的定额进行换算或根据经验资料确定，或采用三点估计法确定综合定额。三点估计法计算式如下：

$$S=\frac{1}{6}(a+4m+b) \tag{15-3}$$

式中　S——综合产量定额：

a——最乐观估计的产量定额；

b——最保守估计的产量定额；

m——估计的最可能产量定额。

(4) 确定各施工过程的持续时间(t)

在计算出各施工过程的劳动量(或机械台班数)后，依据现有的人力或机械资源，确定每个施工过程的具体作业时间，即各施工过程的持续时间(或流水节拍)。这一步骤是确保施工进度计划合理的关键环节。

(5) 编制初始进度计划方案

基于施工方案所确定的施工顺序，结合各施工过程的持续时间、施工区域划分的施工过程段和施工层，精准识别主导施工过程。严格遵循流水施工原则，组织施工流程，并绘制初始的横道图或网络计划，构建施工的初始方案。这一方案将作为后续优化的基础。

(6) 检查与调整施工进度计划

无论采用流水作业法还是网络计划技术，施工进度计划的初始方案均应进行检查、调整和优化。其主要内容有：

① 编制的计划工期能否满足合同规定的工期要求。

② 各施工过程的施工顺序、平行搭接和技术间歇问题是否合理。

③ 主要工种的工人是否能满足连续、均衡施工的要求。

④ 主要机具、材料等的利用方面是否均衡和充分。

在上述检查内容中，前两方面是首要的，如果不满足要求，则必须进行调整。只有在前两方面达到要求的前提下，才能进行后两方面的检查与调整。前者解决的是计划的可行性问题，而后者则侧重于优化资源配置，提高施工效率。

根据检查结果，对不满足要求的部分进行调整，例如延长或缩短某施工过程的持续时间，调整施工方法或施工技术，优化组织措施等。通过这些调整，在满足工期要求的同时，确保劳动力、材料和设备的需求趋于均衡，主要施工机械的利用更加合理。

此外，在施工进度计划执行过程中，由于现场客观条件的变化，原定计划可能需要调整。因此，在施工过程中，应定期检查和调整施工进度计划，确保其始终符合实际施工需求。

15.4.3 进度计划的评价

施工进度计划的合理性对工期、成本、质量和安全有着深远影响。因此，对其进行经济评价至关重要。评价单位工程施工进度计划优劣，核心在于评估其对工期目标、工程质量、施工安全及工期费用的影响。具体评价指标如下：

① 工期：涵盖总工期、主要施工阶段的工期、计划工期、定额工期、合同工期或期望工期等。

② 施工资源的均衡性：涉及劳动力、施工机具、周转材料、建筑材料以及施工所需的人力、财力、物力等资源的合理配置与均衡利用。

15.5 资源需求计划的编制

在施工进度计划确定后，应依据各工序及其持续时间所对应的资源需求，编制详细的资源需求量计划。该计划涵盖材料、劳动力、构件及半成品、施工机具等各类资源，旨在为相关职能部门提供精准的调配依据。通过这一计划，可高效组织劳动力与物资的供应，合理确定工地临时设施的布局与规模，从而确保施工活动顺利开展。

15.5.1 劳动力需求量计划

根据施工进度计划和各施工过程的劳动量，编制劳动力需求量计划。它为施工现场的劳动力调配提供依据。首先，确定各施工阶段所需的工种，如土方工、钢筋工、木工、混凝土工、架子工、抹灰工等。然后，根据各工种的劳动量和施工时间，计算出每个工种在不同施工阶段的人数。然后将各工种在不同施工阶段的人数汇总，形成劳动力需求量计划表(表 15.2)，以便合理安排劳动力的进场和退场时间，确保施工的顺利进行。

表 15.2 劳动力需求量计划

序号	工种名称	总劳动量/工日	每月需求量/工日					
			1	2	3	4	5	6

15.5.2 主要材料需求量计划

依据施工图纸和施工进度计划，计算主要材料的需求量。主要材料包括钢材、水泥、木材、砂石、砖、防水材料、装饰材料等。对于每种材料，根据其在各分部分项工程中的用量，结合施工进度计划，确定材料的进场时间和数量。对各种材料消耗进行汇总计算得到主要材料需求量计划表(表 15.3)，有助于提前做好材料的采购、运输和储备工作，保证材料的供应满足施工需求。

表 15.3　主要材料需求量计划

序号	材料名称	规　　格	需　求　量		供应时间	备　　注

15.5.3　构件和半成品需求量计划

对于需要在工厂加工制作的构件和半成品，如预制混凝土构件、门窗、幕墙等，根据施工进度计划和设计要求，编制构件和半成品需求量计划。确定构件和半成品的规格、数量、加工时间和进场时间。提前做好构件和半成品的加工和供应计划，能够确保施工的连续性和高效性。对各种构件和半成品需求量进行汇总计算得到表 15.4。

表 15.4　构件和半成品需求量计划

序号	构件、配件及半成品名称	规格	型号	需求量		使用部位	加工单位	供应日期	备注
				单位	数量				

15.5.4　施工机械需求量计划

根据施工方案和施工进度计划，确定施工机械的种类、数量和进场时间，编制施工机械需求量计划(表 15.5)。施工机械需求量计划的编制，有助于合理安排机械的租赁、调配和使用，提高机械的利用率，降低施工成本。

表 15.5　施工机械需求量计划

序号	机械名称	类型、型号	需　求　量		货　　源	使用起止时间	备　　注
			单位	数量			

15.6 施工现场平面图布置

15.6.1 施工现场平面图布置的内容

15.6.1.1 拟建建筑物的位置

在施工现场平面布置图中，准确标注拟建建筑物的位置、轮廓和尺寸，以及与周边建筑物、道路等的相对位置关系。这是施工现场平面布置的基础，其他临时设施的布置都要围绕拟建建筑物进行。

15.6.1.2 临时设施的布置

包括办公区、生活区、材料堆放区、加工区、仓库、配电室、厕所、食堂等临时设施的位置和范围。办公区和生活区应与施工区分开设置，保持一定的安全距离，避免施工对办公和生活造成影响。材料堆放区和加工区应靠近使用地点，减少材料的二次搬运。仓库应根据材料的性质和存储要求进行合理布置，确保材料的安全存储。

15.6.1.3 施工道路的规划

规划施工现场的主要道路和次要道路，确保道路畅通，满足施工车辆和人员的通行需求。施工道路应形成环形或有多个出入口，便于车辆的掉头和疏散。道路的宽度和承载能力应根据施工车辆的类型和数量进行设计，一般主要道路宽度不小于 6 m，次要道路宽度不小于 3.5 m。

15.6.1.4 水电管网的敷设

绘制施工现场的临时供水和供电管网，包括水源地、水泵房、供水管网、配电箱、供电线路等的位置和走向。供水管网应覆盖施工现场的各个用水点，保证施工和生活用水的供应。供电线路应满足施工设备和照明的用电需求，确保安全可靠。

15.6.1.5 垂直运输设备的位置

标注塔吊、施工电梯等垂直运输设备的位置和工作范围。塔吊的位置选择要综合考虑建筑物的布局、材料吊运需求以及周边环境等因素，确保其起重臂能够覆盖建筑物的主要施工区域及大部分材料堆放场地。施工电梯应设置在人员上下频繁且便于与建筑物连接的位置，如建筑物的楼梯间附近。

15.6.1.6 材料和构配件的堆放位置

根据施工进度和材料使用计划，合理确定材料和构配件的堆放位置。例如，钢材应堆放在靠近钢筋加工区的位置，且场地要进行硬化处理，防止钢材生锈。砂石等散装材料应设置专门的堆放场地，并进行围挡，避免材料散落。对于预制混凝土构件，要根据其类型和安装顺序进行分类堆放，堆放场地要平整、坚实，确保构件的稳定性。

15.6.1.7 机械设备的停放位置

明确施工机械设备的停放位置，如挖掘机、装载机、起重机等大型机械设备，应停放在指定的场地，避免随意停放影响施工交通。同时，停放场地要具备一定的承载能力，确保设备停放安全。小型机械设备如电焊机、电锯等，可集中放置在加工区内的指定位置，便于管理和维护。

15.6.1.8　安全设施和消防设施的布置

在施工现场平面布置图中，要标注各类安全设施和消防设施的位置。安全设施包括防护栏杆、安全网、警示标志等，应设置在危险区域和人员容易接触的地方，如楼梯口、电梯井口、预留洞口、通道口等。消防设施包括消防栓、灭火器、消防水池等，应按照相关规定进行布置，确保在火灾发生时能够及时有效地进行灭火。

图 15.5 所示为某项目施工现场平面布置图。

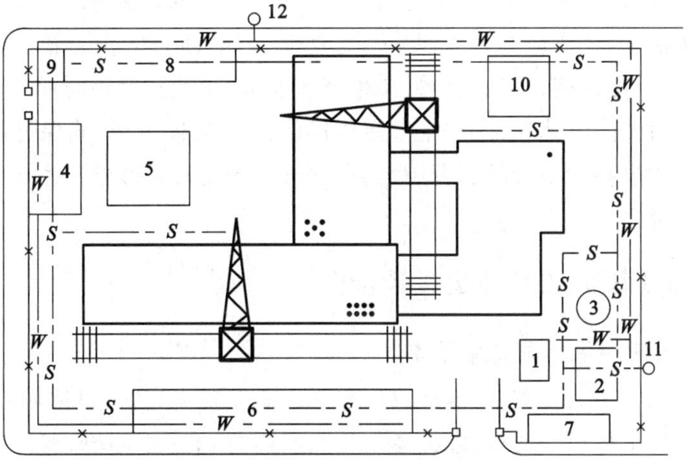

图 15.5　某项目施工现场平面布置图

1—混凝土砂浆搅拌机；2—砂石堆场；3—水泥罐；4—钢筋车间；5—钢筋堆场；
6—木工车间；7—工具房；8—办公室；9—警卫室；10—红砖堆场；11—水源；12—电源

15.6.2　施工现场平面图布置的原则

施工现场平面布置图在布置设计时，应满足以下原则：

(1) 在满足施工需求的前提下，尽量减小施工场地的占用面积。充分利用场地的边角地带和空间，合理布置临时设施和材料堆放场地，避免场地浪费。例如，将办公区和生活区设置在施工现场的一侧，采用多层活动板房，减小占地面积。同时，合理规划材料堆放区，使材料堆放紧凑有序，提高场地利用率。

(2) 使材料堆放场地、加工厂、仓库等临时设施尽量靠近使用地点，减少材料和构配件的二次搬运。例如，将钢筋加工区设置在靠近主体结构施工区域的位置，方便加工后的钢筋直接吊运至施工部位。混凝土搅拌站应设置在靠近混凝土浇筑量大的区域，缩短混凝土的运输距离，降低运输成本并缩短时间，提高施工效率。

(3) 规划合理的施工道路和运输路线，确保施工车辆和人员能够安全、快捷地通行。施工道路应形成环形或有多个出入口，避免交通堵塞。道路的宽度和转弯半径要满足施工车辆的行驶要求，同时要考虑道路的承载能力，确保大型施工车辆能够安全通过。例如，在施工现场设置主要道路和次要道路，主要道路宽度不小于 6 m，次要道路宽度不小于 3.5 m，道路转弯半径根据车辆类型进行设计，满足车辆转弯需求。

(4) 符合安全、防火、环保要求。设置必要的安全防护设施和消防设施，确保施工人员的生命安全和施工过程的消防安全。例如,在建筑物周边设置防护栏杆,防止人员坠落;在易燃材料堆放区设置灭火器和消防栓,配备消防砂和消防桶等灭火器材。同时,要对施工过程中产生的废水、废气、废渣等进行合理处理,避免对周边环境造成污染。如设置沉淀池对施工废水进行处理,达到排放标准后再排放;对施工现场的扬尘进行控制,采取洒水降尘、覆盖等措施。

(5) 成本节约与安全管理。优先对施工现场及周边的既有建筑物进行勘察评估,通过改造、加固等方式,充分利用其空间作为办公场所、宿舍或仓储区域,以此大幅降低临时设施的新建费用,实现资源的高效利用。同时,基于施工安全与人员管理需求,严格遵循"三区分离"原则,将办公区、生活区、生产区进行物理分隔与功能划分:办公区作为施工管理中枢,需靠近施工现场入口,便于统筹协调;生活区应远离生产作业区,设置在噪声与粉尘影响较小的区域,为施工人员营造舒适安全的休息环境;生产区则围绕施工流程布局,确保材料加工、设备操作等作业有序开展。通过科学整合既有资源与合理分区,既能有效降低成本,又能提升施工现场的安全性与管理规范性。

15.6.3 单位工程施工平面图设计步骤

15.6.3.1 明确设计依据与基础资料

设计单位工程施工平面图前,需全面收集并深入研究各类资料,包括详细剖析建筑总平面图、平面图、剖面图等工程设计文件,掌握建筑物自身特性与周边环境;深入分析施工方案、进度计划等施工组织设计资料,明确施工方法、机械选型及资源需求;实地勘察施工现场,了解地形地貌、水文地质等自然状况与既有设施分布;同时掌握材料、构配件、设备的供应、运输、储存信息及施工机械工具的配备、进退场计划,为科学合理设计施工平面图奠定坚实基础。

15.6.3.2 确定起重机械的位置

起重机械作为施工现场的核心设备,其布置位置对施工流程和材料运输效率至关重要,需依据工程特点合理规划。其中,塔式起重机应根据建筑物平面形状、尺寸、高度及场地条件,优先设于建筑物外侧长边,保证起重臂全覆盖施工区域,同时预留安拆空间并确保基础稳固,规避与周边设施冲突的情况;施工电梯通常布置在建筑物出入口附近且处于塔式起重机起重范围内,以利人员和材料运输,同时保障通道畅通、做好安全防护;龙门架、井架等垂直运输机械则适用于多层建筑,多布置在建筑物外侧靠近施工道路处,并结合建筑物平面布局、材料堆放场地及施工进度计划,实现高效垂直运输。

15.6.3.3 布置运输道路

运输道路是施工现场的"血管",负责连接各个施工区域和材料堆放场地,确保材料、设备和人员的顺利通行,设计时需满足以下要求:

施工现场运输道路的布置需以满足运输需求、方便施工操作、保证安全可靠为原则,既要通过连接材料堆放场地、加工场地、起重机械位置和建筑物出入口,构建完整运输网络以保障畅通,又要避免与施工操作区域相互干扰,同时确保道路宽度、坡度、转弯半径符合规范,对重载道路进行地基处理以增强承载能力;在道路形式选择上,场地大、运输量大时采用环形道路实现双向通行,场地受限时则用尽头式道路并设置适配运输车辆的回车场;此外,为减少扬尘、延长道路寿命,主要运输道路需采用混凝土、碎石等材料进行硬化处理。

15.6.3.4 安排材料、构配件及加工场地的位置

材料、构配件及加工场地的布置关乎施工效率与成本，需综合考量多方面因素。首先，应尽量靠近建筑物施工部位，以缩短运输距离，如钢筋加工场地贴近建筑物便于加工运输；其次，要便于运输车辆进出及装卸，将大宗材料置于起重机械作业范围内，方便吊运；再者，材料、构配件需按种类、规格分类堆放并设置标识，同时满足储存条件，例如水泥存放于干燥通风处防潮；最后，加工场地与易燃、易爆材料堆放场地要远离明火作业区，并配备消防设施，保障施工安全。

15.6.3.5 布置临时设施

临时设施涵盖办公、生活、生产设施及水电管网，其布置需兼顾施工人员需求与文明环保要求。办公设施宜设于施工现场入口附近，且与生活、生产区域分离，便于管理指挥；生活设施应远离施工噪声与粉尘，宿舍满足消防、通风采光标准，保障人员生活质量；生产设施依施工需求与场地条件布局，如搅拌站靠近原材料场地与运输道路以利生产运输。临时水电管网方面，供水系统按用水量计算布置，水管网沿道路铺设减少损坏；供电系统依用电设备设计，优先采用架空线路，配电箱的设置应兼顾操作维护与安全规范的要求。

15.6.3.6 布置临时消防设施

消防安全作为施工现场管理的关键内容，临时消防设施布置必须严格遵循规范，以保障火灾发生时的应急扑救能力。在消防水源设置上，优先利用施工现场临时供水系统，若其无法满足消防需求，则需配备消防水池、消防水箱等专用水源；消防管网需独立于临时供水系统，科学规划布局以确保施工现场全域覆盖，管径依据消防用水量精准计算确定；消防器材方面，应在施工现场各区域足量配备灭火器、消防栓、消防水带等，布置位置需便于快速取用，同时建立定期检查维护机制，保证器材时刻处于完好可用状态。

15.6.3.7 检查与优化

初步完成单位工程施工平面图设计后，需开展全面细致的检查工作以保障方案科学可行。检查内容涵盖施工流程、临时设施布置及安全防护三大方面：核查材料运输路线是否存在迂回或二次搬运、起重机械作业范围是否全覆盖，确保施工流程顺畅；检验临时设施能否满足人员需求、符合文明环保标准，确认水电管网与消防设施布置合规，保障施工现场用水、用电及消防安全；查看脚手架、防护栏杆等安全防护设施布局是否合理，危险区域警示标识是否完备，杜绝安全隐患。依据检查结果，针对性地优化调整施工平面图，如重新规划材料堆放场地、优化起重机械布置、调整临时设施位置等，以此提升施工平面图的合理性与科学性，为工程顺利推进筑牢基础。

15.7 技术经济分析

15.7.1 单位工程施工组织设计技术经济分析的指标体系

15.7.1.1 总工期指标

总工期指标反映单位工程从开工到竣工的时间消耗，是衡量施工组织设计合理性的重要

指标之一。通过对比合同工期和实际计划工期，评估施工进度计划的合理性和可行性。

15.7.1.2　质量指标

质量指标包括工程质量合格率、优良率等，反映单位工程的施工质量水平。通过对各分部分项工程质量的控制和验收，确保工程质量符合设计要求和相关标准。

15.7.1.3　成本指标

成本指标主要包括工程总成本、单位工程成本、成本降低率等。工程总成本是指完成单位工程所耗费的全部费用，包括直接成本和间接成本。单位工程成本是指单位建筑面积或单位工程体积所耗费的成本。成本降低率是指通过采取有效的成本控制措施，实际成本与计划成本相比降低的比例。

15.7.1.4　资源利用指标

资源利用指标包括劳动力利用率、材料利用率、机械设备利用率等。劳动力利用率反映劳动力的使用效率，通过合理安排劳动力的工作任务和工作时间，提高劳动力的利用率。材料利用率反映材料的节约程度，通过优化材料采购计划、合理下料等措施，提高材料的利用率。机械设备利用率是衡量机械设备使用效率的重要指标，它反映了机械设备在施工过程中的实际使用情况与理论使用能力之间的关系。

15.7.1.5　安全指标

安全指标包括安全事故发生率、安全隐患整改率等，反映单位工程施工过程中的安全管理水平。通过加强安全教育培训、落实安全防护措施、加强安全检查等方法，降低安全事故发生率，提高安全隐患整改率。

15.7.2　单位工程施工组织设计技术经济分析方法

15.7.2.1　定性分析方法

通过对施工组织设计的各项内容进行分析和评价，从技术、经济、管理等方面对施工方案、施工进度计划、资源配置等进行定性判断。例如，分析施工方案是否符合工程特点和施工条件，施工进度计划是否合理安排了各施工过程的先后顺序和时间，资源配置是否满足施工需求等。定性分析方法主要依靠专业人员的经验和判断，具有主观性，但能够对施工组织设计进行全面的分析和评价。

15.7.2.2　定量分析方法

通过计算各项技术经济指标，对施工组织设计进行量化分析。例如，计算工期指标、质量指标、成本指标、资源利用指标、安全指标等，通过对比不同方案的指标值，选择最优的施工组织设计方案。定量分析方法具有客观性和准确性，但需要准确的数据支持和合理的计算方法。

在实际应用中，通常将定性分析方法和定量分析方法结合使用，以全面、准确地评价施工组织设计的技术经济合理性。例如，在选择垂直运输机械时，先通过定性分析确定几种可行的方案，然后通过定量分析计算每种方案的租赁成本、能耗成本、维护成本等指标，综合比较后选择最优方案。

15.7.3 单位工程施工组织设计技术经济分析需注意的问题

15.7.3.1 指标的综合性和可比性

在进行技术经济分析时，要综合考虑各项指标，避免只关注某一项指标而忽视其他指标。同时，要确保不同方案的指标具有可比性，例如在计算成本指标时，要采用相同的成本计算方法和范围，在计算工期指标时，要采用相同的时间计算单位和计算方法。

15.7.3.2 数据的准确性和可靠性

技术经济分析的结果取决于数据的准确性和可靠性。因此，在收集和整理数据时，要确保数据来源可靠，计算方法正确。例如，在计算工程量时，要严格按照工程量计算规则进行计算；在确定材料价格时，要参考市场实际价格或招标价格。

15.7.3.3 方案的完整性和可行性

在对施工组织设计方案进行技术经济分析时，要确保方案的完整性和可行性。方案应包括施工的各个环节和方面，并且在实际施工中能够实施。例如，施工方案中应包括施工方法、施工机械选择、施工进度计划、资源配置等内容，并且这些内容要相互协调，能够在实际施工中顺利实施。

15.7.3.4 动态分析和静态分析相结合

静态分析主要是对施工组织设计方案在某一特定时刻的技术经济指标进行分析，动态分析则是对施工过程中技术经济指标的变化情况进行分析。施工过程是一个动态的过程，技术经济指标也会随着施工过程的变化而变化。因此，在进行技术经济分析时，要将动态分析和静态分析相结合。例如，在分析成本指标时，不仅要分析施工开始时的计划成本，还要分析施工过程中设计变更、材料价格波动等因素导致的成本变化情况。

15.8 某综合楼工程施工组织设计*

某综合楼工程施工组织设计的相关内容见二维码。

【拓展内容】

思考题与习题

15.1 单位工程施工组织设计的内容有哪些？施工部署和施工方案各包括哪些方面的内容？

15.2 试述确定一般房屋建筑工程的施工展开程序应遵循的原则。

15.3 确定施工顺序应考虑哪些原则？

15.4 对不同高度房屋内外装饰的施工流向应如何安排？

15.5 施工机械选择的内容及原则包括哪些？

15.6 房屋建筑工程的施工方法选择应着重哪些内容？

15.7 施工进度计划的类型及形式各有哪些？

15.8 编制施工进度计划的步骤有哪些？如何调整工期？

15.9 在单位工程施工组织设计中，施工准备编制的内容有哪些？

15.10 资源配置计划包括哪些？各自编制的依据和用途是什么？

15.11 施工平面图设计的原则有哪些？设计的内容、步骤有哪些？

15.12 对现场道路的形状、路面宽度、转弯半径各有何要求？

15.13 对现场消防设施有何要求？如何布置？

15.14 现场临时水电管线应如何布置？

15.15 在单位工程施工组织设计中，应制订的管理计划主要有哪些？

15.16 施工组织设计中需计算的主要技术经济指标有哪些？

参考文献

[1] 陈金洪，杜春海，陈华菊. 现代土木工程施工[M]. 2版. 武汉：武汉理工大学出版社，2017.

[2] 毛鹤琴. 土木工程施工[M]. 5版. 武汉：武汉理工大学出版社，2018.

[3] 穆静波，侯敬峰. 土木工程施工[M]. 3版. 北京：中国建筑工业出版社，2020.

[4] 黄丽芬，余明贵，赖华山. 土木工程施工技术[M]. 武汉：武汉理工大学出版社，2022.

[5] 陈云钢. 土木工程施工技术与组织管理[M]. 2版. 北京：机械工业出版社，2025.

[6] 殷为民，杨建中. 土木工程施工[M]. 2版. 武汉：武汉理工大学出版社，2019.

[7] 中华人民共和国住房和城乡建设部.混凝土结构工程施工规范：GB 50666—2011[S]. 北京：中国建筑工业出版社，2012.

[8] 中华人民共和国住房和城乡建设部.钢结构工程施工规范：GB 50755—2012[S]. 北京：中国建筑工业出版社，2012.

[9] 中华人民共和国交通运输部.公路路基施工技术规范：JTG/T 3610—2019[S]. 北京：人民交通出版社股份有限公司，2019.

[10] 中华人民共和国交通运输部.公路桥涵施工技术规范：JTG/T 3650—2020[S]. 北京：人民交通出版社股份有限公司，2020.

[11] 中华人民共和国住房和城乡建设部.地下工程防水技术规范：GB 50108—2008[S]. 北京：中国计划出版社，2008.

[12] 中华人民共和国住房和城乡建设部.建筑装饰装修工程质量验收标准：GB 50210—2018[S]. 北京：中国建筑工业出版社，2018.

[13] 中华人民共和国住房和城乡建设部.建筑地基基础工程施工质量验收标准：GB 50202—2018[S].北京：中国计划出版社，2018.

[14] 中华人民共和国住房和城乡建设部.建筑地基基础工程施工规范：GB 51004—2015[S].北京：中国计划出版社，2015.

[15] 中华人民共和国建设部.建筑桩基技术规范：JGJ 94—2008[S].北京：中国建筑工业出版社，2008.

[16] 中华人民共和国住房和城乡建设部.混凝土结构工程施工规范：GB 50666—2011[S].北京：中国建筑工业出版社，2012.

[17] 全国二级建造师执业资格考试用书编写委员会. 建设工程施工管理[M]. 北京：中国建筑工业出版社，2024.

[18] 卜良桃，曾裕林，曾令宏. 土木工程施工[M]. 2版. 武汉：武汉理工大学出版社，2019.

[19] 中华人民共和国住房和城乡建设部. 建筑施工组织设计规范：GB/T 50502—2009[S]. 北京：中国建筑工业出版社，2009.

[20] 中华人民共和国住房和城乡建设部. 建设工程项目管理规范：GB/T 50326—2017[S]. 北京：中国建筑工业出版社，2017.

[21] 中华人民共和国国家质量监督检验检疫总局，中国国家标准化管理委员会.网络计划技术 第1部分：常用术语：GB/T 13400.1—2012[S]. 北京：中国标准出版社，2013.

[22] 中华人民共和国国家质量监督检验检疫总局，中国国家标准化管理委员会.网络计划技术 第2部分：网络图画法的一般规定：GB/T 13400.2—2009[S]. 北京：中国标准出版社，2009.

[23] 中华人民共和国国家质量监督检验检疫总局，中国国家标准化管理委员会.网络计划技术 第3部分：在项目管理中应用的一般程序：GB/T 13400.3—2009[S]. 北京：中国标准出版社，2009.

[24] 中华人民共和国住房和城乡建设部.工程网络计划技术规程：JGJ/T 121—2015[S]. 北京：中国建筑工业出版社，2015.

[25] 中华人民共和国住房和城乡建设部.建设工程施工现场消防安全技术规范：GB 50720—2011[S]. 北京：中国计划出版社，2011.

[26] 中华人民共和国住房和城乡建设部.建设工程施工现场供用电安全规范：GB 50194—2014[S]. 北京：中国计划出版社，2015.

[27] 中华人民共和国住房和城乡建设部.建设工程施工现场消防安全技术规范：GB 50720—2011[S]. 北京：中国计划出版社，2011.

[28] 中华人民共和国住房和城乡建设部.建筑工程绿色施工规范：GB/T 50905—2014[S]. 北京：中国建筑工业出版社，2014.